全国技工院校、职业院校“理实一体化”系列教材

电工与电子技术及技能训练

（第2版）

李乃夫　梁志彪　曾雄兵　主编

程　周　主审

電子工業出版社
Publishing House of Electronics Industry
北京 • BEIJING

内 容 简 介

本书是由电子工业出版社组织编写的职业教育机电技术应用专业规划教材之一。本书分为4篇，主要内容包括：电工基础（交、直流电路基础）、电工技术（电力的生产与输送、电气设备、安全用电）、模拟和数字电子技术等。

本书可作为职业院校、技工院校机电类专业教材，也可供工科其他相关专业（如电气运行与控制、数控技术应用等）使用。

图书在版编目（CIP）数据

电工与电子技术及技能训练 / 李乃夫，梁志彪，曾雄兵主编. —2版. —北京：电子工业出版社，2013.9
全国技工院校、职业院校“理实一体化”系列教材
ISBN 978-7-121-21254-3

Ⅰ. ①电… Ⅱ. ①李… ②梁… ③曾… Ⅲ. ①电工技术—职业教育—教材②电子技术—职业教育—教材
Ⅳ. ①TM②TN

中国版本图书馆 CIP 数据核字（2013）第 188072 号

策划编辑：张　凌
责任编辑：张　凌
印　　刷：北京虎彩文化传播有限公司
装　　订：北京虎彩文化传播有限公司
出版发行：电子工业出版社
　　　　　北京市海淀区万寿路 173 信箱　邮编　100036
开　　本：787×1 092　1/16　印张：19.75　字数：505.6 千字
版　　次：2008 年 10 月第 1 版
　　　　　2013 年 9 月第 2 版
印　　次：2024 年 8 月第 9 次印刷
定　　价：36.50 元

凡所购买电子工业出版社图书有缺损问题，请向购买书店调换。若书店售缺，请与本社发行部联系，联系及邮购电话：（010）88254888，88258888。

质量投诉请发邮件至 zlts@phei.com.cn，盗版侵权举报请发邮件至 dbqq@phei.com.cn。
本书咨询联系方式：（010）88254583，zling@phei.com.cn。

再 版 前 言

本书是由电子工业出版社组织编写的职业教育机电技术应用专业规划教材之一，与配套的实训教材《电工与电子技术技能训练》一起于 2009 年出版。全书分为 4 篇，主要内容包括：电工基础（交、直流电路基础）、电工技术（电力的生产与输送、电气设备、安全用电）、模拟和数字电子技术等。

电子工业出版社在广州召开了教材修订工作会议，组织了该系列教材的修订工作，并确定了修订的基本工作方案：按照当前教改与教材建设的总体要求，能够反映近年产业升级、技术进步和职业岗位变化的要求；重新定位该系列教材是面向高、中职机电技术应用专业的专业教材，要求各教材按照这一定位，与职业（行业）标准对接，根据国家职业标准中级工的标准要求，并兼顾高级工的标准要求；此外，对修订教材的内容结构与呈现形式等也提出了相应的具体要求。

按照广州会议确定的修订方案，编者对本书进行了修订。修订的基本指导思想是：

1．按照当前职业教育教学改革和教材建设的总体目标，努力体现出“以就业为导向，以职业能力为本位，以学生为主体”，着眼于学生职业生涯发展，注重职业素养的培养，有利于课程教学改革。

2．在教材内容的选取上，不追求学科知识的系统性和完整性，强调在生产生活中的应用性和实践性，并注意融入对学生职业道德和职业意识的培养。同时，努力体现教学内容的先进性和前瞻性，突出专业领域的“四新”（新知识、新技术、新工艺、新的设备或元器件）。教材中的有关内容也与“维修电工”中、高级工考证的内容相吻合。

3．在教材内容的组合上，力图改革传统的以学科基本理论传授为主的组合方式，以体现“工作过程系统化”，以利于实施项目教学、案例分析和任务驱动等具有职业教育特点的教学方法。为利于实施理实一体化教学，将两本教材合为一本。全书的总字数也压缩至原来的 3/4。

本书推荐的两个教学方案如下表所示，分别为 80 学时和 120 学时（一学期完成，4 节/周或 6 节/周）。

序　号	内　容	学时分配建议方案	
		方　案　一	方　案　二
第 1 篇	电工基础	18	28
第 2 篇	电工技术	18	28
第 3 篇	模拟电子技术	22	30
第 4 篇	数字电子技术	18	28
机　动		4	6
总　学　时		80	120

本书由李乃夫、梁志彪、曾雄兵主编，由程周担任本书的主审。

欢迎教材的使用者及同行对本书提出意见或给予指正！

编　者

2013 年 7 月

目　　录

绪论 1

导言 1
一、电工与电子技术的发展 1
二、电工与电子技术所涉及的职业与岗位 3
三、对电工与电子技术岗位从业者的几点建议 3

第1篇　电 工 基 础

第1章　直流电路 6

1.1　电流和电压 6
1.2　电阻和欧姆定律 7
1.3　电路 11
1.4　电源、电功率和电能 13
1.5　负载的连接 14
1.6　基尔霍夫定律 16
1.7　电路元件 18
【实训1】　电工技术基础实训 20
本章小结 31
习题1 32

第2章　交流电路 37

2.1　什么是交流电 37
2.2　正弦交流电 38
2.3　电阻、电感和电容在交流电路中的特性 41
2.4　电阻与电感串联电路 47
2.5　电路的功率因数 49
【实训2】　日光灯电路及功率因数的提高 51
2.6　三相交流电路 56
【实训3】　三相交流电路负载联结 61
本章小结 63
习题2 64

第2篇　电 子 技 术

第3章　电力的生产与输送 68

3.1　电力的生产 68

3.2　电力的输送和分配 …… 71
3.3　变压器的用途和基本结构 …… 72
3.4　变压器的基本工作原理 …… 75
本章小结 …… 77
习题 3 …… 77
第 4 章　电动机及其控制 …… 79
4.1　三相交流异步电动机 …… 79
【实训 4】　三相异步电动机的运行与测试 …… 86
4.2　三相交流电动机基本控制电路 …… 89
【实训 5】　三相异步电动机的控制电路 …… 106
4.3　单相交流电动机 …… 110
4.4　直流电动机 …… 117
4.5　机械设备的控制电路 …… 118
4.6　可编程序控制器（PLC）简介 …… 121
【实训 6】　PLC 控制器的装配与调试 …… 125
本章小结 …… 132
习题 4 …… 133
第 5 章　电器及用电技术 …… 140
5.1　电光转换电器 …… 140
5.2　电热转换电器 …… 143
5.3　其他日用电器 …… 145
5.4　安全用电 …… 151
5.5　节约用电 …… 158
【实训 7】　维修电工安全操作实训 …… 159
本章小结 …… 160
习题 5 …… 161

第 3 篇　模拟电子技术

第 6 章　常用半导体器件 …… 164
6.1　半导体二极管 …… 164
6.2　半导体三极管 …… 168
6.3　晶闸管 …… 172
6.4　单结晶体管 …… 173
6.5　场效晶体管 …… 174
6.6　集成器件 …… 176
【实训 8】　电子技术实训基础 …… 177
本章小结 …… 186

习题 6 …… 187
第 7 章 整流、滤波及稳压电路 …… 192
7.1 整流电路 …… 192
7.2 滤波电路 …… 194
7.3 稳压电路 …… 196
7.4 晶闸管单相可控整流电路 …… 199
【实训 9】 单相整流、滤波电路 …… 200
本章小结 …… 203
习题 7 …… 204
第 8 章 放大电路与集成运算放大器 …… 208
8.1 共发射极单管放大电路 …… 208
8.2 射极输出器 …… 214
8.3 多级放大电路 …… 215
【实训 10】 小信号电压放大电路 …… 217
8.4 放大电路中的负反馈 …… 220
8.5 功率放大器 …… 223
8.6 集成运算放大器及其基本运算电路 …… 225
8.7 差分放大器 …… 230
8.8 正弦波振荡器 …… 231
【实训 11】 运算放大器的应用 …… 235
本章小结 …… 239
习题 8 …… 240
第 4 篇 数字电子技术
第 9 章 数字电子技术基础 …… 246
9.1 数字技术基础 …… 246
9.2 基本逻辑门电路 …… 248
9.3 组合（复合）逻辑门电路 …… 250
9.4 逻辑代数 …… 253
本章小结 …… 255
习题 9 …… 256
第 10 章 组合逻辑和时序逻辑电路 …… 259
10.1 触发器 …… 259
10.2 计数器 …… 264
10.3 寄存器 …… 266
10.4 译码器、显示器 …… 269
【实训 12】 计数、译码与显示电路实训 …… 271

本章小结……274
习题 10……274
第 11 章　数字电路的应用……278
11.1　逻辑电路的简单分析和综合方法……278
11.2　触发器的应用……281
11.3　555 集成定时器……283
【实训 13】　555 定时器的应用……288
11.4　数字钟电路……290
11.5　译码和显示电路……294
11.6　综合应用……297
本章小结……302
习题 11……302
参考文献……305

绪　论

导言

亲爱的同学，当你打开本书的时候，你可能会想：“电工与电子技术”学一些什么内容？这门课程涉及哪些工作岗位？将会对我的择业产生什么影响？

在本书的绪论部分将向你介绍：

- 电工与电子技术的发展历史。
- 电工与电子技术所涉及的工作岗位。
- 电工与电子技术工作岗位的从业资格与职业道德。

一、电工与电子技术的发展

电工与电子技术讲的就是“电”的应用技术。

人类很早就发现自然界电和磁的现象。在我国古代，在公元前 2500 年前后就知道了天然磁铁；在公元前 1000 年就对罗盘有了文字记载。限于当时人类对自然界的认识水平，这些记载往往都带上了神话的色彩，例如在我国古代传说中，打雷和闪电是因为雷公和电母在天上打鼓及晃动两面镜子所致。

在人类历史的长河中，人类总是在与自然界斗争的过程中，不断地认识自然和改造自然，不断地总结经验和积累知识，从而建立起现代社会的物质文明与精神文明。人对自然界电磁现象的科学认识以及对电能的开发利用，就是建立在 18 世纪末 19 世纪初近代物理学的分支——电磁学发展的基础上的。

科学技术是依靠生产斗争和科学实验发展起来的。在电磁学的发展史上有几个重要的标志：1785 年，库仑（法国）首先通过实验确定了电荷之间的相互作用力，使电荷的概念开始有了定量的意义。1820 年，奥斯特（丹麦）与安培（法国）用实验证明了电流与磁场之间的关系，找到了磁现象的本质所在。著名的欧姆定律也是欧姆（德国）在 1826 年通过实验而得出的。在此基础上，1831 年法拉第（英国）提出了著名的“电磁感应定律”，为电工与电子技术的发展奠定了重要的理论基础。

现在看来，人类对电能的利用主要体现在两个方面：一是作为能源，二是作为信号。这就基本形成了电能应用技术发展的两个方面：电工与电子技术。电工与电子技术又互相交叉渗透、互相促进而不断发展。

电能作为能源利用主要是作为动力（机械能）。如上所述，在 1831 年发现的法拉第电磁感应定律奠定了电机（发电机和电动机）学的理论基础。随后，楞次（俄国）在 1833 年建立了确定感应电流方向的楞次定律。1834 年，与楞次一道从事电磁学研究工作的雅各比制造出世界上第一台电动机，从而实现了电能与机械能的转换，这是电能应用史上的一个重大突破。在此还需要提到的是俄国的多勃罗沃尔斯基，是他创造了三相电力系统，并于 1889 年制造出第一台三相交流电动机。在电能已成为人类利用的主要能源的今天，电动机所消耗的电能已占全社会电能消耗总量的 60%～70%。除此之外，对电能的利用还包括将电能转换成热能、光能、声能和化学能等。

将电能作为信号利用，就是将各种非电量转换成电信号并加以检测、调制和放大，然后通过有线或无线的途径进行传播，以实现通信、检测和自动控制的目的。在这一方面，电子技术的历史相对较短，但发展得更快。

在人类学会用电作为信号进行通信之前，通信的手段是利用光（可见光）和声音。例如我国古代的烽火台和近代海军使用的旗语，又如在非洲的部落之间用击鼓来传递信息。这种原始的通信方式受到人的视觉与听觉距离的限制，信息传递的速率太慢且保密性很差。电能的利用很快在通信领域充分体现出其价值。最早实现的是有线通信，1839 年惠斯登在英国、1845 年莫尔斯在美国就已先后实现了电报传送实验，这可以看作有线通信的开端。与此相比，无线通信要晚了整整半个世纪。在 1864 年，麦克斯韦（英国）综合了库仑定律、安培定律和法拉第定律，提出了电磁波的理论，首先在理论上推测到电磁波的存在。这种科学理论的预见性为人类社会的发明创造带来的作用是不可低估的，就在麦克斯韦电磁波理论提出的 23 年以后，赫兹（德国）用人工方法产生电磁波的实验终于获得了成功，从实践上证明了麦克斯韦理论的正确性。但是实际利用电磁波为人类通信服务还应归功于马可尼（意大利）和波波夫（俄国），大约在赫兹的实验成功的 7 年之后，他们彼此独立地分别在自己的国家实现了长度达几百米到上千米的无线电通信实验。

无论是有线还是无线通信，必须要解决两个基本问题：一是信号（能量）的转换，二是信号的放大。1875 年贝尔（美国）发明了电话，就解决了声能与电能的转换问题。而要实现长距离通信并且保持信号的清晰，还必须要解决信号放大的问题，这就有赖于电子器件的研发。著名的发明家爱迪生（美国）在 1883 年发现了热电子效应；弗莱明（英国）利用爱迪生效应于 1904 年研制出了电子二极管；1906 年德福雷斯（美国）又在弗莱明的二极管中加入第三个电极——栅极而发明了电子三极管，从而解决了对电信号进行放大这一关键问题。即使在半导体技术和集成电路广泛应用的今天，说电子三极管是电子技术发展史上最重要的发明之一仍然不会过分。

电子管的最大缺点是体积大、耗电多且寿命短，导致当时电子设备的体积、质量都十分庞大。例如 1946 年诞生的世界上第一台电子计算机，使用了 18 800 只电子管，占地面积达 $170m^2$，质量为 30t，耗电量达 150kW。1948 年在美国的贝尔实验室诞生的半导体管（晶体管）是电子技术发展史上划时代的产物，它在体积小、质量轻、耗电少、寿命长等方面都要远胜于电子管。虽然今天在大多数的领域电子管已被半导体管所取代，但由于电子管在大功率及工作稳定性等方面不可取代的优点，现在仍然可以在一些大功率的电子设备上看到它的身影。

从物理学的角度看，半导体管与电子管的内部机理是不同的，但它们基本原理都是由电子运动所产生的效应或影响，这就是“电子学”（电子技术）名称的由来。电子技术应用领域的不断拓展对电子设备的体积、质量、耗电量及工作的稳定性、可靠性都提出了更高的要求，但不论是电子管还是半导体管，它们由分立元器件所组成的电路结构仍然未能彻底解决这些问题。于 1958 年问世的集成电路标志着电子技术又发展到一个更新的阶段，集成电路实现了材料、元器件与电路三者之间的统一。随着材料技术和制造工艺的进步，今天的超大规模集成电路已充分显示出其无可比拟的优越性。今天的电子计算机已经历了电子管、半导体管、集成电路和大规模集成电路四代产品，正朝着巨型化、微型化、智能化和网络化的方向发展，多媒体计算机和互联网的出现标志着计算机技术已渗透到各个技术领域和社会生活的各个方面，将给人类社会的生产和生活方式带来前所未有的变化。

通常习惯把电工技术的应用领域称为“强电”，而把电子技术的应用领域称为“弱电”，但是这一划分已经成为了历史。随着大功率半导体器件制造工艺的完善，电力电子技术的迅速发展并被广泛应用于变频调速、中频电源、直流输电、不间断电源等诸多方面，使半导体技术进入了传统的强电领域。

电能的应用给人类社会带来的效益是不言而喻的了，但是电也会给人带来危害，在已经普遍实现电气化的今天，电击、电伤和电气火灾也时刻威胁着人们的生命财产安全。因此，只有掌握电能应用的规律，学习好电工与电子技术，才能驾驭并应用好电能，趋利避害，让电能为人类造福。

二、电工与电子技术所涉及的职业与岗位

电工与电子技术涉及许多对青年人颇具吸引力的职业与岗位。

首先，电工作为工业中的一个基础职业，涉及工业生产中的许多工作岗位，如从事电气设备、电路和器件的安装、调试、维护与检修，供用电系统的运行、维护，以及电气设备的技术管理与技术改造工作，电子设备的安装、调试、使用和维护工作等。

其次，在建筑和物业管理行业，可从事建筑物中的电气安装和物业电气设备的管理、维护与检修工作。

此外，还可以从事电器、电工材料、电子设备的销售、维修和售后服务等工作。（开设《电工与电子技术》课程的主要专业，及该专业所对应的主要职业（岗位）和可考取的职业资格证书详见表 0-1。）

随着我国经济的持续快速发展，在各行各业中将需要更多的受过系统地专业培训的电工电子技术人员；越来越多的现代化的建筑物、住宅区、工厂都需要大量高素质的具有职业资格的电工电子技术人员；各种新型的电气、电子设备的应用，也显示出对高级电工电子技术人员日益增长的需求。

总而言之，电工电子技术所涉及的职业和岗位，为青年人提供了极大的施展个人才华的空间，提供了许多能够实现个人抱负的就业机会。

除此之外，电工与电子技术还是从事许多职业岗位必须具有的专业基础技术之一，将会对你胜任本职工作提供极为有效的帮助。

三、对电工与电子技术岗位从业者的几点建议

要从事电工电子技术工作，必须接受正规的严格的学习与训练，必须具备以下的从业资格和职业道德：

- 具有高尚的道德，诚实且勤奋。为自己能够胜任本职工作并为客户提供优质服务，从而也实现自我价值而感到愉快和骄傲。不辜负公众对自己的信任和所获得的酬劳。
- 具有高度的责任感。因为在工作上任何细小的差错都有可能带来巨大的经济损失甚至危及人身安全。
- 对电工电子的基础理论有浓厚的学习兴趣；喜欢这一职业，并乐意与电气、电子设备打交道，乐意从事本职工作份内的一些手工劳动。

● 要有主见，注意培养自己的分析判断能力，能够独立完成工作任务而不需要别人监督；又具有协作精神，善于与同事们共事，相互配合共同完成工作。

● 具有初中以上的文化水平，具有一定的学习、理解、观察、判断、推理和计算能力。具有在信息化社会中工作、学习和生活所必备的计算机应用能力。

● 具有健康的体魄，手指、手臂灵活，动作协调，能够攀高作业。

● 通过学习与训练，掌握从事本职工作所必需的专业知识和操作技能，考取相关的国家职业资格等级证书。

因此，在你开始学习本课程之前，对你——未来的电工电子技术岗位的从业者提出几点建议，谨供参考：

①注意培养对电工电子技术的兴趣爱好。如果你在系统地学习本课程之前已经有这方面的兴趣爱好，甚至有一定基础是非常理想的。如果暂时还没有也不要紧，只要善于在学习过程中注意观察，结合在日常生活中的各种使用电能、电器的经验，是很容易培养起这方面的兴趣爱好的。相信在本课程的学习过程中，每当你完成了一个学习任务，理解了一种电器或设备的原理，或完成一个实训项目的操作，都会给你带来成功的喜悦。

②有意识地接受系统的正规的训练，培养自己规范操作的习惯。这对你在今后严格规范地进行电路和设备的安装，保证他人和自己的安全非常重要。

③电工与电子技术知识更新的周期较短，各种新技术、新设备、新的元器件不断出现，因此在学习中要注意培养自己学习新知识的能力，培养适应技术发展和职业与岗位变化的能力。

④做好学习的准备，适当复习初中的数学和物理知识，在教师的指导下准备好个人的学习用具和资料，如文具、课本、笔记本和实训记录本等。如有可能，还建议你购置一本《电工手册》。

愿本课程的学习能为你步入电工与电子技术的殿堂、走上你理想的工作岗位铺路！

附表：

表 0-1

开设本课程的主要专业	本专业所对应的主要职业（岗位）	职业资格证书举例
051300 机电技术应用	机修钳工（6-06-01-01） 维修电工（6-07-06-05） 装配钳工（6-05-02-01） 工具钳工（6-05-02-02）	机修钳工 维修电工 装配钳工 工具钳工
053000 电气运行与控制	电气设备安装工（6-23-10-02） 变电设备安装工（6-07-06-01） 常用电机检修工（6-07-06-03） 维修电工（6-07-06-05） 电梯安装维修工（13-036） 电气值班员（11-032）	电气设备安装工 变电设备安装工 常用电机检修工 维修电工
053100 电气技术应用	电气设备安装工（6-23-10-02） 变电设备安装工（6-07-06-01） 变配电室值班电工（6-07-06-02） 常用电机检修工（6-07-06-03） 维修电工（6-07-06-05）	电气设备安装工 变电设备安装工 变配电室值班电工 常用电机检修工 维修电工

续表

开设本课程的主要专业	本专业所对应的主要职业（岗位）	职业资格证书举例
052700 电机电器制造与维修	电机装配工（6-05-03-04） 常用电机检修工（6-07-06-03） 高低压电器装配工（6-05-04-06） 变压器、互感器装配工（6-05-04-05） 线圈绕制工（6-05-04-03） 铁芯叠装工（6-05-04-01） 绝缘制品件装配工（6-05-04-02） 绝缘处理浸渍工（6-05-04-04）	电机装配工 常用电机检修工 高低压电器装配工 铁芯叠装工 绝缘制品件装配工 电子变压器线圈绕制工
053200 电子电器应用与维修	家用电器产品维修工（4-07-10-02） 家用电子产品维修工（4-07-10-01） 办公设备维修工（4-07-11-01） 音视频设备检验员（6-26-01-31） 电子设备装接工（6-08-04-02） 维修电工（6-07-06-05）	家用电器产品维修工 家用电子产品维修工 办公设备维修工 音视频设备检验员 电子设备装接工 维修电工
091300 电子技术应用	家用电子产品维修工（4-07-10-01） 无线电调试工（6-08-04-03） 电子设备装接工（6-08-04-02） 电子器件检验工（6-26-01-33） 音响调音员（6-19-03-05） 电源调试工（6-08-04-10）	家用电子产品维修工 无线电调试工 电子设备装接工 电子元器件检验员 音响调音员

摘自《中等职业学校专业目录》（中华人民共和国教育部编，高等教育出版社 2010 年 11 月第 1 版）。

第1篇 电工基础

本书分为四篇，第 1、2 篇与第 3、4 篇分别为电工与电子技术的内容。

第 1 篇的学习内容与物理“电磁学”部分的内容相衔接，主要从电工技术的角度出发，讲述直流和交流电路的基本原理和分析计算方法。因为本篇是学习电学知识的基础，所以称为“电工基础”

第1章 直流电路

学习目标

在本章中，首先来认识“电”：在平时，“电”就在我们身边，但它是看不见的。那什么是“电”？如何对“电”进行定性分析与定量计算？

其次要了解什么是“电路”？学习简单电路的基本定律和分析、计算方法。

同时，通过电工基础实训，学习使用常用的电工工具和仪表。

1.1 电流和电压

1.1.1 电流

电荷在导体中的定向移动形成了电流。电流用字母 I 表示。电流的大小等于单位时间内流过导体截面积的电荷量，即通过导体截面积的电荷量 Q 与通过这些电荷量所用时间 t 的比值，即

$$I = \frac{Q}{t}$$

电流的单位是安培（A），简称安（A）；常用的单位还有毫安（mA）和微安（μA）。

$$1\text{A} = 10^3\,\text{mA} = 10^6\,\mu\text{A}$$

电流是有方向的，习惯上规定正电荷移动的方向为电流的实际方向。如果电流的方向不随时间变化，则称为“直流”电流；如果电流的方向随时间作周期性的变化，则称为“交流”电流。在本章先介绍直流电，交流电将在第 2 章介绍。

在进行电路的分析计算时，往往预先标注出一个电流方向，称为参考方向。如果按照参考方向计算出来的电流值为正值，则说明实际方向与参考方向相同；如果计算出来的电流值为负值，则说明实际方向与参考方向相反。

1.1.2 电压

在电源内具有电能，如果用导线将电源与用电负载相连接，就会有电流流过负载（例如负载是白炽灯，电流通过就会使白炽灯发光）。电源之所以有驱动电荷流过导线与负载的能力，是因为其内部具有电气的压力，称之为“电压”。与水往低处流相似，电流也总是从电压高处流向电压低处。

电压用字母 U 表示。电压的单位是伏特（V），简称伏（V）；常用的单位还有毫伏（mV）。

$$1\text{V} = 10^3\,\text{mV}$$

1.1.3 电位

就像空中的每一点都有一定的高度一样，电路中的每一点也都有一定的电位。也正如空间高度的差异才使液体从高处往低处流动一样，电路中电流的产生也必须有一定的电位差。在电源外部通路中，电流从高电位点流向低电位点。电位用大写英文字母 V 表示，并加注下标表示不同点的电位值，如 V_A、V_B 分别表示电路中 A、B 两点的电位值。

就像衡量空中的高度要有一个计算的起点（如海平面）一样，要衡量电路中电位的高低也要有一个计算电位的起点，称为“零电位点”，该点的电位值规定为 0V。原则上零电位点是可以任意指定的，但习惯上常规定大地的电位为零，在电子设备中经常以金属底板或外壳作为零电位点。零电位点确定之后，电路中任何一点的电位就都有了确定的数值，这就是该点与零电位点之间的电压。而且知道各点的电位，也就能求出任意两点之间的电压了。例如，已知 V_A = 5V，V_B = 3V，则 A、B 两点之间的电压为 $U_{AB} = V_A - V_B$ =（5−3）V = 2V。

【例 1.1】 如图 1.1 所示，（1）若 V_E = 0V，求 V_A、V_B、V_C 和 U_{AB}、U_{CB}、U_{EA}；（2）若 V_B = 0V，求 V_A、V_C、V_E 和 U_{AB}、U_{CB}、U_{EA}。

解：（1）若 V_E = 0V，则 V_A = 4−3 = 1V，V_B = 4−5 = −1V，V_C = 4V；

$U_{AB} = V_A - V_B$ = 1−（−1）= 2V，$U_{CB} = V_C - V_B$ = 4−（−1）= 5V，$U_{EA} = V_E - V_A$ = 0−1 = −1V。

（2）若 V_B = 0V，则 V_A = 5−3 = 2V，V_E = 5−4 = 1V，V_C = 5V；

$U_{AB} = V_A - V_B$ = 2−0 = 2V，$U_{CB} = V_C - V_B$ = 5−0 = 5V，$U_{EA} = V_E - V_A$ = 1−2 = −1V。

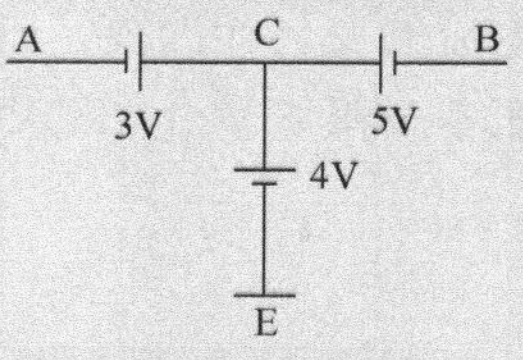

A C B 3V 5V 4V E

图 1.1 例 1.1 图

由例 1.1 可见：当参考点（零电位点）改变，电路中各点的电位值也随之改变，但电路中两点之间的电压（电位差）不变。

1.2 电阻和欧姆定律

1.2.1 电阻

导体对电流的通过具有一定的阻碍作用，称为电阻。电阻用大写英文字母 R 表示。金属导体的电阻大小可以用下式计算

$$R = \rho \frac{l}{S}$$

式中 ρ 为导体的电阻率，不同金属导体其电阻率是不同的；l 为导体的长度，S 为导体的横截面积。由此可见，金属导体越长，导体的电阻率越大，电阻值就越大；而导体越粗（横截面积越大），其电阻值就越小。

1.2.2 欧姆定律

1826 年德国科学家欧姆通过实验证实："一个导体的电阻就是加在这个导体两端的电压与流过这个导体的电流之比。"这就是后来以他的名字命名的欧姆定律。欧姆定律是反映电路中电压、电动势、电流、电阻等物理量内在关系的一个极为重要的定律，也是电工技术中一个最基本的定律。

欧姆定律用公式表示为

$$I = \frac{U}{R} \tag{1.1}$$

在公式（1.1）中，如果电压 U 以伏特（V）为单位，电流 I 以安培（A）为单位，电阻 R 就以欧姆（Ω）为单位。

经常用到的更大的电阻单位是千欧（kΩ）和兆欧（MΩ）。

$$1\text{M}\Omega = 10^3\ \text{k}\Omega = 10^6\Omega$$

1.2.3 电阻元件

1．线性电阻和非线性电阻

如果在欧姆定律公式中电阻 $R = U/I =$ 常数，即电阻值不随电压、电流的变化而变化，称为"线性电阻"。线性电阻的电压电流关系曲线（伏安特性曲线）为一条通过坐标原点的直线，如图 1.2（a）所示。通常使用的电阻器（如图 1.3 所示）都是线性电阻。如果电阻值随电压、电流的变化而改变，则称为"非线性电阻"，其伏安特性曲线为一条曲线，如图 1.2（b）所示。在本书第 6 章介绍的半导体管就属于非线性电阻（可参见图 6.6 所示）。

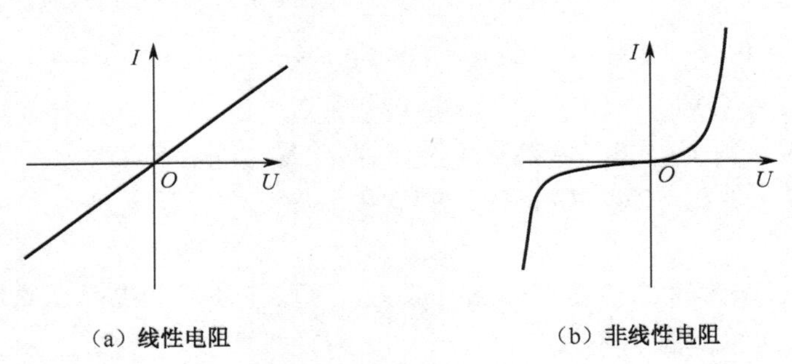

（a）线性电阻　　（b）非线性电阻

图 1.2　电阻的伏安特性曲线

2．常用电阻器及其主要性能参数

常用的电阻器如图 1.3 所示。

电阻器的主要性能参数包括标称电阻值、允许偏差、额定功率等。电阻器的标称电阻值和偏差一般都直接标注的电阻上，可采用直接标注和采用文字符号标注，也可以采用色环标注。采用色环标注的各种颜色的规定见表 1.1。

图 1.3 常用的电阻器

表 1.1 色标法颜色规定

颜　色	有效数字	倍乘数	允许偏差（%）
银	—	10^{-2}	±10
金	—	10^{-1}	±5
黑	0	10^{0}	—
棕	1	10^{1}	±1
红	2	10^{2}	±2
橙	3	10^{3}	—
黄	4	10^{4}	—
绿	5	10^{5}	±0.5
蓝	6	10^{6}	±0.25
紫	7	10^{7}	±0.1
灰	8	10^{8}	—
白	9	10^{9}	+50/−20
无	—		±20

采用色标法有两位有效数字和三位有效数字两种方法，如图 1.4 所示。例如，有一只电阻上有四条色环，颜色依次为橙、蓝、红、金，则可由表 1.1 和图 1.4（a）知道，该电阻的阻值为 $36\times10^2 = 3600\Omega = 3.6k\Omega$，允许偏差为±5%。

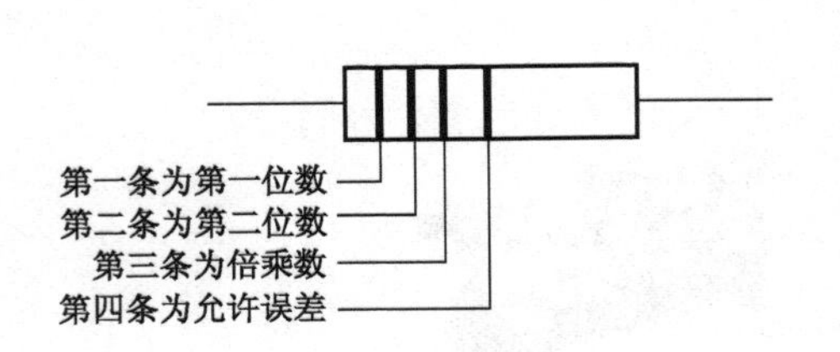

（a）两位有效数字法

第一条为第一位数
第二条为第二位数
第三条为第三位数
第四条为倍乘数
第五条为允许误差

（b）三位有效数字法

图 1.4　电阻色标法示例

（一）非线性电阻简介——热敏电阻

一般金属导体的电阻值随温度升高而增大，有的材料（如康铜、锰铜合金）在温度升高时电阻值变化很小，因此适宜用来制造各种标准电阻器；而有的材料在温度升高时电阻值变化很大，可以做成热敏电阻。热敏电阻属于非线性电阻，如图 1.5 所示。

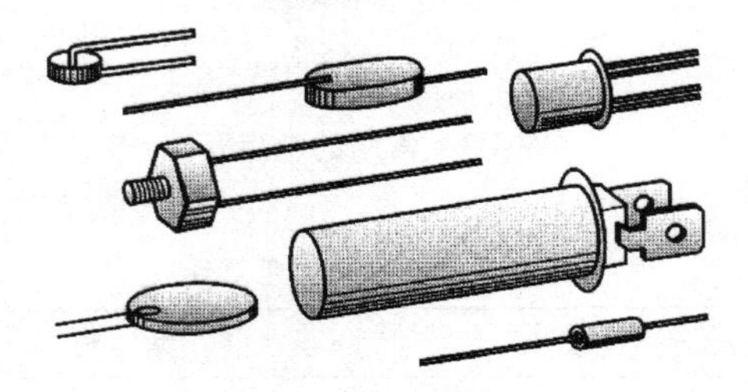

图 1.5　热敏电阻

热敏电阻分为正温度系数和负温度系数两类：有的金属材料其电阻值随温度升高而急剧增大，可以用来制造出正温度系数的热敏电阻（简称 PTC 电阻）。PTC 电阻可用于小范围的温度测量、过热保护和延时开关。另外还有一些材料（如某些半导体、碳导体材料等）在温度升高时电阻值反而减小，可以用来制造负温度系数的热敏电阻（简称 NTC 电阻）。NTC 电阻可用于温度测量和温度调节，或在电子电路中作温度补偿元件使用。

（二）超导现象和超导技术应用简介

人们在实践中还发现有些金属材料的电阻值随温度下降而不断减小，当温度降到一定值（称为“临界温度”）时，其电阻值突然降为零，这种现象称为超导现象，具有上述性质的材料称为超导材料。

超导现象虽然在 1911 年就被发现，但由于没有找到合适的超导材料及获取低温技术的限制，长期以来没有得到应用。直到 20 世纪 60 年代起人们才开始积极研究，主要是寻找临界温度较高的超导材料。目前超导技术已较广泛地应用于核能、计算机、空间探测等技术领域，并开始应用于发电设备、电动机及输电系统、交通运输业等。例如将超导技术应用于输电系统，可以大大降低输电系统的损耗（如我国在输电线路上每年损耗的电能约占年发电量的 2%～4%）。如采用超导输电，对直流电传输可能做到无损耗，对交流电的传输也可以使损耗降到很小的程度。用超导材料来制作变压器的线圈，可以极大地减小变压器的体积和损耗。又如利用超导现象制造的磁悬浮列车，可以使列车行驶时悬浮于钢轨之上，列车的运行速度可达每小时 500km 以上。目前在超导技术的研究方面我国已居世界前列。可以预料，超导技术的发展，必将对今后世界的经济及技术发展带来重大影响。

1.3 电路

1.3.1 电路

电路就是电流通过的路径。如在“绪论”中所述，人类对电能的利用主要体现在两个方面：一是作为能源，二是作为信号。因此电路的作用也有两个方面：一是实现电能的传输和转换，如图 1.6 所示，通过电网（电路）将发电站发出的电输送到各个用电的地方，供各种电气设备使用，将电能转换成我们所需要的各种能量；电路的另一个作用是实现信号的传输、处理和储存，如电视接收天线将具有音像信息的电视信号通过高频传输线输送到电视机中，经过电视机的处理还原出原来的音像信息，在电视机的屏幕上显示出图像并在扬声器中发出声音。

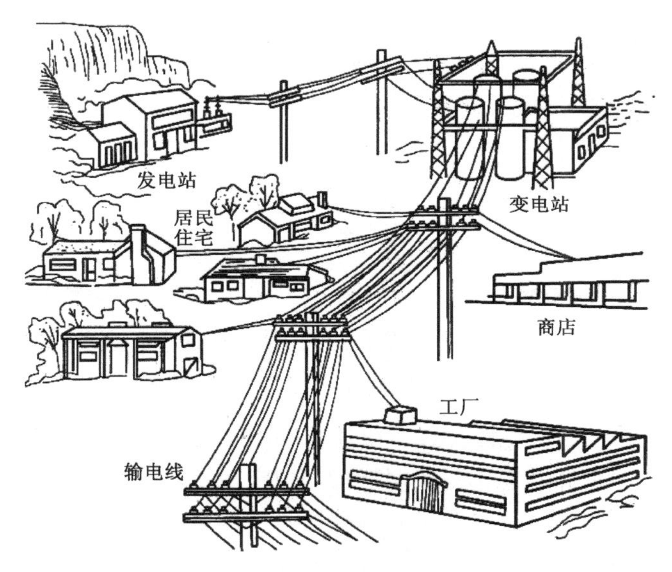

图 1.6 电能的传输和转换

1.3.2 电路的组成

如图 1.7 所示的手电筒电路就构成一个最简单也是最基本的电路。所谓“电路”，就是电流通过的路径。一个基本的电路由三部分组成。

①电源。电源在电路中的作用是将非电形态的能量转换成电能［如图 1.7（a）中所示的干电池］。一般把电源内部的电路称为“内电路”［图 1.7（b）的虚线部分］，而把电源外部的电路称为“外电路”。

②负载。负载是将电能转换成非电形态能量的用电设备［如图 1.7（a）中的小电珠］。

③连接导线和起控制、保护作用的电器（如开关、熔断器）等［如图 1.7（a）中的手电筒开关］。

1.3.3 电路的状态

电路有三种状态：开路、工作和短路。

1．开路状态

如果图 1.7 中的开关 S 没有闭合，负载 R_L 与电源 E 断开，电路中没有电流流过，此时电源与负载之间没有能量的转换和传输，电路的这种状态称为“开路”。在开路时，电路中电流 $I = 0$，电源的两个输出端 A、B 之间的电压称为电源电动势 E，E 的方向由低电位端指向高电位端［如图 1.7（b）所示］，即

$$U = E$$

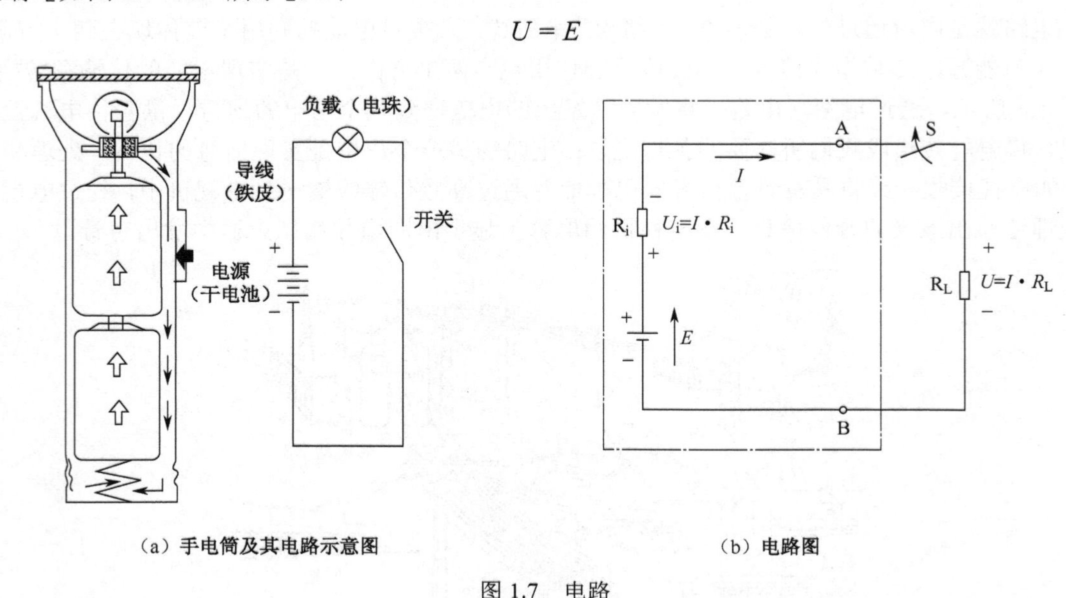

（a）手电筒及其电路示意图　（b）电路图

图 1.7　电路

2．工作状态

当图 1.7 中的开关合上时，电路接通，电流在回路中流过，进行能量的转换和传输，电路处于工作状态（也称为“通路状态”）。根据能量守恒定律，在电源内部所产生的电能应等于负载所消耗的电能加上电源内部（内电阻）和线路所消耗的电能。在通路状态下，电路的电流与电动势 E 及负载电阻 R_L、电源内阻 R_i 之间的关系为

$$I = \frac{E}{R_L + R_i} \tag{1.2}$$

公式（1.2）为“全电路欧姆定律”，对应公式（1.1）为部分电路欧姆定律。

当加在电气设备（负载）上的电压为额定电压，流过电气设备的电流为额定电流时，该设备消耗的功率为额定功率，此时该设备工作在额定状态下，也称为该设备满载运行。如果电气设备所加的电压太高或流过的电流过大，极可能会使设备的绝缘材料老化甚至击穿导致设备损坏，称之为“过载运行”；反之，如果电气设备的电压与电流比额定值小很多，则不能达到合理的工作状态，也不能充分利用电气设备的工作能力，称之为“轻载运行”。

为使电气设备工作在合理的状态下，就应该使设备在额定工作状态（或者接近额定工作状态）下运行。因此，电气设备的制造厂商都为其产品标明了额定值——使产品在给定的工作条件下正常运行而规定的允许值，以供用户正确使用该产品。有的额定值直接标注在产品上，有的则印在一块金属铭牌上（如电动机或变压器，将在第 3、第 4 章中介绍），所以电气设备的额定值有时也称为“铭牌值”。

3．短路状态

短路状态如图 1.8 所示，用一根导线将电源的输出端短接，电流不再流过负载。此时电源的输出端电压 $U=0$，电路中的电流 $I=E/R_i$，因为电源的内电阻 R_i 一般很小，所以电路中的电流比正常工作时要大得多，会引起电源和导线过热而烧毁。所以在电路中接入短路保护的电器（如熔断器、断路器等，将在本书第 4 章介绍），在发生短路时能够自动及时地切断电路。

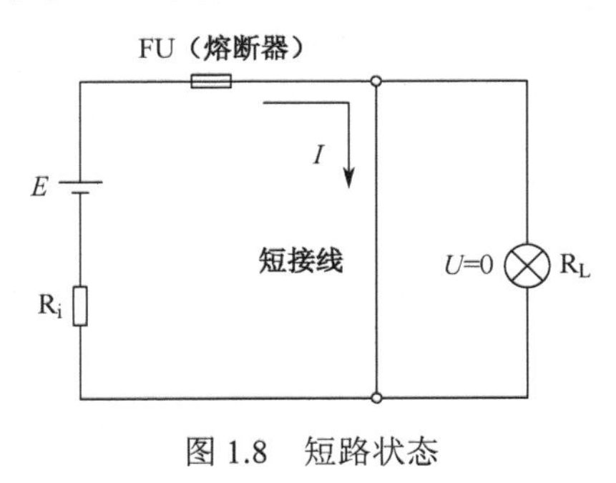

图 1.8　短路状态

1.4　电源、电功率和电能

1.4.1　电源

1．电源

如上所述，电源是将非电能形态的能量转换成电能的供电设备，如图 1.7（a）中的干电池和各种发电机等（可第 3 章）都属于电源。

2．电源的外特性

在电路的通路状态下，由公式（1.2）可知电源的端电压为

$$U=E-R_iI$$

随着电源输出电流的增大，电流在电源内电阻上的电压降增加，电源的端电压 U 也不断下降，这表明电动势 E 所产生电能的一部分被电源内电阻本身占用。这种电源输出端电压随电流增大而下降的特性称为电源的外特性，如图 1.9 所示。

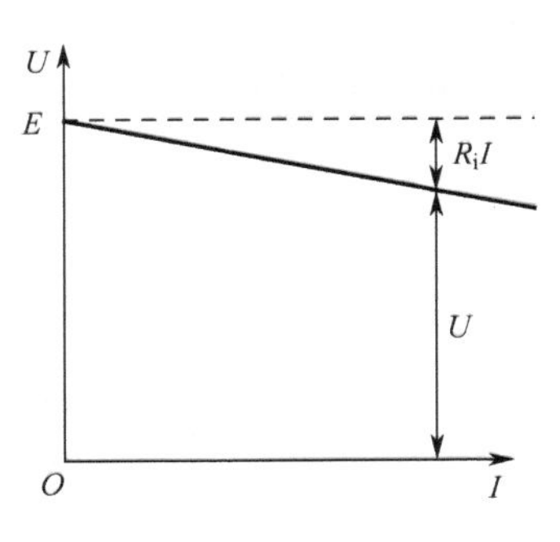

图 1.9　电源的外特性

在实际应用中，我们总希望电源有稳定的输出电压而不受负载的影响，也就是希望有一条水平的电源外特性线曲线（如图 1.9 中的虚线所示）。通过采用专门的技术措施（如稳压技术，将在本书第 6 章介绍），可以基本实现这一目标。

1.4.2　电功率

电能在每秒钟所做的功称为电功率，如果在元件或设备两端的电压为 U，通过的电流为 I，则元件或设备的电功率为

$$P=UI \tag{1.3}$$

在公式（1.3）中，如果电压 U 以伏特（V）为单位，电流 I 以安培（A）为单位，则电功率 P 就以瓦特（W）为单位。

电功率常用的单位还有千瓦（kW）和毫瓦（mW）。

$$1\text{kW} = 10^3\ \text{W} = 10^6\ \text{mW}$$

由公式（1.3），用欧姆定律可推导出

$$P = UI = I^2R = \frac{U^2}{R} \tag{1.4}$$

【例 1.2】 有一台电炉的额定电压为 220V，测量出电阻值为 40Ω，问功率为多大？

解：由公式（1.4）得

$$P = \frac{U^2}{R} = \frac{220^2}{40} = 1210\ \text{W} = 1.21\ \text{kW}$$

1.4.3 电能

当电路中有电流流过时，就发生了能量的转换：在电源内部，当电流流过电源时，非电能被转换为电能；在电源外部，当电流流过负载时，电能被转换为其他形式的能量。如果元件或设备的电功率为 P，电流通过的时间为 t，则电能 W 为电功率 P 与时间 t 的乘积：

$$W = Pt \tag{1.5}$$

在公式（1.5）中，如果电功率 P 以瓦特（W）为单位，时间 t 以秒（s）为单位，则电功 W 就以焦耳（J）为单位。而在实际应用中，电能常用的单位是千瓦时（kW·h），1 千瓦时称为 1“度”电。

【例 1.3】 有一台 25 英寸的彩色电视机，额定功率为 120W，如果每度电的电费为 0.61 元，问一个月的电费为多少（设平均每天电视机开 3 小时，每月平均为 30 天计）？

解：每月电费 = 功率（千瓦）× 每月使用时间（小时）× 每度电电费 = 0.12×3×30×0.61 = 6.59 元

阅读材料

1度电

如上所述，所谓“1 度电”就是 1kW·h 电，例如一只 1kW 的电炉用了 1 小时，一盏 100W 的白炽灯点亮了 10 小时，所消耗的电能都是 1kW·h。

每一度电都是来之不易的。我国火电企业每生产 1kW·h 电的平均耗煤量为 335g，而且要经过采煤、煤炭粉碎、燃烧、锅炉产生蒸汽、汽轮机转动、发电机发电等一系列复杂的过程，才能发出这 1kW·h 的电。

1kW·h 能做些什么呢？1kW·h 电可以采煤 100kg，生产化肥 16kg，水泥 14kg，织布 10m，电力浇灌土地 333m^2，可供一盏 25W 的白炽灯点亮 40 小时，可以使电炉发出热量 3600kJ。

让我们从自己做起，从身边的每一件小事做起，随手关灯，节约每 1kW·h 电能！（有关节约用电的知识见本书第 5 章 5.5 节）

1.5 负载的连接

1.5.1 负载的串联

负载电阻没有分支地一个接一个地依次相连接称为“串联”，如图 1.10 所示。

在串联电路中，通过各负载电阻的电流 I 均相同，各电阻两端的电压分别为：

$$U_1 = IR_1 \qquad U_2 = IR_2 \qquad U_3 = IR_3$$

电路的总电压等于各段电压之和，即

$$U = U_1+U_2+U_3 = IR_1 + IR_2 + IR_3 = I（R_1 +R_1 +R_3）$$

所以串联电路的等效电阻为：$R = U/I = R_1 +R_1 +R_3$

图 1.10 是以三个负载电阻的串联举例，可以照理推算出，如果有 n 个电阻串联，则其等效电阻为

$$R = R_1 +R_2 +R_3 +\cdots+R_n \qquad (1.6)$$

即串联电路的等效电阻等于各电阻之和。

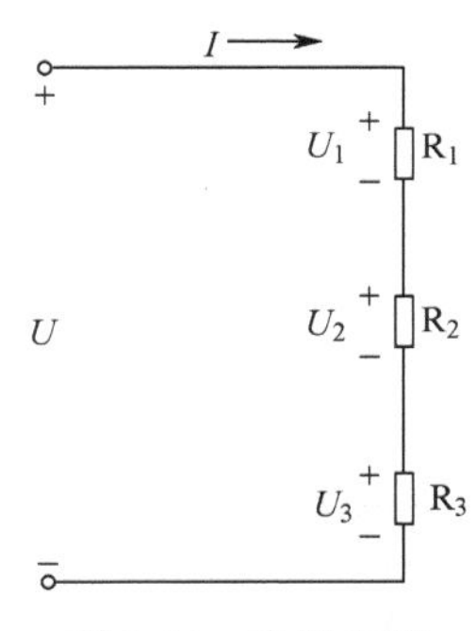

图 1.10　串联电路

【例 1.4】 有一盏额定电压为 40V，额定电流为 5A 的弧光灯，要接入 220V 电路中，问应串联一只阻值和功率为多大的电阻分压。

解： 弧光灯的额定电压为 40V，要接入 220V 电路中，所串联的分压电阻两端的电压为：

$U_R = 220 - 40 = 180V$

电阻值 $R = \dfrac{U}{I} = \dfrac{180}{5} = 36\,\Omega$

电阻的功率 $P = U_R \cdot I = 180\times5 = 900W$

可见当电路两端的电压一定时，电阻串联可以起到限流和分压的作用。如两个电阻 R_1 和 R_2 串联时，各电阻上分得的电压分别为

$$U_1 = U\frac{R_1}{R_1 + R_2} \qquad U_2 = U\frac{R_2}{R_1 + R_2}$$

即电阻越大，分得的电压越高。万用电表测量电压电路就是利用电阻串联分压的作用以获得不同的电压量程。

1.5.2　负载的并联

如图 1.11 所示，负载电阻的两端各自均接在两个端点上，这样的连接方式称为“并联”。在并联电路中，各负载电阻两端的电压 U 均相同，通过各电阻的电流分别为：

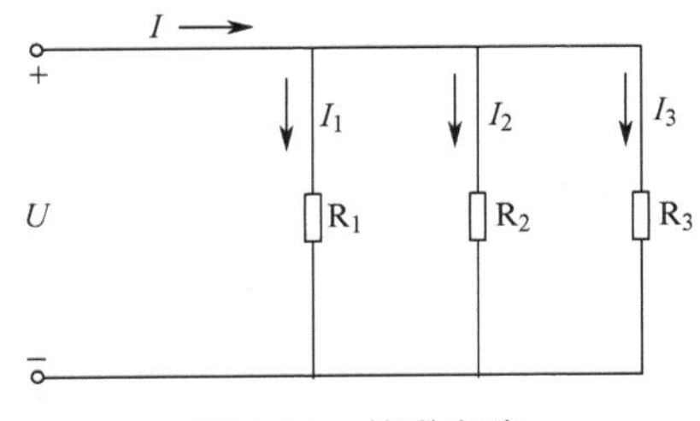

图 1.11　并联电路

$$I_1 = \frac{U}{R_1} \qquad I_2 = \frac{U}{R_2} \qquad I_3 = \frac{U}{R_3}$$

电路的总电流等于各电阻支路的电流之和，即：$I = I_1+I_2+I_3 = U（1/R_1 +1/R_1 +1/R_3）$

所以并联电路的等效电阻为：$\frac{1}{R}=\frac{1}{R_1}+\frac{1}{R_2}+\frac{1}{R_3}$

同理，如果有 n 个电阻相并联，则其等效电阻为

$$\frac{1}{R}=\frac{1}{R_1}+\frac{1}{R_2}+\frac{1}{R_3}+\cdots+\frac{1}{R_n} \tag{1.7}$$

即并联电路等效电阻的倒数等于各电阻的倒数之和。

【例1.5】 有两个电阻并联，$R_1=2\text{k}\Omega$，$R_2=3\text{k}\Omega$，求等效电阻。

解：由 $\frac{1}{R}=\frac{1}{R_1}+\frac{1}{R_2}$，有 $R=\frac{R_1R_2}{R_1+R_2}=\frac{2\times3}{2+3}=\frac{6}{5}=1.2\text{ k}\Omega$

电阻并联电路对总电流有分流作用。如两个电阻 R_1 和 R_2 并联，则

$$I_1=I\frac{R_2}{R_1+R_2} \qquad I_2=I\frac{R_1}{R_1+R_2}$$

即电阻越小，分得的电流越大。万用电表测量电流电路就是利用电阻并联分流的作用以获得不同的电流量程。

1.6 基尔霍夫定律

前面讨论的简单电路可以用电阻串、并联的方法及欧姆定律进行计算，但在实际中遇到的电路比较复杂，电源和元器件之间不是简单的串并联关系，用欧姆定律无法求解。下面介绍的基尔霍夫定律是反映电路中各电流、电压之间相互关系的基本定律，可以用于求解复杂电路。基尔霍夫定律是由德国物理学家基尔霍夫于1847年提出的，它由电流定律和电压定律两个定律组成。在介绍基尔霍夫定律之前，先介绍几个电路的基本概念

①支路——一段没有分岔的电路称为支路。如图1.12所示的电路中有三条支路，由左至右依次为：R_1 与 E_1 的支路、R_2 与 E_2 的支路、R_3 的支路。

②节点——三条或三条以上支路的交汇点称为节点，如图1.12中的节点A和B。

③回路——电路中任意一个闭合路径称为回路。如图1.12中有三个回路：回路Ⅰ、回路Ⅱ和回路Ⅲ（图中未标出，为绕电路外环的闭合路径，如A→R_3→B→E_1→R_1→A）。

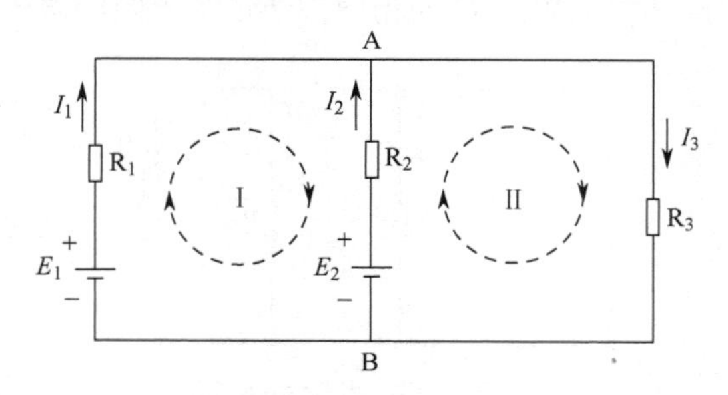

图1.12 具有两个节点的电路

1.6.1 基尔霍夫第一定律——电流定律（KCL）

基尔霍夫第一定律指出：流入一个节点的电流之和恒等于流出这个节点的电流之和，即

$$\sum I_{入}=\sum I_{出} \tag{1.8}$$

【例 1.6】 在图 1.12 中，流入节点 A 的电流为 I_1 和 I_2，流出的电流为 I_3，则根据基尔霍夫第一定律有

$$I_1 + I_2 = I_3$$

做一做

试列出（图 1.12）节点 B 的节点电流方程式。

1.6.2　基尔霍夫第二定律——电压定律（KVL）

基尔霍夫第二定律指出：对于任一闭合回路，所有电动势的代数和等于所有电压降的代数和，即

$$\Sigma E = \Sigma U \tag{1.9}$$

【例 1.7】 假设在图 1.12 中沿回路Ⅰ的绕行方向为顺时针，则当电动势的方向与绕行的方向相一致时为正，反之为负；当电流的方向与绕行的方向相一致时，该电流在电阻上产生的电压降为正，反之为负。则根据公式（1.9）有

$$E_1 - E_2 = I_1 R_1 - I_2 R_2$$

如果取逆时针方向绕行，则有

$$E_2 - E_1 = I_2 R_2 - I_1 R_1$$

可见结果是一样的，即选取的回路绕行方向与计算结果无关。

用 KCL 和 KVL 求解电路时应注意：要保证所列的方程是独立方程，必须在每个方程中包含一条未列过方程的支路。

做一做

试列出（图 1.12）回路Ⅱ、回路Ⅲ的回路电压方程式。

1.6.3　支路电流法

支路电流法是求解复杂电路较普遍运用的方法之一，运用支路电流法求解复杂电路的一般步骤为：

①在电路图中标注出各支路电流的方向及任意假设的回路绕行方向。

②用 KCL 和 KVL 列出独立的方程组。

③求解联立方程组，求取未知量。

【例 1.8】 假设图 1.12 所示电路为汽车的照明电路，E_1 为汽车的发电机，R_1 为发电机的电路内电阻；E_2 为汽车的蓄电池，R_2 为蓄电池的内电阻；R_3 为汽车的照明灯电阻。现设 $E_1 = 14V$，$R_1 = 0.5\Omega$，$E_2 = 12V$，$R_2 = 0.2\Omega$，$R_3 = 4\Omega$。求 I_1、I_2 和 I_3。

解：（1）由 KCL，对节点 A 可得方程①：$I_1 + I_2 = I_3$

（2）由 KVL，对回路Ⅰ（顺时针方向绕行）可得方程②：$E_1 - E_2 = I_1 R_1 - I_2 R_2$

（3）由 KVL，对回路Ⅱ（顺时针方向绕行）可得方程③：$E_2 = I_2 R_2 + I_3 R_3$

（4）代入数据并求解①②③三个联立方程可得：$I_1 = 3.72A$，$I_2 = -0.69A$，$I_3 = 3.03A$。

求解结果为负值，说明实际方向与所标注的方向相反。即汽车蓄电池 E_2 此时不是作为电源向负载（照明灯 R_3）供电，而是作为负载由发电机 E_1 对它进行充电。

由例 1.8 还可以得出一个很重要的结论：当两组电源并联向负载供电时，这两组电源的电动势应基本相等或接近相等，否则电动势低的那组电源就有可能如上例中的 E_2 那样，不但不起电源的作用却反而成为负载消耗电源 E_1 的电能。

想一想：这是为什么？

1.7 电路元件

由于在电路的分析计算中，一般只分析电源与负载之间的能量相互转换的关系，因此可以把理想电路的元件按负载和电源而分为理想无源元件和理想电源元件两大类。

1.7.1 理想无源元件

理想无源元件包括理想的电阻元件、电容元件和电感元件三种，简称电阻元件（电阻）、电容元件（电容）和电感元件（电感）。这样，电阻、电容和电感这三个名词既代表了三种电路元件，又是表征它们的量值和大小的实际元件。其中电阻是表征电路中消耗电能的元件，电容是表征电路中储存电场能的元件，电感是表征电路中储存磁场能的元件。电阻元件已在本章介绍了，电容和电感元件将在下一章介绍。

1.7.2 理想电源元件

理想电源元件是从实际电源中抽象出来的。当实际电源本身的功率损耗可以忽略不计而只考虑其电源作用时，可视为一个理想的电源。理想的电源分为理想电压源和理想电流源两种。

1. 理想电压源（恒压源）

理想电压源的图形和文字符号如图 1.13（a）所示，其特点是输出电压恒定不变，即不随输出电流的变化而变化，故其伏安特性是一条与 I 轴平行的直线，如图 1.13（b）所示。

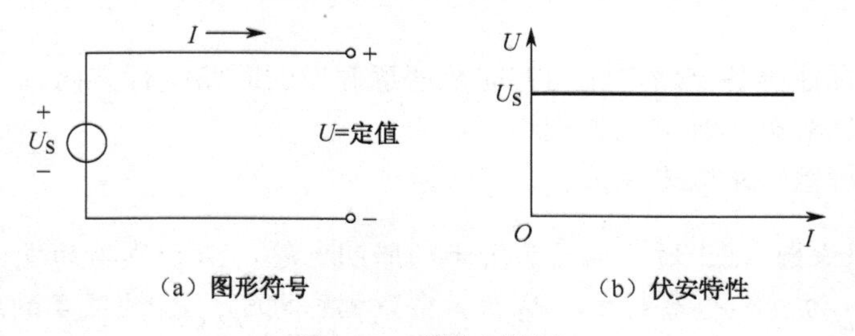

图 1.13 理想电压源

在前面介绍全电路欧姆定律时（式 1.2），将一个直流电源用电动势 E 和电源内阻 R_i 来表示，若 R_i 很小以致可以忽略不计时，其输出电压 U 就近似等于电源电动势 E，其电源的外特性就为一条近似于水平的直线（可见图 1.9），即可近似看作是理想电压源。如常用的直流稳压电源就可近似视为理想电压源。

2. 理想电流源（恒流源）

理想电流源的图形和文字符号如图 1.14（a）所示，其特点是输出电流恒定不变，即伏安特性是一条与 U 轴平行的直线，如图 1.14（b）所示。

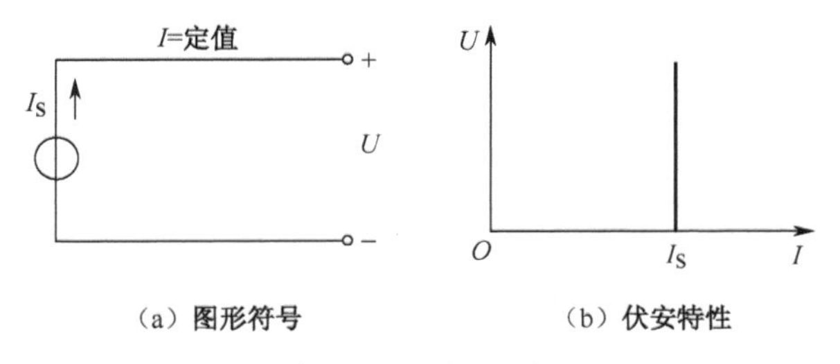

图 1.14　理想电压源

在实际的电源中，如光电池在一定的光线照射下，其产生的电流可近似视为理想电流源。

3. 实际电压源与实际电流源

在进行电路的分析和计算时，通常用理想的电源元件与电阻元件的组合来表征实际的电源：如电源的输出电压比较稳定（基本不随输出电流的变化而变化）时，可用理想电压源 U_s 与电源内电阻 R_i 相串联的电压源模型来表示；如电源的输出电流比较稳定（基本不随输出电压的变化而变化）时，可用理想电流源 I_s 与电源内电阻 R_i 相并联的电流源模型来表示，如图 1.15 所示。

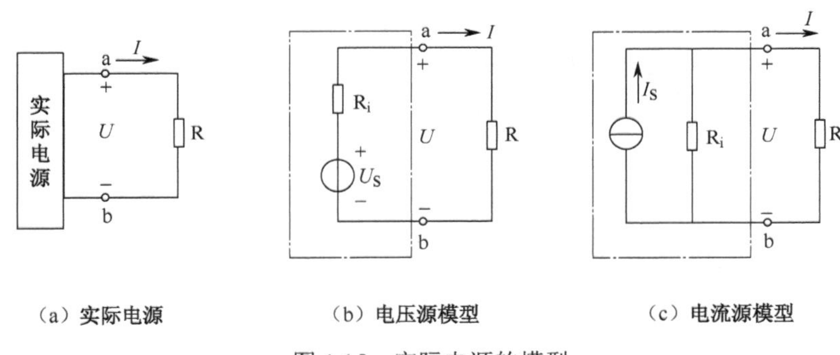

图 1.15　实际电源的模型

4. 实际电压源与实际电流源的等效变换

在图 1.15 中，如果三个电路的负载电阻 R 相同，负载的端电压 U 及通过的电流 I 也相同，则对于负载而言，其工作状态取决于其端电压 U 与电流 I，至于供电的电源是电压源还是电流源对其均无影响。因此一个实际的电源既可以用电压源来表示，也可以用电流源来表示，两者之间是可以相互等效变换的。

由图 1.15（b）、（c）两电路可推算出，实际电压源与电流源等效变换的条件为

$$U_s = R_i I_s \tag{1.10}$$

式（1.10）中 U_s 与 I_s 的参考方向相一致，且电压源的 R_i 与电流源的 R_i 相等。

【例 1.9】 已知图 1.15 中电压源的 $U_s = 24V$，$R_i = 0.2\Omega$，求等效为电流源时的 I_s 和 R_i。

解： 由式（1.10），$R_i = 0.2\Omega$

$$I_s=\frac{U_s}{R_i}=\frac{24}{0.2}=120\text{A}$$

在求解复杂电路时，有时用电源的简化解题步骤。但在进行变换时应注意两点：

（1）等效变换的关系仅对外电路而言，对电源内部是不等效的。

（2）理想电压源与理想电流源之间不具备等效变换的关系。

技能训练

【实训1】　电工技术基础实训

一、实训目的

1．掌握电工实训常用工具和仪表的使用方法。

2．了解电工实训的基本要求和注意事项。

3．学会使用万用电表测量电流、电压和电阻。

二、相关知识和预习内容

（一）常用电工工具的使用

1．试电笔

试电笔是用于检验电路和设备是否带电的工具，一般有钢笔式和螺丝刀式两种，如图 1.16 所示。使用时，注意手要接触到金属笔挂（钢笔式）或笔顶部的金属螺钉（螺丝刀式），使电流由被测带电体经测电笔和人体、大地构成回路（如图 1.17 所示）。只要被测带电体与大地之间的电压超过 60V，测电笔的氖管就会启辉发光。

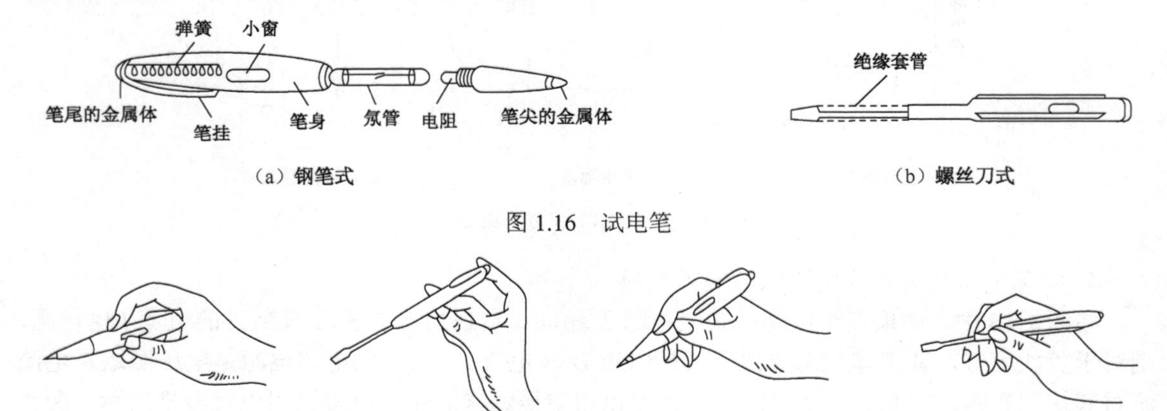

（a）钢笔式　　（b）螺丝刀式

图 1.16　试电笔

（a）正确握法　　（b）错误握法

图 1.17　试电笔的使用方法

使用试电笔时应注意：

（1）在每次使用前，应先在确认有电的带电体上检验其能否正常验电，以免因氖管损坏造成误判，危及人身或设备安全。

（2）手不要接触笔头的金属裸露部分，以免触电。

（3）观察时应将氖管窗口背光并面向操作者。

（4）螺丝刀式测电笔可以用做旋具使用，但注意不要用力过大以免损坏。

2．螺丝刀

螺丝刀（也称为螺钉旋具）主要用做紧固或拆卸螺丝和螺丝钉，也用做旋转电器的调节螺钉。螺丝刀的刀口有一字形和十字形两种（见图 1.18），每种都有不同的规格。

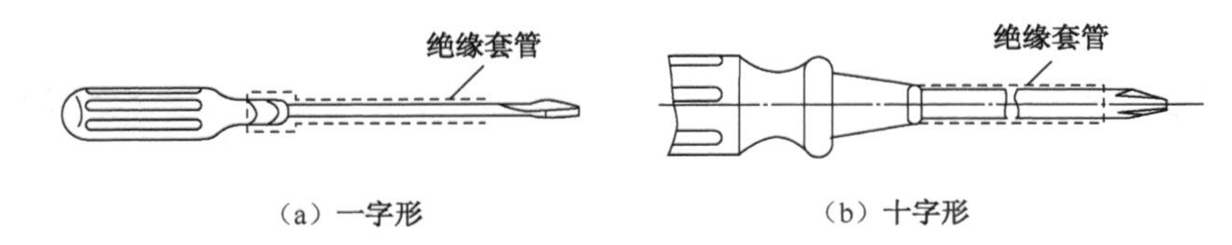

（a）一字形　　（b）十字形

图 1.18　螺丝刀

使用螺丝刀时应注意：

（1）应按螺钉的规格选择适当规格的螺丝刀。

（2）注意用力平稳，推压与旋转同时进行。

（3）在旋转带电的螺丝时，注意螺丝刀的金属杆不要接触人体及邻近的带电体，因此应在金属杆上套上绝缘套管。

（4）不能将螺丝刀作为凿、撬使用，以免损坏。

3．钢丝钳

钢丝钳的外形与结构如图 1.19（a）所示，是电工最常用的工具之一，又称为电工钳或平口钳。钢丝钳的钳口可用于弯绞和钳夹电线头或其他物体，齿口用于旋动螺钉螺母，刀口用于切断电线、起拔铁钉或削剥电线的绝缘层等，铡口则用于铡断钢丝、铁丝等［见图 1.19（b）～（e）］。

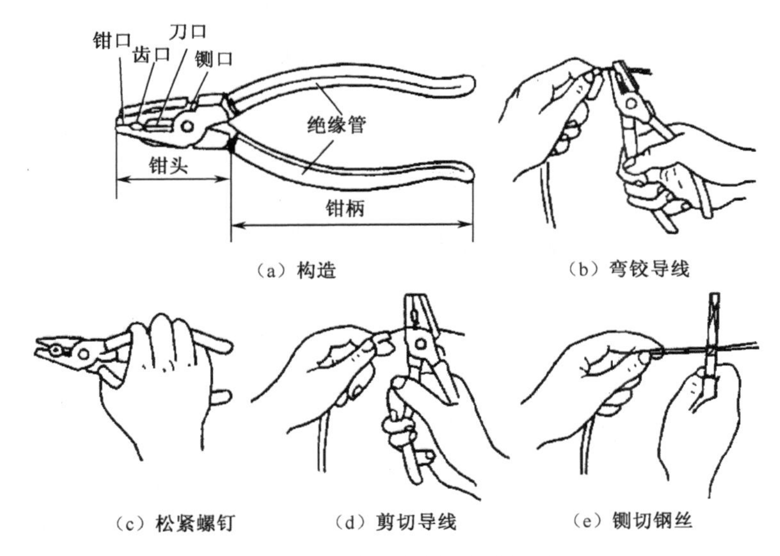

（a）构造　　（b）弯铰导线

（c）松紧螺钉　　（d）剪切导线　　（e）铡切钢丝

图 1.19　钢丝钳的构造及使用

使用钢丝钳时应注意：

（1）电工用钢丝钳的手柄上套有耐压为 500V 的塑料绝缘套，使用前应注意检查绝缘套是否完好，如果绝缘套有破损绝对不能使用。

（2）在切断导线时，不能将相线和中性线（或不同相位的导线）同时在同一个钳口切断，以免造成短路。

（3）不能把钳子（包括钢丝钳、尖嘴钳、斜口钳和剥线钳）当作锤子使用。

电工使用的钳类工具还有尖嘴钳、斜口钳和剥线钳（图 1.20），尖嘴钳还分为普通型和长嘴型两种，适宜在较狭窄的空间操作；斜口钳主要用于剪断线径较细的导线和电子元器件的引线；剥线钳用于剥削导线的绝缘层。

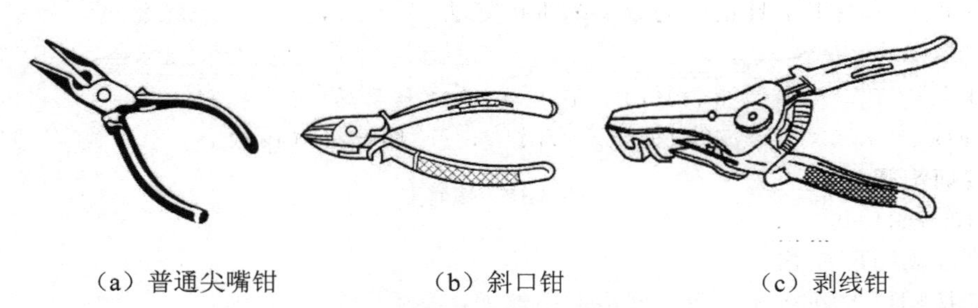

（a）普通尖嘴钳　　（b）斜口钳　　（c）剥线钳

图 1.20　电工用其他钳类工具

4．电工刀

电工刀是剖削或切割电工器材的常用工具，其外形和使用方法如图 1.21 所示，使用电工刀时应注意：

（1）其刀柄没有绝缘保护，所以不能接触带电体操作。

（2）应将刀口向外进行剖削［见图 1.21（b）］。

（3）可在刀口的单面上磨出呈圆弧状的刀刃。在剖削导线的绝缘层时，应先以约 45° 的角度切入［见图 1.21（c）］，然后在贴近金属线心时再用其圆弧状刀面以约 15° 角度贴在导线上剖削［见图 1.21（d）］，这样就不容易损伤线心。

（4）不能将刀刃和刀尖作旋具或凿、撬使用，以免损坏。

（5）使用完毕应将刀身折入刀柄内。

常用的电工工具还有锤子（榔头）、固定扳手和活动扳手、剪刀、钢锯、台虎钳、台钻、冲击钻等。

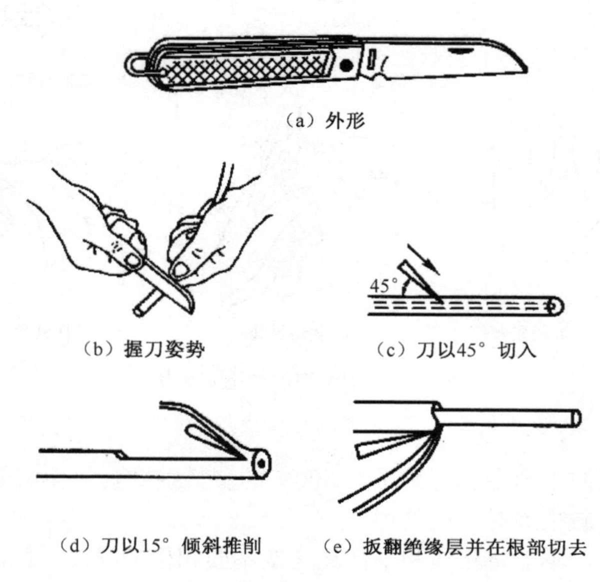

（a）外形

（b）握刀姿势　　（c）刀以45° 切入

（d）刀以15° 倾斜推削　　（e）扳翻绝缘层并在根部切去

图 1.21　电工刀的外形和使用方法

（二）常用电工仪表的使用

常用的电工仪表有万用电表、功率表、兆欧表和钳形电流表等。功率表将在实训 2 中介绍，兆欧表和钳形电流表将在实训 4 中介绍，在此先介绍万用电表及其基本使用方法。

万用电表是一种多功能、多量程的最常用的便携式电工仪表，它最基本的功能是测量直流电流、电压、交流电压、电阻，有的还可以测量交流电流、电感、电容和半导体三极管参数等。因为用途较广，所以通俗地被称为“万用”电表。万用电表有指针式和数字式两种，这里先介绍指针式万用电表，数字式万用电表在后面的“阅读材料”中简略介绍。

MF-47 型指针式万用电表如图 1.22 所示，指针式万用电表的结构主要由表头、转换开关和测量电路等三部分组成。

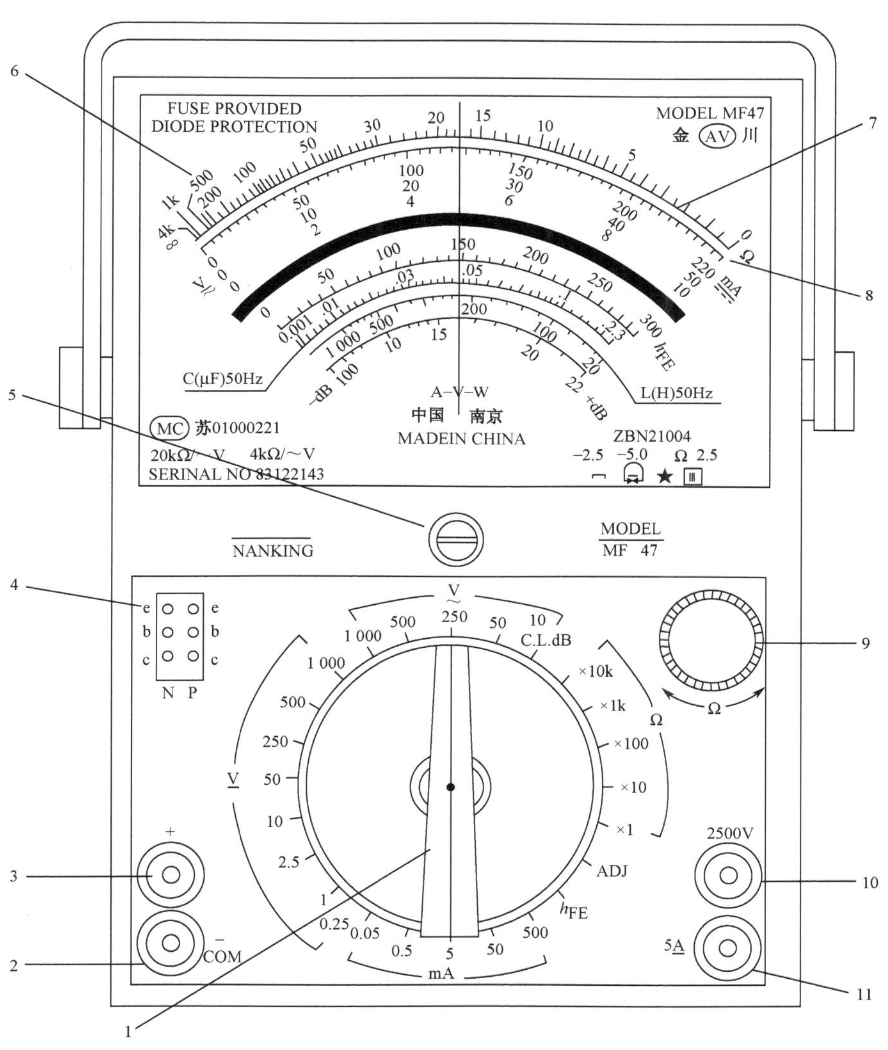

1—转换开关；2—负表笔插座；3—正表笔插座；4—测量晶体三极管插座；5—机械调零螺钉；6—表盘；7—电阻挡读数标度尺；8—电流、电压挡读数标度尺；9—电阻挡调零旋钮；10—测量 2500V 高电压插座；11—测量 5A 大电流插座

图 1.22　MF-47 型指针式万用电表

1．表头

万用电表的表头实际上是一个高灵敏度的直流电流表，万用电表的主要性能指标基本取决于表头的性能。表头的性能参数主要是表头灵敏度 I_C 和内电阻 R_C。I_C 是指表头指针满刻度偏转时流过表头线圈的直流电流值，I_C 越小，表头的灵敏度就越高；R_C 是指表头线圈的直流电阻。I_C 越小，R_C 越高，万用电表的性能就越好。一般万用电表的 I_C 在数十至数百微安之间，高档的电表可达到几个微安；R_C 在数百欧姆至 20 千欧姆之间。如 MF-47 型万用电表表头的 I_C 为 46.2μA，$R_C \leqslant 1.7\ \text{k}\Omega$（注：各厂家的产品略有差异）。

在万用电表的表盘上标注出它所有的测量种类和量程。如图 1.22 所示的 MF-47 型万用电表的表盘上共有六条刻度线，由上至下分别为电阻挡读数标度尺、直流电流和交、直流电压挡读数标度尺、半导体三极管共射极直流放大系数 h_{EF} 和电容、电感、音频电平的读数标度尺。

2．转换开关和插孔

转换开关和插孔用来转换不同的测量功能和量程。如图 1.22 所示，MF-47 型万用电表的面板上有一个转换开关，以及四个插孔：左下角红色“＋”和黑色“－”分别为正、负表笔插孔；右下角“2500V”为测量（交、直流）2500V 高电压插孔，“5A”为测量（直流）5A 大电流插孔。此外，面板上还有电阻挡调零旋钮和测量半导体三极管的插座。

MF-47 型万用电表采用一个三刀 24 掷的转换开关，共有 24 个挡位，配合插孔可以进行交流电压、直流电压、直流电流、电阻和半导体三极管（共射极直流放大系数 h_{EF}）、电容、电感、音频电平共八个测量项目 30 个量程的选择，如表 1.2 所示。

表 1.2　MF-47 型万用电表的量程

挡　　位	量　　程
交流电压挡	10V、50V、250V、500V、1000V、2500V
直流电压挡	0.25V、1V、2.5V、10V、50V、250V、500V、1000V、2500V
直流电流挡	0.05mA、0.5mA、5mA、50mA、500mA、5A
电阻挡	R×1、R×10、R×100、R×1kΩ、R×10kΩ
半导体三极管共射极直流放大系数 h_{EF}	0～300
电容	0.001～0.3μF
电感	20～1000H
音频电平	-10～+22dB

3．测量电路

如上所述，万用电表的表头是一个高灵敏度的直流电流表，要实现各种测量项目和量程，就要依靠测量电路的转换，通过测量电路将各种被测量转换成直流电流表头能够接受的直流电流。

万用电表的基本使用方法如下。

（1）测量前的准备工作

①将万用电表平放。为方便在不同场合使用，万用电表可以水平放置和竖直放置，有的还可以用背面的支架斜放，但表盘的左右方向应当保持水平，否则会影响读数的准确性。

②将电表水平放置时观察指针是否指在刻度盘左边的零位。如果不在零位，可用螺丝刀轻轻旋动调零螺钉将指针调回零位。

③检查两支表笔，看有无断线、破损或与表笔插座接触不良。

（2）测量方法

①根据用途，用转换开关选择测量种类（如直流电流、电压、交流电压或电阻）。

②选择量程。为观察方便和使读数准确，应当使测量值大约为满刻度值的三分之二左右。如果事先难以准确估计测量值，可由高量程挡逐渐过渡到低量程挡。

③注意表笔与测量电路（元件）的正确连接。如测量电流时应将电表串联在电路中，测量直流电流应将正表笔（一般为红色）接电流流入的接点，负表笔（黑色）接电流流出的接点；测量电压时应将电表并联在待测电路（元件）两端，测量直流电压应正表笔接电源的正极（电路中的高电位点），负表笔接电源的负极（电路中的低电位点）；如图1.24所示（如测量交流电压可不分表笔的极性）。

④正确读数。指针式电表要通过观察表针在刻度盘上的位置来读取测量值，所以掌握读数的方法很关键。因为万用电表有多种功能，所以在表盘上有多条刻度，要根据测量种类和量程来正确选择刻度线，然后观察指针在刻度线上的位置来读数。往往指针不是正好指在刻度格上，这时就需要根据指针与左右刻度格的相对位置来判断测量值。

例如在图1.22，如果转换开关置于测量直流电流500mA量程挡，则应该选取表盘上（由上至下）的第2行刻度；又因为满量程值为500mA，所以根据图中指针的位置，是指在240与250mA的刻度格之间（见表盘上的第3行数字），可以判断测量值约为246或为247mA。

在读数时，应使视线对准指针并与表面垂直。如图1.22所示的MF-47型万用电表在表盘上还有一条玻璃镜子，在读数时应使指针与在镜子中的映像重叠，此时的读数才准确。

（3）注意事项

①使用指针式万用电表切忌将表笔接反和超量程，因为会很容易损坏表头（如将指针打弯），甚至会将表头烧毁。

②为保证安全和测量精确，在测量时手尽量不要接触表笔头的金属部分（见图1.25）。

③如果需要旋动转换开关，应习惯将表笔离开测量电路或元件。

④每次使用完毕，都要将表笔拔下，并将转换开关置于空挡或交流电压的最高量程挡。

以上事项都要注意遵守，从一开始就要养成良好的规范的操作习惯。

三、实训器材

按表1.3准备好所需的设备、工具和器材（所列出的为推荐的实训仪器、设备、器材，仅供参考，下同）。

表1.3 工具与器材、设备明细表

序号	名　称	型　号	规　格	单位	数量
1	单相交流电源		220V、36V、6V		
2	直流稳压电源		0～12V（连续可调）		
3	万用电表	MF-47型		个	1
4	小电珠			个	2
5	单掷开关		220V 5A	个	1
6	各种电阻		几欧～几百欧，几欧～几百千欧	个	若干
7	一字与十字螺丝钉		各种规格		若干
8	接线				若干
9	电工电子实训通用工具		试电笔、榔头、螺丝刀（一字和十字）、电工刀、电工钳、尖嘴钳、剥线钳、镊子、小刀、小剪刀、活动扳手等	套	1

四、实训内容与步骤

（一）认识和了解实训室

1．由指导老师讲解实训教室的规章制度和操作规程、安全规则。

2．观察教室的布置，如实验桌上电源的类型、仪表的种类、电源开关的位置等。

3．认识电工实训使用的有关工具和仪表，可先由指导教师讲解和示范操作这些工具、仪表的使用方法和注意事项。

（二）常用电工工具的识别和使用

1. 识别实训室提供的各种常用电工工具

2. 试电笔的使用

（1）用于识别火线和零线。用试电笔测试通电的交流电路，使氖管发亮的是火线；在正常情况下，零线是不会使氖管发亮的。

（2）用于判断电压的高低。在测试时，可根据氖管发亮的亮度来估计电压的高低（实训时可用实验台上的交流调压器提供高、低不同的电压供测试）。

（3）用于识别直流电与交流电。当交流电流通过试电笔时，氖管里的两个电极同时发亮；当直流电流通过试电笔时，氖管里的两个电极只有一个发亮。由此可区分直流电与交流电。

（4）用于识别直流电的正、负极。把试电笔连接在直流电的正负极之间，使氖管发亮的一端即为正极。

3. 螺丝刀的使用

提供不同规格的一字和十字螺丝钉，让学生在废木板上使用螺丝刀紧固和拆卸螺丝钉，要求：

（1）根据螺丝钉的种类和规格正确选择螺丝刀。

（2）注意使用的姿势，用力要均匀。

（3）注意安全操作，例如，在一只手旋动螺丝刀时，另一只手不要放在螺丝钉的旁边，以免螺丝刀滑出不慎将手划伤。

4. 钢丝钳、尖嘴钳、斜口钳和剥线钳的使用

（1）按图 1.19（b）、（c）、（d）、（e）所示进行弯绞导线、紧固螺母、剪切导线和铡切钢丝的练习。

（2）使用尖嘴钳和斜口钳进行剪切线径较细的导线的练习。

（3）使用钢丝钳、尖嘴钳、斜口钳和剥线钳进行剥削导线绝缘层的练习。

（4）使用尖嘴钳将直径为 1～2mm 的单股导线弯成 4～5mm 的圆弧形“接线鼻子”。

5. 电工刀的使用

（1）按图 1.21（b）、（c）、（d）、（e）所示，使用电工刀对废旧塑料单心硬线进行剥削绝缘层的练习。

（2）注意自己和他人的安全。

（三）万用电表的识别和使用

1. 熟悉万用电表的面板结构

观察实训室提供的万用电表的面板结构，熟悉其表盘、旋钮、转换开关和各插孔，并将相关内容记录于表 1.4 中。

表 1.4　万用电表的面板结构记录

表　型	指针式□　数字式□	型号	
主要挡位	量　程		
交流电压挡			
直流电压挡			
直流电流挡			
电阻挡			
插孔			

2. 表盘标度尺读数练习

按图 1.23 所示，设万用电表的指针在 a、b、c 三个位置，读出表盘标度尺的读数，记录于表 1.5 中。

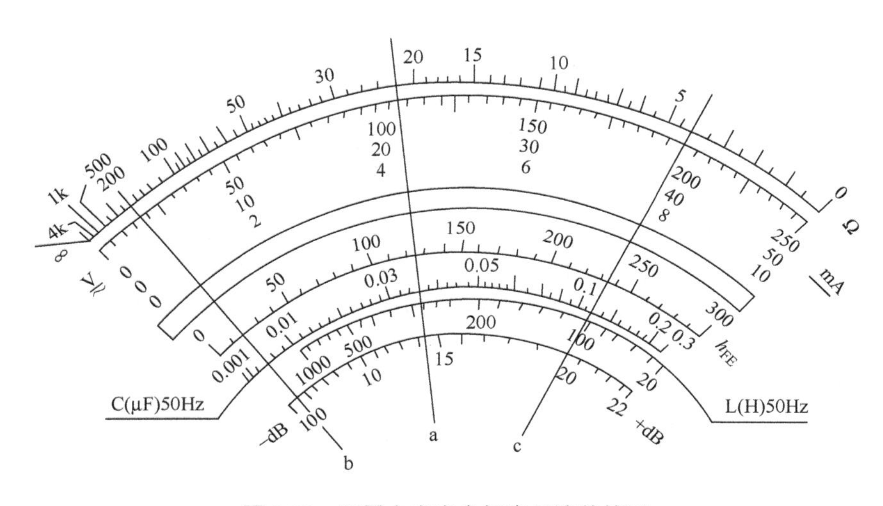

图 1.23　万用电表表盘标度尺读数练习

表 1.5　万用电表标度尺读数练习记录

挡　位	量　程	估 读 值
交流电压挡	500V	
	250V	
直流电压挡	50V	
	10V	
直流电流挡	1mA	
	0.5mA	
电阻挡	R×100	
	R×1k	

3. 测量直流电压和电流

电路如图 1.24 所示，按图接线（电源使用实验台上的直流稳压电源，将电压调为 6V，HL1 和 HL2 可采用两个手电筒用的小电珠），然后合上开关 S，分别测量电流 I 和电压 U_1、U_2、U_{AB}，记录于表 1.6 中。

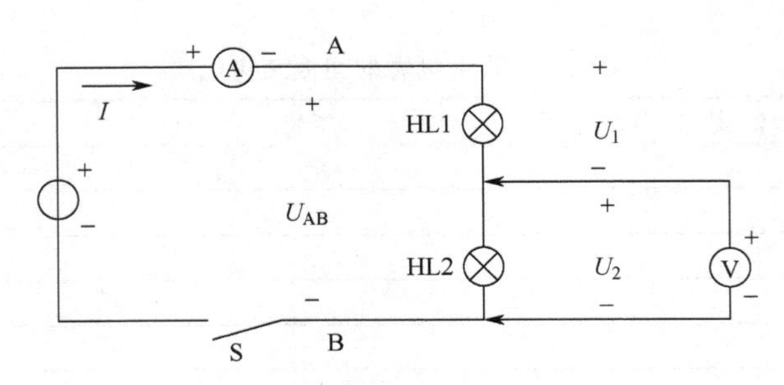

图 1.24　测量直流电压和电流的电路

表 1.6　万用电表测量直流电压和电流记录

	测量挡位	量　程	估读值
I			（mA）
U_1			（V）
U_2			（V）
U_{AB}			（V）

注意事项：

（1）测量电流是将电表串联在电路中，而测量电压则应将电表并联在待测量的两点之间。

（2）还应注意表笔的极性：测量电流时正表笔接电流流入的接点；测量电压时正表笔接电源的正极（电路中的高电位点），负表笔接电源的负极（电路中的低电位点）；如图 1.24 所示。

（3）注意适当选择万用电表的挡位与量程。

4. 测量交流电压

（1）使用万用电表的交流电压挡测量实验台面上的交流电压（可由交流调压器输出高、低两挡电压，如 50V、220V），记录于表 1.7 中。

（2）首次操作应在教师指导下进行，注意安全操作并适当选择电表的挡位与量程。

表 1.7　万用电表测量交流电压记录

	测量挡位	量　程	估读值
低电压（调为 50V）			（V）
高电压（调为 220V）			（V）

5. 测量电阻

测量电阻是万用电表的基本功能之一，请按以下的方法操作。

（1）选择量程。一般万用电表的测量电阻挡（也称“欧姆挡”）都有 R×1、R×10、R×100、R×1k、R×10k 五挡，其刻度一般为刻度盘上最上面的一条刻度线（可见图 1.22 和图 1.23）。由图可见，电阻挡刻度线标注的数值与其他刻度线正好相反：其他各条刻度线在左边指针原位的刻度值为零，而电阻刻度线以右边的指针满偏转值为零。

一般较常选用的欧姆挡是 R×100 和 R×1k 挡。

（2）调零。在选择挡位后，将正负表笔短接，旋转欧姆挡的调零旋钮（见图 1.22），将指针调至刻度线最右边的零位。有别于前面介绍的用调零螺钉调节指针左边原位的机械调零，欧姆挡的调零通常称为“电气调零”。注意每一次改变量程都要重新调零。

（3）测量电阻时注意正确操作。如图 1.25（b）所示是错误的接法，因为会将人体的电阻与被测量的电阻并联而导致测量误差。如果测量电路中的电阻，还应注意断开电源并将大电容器短路放电，以保证测量安全和测量值的准确。

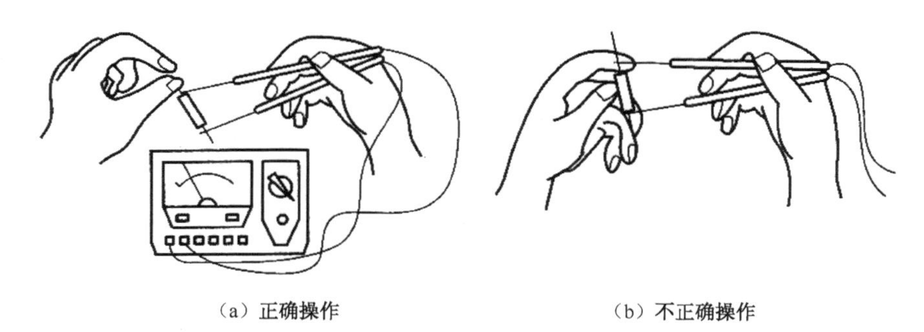

（a）正确操作　　（b）不正确操作

图 1.25　用万用电表测量电阻

（4）读取测量值。电阻挡的测量值为刻度线上的读取值再乘以该挡的倍数。例如，如果读数为 15，若转换开关置于 R×10 挡，测量值为 15×10 = 150Ω；如果是 R×1k 挡，则测量值为 15×1000 = 15000Ω = 15kΩ。

（5）按上述测量方法测量三只电阻的电阻值，以及图 1.24 的两个小电珠 HL1、HL2 的电阻值，记录于表 1.8 中。

表 1.8　万用电表测量电阻值记录

电　阻　值	测 量 挡 位	量　　程	估　读　值
			（Ω）
			（Ω）
			（kΩ）
小电珠 HL1			（Ω）
小电珠 HL2			（Ω）

阅读材料

数字式万用电表

数字式万用电表与前面所介绍的指针式万用电表相比，具有测量准确度高、分辨率高、抗干扰能力强、功能齐全、操作方便，以及读数迅速、准确等优点。常用的 DT-830 型数字式万用电表如图 1.26 所示，其面板结构主要是由液晶显示屏取代了指针式电表的表盘，其他如转换开关、插孔等用途与指针式万用电表大致相同。下面以该型号数字式万用电表为例，介绍其主要技术性能和使用方法。

1. 主要技术性能

（1）位数——表面的液晶显示屏上显示四位数字，最高位只能显示 1，其他三位均能显示 0～9 所有数字，所以称为“三位半”数字表。最大显示值为±1999。

（2）极性——可正负极性自动变换显示。

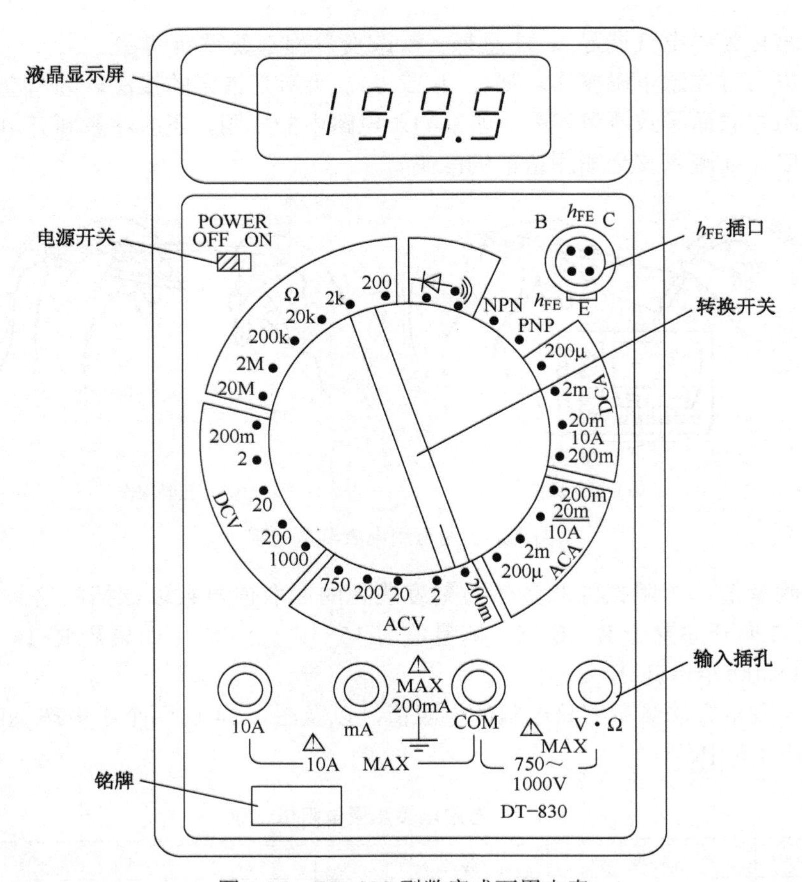

图 1.26 DT−830 型数字式万用电表

（3）归零调整——具有自动归零高速的功能。

（4）过负载输入——当超过量程量限时，最高位显示“1”或“-1”，其他位消隐。

（5）电源——使用 9V 干电池。

2. 测量范围

（1）直流电压（DCV）——有 200mV、2V、20V、200V、1000V 五挡，输入阻抗为 10MΩ。

（2）交流电压（ACV）——有 200mV、2V、20V、200V、750V 五挡，输入阻抗为 10MΩ，并联电容小于 100pF。

（3）直流电流（DCA）——有 200μA、2mA、20mA、200mA、10A 五挡，满量程仪表电压降为 250mV。

（4）交流电流（ACA）——有 200μA、2mA、20mA、200mA、10A 五挡，满量程仪表电压降为 250mV。

（5）电阻（Ω）——有 200Ω、2kΩ、20kΩ、200kΩ、2MΩ、20MΩ 六挡，满量程仪表电压降为 250mV。

（6）半导体三极管共射极直流放大系数 h_{FE} 测试条件——NPN 或 PNP 型半导体三极管，$U_{CE} = 2.8V$，$I_B = 10\mu A$。

3. 基本使用方法

（1）使用时，将负表笔（黑色）插入“COM”插孔，正表笔（红色）在测量电压或电阻时插入“V · Ω”插孔，在测量小电流时插入“mA”插孔，在测量大电流时插入“10A”插孔。

（2）根据所测量的物理量及其大小选择量程，将转换开关旋至适当的挡位。

（3）将电源开关置于“ON”的位置，即可开始进行测量；使用完毕，要将电源开关置于“OFF”位置。

（4）在读数时，应稍等待液晶显示屏上显示的数字稳定后再读数。

（5）不同型号的数字式万用电表有不同的使用方法，在使用前应仔细阅读其说明书。

本章小结

● “电路”就是电流通过的路径，电路由三个基本部分组成：电源、负载、连接导线和控制、保护电器。电路的主要作用一是传输和转换电能，二是传递和处理信号。电路有开路、工作（通路）和短路三种状态。

● 电路的主要物理量包括电流、电压、电位、电动势、电功率和电阻。

● “电流”就是电荷在导体中的定向移动，电流的基本单位是安培（A）。

● “电压”就是使电流流动的电气压力，电压的基本单位是伏特（V）。

● “电位”就是在电路中某一点对参考点的电压，该参考点为“零电位点”。所以电路中某两点之间的电压就是这两点的电位差。

● “电动势”就是产生电压的势力。各种电源是将非电能形态的能量转换成电能的供电设备，都能够持续产生电压，这种电压就称为（电源）电动势。

● “电阻”就是导体对电流的阻碍作用，电阻的基本单位是欧姆（Ω）。

● 电阻分为线性电阻和非线性电阻。如果电阻值不随电压、电流的变化而改变，为线性电阻；否则为非线性电阻。

● 欧姆定律描述了电路中电流、电压和电阻三者之间的关系，其基本公式为

$$I = \frac{U}{R} \tag{1.1}$$

在包括电源内、外部电路的完整的电路中，电流与电动势、（内、外电路）电阻的关系式为

$$I = \frac{E}{R_L + R_i} \tag{1.2}$$

公式（1.2）中的 R_i 为电源内电阻。

● 由于电源都存在着内电阻，因此在通路状态下，电源的端电压等于电源电动势减去输出电流在电源内电阻上的电压降。输出电流越大，电源的端电压就越低，这一特性称为电源的外特性。

● “电功率”就是电能在每秒钟所做的功，电功率的基本单位是瓦特（W）。

● 如果知道电气设备的电功率和设备通电的时间，则电能为电功率与时间的乘积；常用来计算电能的单位是千瓦 · 小时（kW · h），1 kW · h 被称为“1 度电”。

● 电路中主要物理量的基本单位和辅助单位及其换算关系可见表 1.9。

● 电器的额定工作状态，是指电器设备处于最为经济合理和安全可靠，并能够保证其有效使用寿命的工作状态。

● 串联和并联是电器（负载）两种基本的连接方法，负载电阻串、并联电路中的电流、电

压、电功率关系和等效电阻可见表 1.10。

表 1.9

物　理　量	基 本 单 位	辅助单位及换算关系
电流 I	安（A）	$1A = 10^3mA = 10^6\mu A$
电压 U	伏（V）	$1kV = 10^3V = 10^6mV$
电功率 P	瓦（W）	$1kW = 10^3W = 10^6mW$
电阻 R	欧（Ω）	$1M\Omega = 10^3k\Omega = 10^6\Omega$

表 1.10

	串 联 电 路	并 联 电 路
电压	总电压等于各电阻电压之和	各电阻的电压相同
电流	各电阻的电流相同	总电流等于各支路电流之和
电功率	总的电功率等于各电阻的电功率之和	
等效电阻	等效电阻等于各电阻之和	等效电阻的倒数等于各电阻的倒数之和
两个电阻的等效电阻计算公式	$R = R_1 + R_2$	$R = \dfrac{R_1 R_2}{R_1 + R_2}$

● 简单电路可以用串、并联等效电路的方法，用欧姆定律进行分析计算。不能用串、并联简化的电路称为复杂电路。复杂电路的分析计算需要用基尔霍夫电流和电压定律。

● 从仅分析电源与负载之间能量关系的角度看，电路的基本元件有电阻、电容和电感三种。其中电阻是表征电路中消耗电能的元件，电容是表征电路中储存电场能的元件，电感是表征电路中储存磁场能的元件（电容和电感元件将在下一章中介绍）。

● 一个实际的电源可以用理想电压源 U_s 与电源内电阻 R_i 相串联的电压源模型来表示，也可以用理想电流源 I_s 与电源内电阻 R_i 相并联的电流源模型来表示。两种电源模型之间可以进行等效变换，其变换公式为

$$U_s = R_i I_s \qquad (1.10)$$

式（1.10）中 U_s 与 I_s 的参考方向相一致，且电压源的 R_i 与电流源的 R_i 相等。

习题 1

1.1　填空题

1. 电路的三个基本组成部分是__________、__________和________________________。

2. 如果人体的最小电阻 $R = 800\Omega$，当通过人体的电流达到 $I = 50mA$ 时就可能有生命危险，则人体能够接触的安全电压 $U=$_____V。

3. 如果两个电阻的阻值相差悬殊，在近似计算其串、并联的等效电阻时可将其中一个忽略不计。如果 $R_1 = 10\Omega$，$R_2 = 10k\Omega$，则在串联时可忽略_____，在并联时可忽略_____。

4. 有一个电阻上有四条色环，其电阻值为 39Ω ± 10%，则电阻上色环的颜色为_____、_____、_____、_____。

5. 有一个电阻上有四条色环，颜色依次为蓝、灰、橙、银，该电阻的阻值为_____Ω，允许偏差为±_____%。

6. 四个等值的电阻串联，如果总电阻是 1kΩ，则各电阻的阻值是_____Ω。

7. 四个等值的电阻并联，如果总电阻是 1kΩ，则各电阻的阻值是_____Ω。

8. 五个等值的电阻，如果串联后的等效电阻是 1kΩ，若将其并联，则等效电阻为____Ω。

9. 五个等值的电阻，如果并联后的等效电阻是 5Ω，若将其串联，则等效电阻为____Ω。

10. 三个同样的灯泡接在 12V 的电源上，每个灯泡的电压为____V。

11. 一只 1kΩ，0.5W 的电阻，允许通过的最大电流是____A，允许加在它两端的电高电压是____V。

12. 两个电阻并联使用，其中 $R_1 = 300\Omega$，通过电流为 0.2A，通过整个并联电路的总电流为 0.8A。则 R_2 的电阻值为____Ω，通过的电流为____A。

13. 有一电流表表头，量程 $I_C = 50\mu A$，表头内电阻 $R_C = 1k\Omega$，要将该电流表表头改装为量程 $U = 1V$ 的电压表，应该与表头串联一个____kΩ 的电阻。

14. 图 1.12 电路有____条支路，____个节点，____个回路。

15. 如图 1.27（a）所示，对于节点 P 根据 KCL 列出的表达式为________________。

16. 如图 1.27（b）所示，利用 KVL 列出回路电压方程为____________________。

17. 1A = ______mA = ______μA，1kW = ______W = ______mW。

18. 1 MΩ = ______kΩ = ______Ω。

19. 一个 100kΩ 的电阻接在电路中，一端的电位为 50V，另一端的电位为-50V，则流过该电阻的电流为____mA。

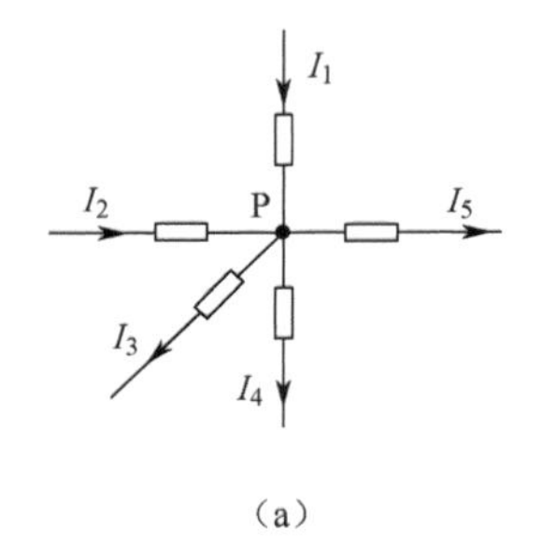

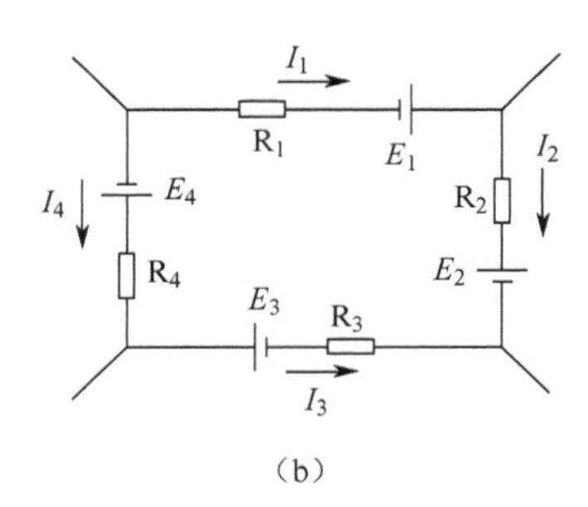

图 1.27　习题 1.1 第 15、16 题图

1.2　选择题

1. 线性电阻的伏安特性曲线为____。

A. 直线　　B. 通过坐标原点的直线　　C. 曲线

2. 一个电阻的阻值为 2Ω±5%，则电阻上的色环为____。

A. 红、黑、金　　B. 红、金　　C. 红、黑、银

3. 两个电阻值不等的电阻，如果串连接到电源上，则电阻值小的电阻其电功率____；如果并连接到电源上，则电阻值小的电阻其电功率____。

A. 大　　B. 小　　C. 一样

4. 一个阻值为 100Ω，额定功率为 4W 的电阻接在 20V 的电源上使用，____；如果接在 40V 的电源上使用，____。

A. 电阻的功率小于其额定功率，可正常使用

B. 电阻的功率等于其额定功率，可正常使用

C. 电阻的功率大于其额定功率，不能正常使用

5. 额定电压都是 220V 的 60W、40W 两只灯泡接在 220V 电源上，则____。

A. 60W 的灯泡较亮　　B. 40W 的灯泡较亮　　C. 两只灯泡一样亮

6. 电功率的单位是____。

A. 焦耳　　B. 瓦特　　C. 千瓦·小时

7. 在电源电压不变的条件下，如果电路的电阻减小，就是负载____；如果电路的电阻增大，就是负载____。

A. 减小　　B. 增大　　C. 不变

8. 在开路状态下电源的端电压等于____。

A. 零　　B. 电源电动势　　C. 通路状态的电源端电压

9. 一个 100kΩ 的电阻接在电路中，一端的电位为 50V，另一端的电位为−50V，则流过该电阻的电流为____。

A. 0.5mA　　B. 1A　　C. 1mA

10. 电路中某一节点接有四条支路，其中由两条支路流入该节点的电流分别为 2A 和−1A，第三条支路流出该节点的电流为 3A，问流出第四条支路的电流为____。

A. −2A　　B. −1A　　C. 2A

11. 接到 220V 电源上的负载有：一个 1000W 的电炉，一个 500W 的电水壶，三盏 40W 的电灯，则应该选取_____的熔断器。（注：熔断器的电流应稍大于负载的总电流。）

A. 20A　　B. 10A　　C. 5A

12. 有一电流表表头，量程 $I_C = 1\text{mA}$，表头内电阻 $R_C = 180\Omega$，要将该电流表表头改装为量程 $I = 10\text{mA}$ 的电流表，应____。

A. 与表头串联一个 20Ω 的电阻　　B. 与表头并联一个 20Ω 的电阻

C. 与表头并联一个 1980Ω 的电阻

1.3 判断题

1. 导体中自由电子定向移动的方向，就是导体中电流的方向。(　)

2. 电路中必须形成闭合回路才有电流通过。(　)

3. 电阻在串联时，电阻值越大，所消耗的电功率越大；电阻在并联时，电阻值越大，所消耗的电功率越小。(　)

4. 在电路中，电源的作用是将其他形式的能量转换为电能。(　)

5. 一根粗细均匀的电阻丝，其阻值为 4Ω，将其等分成两段，再并联使用，等效电阻是 2Ω。(　)

6. 电路中某一点的电位具有相对性，当参考点变化时，该点的电位将随之变化。(　)

7. 当参考点变化时，电路中两点间的电压也将随之变化。(　)

8. 如果电路中某两点的电位都很高，则该两点间的电压也一定很大。(　)

9. 如果电路中某两点的电位为零，则该两点间的电压也一定为零。(　)

10. 如果电路中某两点间的电压为零，则该两点间的电流也一定为零。(　)

11. 在短路状态下，电源内电阻上的电压降为零。(　)

12. 在短路状态下，电源电动势等于零。(　)

13. 在开路状态下，电源的端电压等于电源电动势。(　)

14. 一只“220V 40W”的灯泡接在 110V 电源上，因为电压减半，所以其电功率也减半，为 20W。(　)

15. 电源的内电阻越小越好。(　)

16. 两个电阻串联，则等效电阻的阻值恒大于任一个电阻；如果两个电阻并联，则等效电阻的阻值恒小于任一个电阻。(　　)

1.4 计算题

1. 一个“110V 8W”的指示灯，接在380V电源上，问要串联多大阻值和功率的电阻？

2. 一个电热水壶额定电压为220V，电阻为24.2Ω，平均每天使用两小时，问一个月（以30天计）消耗多少度电？如果每度电的电费为0.6元，问一个月要多少电费？

3. 用电压表测量一个电源开路时的电压，读数为10V；用电流表测量该电源短路电流时，电流表的读数为20 A，试求该电源的电动势和内电阻。

4. 一个满量程为1mA的电流表，表头内电阻为500Ω，如果需要用于测量10V电压，问应该串联一个电阻值为多大的电阻？如果还需要再测量100V的电压，问应该再串联一个电阻值为多大的电阻？

5. 电路如图1.28所示，已知 $E = 10\text{V}$，$r = 0.1\Omega$，$R = 9.9\Omega$，试求开关S在不同位置时电压表和电流表的读数。(注：开关在“2”的位置为开路。)

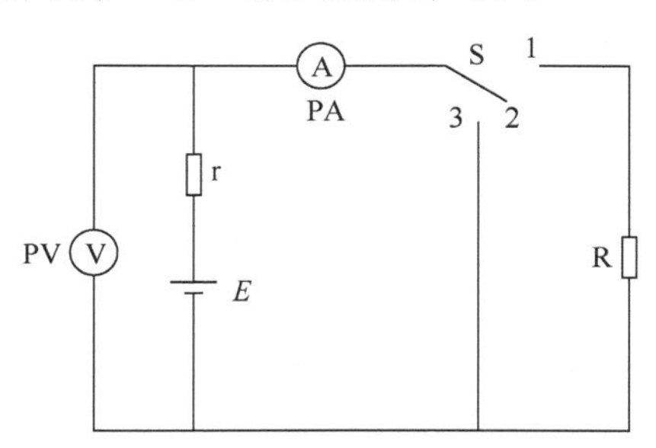

图1.28　习题1.4第5题图

6. 在图1.29电路中，电流表PA1的读数为9A，PA2的读数为3A，$R_1 = 4\Omega$，$R_2 = 6\Omega$，试计算 R_3、总等效电阻 R_{ab} 的值。

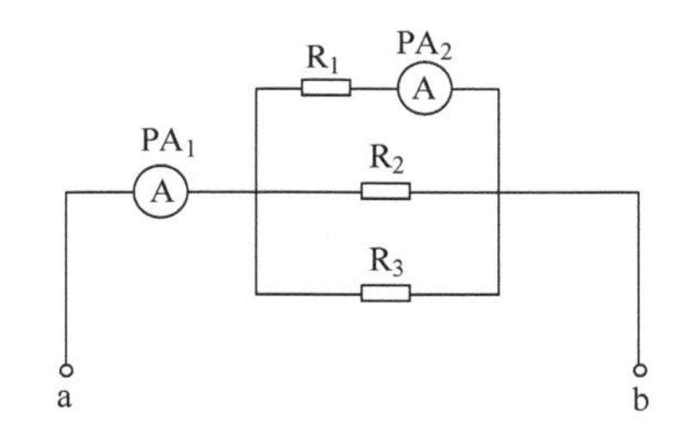

图1.29　习题1.4第6题图

7. 试求图1.30各电路中的等效电阻 R_{ab}。

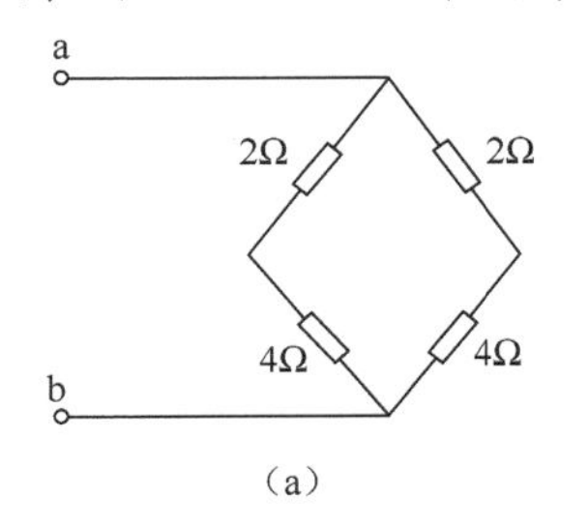

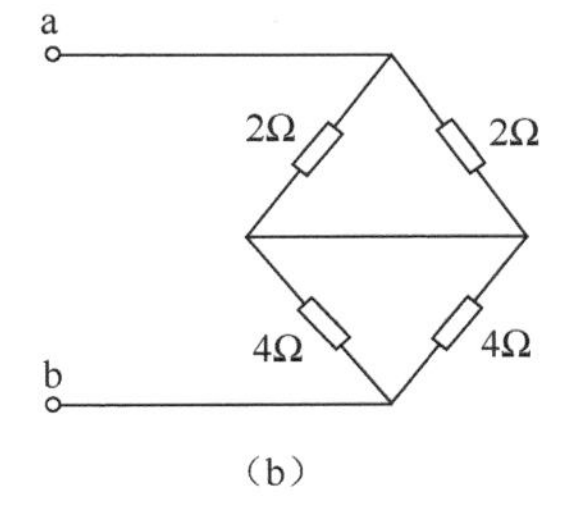

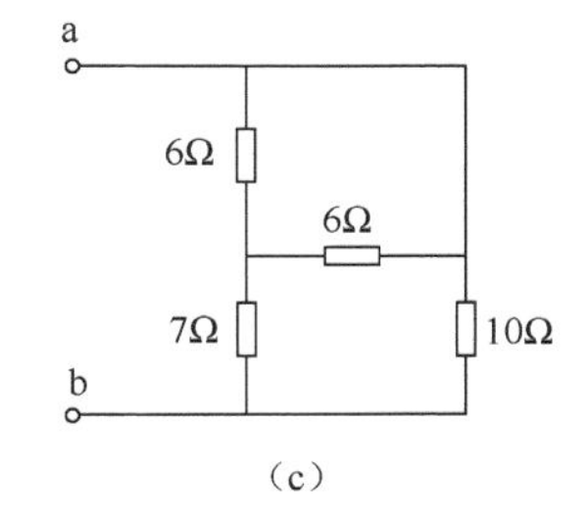

图1.30　习题1.4第7题图

8. 在图 1.31 中，已知 $R_1 = R_2 = R_3 = R_4 = 300\Omega$，$R_5 = 600\Omega$，试分别计算当开关 S 断开与闭合时电路 ab 两端的等效电阻 R_{ab}。

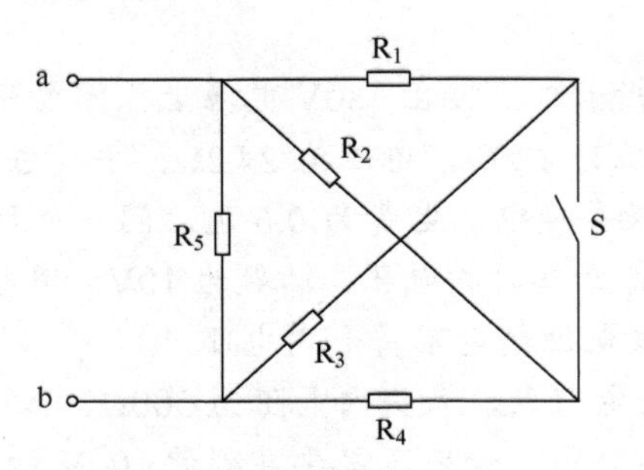

图 1.31　习题 1.4 第 8 题图

第 2 章　交流电路

学习目标

如在第 1 章中所述，“电”分为直流电和交流电，在本章介绍正弦交流电路，主要包括：

✧ 了解交流电的基本概念，正弦交流电的“三要素”和表示方法。

✧ 掌握电路的三种基本元件——电阻 R、电感 L、电容 C 在交流电路中的特征，纯 R、L、C 和 R、L 串联电路的分析计算方法。在此基础上，建立阻抗、有功功率、无功功率和功率因数等基本概念。

✧ 掌握三相交流电路的基本概念和分析、计算方法。

✧ 在实训中学会安装日光灯电路。

2.1　什么是交流电

2.1.1　直流电和交流电

图 2.1 画出了几种电流的波形：图 2.1（a）中的电流大小和方向都不随时间变化，称为直流电；图 2.1（b）中电流的大小随时间作周期性变化，但关键是方向不变，也属于直流电，称为“脉动直流电”；图 2.1（c）～图 2.1（f）中电流变化的规律不同，但有一个共同之处，就是电流的大小和方向都随时间作周期性变化，且在一个周期内平均值为零，这样的电流（或电压、电动势）统称为交流电。

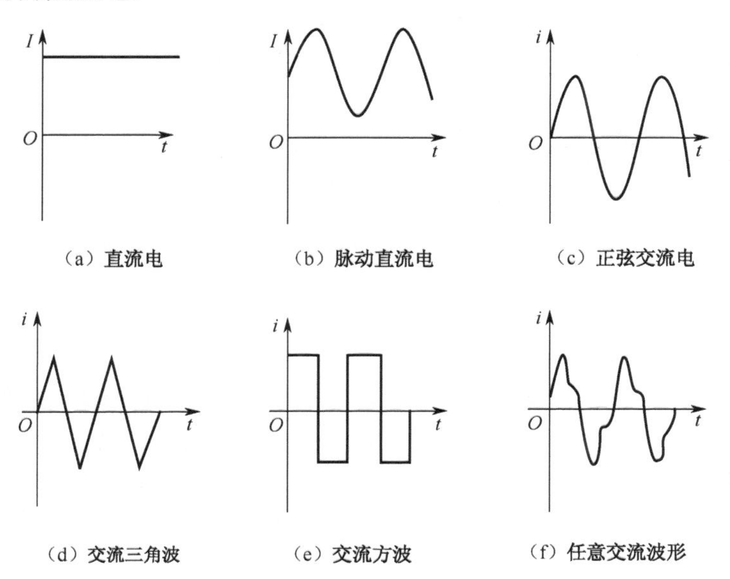

图 2.1　直流电和交流电的波形

在我们日常生活和生产中使用的大多数是交流电，即使需要直流电能供电的设备，一般也是由交流电能转换成直流电能供电的，只有功率较小且需要随时移动的设备才使用第 1 章介绍的电池供电。

交流电之所以被广泛应用是因为它有着独特的优势，首先，交流发电设备的性能好、效率高，生产交流电的成本较低；其次，交流电可以用变压器变换电压，有利于通过高压输电实现电能大范围集中、统一输送与控制；再者，使用三相交流电的三相异步电动机结构简单、价格低廉、使用维护方便，是工业生产的主要动力源。对此将在第 3、4 章详细介绍。

2.1.2　交流电的周期和频率

1．周期（T）

如上所述，所谓“交流”电，其共同之处就是电流（或电压）的大小和方向都随时间作周期性变化，而“周期”就是交流电完成一个完整的循环所需要时间，用“T”表示，单位是秒（s），如图 2.2 所示。

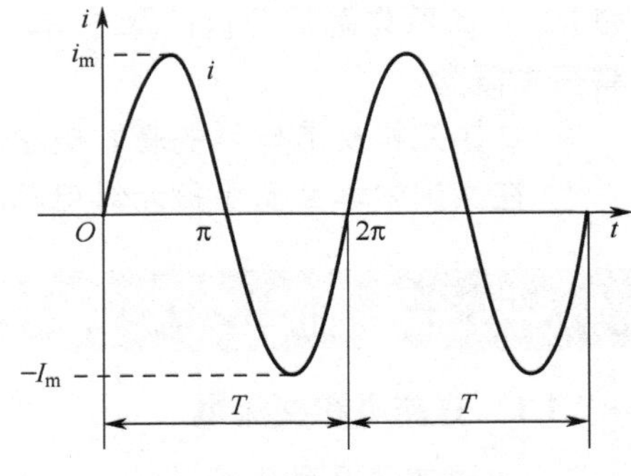

图 2.2　交流电的周期

2．频率（f）

频率就是在单位时间（每秒）内变化的周期数，用“f”表示，单位是赫〔兹〕(Hz)。

频率与周期互为倒数，即

$$f = 1/T \tag{2.1}$$

3．角频率（ω）

角频率就是在单位时间(每秒)内变化的角度(以弧度为单位)，用“ω”表示，单位是弧度/秒（rad/s)。

因为一个周期（360°）为 2π 弧度，所以角频率与频率、周期之间的关系为

$$\omega = 2\pi f = 2\pi/T \tag{2.2}$$

【例 2.1】　我国的供电电源频率（工业标准频率，简称“工频”）为 50Hz，其周期为：$T = 1/f = 1/50 = 0.02\text{s}$，角频率为 $\omega = 2\pi f = 2\pi\times50 \approx 100\times3.14 = 314\text{rad/s}$。

2.2　正弦交流电

随时间按正弦规律变化的交流电称为正弦交流电，其波形如图 2.2 所示。目前广泛使用的交流电都是正弦交流电，因此从现在开始，如果没有特别说明，本书所指的“交流电”都是指正弦交流电。

2.2.1　正弦交流电的“三要素”

所谓“要素”，是指必要（或必需）的因素。一个交流电，其变化的快慢可以用频率来表示，变化的幅度可以用幅值来表示，而变化的起始点则可用初相位来表示。所以，只要知道频率、最大值和初相位这三个因素，就可以充分地表示一个正弦交流电，所以把这三个因素称为正弦交流电的“三要素”。“三要素”中的频率（角频率、周期）已在上一节介绍了，在此介绍另外两个要素。

1．瞬时值、最大值和有效值

（1）瞬时值

交流电在变化过程中每一瞬时所对应的值称为“瞬时值”。瞬时值用小写的英文字母表示，

如 i、u 等。由图 2.2 可见，交流电的大小和方向是随时间变化的，所以每一瞬时的值其大小和方向可能都不相同，可能为正值，可能为负值，也可能为零。

（2）最大值

交流电在一个周期内的最大瞬时值称为最大值，又称为幅值或峰值。最大值用带下标 m 的大写的英文字母表示，如 I_m、U_m 等。

由图 2.2 可见，交流电的最大值有正值有负值，但习惯用绝对值来表示。

（3）有效值

如上所述，交流电的瞬时值随时间作周期性变化，所谓最大值只是其最大的瞬时值，那么交流电的大小应该用什么值来表示呢？在实际应用中，交流电的大小是用“有效值”来表示的，有效值用大写的英文字母表示，如 I 、U 等。

所谓“有效值”，是指如果一个交流电流通过一个电阻，在一个周期内所产生的热量与某一直流电流（在同样的时间内通过同一个电阻）所产生的热量相等，就以此直流电流的数值定义为该交流电流的有效值。经过计算，正弦交流电的有效值与最大值之间的关系为

$$I = \frac{I_m}{\sqrt{2}} = 0.707I_m$$

$$U = \frac{U_m}{\sqrt{2}} = 0.707U_m \qquad (2.3)$$

在一般情况下所讲的交流电压和电流的大小，以及电器铭牌上标注的、电气仪表上所批示的数值都是有效值。

【例 2.2】 我国的生活用电是 220V 交流电，其最大值为：$U_m \approx \sqrt{2} \times 220 \approx 311V$。

①把一盏白炽灯分别接在有效值为 220V 的交流电源和 220V 直流电源上，白炽灯的亮度一样吗？

②一只耐压为 220V 的电容器能否接在有效值为 220V 的交流电源上使用？

2．相位、初相位和相位差

（1）相位

一个正弦交流电流完整的函数表达式是：$i = I_m \sin(\omega t+\varphi_i)$，已经介绍过 i 为瞬时值，I_m 为最大值，ω 为角频率。由图 2.3 可见，交流电流 i 在每一瞬时 t 具有不同的（$\omega t+\varphi_i$）值，所对应的电流值也就不同。所以（$\omega t+\varphi_i$）代表了交流电流的变化进程，被称为“相位角”，简称“相位”。

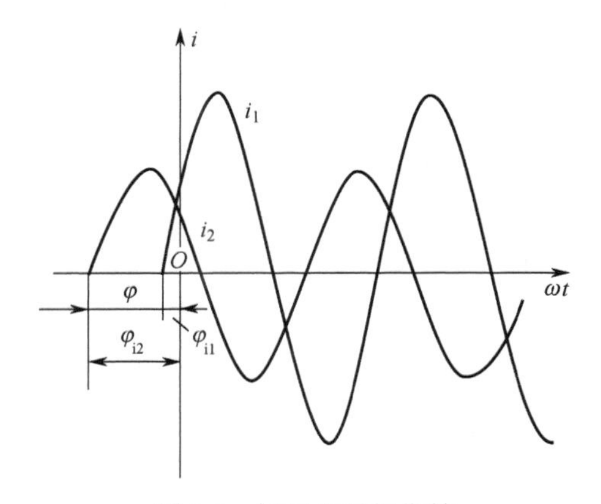

图 2.3　初相位和相位差

（2）初相位

在计时的起点，即 $t = 0$ 时的相位称为初相位 φ_i。图 2.3 分别表示了两个不同初相位的正弦交流电流 i_1 和 i_2 的波形。

（3）相位差

相位差是指两个同频率的正弦交流电流相位之差。如图 2.3 所示，电流 i_1 的相位为（$\omega t+\varphi_{i1}$），初相位为 φ_{i1}；电流 i_2 的的相位为（$\omega t+\varphi_{i2}$），初相位为 φ_{i2}，两者之间的相位差为

$$\varphi=(\omega t+\varphi_{i2})-(\omega t+\varphi_{i1})=\varphi_{i2}-\varphi_{i1} \tag{2.4}$$

相位、初相位和相位差的单位一般都用弧度（rad）。

由图 2.3 可见：

①i_1 和 i_2 的初相位不同，即它们达到正的（或负的）幅值与零值的时刻不同，说明它们随时间变化的步调不一致。

②当两个同频率正弦量的计时起点改变时，它们的相位和初相位随之改变，但两者之间的相位差并不改变。这和当参考电位点改变时电路中各点的电位随之改变，而两点间的电压（电位差）并不改变的道理是一样的。

③由图可见 $\varphi_{i2}>\varphi_{i1}$（即 $\varphi>0$），所以较先到达正的幅值，称为 i_2 超前于 i_1 φ 角，或者说 i_1 滞后于 i_2 φ 角。

④如果两个正弦量初相位相同，即相位差 $\varphi=0$，则称为这两个正弦量“同相”[见图 2.4（a）]。

⑤如果两个正弦量的相位差 $\varphi=\pi$，则称为这两个正弦量“反相”[见图 2.4（b）]。

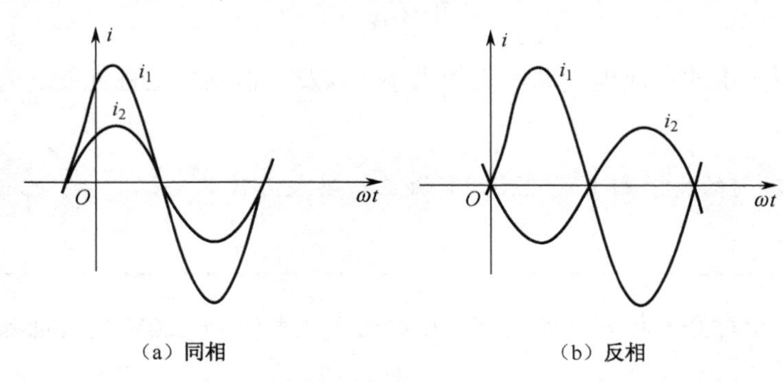

（a）同相　　（b）反相

图 2.4　同相和反相

2.2.2　正弦交流电的矢量表示法

如上所述，只要知道频率（角频率、周期）、最大值（有效值）和初相位这三个要素，就可以充分地表示一个正弦交流电。正弦交流电的表示方法一般有三种，即波形图、解析式和矢量图表示法。前两种表示方法实际上在前面已经介绍了，如一个正弦交流电流，其波形图表示法就是图 2.2，从波形可以直观地表示出其频率、最大值和初相位（$\varphi_i=0$）；其解析式就是函数表达式是：$i=I_m\sin(\omega t+\varphi_i)$。但是在交流电路的分析与计算中，比较方便、直观的还是矢量图表示法。

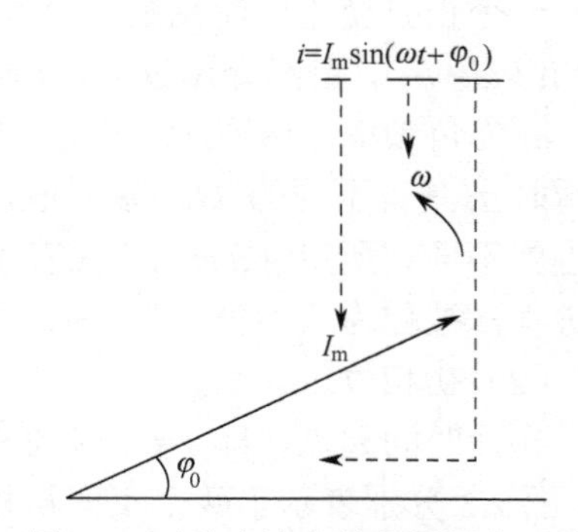

图 2.5　正弦交流电的矢量图表示法

所谓“矢量”，就是既有大小又有方向的量（又称为“向量”）。用矢量图表示一个正弦交流电（如电流 i）的方法如图 2.5 所示：如果在平面直角坐标系中，从坐标原点开始画一个矢量，其长度为该电流的最大值 I_m，矢

量与 X 轴正向的夹角为该电流的初相位 φ_i（设 $\pi/2 > \varphi_i > 0$，为一锐角），并设矢量以角速度 ω 绕坐标原点按逆时针方向旋转。这样，一个正弦交流量的三个要素都由矢量图直观、充分地表达出来了。

关于矢量图的几点说明：

①由于矢量以角速度 ω 绕坐标原点按逆时针方向旋转，所以矢量图实际上是旋转矢量图。但在实际应用中，由于在同一矢量图中所表示的各正弦量频率相同，它们按逆时针方向旋转的角速度相等，各矢量之间的相对位置（即相位差）不变，所以可将旋转矢量视为在 $t = 0$ 时刻的相对静止的矢量，即不需要标注矢量以角速度 ω 绕坐标原点按逆时针方向旋转。

②在实际作图时，也不需要画出直角坐标系有坐标轴。规定矢量与 X 轴正向的夹角为正弦量的初相角，并规定逆时针方向的角度为正，顺时针方向的角度为负。

③矢量的长度可以表示正弦量的最大值，也可以表示有效值。

④只有同频率的正弦量才能用同一矢量图表示。

⑤注意矢量图仅是正弦量的表示方法，矢量并不是正弦量。

【例 2.3】 有两个正弦交流电流，$i_1 = 3\sin(100\pi t - \pi/6)$ A，$i_2 = 4\sin(100\pi t + \pi/3)$ A，其波形图如图 2.6（a）所示，试作出它们的矢量图并求其相位差。

解：①按照波形图和解析式作出 i_1 和 i_2 的矢量图，如图 2.6（b）所示。

②$\varphi = \varphi_{i2} - \varphi_{i1} = \pi/3 - (-\pi/6) = \pi/2$，由图可见两个矢量的夹角为直角。

③由波形图和矢量图均可见 i_2 超前于 i_1 $\pi/2$。

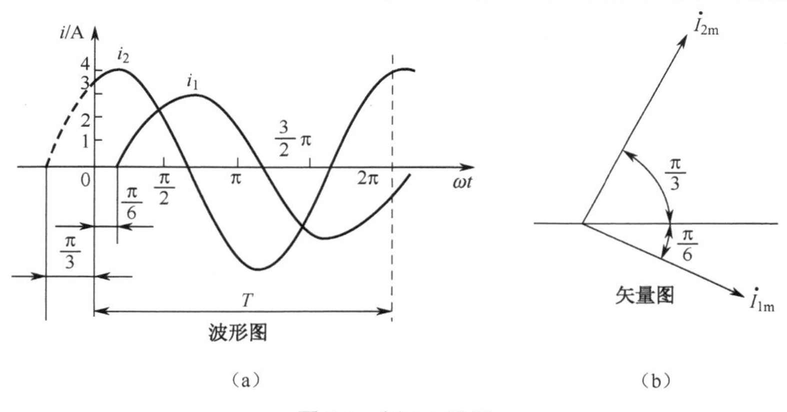

图 2.6　例 2.3 附图

2.3　电阻、电感和电容在交流电路中的特性

如第 1 章所述，电阻、电容和电感是电路的三大元件，下面分析这三种元件在交流电路中的特性。在分析之前先解释：所谓“纯××电路”，是为了分析该元件的特性，只考虑该元件的主要电磁性质而忽略其他性质。例如实际的电感元件含有电阻和分布电容，但在分析时将电阻和分布电容均忽略，只考虑其电感元件的性质，所以称为“纯电感电路”。

2.3.1　纯电阻电路

1．电流与电压关系

接在交流电源上的白炽灯和电炉等用电设备，都可以看成是纯电阻电路，如图 2.7（a）所示。设电流的初相角为零（称为“参考矢量”）

$$i = I_{\mathrm{m}} \sin\omega t \tag{2.5}$$

根据欧姆定律有：

$$u = iR = I_{\mathrm{m}}R \sin\omega t = U_{\mathrm{m}} \sin\omega t \tag{2.6}$$

可见在纯电阻电路中：

（1）电流与电压的频率和相位均相同，如图 2.7（b）、（c）所示。

（2）电流与电压的最大值和有效值均符合欧姆定律

$$\frac{U_{\mathrm{m}}}{I_{\mathrm{m}}} = \frac{U}{I} = R \tag{2.7}$$

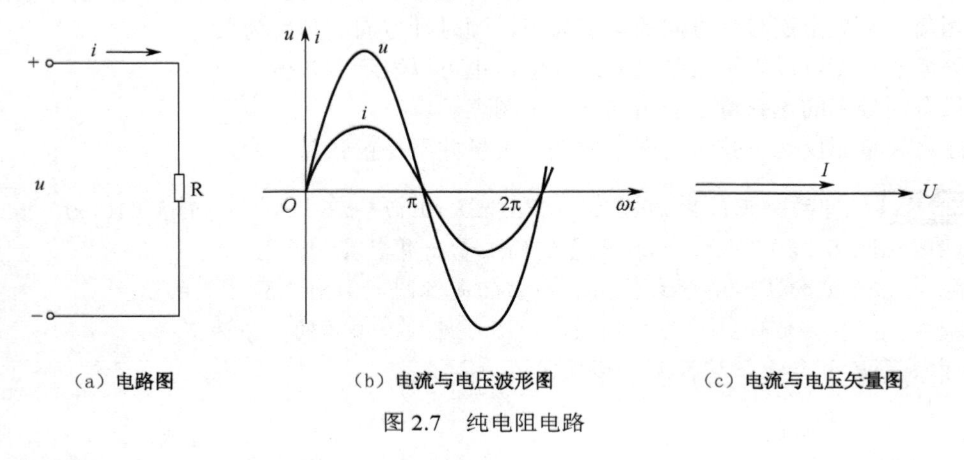

（a）电路图　（b）电流与电压波形图　（c）电流与电压矢量图

图 2.7　纯电阻电路

2．电功率

（1）瞬时功率

瞬时功率就是元件在每一瞬间所吸收（消耗）的电功率，瞬时功率为电压与电流瞬时值的乘积

$$p = ui = U_{\mathrm{m}} \sin\omega t \cdot I_{\mathrm{m}} \sin\omega t = U_{\mathrm{m}} I_{\mathrm{m}} \sin^2\omega t = 2UI \sin^2\omega t \tag{2.8}$$

瞬时功率的波形如图 2.8 所示，由图可见纯电阻电路的瞬时功率虽然随时间变化，但始终为正值（其波形始终在横坐标轴的上方），说明纯电阻元件总是吸收功率，是耗能元件。

（2）平均功率

在工程上用瞬时功率的平均值来计算电路消耗的功率

$$P = \frac{U_{\mathrm{m}}I_{\mathrm{m}}}{2} = UI = \frac{U^2}{R} = I^2R \tag{2.9}$$

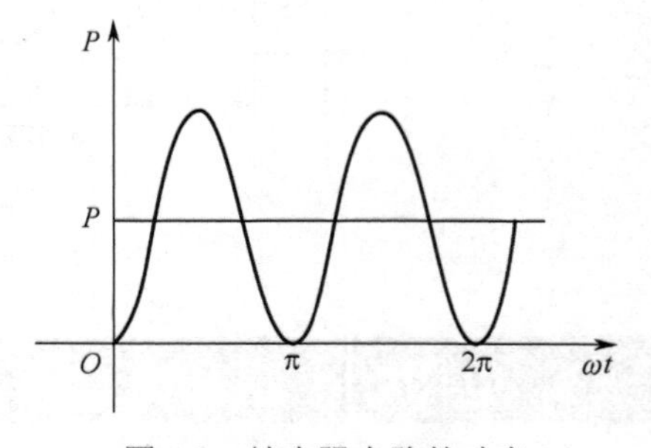

图 2.8　纯电阻电路的功率

平均功率也称为“有功功率”，其单位也是瓦特（W）。由公式（2.7）和（2.9）可见，在纯电阻的交流电路中，有功功率 P、电压与电流的有效值 U、I 的代号及计算公式表面上均与直流电路中的一样，但应注意其物理意义有所不同。

2.3.2　纯电感电路

1．电流与电压关系

一个接在交流电源上的线圈，当其电阻小到可以忽略不计的程度时，就可以看成纯电感电

路，如图 2.9（a）所示。同样设电流为参考矢量

$$i = I_{\mathrm{m}} \sin\omega t$$

经过理论推导可以得到

$$u = \omega L I_{\mathrm{m}} \sin(\omega t + \pi/2) = U_{\mathrm{m}} \sin(\omega t + \pi/2) \qquad (2.10)$$

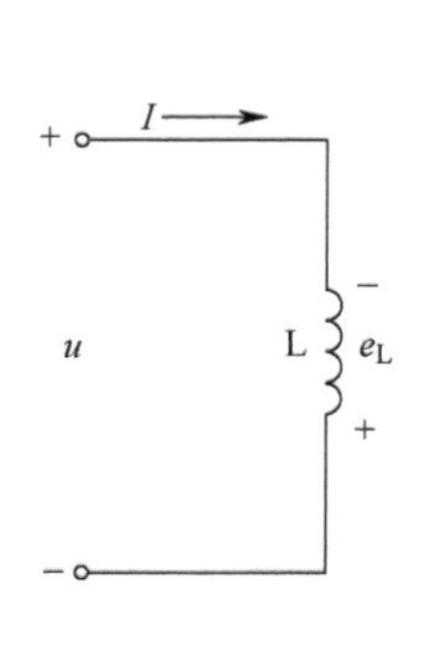

（a）电路图

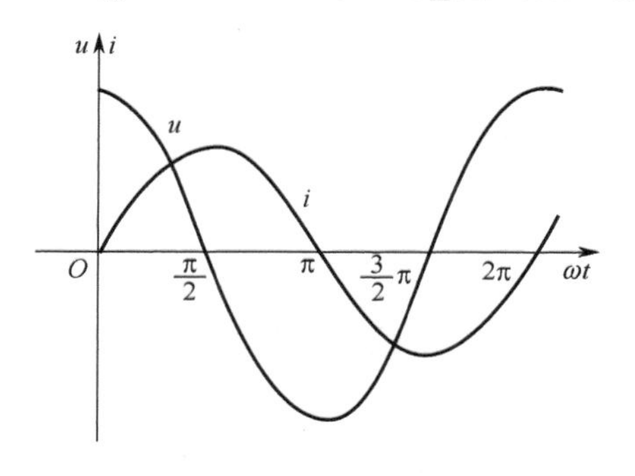

（b）电流与电压波形图

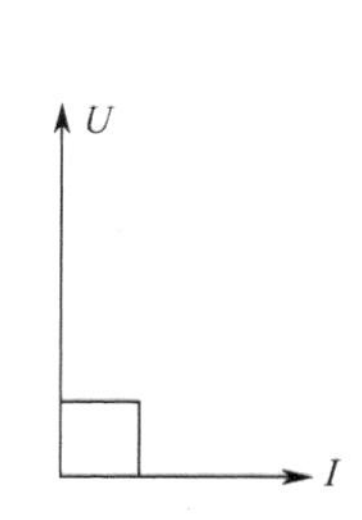

（c）电流与电压矢量图

图 2.9　纯电感电路

可见在纯电感电路中：

（1）电流与电压的频率相同。

（2）电压在相位上超前于电流 π/2，如图 2.9（b）、（c）所示。

（3）电流与电压的最大值和有效值之间的关系为

$$\frac{U_{\mathrm{m}}}{I_{\mathrm{m}}} = \frac{U}{I} = \omega L = X_{\mathrm{L}} \qquad (2.11)$$

在公式（2.11）中，$X_{\mathrm{L}} = \omega L = 2\pi f L$ 为电感的电抗，简称感抗。感抗 X_{L} 与频率 f（ω）、自感系数 L 成正比，感抗的单位也是欧姆（Ω）。

2．电功率

（1）瞬时功率

电感元件的瞬时功率为

$$p = ui = U_{\mathrm{m}} \sin(\omega t + \pi/2) \cdot I_{\mathrm{m}} \sin\omega t = U_{\mathrm{m}} I_{\mathrm{m}} \cos\omega t \cdot \sin\omega t = UI \sin 2\omega t \qquad (2.12)$$

瞬时功率的波形如图 2.10 所示，由图可见纯电感的瞬时功率（以电流或电压的两倍频率）随时间变化，但在横坐标轴上方和下方的波形面积相等，说明纯电感元件并不消耗电能，是储能元件。其物理意义为：当瞬时功率 $p>0$ 时（波形在横坐标轴上方），电感从电源吸收电能并转换成磁场能量储存在电感中；当瞬时功率 $p<0$ 时（波形在横坐标轴下方），电感将储存的磁场能量释放转换成电能送回电源；由此周而复始。

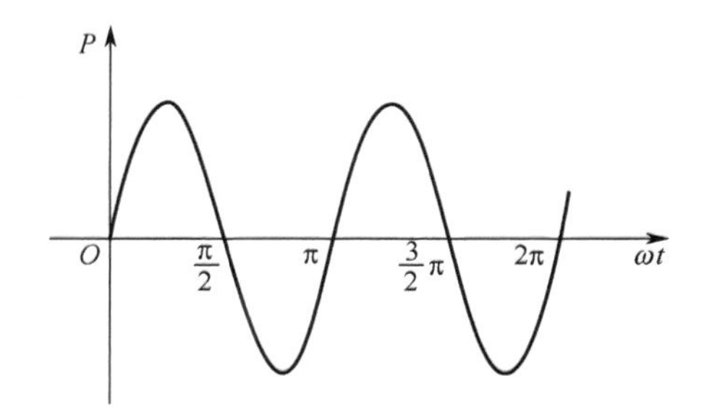

图 2.10　纯电感、纯电容电路的瞬时功率

（2）平均功率

从波形图直观观察以及根据理论推算都可以知道：纯电感元件的平均功率（有功功率）$P = 0$。

（3）无功功率

根据以上的分析，纯电感元件在交流电路中不消耗电功率，只是与电源进行能量的相互交换，在工程上用其能量互换（瞬时功率）的最大值来衡量这一互换功率的大小，称为“无功功率”，用“Q”来表示

$$Q = UI = \frac{U^2}{X_L} = I^2 X_L \tag{2.13}$$

为了与有功功率相区别，无功功率的单位采用“乏”（var）或“千乏”（kvar）。

阅读材料

常用电感元件和无功功率

在供电线路中，电感性的负载是很多的，如各种的变压器、电动机和电磁铁等，如图 2.11 所示。电感元件有两大类，绕制在非铁磁性材料上面的线圈称为空心电感线圈[见图 2.11（h）]；在空心线圈内放置铁磁性材料制作成铁芯的，称为铁芯电感线圈。

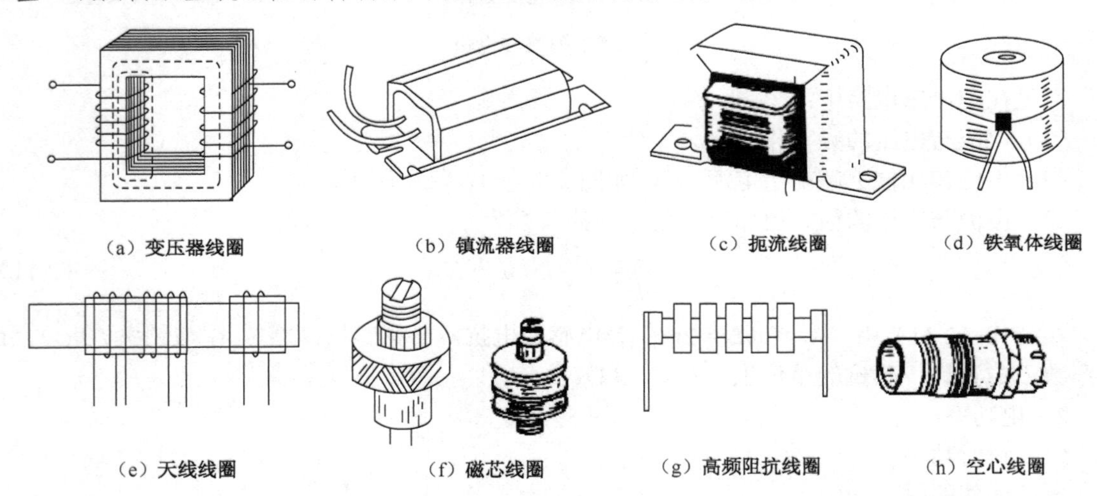

（a）变压器线圈　（b）镇流器线圈　（c）扼流线圈　（d）铁氧体线圈

（e）天线线圈　（f）磁芯线圈　（g）高频阻抗线圈　（h）空心线圈

图 2.11　常用电感元件

由前面的介绍，如果忽略电感元件的内电阻和分布电容，视作一个“纯电感”元件，则在交流电路中并不消耗电功率，只是在元件与电源之间进行能量的互换。根据电感元件的这一特性，经常采用它作为交流电路中的限流元件（而不采用电阻以避免对电能的损耗），如日光灯、电焊机和交流电动机中的启动器，以达到既限制了电流又避免（或减少）了能量损耗的目的。

电感性负载在工作时，有相当一部分能量在与电源之间往返传递，所谓“无功功率”就是这部分能量互换的最大速率。这部分能量的互换占用了供电线路的容量，而又未能取得电源向负载输送能量的实际效果，这是供电部门所不希望的，因此需要设法减少供电容量中这一“无功”部分的比例（详见本章第 5 节，“电路的功率因数”）。

【例 2.4】 有一只电感量为 500mH 的线圈，接到 220V 的工频交流电源上，求电感线圈的电流（有效）值和无功功率。

解：“工频”交流电源的 $f = 50\text{Hz}$ ，电感 $L = 500\text{mH} = 0.5\text{H}$

$X_L = \omega L = 2\pi fL = 2\pi\times50\times0.5 = 157.1\Omega$

$I = \dfrac{U}{X_L} = \dfrac{220}{157.1} = 1.4\text{A}$

$Q = UI = 220\times1.4 = 308.1\text{var}$

2.3.3　纯电容电路

1．电流与电压关系

电容器在一般情况下可以视为纯电容，将其接在交流电源上就构成纯电容电路，如图 2.12（a）所示。设电压为参考矢量

$$u = U_m \sin\omega t$$

经过理论推导可以得到

$$i = \omega CU_m\sin（\omega t + \pi/2） = I_m\sin（\omega t + \pi/2） \tag{2.14}$$

可见在纯电容电路中：

（1）电流与电压的频率相同。

（2）电流在相位上超前于电压 π/2，如图 2.12（b）、（c）所示。

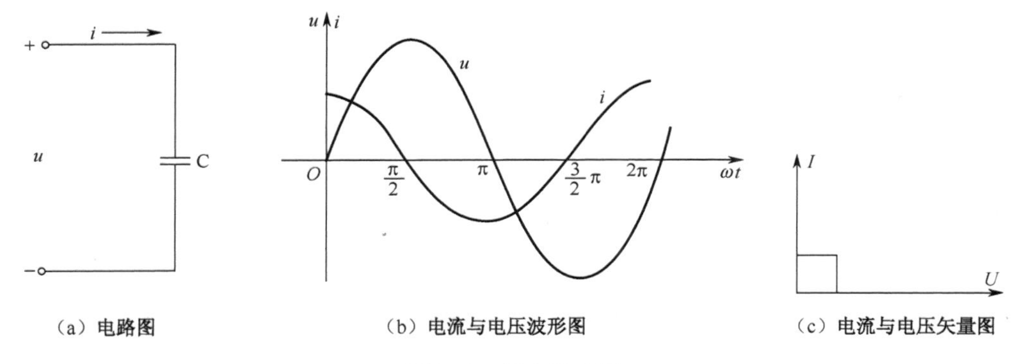

（a）电路图　（b）电流与电压波形图　（c）电流与电压矢量图

图 2.12　纯电容电路

（3）电流与电压的最大值和有效值之间的关系为

$$\frac{U_m}{I_m} = \frac{U}{I} = \frac{1}{\omega C} = X_C \tag{2.15}$$

在公式（2.15）中，$X_C = 1/\omega C = 1/2\pi fC$ 为电容的电抗，简称容抗。可见容抗 X_C 与频率 f（ω）、电容量 C 成反比，容抗的单位也是欧姆（Ω）。

2．电功率

（1）瞬时功率

电容元件的瞬时功率为

$$p = ui = U_m\sin\omega t \cdot I_m\sin（\omega t + \pi/2） = U_mI_m\sin\omega t \cdot \cos\omega t = UI\sin2\omega t \tag{2.16}$$

比较公式（2.16）与公式（2.12）可见，电容元件与电感元件瞬时功率的推导结果是一样的，因此其波形也与图 2.10 所示的一致。可见与纯电感元件一样，纯电容元件也是不消耗电能的储能元件。不一样的是：电感元件是进行电能与磁场能量的互换，而电容是进行电源的电能与电容元件本身储存的电场能量之间的互换。

（2）平均功率

与纯电感元件一样，纯电容元件的的平均功率（有功功率）$P = 0$。

（3）无功功率

$$Q = UI = \frac{U^2}{X_C} = I^2 X_C \tag{2.17}$$

其单位也是“乏”（var）或“千乏”（kvar）。

在此应该说明的是：将公式（2.16）与公式（2.12）、公式（2.17）与公式（2.13）对应相比较可见，从表面上看，电容与电感元件的瞬时功率和无功功率的公式是一样的，所以瞬时功率的波形图也如图 2.10 所示。但是两种元件的物理性质不同，导致其电抗与无功功率的特性也不同。如果将一个电感和一个电容并连接在交流电源上，在任一瞬间，电感与电容的瞬时功率均方向相反。即当电感在吸收能量时，电容在释放能量；反之，当电容在吸收能量时，轮到电感在释放能量。

【例 2.5】 有一只电容量为 50μF 的电容器，接到 220V 的工频交流电源上，求电容的电流（有效）值和无功功率。

解：“工频”交流电源的 $f = 50\text{Hz}$，电容 $C = 50\mu\text{F} = 50\times10^{-6}\text{F}$

$$X_C = \frac{1}{\omega C} = \frac{1}{2\pi fC} = \frac{1}{2\pi\times50\times50\times10^{-6}} = 64\Omega$$

$$I = \frac{U}{X_C} = \frac{220}{64} = 3.4\text{A}$$

$$Q = UI = 220\times3.4 = 748\text{var}$$

阅读材料

常用电容器元件

常用电容元件分为电容值固定不变的固定电容器（见图 2.13）和电容值可以在一定范围内调节的可变电容器（见图 2.14）两大类。按照其介质材料的不同又可分为陶瓷、云母、塑料、纸质和电解电容器等多种。电容器在工程技术中应用很广泛，在电子线路中可用来隔直、滤波、旁路、移相和选频等；在电力系统中可用来提高电网的功率因数；在机械加工中可用做电火花加工。最近又出现了用于电动车辆能源的双层电容器（EDLC）。

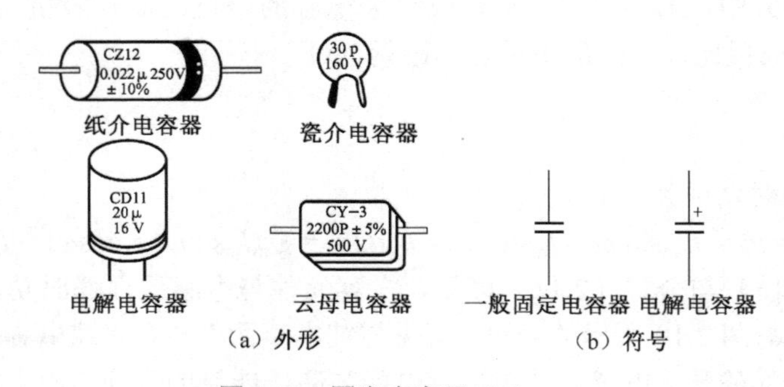

图 2.13　固定电容器（1）

瓷介电容器

电解电容器

金属化聚丙烯薄膜电容器

云母电容器

（c）实物图

图 2.13　固定电容器（2）

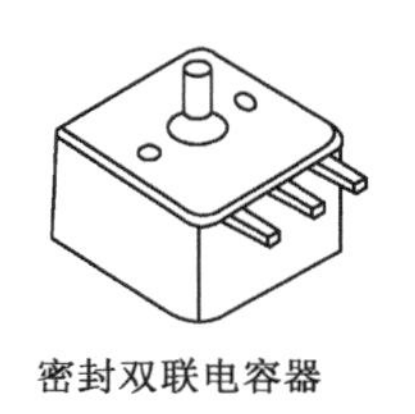
密封双联电容器

聚苯乙烯可变电容器

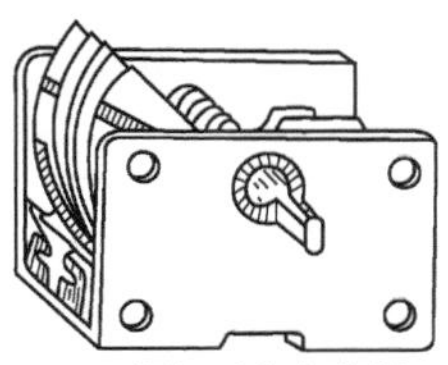
空气可变电容器

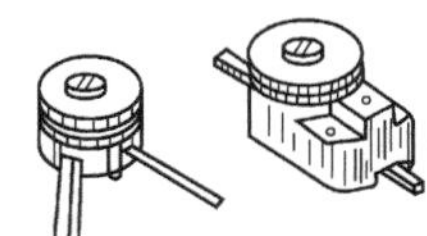
陶瓷微调电容器

拉线微调电容器

云母微调电容器

（a）外形

可变电容器

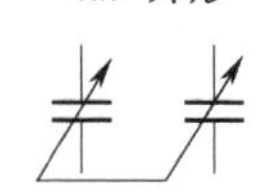
同轴可变电容器

微调电容器

（b）符号

陶瓷真空可变电容器

塑料单连可变电容器

半可变（微调）电容器

空气可变器

（c）实物图

图 2.14　可变电容器

2.4　电阻与电感串联电路

2.4.1　电流与电压关系

一个接在交流电源上的线圈，当其电阻不能够忽略不计时，可以等效为一个电阻与电感的串联电路，如图 2.15（a）所示。

做一做

测量电感器的直流电阻。

用万用电表的欧姆挡测量电感器（电源变压器）的直流电阻，可以发现电感器都存在直流电阻，这是因为绕制电感器的导线有电阻。这说明理论上的纯电感在实际生活中并不存在，实际的电感器是一个 RL 串联的元件。

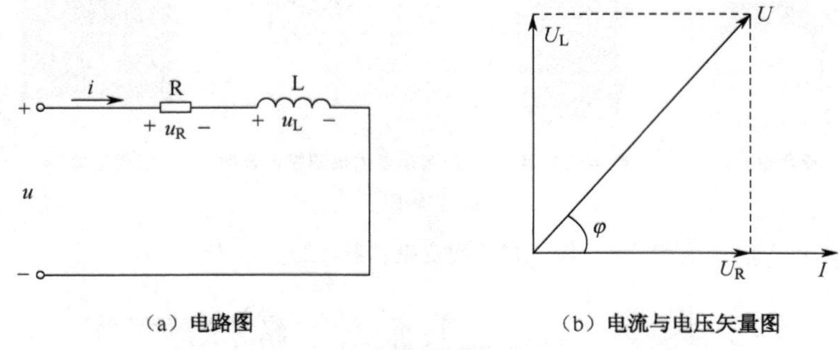

（a）电路图　　（b）电流与电压矢量图

图 2.15　电阻与电感串联电路

现仍设电流为参考矢量：$i = I_m\sin\omega t$

根据上一节知道的与电感元件电流与电压关系可以得到

$$u_R = U_{Rm}\sin\omega t \tag{2.18}$$

$$u_L = U_{Lm}\sin(\omega t + \pi/2) \tag{2.19}$$

且

$$u = u_R + u_L = U_m\sin(\omega t + \varphi) \tag{2.20}$$

在矢量图上，总电压的矢量为电阻电压矢量与电感电压矢量相加，如图 2.15（b）所示。由图可见，总电压、电阻电压和电感电压的三个矢量组成一个直角三角形，电阻电压和电感电压的矢量分别为两条直角边，总电压的矢量为直角三角形的斜边，其长度为

$$U = \sqrt{U_R^2 + U_L^2} \tag{2.21}$$

与电阻电压矢量的夹角为

$$\varphi = \arctan\frac{U_L}{U_R} \tag{2.22}$$

由三个电压矢量构成的直角三角形称为“电压三角形”，如图 2.16（a）所示。

2.4.2　阻抗

由公式（2.21）可得

$$U = \sqrt{U_R^2 + U_L^2} = I\cdot\sqrt{R^2 + X_L^2} = I\bullet Z \tag{2.23}$$

在公式（2.23）中，$Z = U/I = \sqrt{R^2 + X_L^2}$ 称为电阻和电感串联电路的阻抗，其单位仍是欧姆（Ω）。

由公式（2.23）可见，阻抗 Z、电阻 R 与感抗 X_L 也构成一个直角三角形，而且与电压三角形是相似三角形，如图 2.16（b）所示，称为“阻抗三角形”，其夹角也是 φ 角

$$\varphi = \arctan\frac{X_L}{R} \tag{2.24}$$

但应注意：构成阻抗三角形的三条边不是矢量，所以阻抗三角形不是矢量三角形。

2.4.3　电功率

1．有功功率

在电阻与电感串联电路中，只有电阻是消耗电能的元件，所以电路的有功功率就是电阻的

有功功率

$$P = U_R I = UI\cos\varphi = Ui\lambda \tag{2.25}$$

在公式（2.25）中，$\lambda = \cos\varphi$ 称为电路的“功率因数”，因此 φ 称为电路的“功率因数角”。关于 λ 的概念及含义将在下一节介绍。

2．无功功率

同理，电路的无功功率就是电感的无功功率

$$Q = U_L I = UI\sin\varphi \tag{2.26}$$

3．视在功率

电路中电流和总电压的乘积既不是有功功率，也不是无功功率，所以称为“视在功率”，用 S 来表示：

$$S = UI \tag{2.27}$$

根据公式（2.25）、公式（2.26）和公式（2.27）可以推导出：

$$S = \sqrt{P^2 + Q^2} \tag{2.28}$$

由公式（2.28）可见，S、P、Q 三个功率也构成一个“功率三角形”，如图 2.16（c）所示。它和阻抗三角形一样，也不是矢量三角形。而且功率三角形与电压三角形、阻抗三角形都是相似三角形，三个三角形的夹角 φ 是一样的

$$\varphi = \arctan\frac{U_L}{U_R} = \arctan\frac{X_C}{R} = \arctan\frac{Q}{P} \tag{2.29}$$

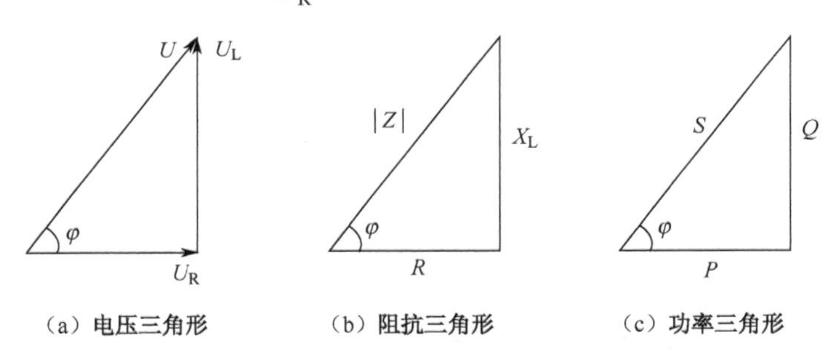

图 2.16　电阻与电感串联电路的三个三角形

视在功率表征的是电源的总容量，负载消耗的实际功率（有功功率）一般小于视在功率，由公式（2.25）和功率三角形：$P = UI\lambda = S\lambda$，即：$P/S = \lambda$。可见有功功率在视在功率中的比例在相当程度上取决于负载的功率因数，对此将在下一节作专门分析。

为了与有功功率和无功功率相区别，视在功率的单位采用伏〔特〕安〔培〕（V・A）或千伏安（kV・A）。

2.5　电路的功率因数

2.5.1　提高功率因数的意义

由公式（2.25）和公式（2.27），功率因数 $\lambda = \cos\varphi = P/S$，即 P 在 S 中的比例。且由 $P = S\cos\varphi$ 可见，当视在功率一定时，提高功率因数就可以提高有功功率。提高功率因数的意义主要表现在以下两个方面。

1．可以提高供电设备的利用率

因为功率因数是有功功率 P 与视在功率 S 的比值，所以在供电设备容量（视在功率）S 一定的情况下，功率因数越高，有功功率 P 就越大，供电设备的容量越能够得到充分利用。在理想状态下，$\cos\varphi=1$，$S=P$，电源的容量得到完全利用；如果 $\cos\varphi=0$，则 $S=Q$。功率因数一般在 1 与 0 之间，表 2.1 给出了常用各种负载的功率和功率因数。由表可见，各种负载接上电网使用后，使整个电网的功率因数就不可能等于 1。因此对于电源设备来说，就必须在输出有功功率的同时输出无功功率，输出总的电功率中，有功功率和无功功率各占多少，取决于负载的功率因数。所以在总功率 S 一定的情况下，负载的功率因数越高，电源输出的有功功率就越大，设备的利用率也就提高了。

表 2.1　常用负载的功率和功率因数

负　　载	常用功率 P（W）	功率因数 $\cos\varphi$
白炽灯	25～100	1
日光灯	6～40	0.34～0.52
音响设备	几至几十	0.7～0.9
电视机	几十至几百	0.7～0.9
400mm 吊扇	66	0.91
电冰箱	60～130	0.24～0.4
家用洗衣机	90～650	0.5～0.6
家用空调器	1k～3k	0.7～0.9
电饭锅	300～1400	1
Y 系列三相异步电动机	500～300k	0.75～0.9

2．可以减少在电源设备及输电线路上的电压降和功率损耗

在电源的额定电压 U 和电源输出的有功功率 $P=UI\cos\varphi$ 一定时，如果 $\cos\varphi$ 越高，通过输电线路中的电流 I 就越小，则在电源设备及输电线路上的电压降和功率损耗也就越小。

2.5.2　提高功率因数的方法

通过上面的分析知道，功率因数是供电系统中一个很重要的参数，因此提高功率因数对于供电系统有很重要的实际意义。常用的提高功率因数的方法如下。

（1）由于电网的大多数负载（如电动机）都是电感性负载，因此通常采用在电路中并联电容器的方法来提高电路的功率因数。如在实训 2 采用并联电容器提高日光灯电路的功率因数就是很典型的例子。应当指出，在实际应用中并不需要将功率因数提高到理想状态下的 1，一般只需要提高到 0.9～0.95 即可。因为再往上提高所需的电容量甚大，设备的投资大而效益并不显著。另外当整个电路的功率因数接近于 1 时，可能会使电路产生谐振，危及电路的安全。

（2）对于功率较大，转速不要求调节的生产机械（如大型水泵、空气压缩机、矿井通风机等），可采用同步电动机拖动。因为同步电动机在过励磁状态下工作时呈电容性，可以使电路的功率因数得到提高。

（3）设法提高负载自身的功率因数。如日光灯的功率因数低主要是因为使用电感式镇流器，如果改用电子式镇流器，则其功率因数可以提高到 0.95 以上。

技能训练

【实训2】　日光灯电路及功率因数的提高

一、实训目的

1. 了解日光灯电路的原理，学会安装日光灯电路。
2. 学会测量交流电路的电压、电流和功率。
3. 了解提高功率因数的方法和意义。

二、相关知识和预习内容

（一）日光灯电路的组成和工作原理

日光灯又称为荧光灯，是一种低压汞放电灯具，因为所发出的光接近于自然光，所以称之为日光灯。实际上荧光灯有日光色、冷白色和暖白色三种，除了直管形外还可以制成环形和 U 形等各种形状。

日光灯电路由灯管、镇流器和启辉器三部分组成（见图 2.17）。

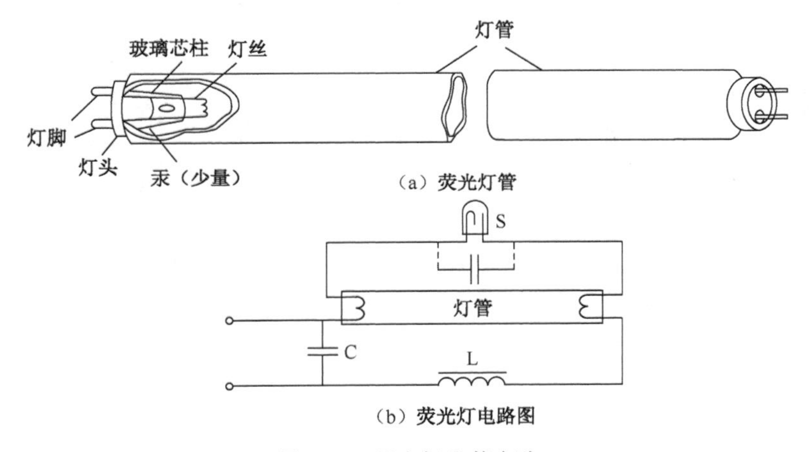

图 2.17　日光灯及其电路

1. 灯管

日光灯的灯管一般是一支细长的的玻璃管，灯管的两端各有一个密封的电极[见图 2.17(a)]，灯管内充有低压汞蒸汽及少量帮助启燃的氩气，灯管内壁涂有一层荧光粉。当灯管通电灯丝加热到一定温度时发射电子，电子在电场的作用下逐渐达到高速碰撞汞原子，使其电离产生紫外线，紫外线激励管壁上的荧光粉使之发出大量可见光。

2. 镇流器

镇流器是一个带铁芯的电感线圈，镇流器的作用一是与启辉器配合产生瞬间高电压使灯管点亮，二是在日光灯正常工作时起限流作用。

3. 启辉器

在启辉器中有一个内充有氖气的小玻璃泡，里面装有一对电极：一个是固定的静触点，另一个是由双金属片制成的 U 形动触点（见图 2.17）。当启辉器通电后产生辉光放电使双金属片受热，由于双金属片的热膨胀系数不同，使之频繁地通、断电，起到一个自动开关的作用。与电极并联的小电容（电容量约 0.005～0.02μF）的作用一是保护两个电极（触点），二是减少当启辉器频繁通、断时产生的电磁波对附近的无线电设备的干扰。电容器往往容易击穿，可以去掉不用，不会影响日光灯的正常工作。

4. 日光灯的工作原理

日光灯的点亮过程和工作原理如下，当如图 2.17（b）所示的电路接通电源时，电源电压几乎全部加在启辉器两端，启辉器两电极间产生辉光放电使双金属片受热膨胀而与静触点接触，电流经镇流器、灯丝和启辉器构成回路使灯丝预热。由于启辉器的两个电极接触使辉光放电停止，经过 1～3 秒后双金属片冷却，又与静触点分离；分离后又产生辉光放电使双金属片受热膨胀而与静触点接触……由此频繁地通、断电，可在镇流器两端产生较高的自感电动势（可达 400～600V），这个自感电动势与电源电压共同加在已预热的灯丝上，使灯丝发射大量的电子，并使灯管内的气体电离而放电，产生大量的紫外线激发灯管壁的荧光物质发出近似于日光的光线。

日光灯点亮后，启辉器不再动作，整个日光灯电路可以等效为一个电阻（包括灯管的电阻和镇流器线圈绕组的电阻）和一个电感（镇流器）的串联电路。镇流器串联在电路中起降低灯管两端电压和稳定电流之用，由于镇流器的电感较大，所以日光灯电路的功率因数较低（一般低于 0.5，可参见表 2.1 和例 2.6），可以采用并联电容器的方法来提高电路的功率因数。现在的电感镇流器已多被电子镇流器所取代。

【例 2.6】 日光灯电路是典型的电阻与电感串联电路，如果电路中灯管的电阻为 250Ω，镇流器的内电阻为 50Ω，电感为 1.42H，电源为 220V 工频交流电源，求电路的阻抗、电流，灯管两端的电压和镇流器两端的电压（可用感抗近似计算），视在功率、有功功率、无功功率和功率因数。

解：已知“工频”交流电源的 $f = 50\text{Hz}$，电感 $L = 1.42\text{H}$，电阻 $R = 250+50 = 300\Omega$

感抗 $X_L = \omega L = 2\pi fL = 2\pi\times50\times1.42 = 446.1\Omega$

阻抗 $Z = \sqrt{R^2 + X_L^2} = \sqrt{300^2 + 446.1^2} = 537.5\Omega$

电流 $I = \dfrac{U}{Z} = \dfrac{220}{537.5} = 0.409\text{A}$

灯管两端电压 $U_1 = IR_1 = 0.409\times250 = 102.25\text{V}$

用感抗近似计算镇流器两端的电压 $U_2 = I X_L = 0.409\times446.1 = 182.45\text{V}$

视在功率 $S = UI = 220\times0.409 = 90.05\text{V·A}$

有功功率 $P = I^2R = 0.409^2\times300 = 50.18\text{W}$

无功功率 $Q = I^2 X_L = 0.409^2\times446.1 = 74.62\text{var}$

功率因数 $\lambda = \cos\varphi = \dfrac{P}{S} = \dfrac{50.18}{90.05} = 0.558$

为什么在例 2.6 中，$U_1 + U_2 \neq U$？ $P + Q \neq S$？

（二）交流电流表、功率表和功率因数表的使用

在本次实训中，要测量交流电压、电流、功率和功率因数，除交流电压的测量可使用在实训 1 中已使用过的万用电表外，交流电流表、功率表（低功率因数瓦特表）和功率因数表都是第一次使用。在使用中，应注意正确选用这三种电表的量程，正确接线（注意同名端的连接）和读数。

（三）预习内容

预习本章第 1～5 节的内容。

三、实训器材

按表 2.2 准备好所需的设备、工具和器材。

表 2.2　工具与器材、设备明细表

序号	名　　称	型号/规格	单位	数量
1	单相交流电源	220V、36V、6V		
2	直流稳压电源	0～12V（连续可调）		
3	万用电表	500 型或 MF-47 型	个	1
4	交流电流表	0～0.5～1A	个	1
5	单相功率表（低功率因数瓦特表）		个	1
6	功率因数（单相相位）表		个	1
7	30W 日光灯元件		套	1
8	电容器	400V，2μF；400V，3.75μF；400V，4.75μF	个	各 1
9	一字形与十字形螺钉	各种规格	颗	若干
10	接线			若干
11	电工电子实训通用工具	试电笔、榔头、螺丝刀（一字和十字）、电工刀、电工钳、尖嘴钳、剥线钳、镊子、小刀、小剪刀、活动扳手等	套	1

四、实训内容与步骤

（一）日光灯电路的安装与测量

1．在实验桌上按图 2.18 所示接线（电源开关使用实验桌上的开关，下同）在虚线处串入电流表，自行检查并经教师检查无误后方可接通电源，点亮日光灯。

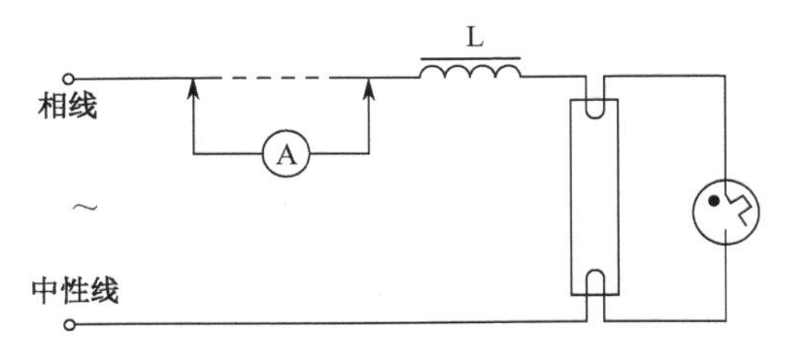

图 2.18　日光灯实验电路

2．在日光灯点亮时，测量电路的电流、电源电压和灯管与镇流器两端的电压，记录于表 2.3 中。

表 2.3　日光灯电路电流与电压测量记录表

测　量　值				计　算　值		
U（V）	U_R（V）	U_L（V）	I（A）	Z（Ω）	R（Ω）	L（H）

3．按图 2.19 所示接入功率表（注意接法），接通电源待日光灯点亮后，测量电路的有功功率，并记录于表 2.4 中。

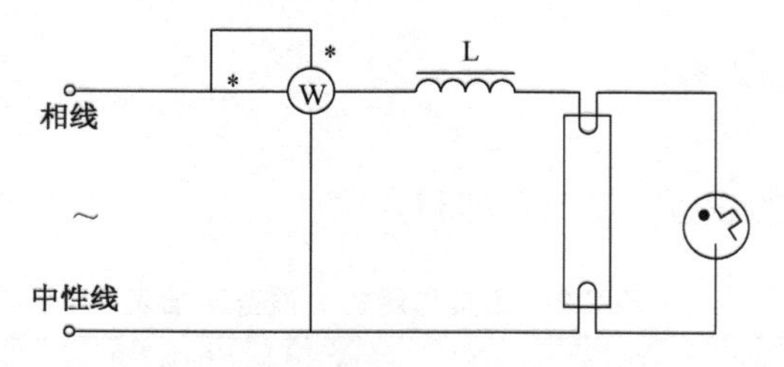

图 2.19　日光灯功率测量电路

表 2.4　日光灯电路有功功率测量记录表

测　量　值	计　算　值		
P（W）	P（W）	S（VA）	$\cos\varphi$

（二）提高日光灯电路的功率因数

按图 2.20 所示接入电流表和功率因数表（注意接法），接通电源待日光灯点亮后，分别测量当并联上三只不同的电容时，电路的电流和功率因数，并记录于表 2.5 中。

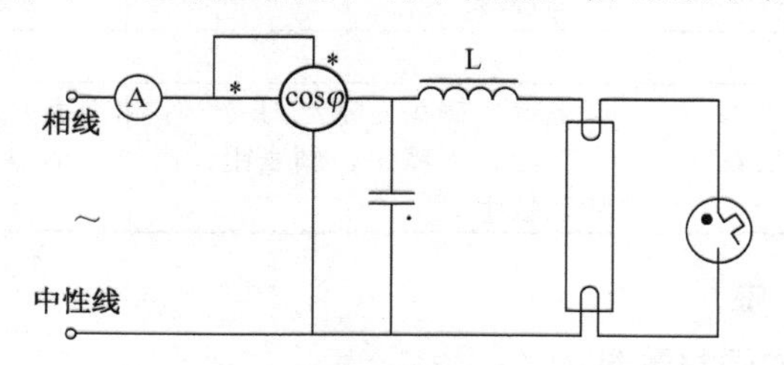

图 2.20　日光灯功率因数测量电路

表 2.5　日光灯电路有功功率测量记录表

C（μF）	I（A）	$\cos\varphi$	相 位 判 断
2			
3.75			
4.75			

注意事项：

（1）从本次实训的结果可以看出：在实际应用中并不需要将功率因数提高到理想状态下的 1，一般只需要提高到 0.95 左右即可。由表 2.5 的实训记录可见，当分别并联上 2μF 和 3.75μF 的电容时，电路的功率因数逐步提高，电流逐步减小（为什么？）；而当并联上 4.75μF 的电容时，功率因数反而（比并联 3.75μF 电容时）下降，电流反而上升（为什么？）。实际上此时电路已处于过补偿的状态，电路呈容性（相位上电流超前于电压）。

（2）接线后要认真检查电路，电路的元件和电表都不要接错。

（3）日光灯在启动时电流较正常工作时要大，注意电流表的量程并注意观察电流表指针偏转的情况。

电感性负载功率因数较低，采用并联补偿电容器的方法来提高功率因数，是否提高了负载本身的功率因数？

技能拓展

家用单相配电板的制作

家用单相配电板上装有单相电能表一个，闸刀开关一个，插入式熔断器两只（可见第 4 章第 2 节），并通过灯开关接入 220V/100W 白炽灯一盏（配灯座），安装电路图如图 2.21 所示。

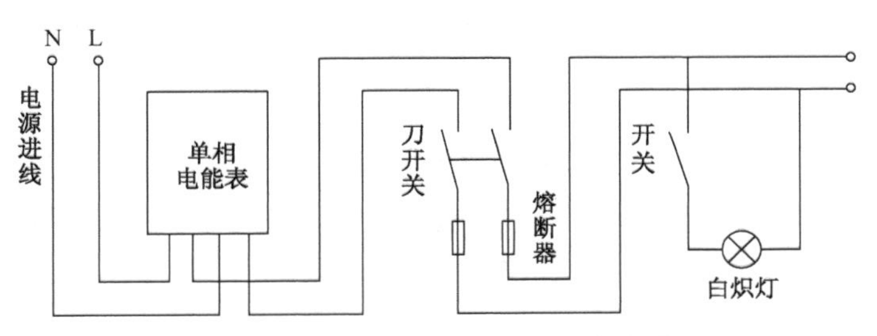

图 2.21　家用单相配电板安装电路图

图 2.22 所示为常见的家用单相感应电能表（俗称“电度表”或“火表”），感应式电能表是利用电磁感应的原理，将电压、电流和相位转变成电磁力矩使铝制圆盘转动，再通过齿轮驱动计数器的鼓轮转动，从而把消耗的电能累积计算并显示出来。在电能表上方的计数器直接显示用电的“度”数（最右边一位是小数，如图中的读数为 31.6 度）。表面中间有一个铝盘，当有设备在耗电时，可以看到铝盘在转动，铝盘转动得越快表明用电量越大。在转盘下面的铭牌上，标出的“2500r/（kW・h）”则表示当设备每消耗 1 度（kW・h）电能时，电能表的转盘转过 2500r（转），因此计算单位时间（如每分钟）转盘的转数，也可以粗略地估计用电设备的功率。

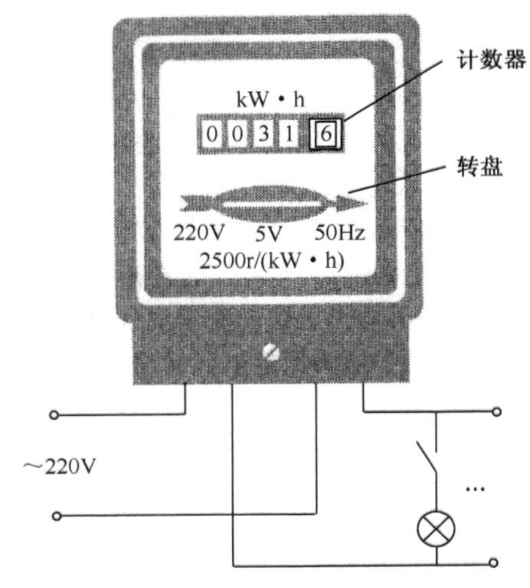

图 2.22　家用电能表

除传统的感应式电能表外，现在越来越多的使用电子式电能表。电子式电能表由于使用了数字电子技术，使新型的电能表除计算电能外，还可具有分时计费、预付电费、刷卡计费等功能。

电能表的安装步骤如下。

1．可选用（400×300）mm，厚约 15～20mm 的木板作底板，先在上面按各电器的尺寸确定其安装位置后，用铅笔做记号，然后用螺丝钉将其固定在板面上。要求安装牢固，不松动；但注意不要将螺钉拧得过紧，以免造成电器的瓷质或塑料底座断裂。

2．按图 2.21 所示接线，可采用板面明线敷设或用线槽配线（可阅读实训 5 的“5.2 相关知识”）。要求接线正确无误，接触良好、牢固。接线时应注意：

（1）单相电能表的接线盒里有四个接线柱，从左至右依次按 1～4 编号，一般 1、3 接电源进线，2、4 接出线，如图 2.23 所示，不要接错。

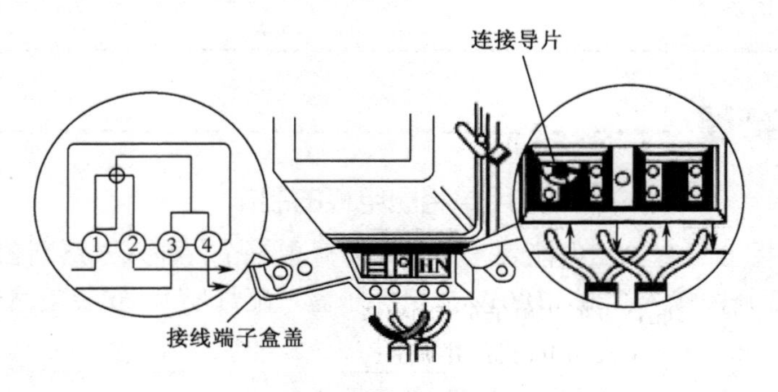

图 2.23　家用单相电能表的接线图

（2）同样，闸刀开关的进线端和出线端不要接错。

3．电路接好后，先自行检查，再经教师检查确认无误后，方可通电试验。可合上闸刀开关，接通电灯开关，观察白炽灯是否正常发亮，电能表是否正常运转。

2.6　三相交流电路

电力系统目前普遍采用的是三相交流电源供电，由三相交流电源供电的电路称为三相交流电路。所谓三相交流电路，是指由三个频率和最大值（有效值）均相同，在相位上互差 $2\pi/3$ 电角度的单相交流电动势组成的电路。因此在本章第 1～5 节所介绍的交流电路，可以看成是三相交流电路中的其中一个单相电路。

2.6.1　三相交流电源

1．三相交流电动势

如上所述，三相交流电路由三个频率和最大值（有效值）均相同，在相位上互差 $2\pi/3$ 电角度的单相交流电动势组成，这三个电动势称为三相对称交流电动势

$$\begin{aligned} e_U &= E_m\sin\omega t \\ e_V &= E_m\sin(\omega t - 2\pi/3) \\ e_W &= E_m\sin(\omega t + 2\pi/3) \end{aligned} \tag{2.30}$$

三相对称交流电动势的波形图和矢量图如图 2.24 所示。

2．三相四线制供电

如果将上述三个对称的三相交流电动势采用如图 2.25 所示的星形（也称 Y 形）方式连接，即 U、V、W 三相电源（可以是三相交流发电机或三相变压器的绕组）的始端 U_1、V_1、W_1 引出，三个末端 U_2、V_2、W_2 接在一起并引出，这样三相电源就共有四条引出线，因此称为“三相四线制”。三个始端的引出线称为“端线”或“相线”（也称为“火线”），分别用 U、V、W 表示；三个末端的引出线用 N 表示，称为“中性线”，因为通常将该点接地，所以也称为零点（零线或地线）。如果只将三条端线引出而不引出中性线，则称为三相三线制。

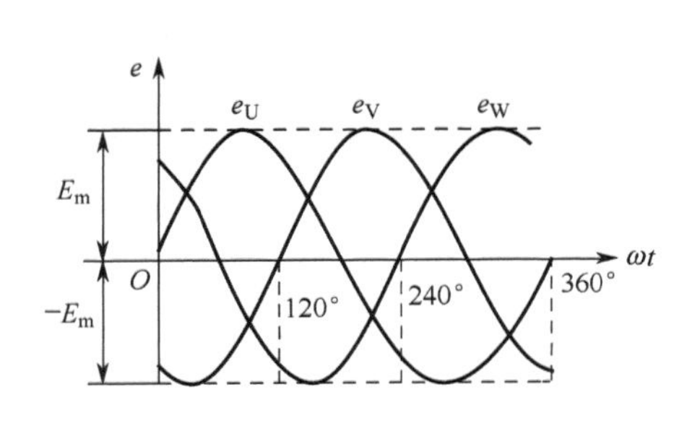

（a）波形图

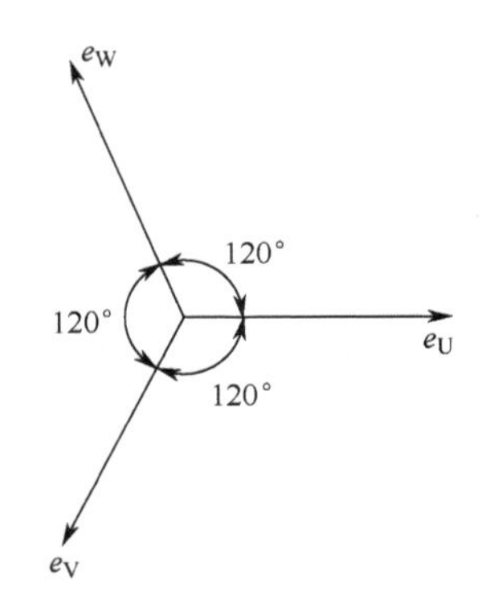

（b）矢量图

图 2.24　三相交流电动势

采用三相四线制供电的好处是可以给负载提供两种三相电压：

（1）相电压：如果将负载接在端线与中性线之间，负载得到的电压称为“相电压”，用 U_P 表示，其正方向规定为由端线指向中性线。三个相电压分别为 U_U、U_V、U_W。

（2）线电压：如果将负载接在任意两条端线之间，负载得到的电压称为“线电压”，用 U_L 表示。三个线电压分别为 U_{UV}、U_{VW}、U_{WU}。

三个相电压和三个线电压均符合“对称三相交流电”的条件（即：“频率与最大值（有效值）均相同，相位上互差 2π/3 电角度”），并且可以推算出：线电压的有效值为相电压的 $\sqrt{3}$ 倍，在相位上分别超前于所对应的相电压 π/6，如图 2.26 所示。

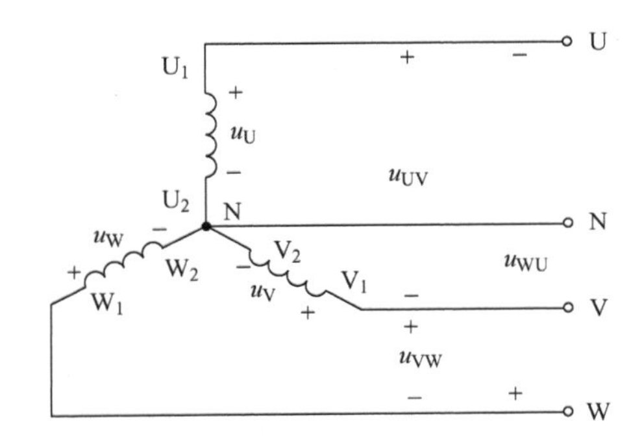

图 2.25　三相四线制供电

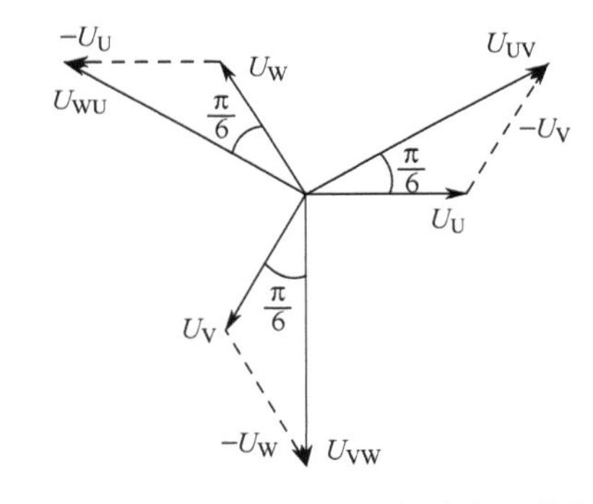

图 2.26　三相电源相电压与线电压的矢量图

【例 2.7】 目前普遍采用的三相四线制供电的线电压为 380V，试求相电压。

解：$U_P = \frac{U_L}{\sqrt{3}} = \frac{180}{\sqrt{3}} \approx 220\text{V}$

阅读材料

三相交流电的优点

与单相交流电相比较，三相交流电具有以下主要优点：

（1）三相交流发电机要比相同功率的单相交流发电机体积小、质量轻、成本低。

（2）在输电的功率、电压、距离及线路损耗均相同的前提下，采用三相输电要比单相输电的成本低，且可以大大节约输电线所消耗的有色金属。

（3）作为主要动力源的电动机，三相电动机要比单相电动机结构简单、运行性能好，且价格低廉、使用和维护方便。

2.6.2　三相负载及其连接

1．三相负载

凡接到三相电源上的负载都称为三相负载。在实际应用中，三相负载分为两类：一类是必须使用三相电源的负载（如三相交流电动机、三相变压器等），这些三相负载每一相的阻抗都是完全相同的，所以称为“三相对称负载”；另一类是使用单相电源的负载（如各种日用电器和照明设备等），这类负载按照尽量使三相均衡的原则接入三相电源，但是三相负载的阻抗不可能做到完全相同，所以称为“三相不对称负载”。

2．三相对称负载的星形连接

三相负载的星形连接如图 2.27 所示，图中三个单相负载 Z_1、Z_2 和 Z_3 分别接在三个相电压上，采用三相四线制供电，代表“三相不对称负载”；三相电动机接在三条端线上，采用三相三线制供电，代表“三相对称负载”。

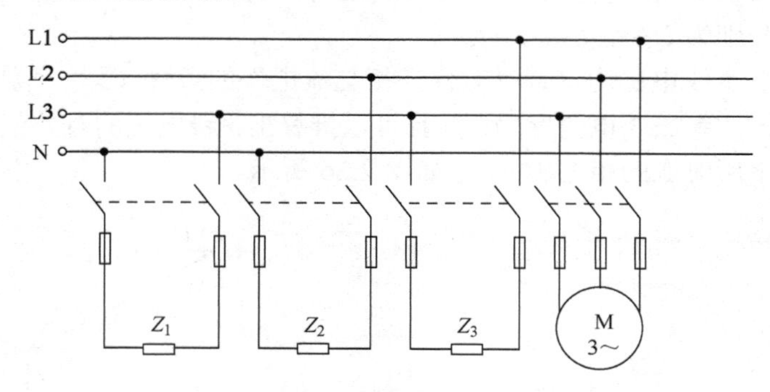

图 2.27　三相负载的星形连接示意图

先分析对称三相负载星形连接的情况，从图 2.28（a）所示的电路图可以看出

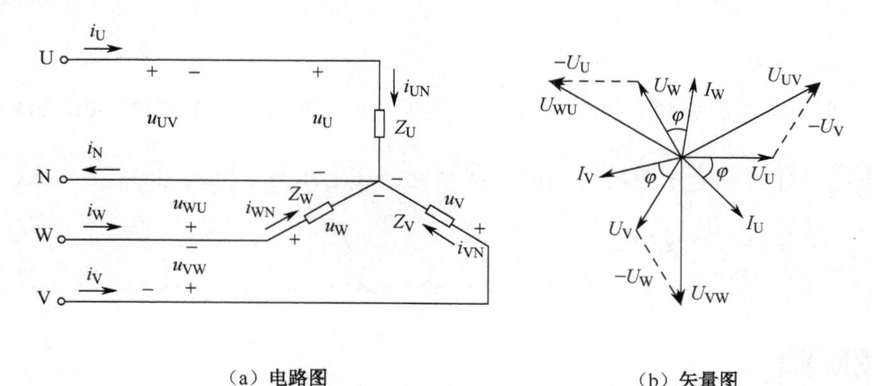

（a）电路图　　（b）矢量图

图 2.28　三相负载星形连接的电路图和矢量图

（1）每一相负载上承受的电压为相电压，已知相电压与线电压的数值关系为

$$U_L = \sqrt{3}\,U_P \tag{2.31}$$

（2）通过每一相负载的电流（称为相电流 I_P）等于对应端线上的电流（称为线电流 I_L），即：

$$I_P = I_L \tag{2.32}$$

（3）因为是三相对称负载，各相的阻抗相同，所以各相的电流以及相电流与相电压之间的相位差 φ 也完全相同，即

$$I_P = U_P / Z \tag{2.33}$$

$$\Phi = \arctan X_P / R_P \tag{2.34}$$

所对应的三相 U_L、U_P 与 I_P 的矢量图如图 2.28（b）所示。通过分析、计算以及由矢量图的观察可以知道，三相电流也是完全对称的。根据基尔霍夫电流定律，通过中性线的电流 I_N 应该是三相电流之和（矢量和），当三相电流是对称时，其矢量和为零，即中性线的电流 $I_N = 0$。既然中性线的电流为零，就可以不接中性线，所以对称的三相负载可以如图 2.26 所示采用三相三线制供电。[事实上，凡对称的三相交流电，包括电动势、电压和电流，其矢量和都为零，这可以从矢量的相加运算得出，也可以从波形图看出：由图 2.24（a）可见，在任一瞬间，三相电动势中总有一相与其余两相之和的大小相等、方向相反。]

【例 2.8】 有一台三相电动机采用星形连接，接到线电压为 380V 的三相电源上，已知电动机每相绕组的等效电阻为 80Ω，电抗为 60Ω，试求相电流和功率因数。

解： 由例 2.7 已求出，$U_L = 380\text{V}$，$U_P = 220\text{V}$

$$Z_P = \sqrt{R^2 + X_L^2} = 100\Omega$$

$$I_P = \frac{U_P}{Z_P} = \frac{220}{100} = 2.2\text{A}$$

$$\lambda = \cos\varphi = \frac{R_P}{Z_P} = \frac{100}{100} = 0.8$$

3．三相不对称负载的星形连接

实际上，许多用电负载都是单相负载，尽管在设计与安装时，尽可能将这些单相负载均衡地分配在各相电源上，但因为各相负载的使用情况不可能完全一致（例如各相负载的使用时间不一致，还可能接上临时性的负载等），所以常见的还是三相不对称负载。

三相不对称负载采用星形连接，因为负载的不对称，造成三相电流不对称，所以中性线电流就不为零，因此中性线就不能省去。实际上，采用三相四线制供电就是电源的每一相单独地对各相负载供电，中性线的作用就是保证星形连接的不对称三相负载能够保持基本对称的三相相电压。中性线不仅不能够省去，而且还要保证不会断开，因此不允许在中性线上安装开关和熔断器等短路或过流保护装置，中性线本身的强度要比较好，接头也要比较牢固。

4．三相对称负载的三角形连接

三相对称负载的三角形连接，就是将各相负载的始端与末端相连形成一个闭合回路，然后将三个连接点接到三相电源的三条端线上，如图 2.29 所示。

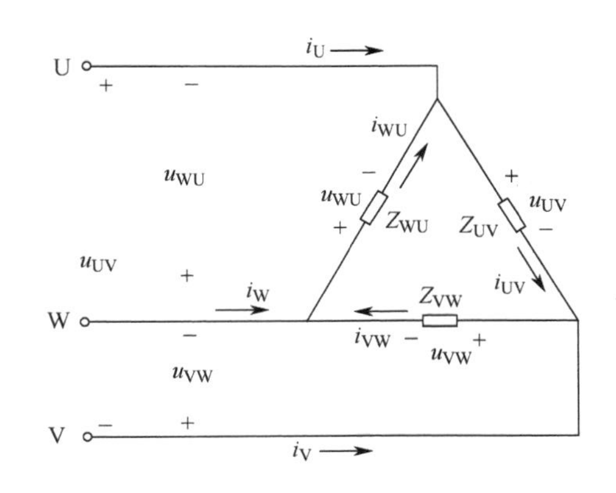

图 2.29　三相负载的三角形连接

按照图 2.29 所示，并经过分析与推算可知，当对称的三相负载作三角形连接时

（1）各相负载所承受的电压为线电压，即

$$U_P = U_L \tag{2.35}$$

（2）因为是三相对称负载，所以三相电流是对称的，经过分析推算可知：三个线电流 I_L 也是对称的，在相位上 I_L 滞后于对应的 $I_P\pi/6$，在数值上为 I_P 的 $\sqrt{3}$ 倍，即

$$I_L = \sqrt{3}\, I_P \tag{2.36}$$

【例 2.9】 如果例 2.8 中的三相电动机采用三角形连接接到线电压为 380V 的三相电源上，试求相电流和线电流。

解： $U_P = U_L = 380\text{V}$，由例 2.8 已求出 $Z_P = 100\Omega$

$$I_P = \frac{U_P}{Z_P} = \frac{380}{100} = 3.8\text{A}$$

$$I_L = \sqrt{3}\, I_P = \sqrt{3} \times 3.8 = 6.6\text{A}$$

比较例 2.8 和例 2.9 可见，当三相电动机采用三角形连接时，相电压为星形连接时的 $\sqrt{3}$ 倍，相电流也为星形连接时的 $\sqrt{3}$ 倍，因为三角形连接时线电流又是相电流的 $\sqrt{3}$ 倍，因此采用三角形连接时的线电流是星形连接时的三倍。所以当正常运行时三相绕组采用三角形连接的三相交流电动机，可以在启动时先接成星形，则启动电流可减至原来的三分之一；但因为电动机的转矩与电流的平方成正比，所以启动转矩也同时降至原来的三分之一，具体内容将在本书第 4 章第 2 节中予以介绍。

2.6.3 三相电功率

由于三相交流电路可以视为三个单相交流电路的组合，所以无论三相负载采用什么连接方式，也不论三相负载是否对称，三相电路的有功功率和无功功率都是各相电路的有功功率和无功功率之和，即

$$P = P_U + P_V + P_W \tag{2.37}$$

$$Q = Q_U + Q_V + Q_W \tag{2.38}$$

三相交流电路的视在功率 $S = \sqrt{P^2 + Q^2}$

如果三相交流负载是对称的，则各相的有功功率、无功功率和视在功率都相等，则有

$$P = 3U_P I_P \cos\varphi$$

$$Q = 3U_P I_P \sin\varphi$$

根据三相负载的星形和三角形连接时相电压与线电压、相电流与线电流的关系，可以推算出三相对称交流电路的 P、Q 用线电压、线电流来表示的公式为

$$P = \sqrt{3}\, U_L I_L \cos\varphi \tag{2.39}$$

$$Q = \sqrt{3}\, U_L I_L \sin\varphi \tag{2.40}$$

$$S = \sqrt{P^2 + Q^2} = \sqrt{3}\, U_L I_L \tag{2.41}$$

由此得出的结论是：三相对称交流电路不论负载采用星形还是三角形连接，全电路的有功功率、无功功率和视在功率都可以用公式（2.39）、（2.40）和（2.41）来计算。

【例 2.10】 继续对例 2.8、例 2.9 中的问题进行计算和讨论：试分别计算这台三相电动机采用星形连接和三角形连接时的有功功率，从中可以得出什么结论？（三相交流电源的线电压仍为 380V）

解： 1. 星形连接：$U_L = 380V$，$I_L = I_P = 2.2A$

$P = \sqrt{3}\,U_L I_L \cos\varphi = P = \sqrt{3} \times 380 \times 2.2 \times 0.8 = 1161.7W$

2. 三角形连接：$U_L = 380V$，$I_L = 6.6A$

$P = \sqrt{3}\,U_L I_L \cos\varphi = P = \sqrt{3} \times 380 \times 6.6 \times 0.8 = 3485.1W$

由此可见，在同样的线电压下，负载三角形连接所消耗的功率是星形连接的三倍（无功功率和视在功率也是如此）。因此要注意正确的连接负载，如果错将应该星形连接的负载接成三角形连接，则负载会因三倍的过载而可能烧毁；反之，如果错将应该三角形连接的负载接成星形连接，则负载也会因功率不足而无法正常工作。

【实训3】　三相交流电路负载连接

一、实训目的

1．掌握三相负载作星形和三角形连接时的接线方法。
2．验证三相对称电路的线电压与相电压、线电流与相电流的关系。
3．了解三相不对称负载作星形连接时中性线的作用。

二、相关知识与预习内容

预习第 2 章第 6 节的相关内容。

三、实训器材

按表 2.6 准备好所需的设备、工具和器材。

表 2.6　工具与器材、设备明细表

序号	名　　称	型号/规格	单位	数量
1	三相四线交流电源	380/220V		
2	万用电表	500 型或 MF-47 型	个	1
3	交流电流表	0～1～2A	个	1
4	三相调压器	3kV・A	个	1
5	三相电路实训电路板（带相关灯座和开关）		块	1
6	灯泡	220V，60W	个	3
7	灯泡	220V，40W；220V，25W	个	各 1
8	接线			若干
9	电工电子实训通用工具	试电笔、榔头、螺丝刀（一字和十字）、电工刀、电工钳、尖嘴钳、剥线钳、镊子、小刀、小剪刀、活动扳手等	套	1

四、实训内容与步骤

（一）三相负载的星形连接

1．按图 2.30 接线。经检查确保接线无误后，将三相调压器手柄旋至输出电压为零的位置，闭合三相电源闸刀开关 QS_1 和 QS_2。

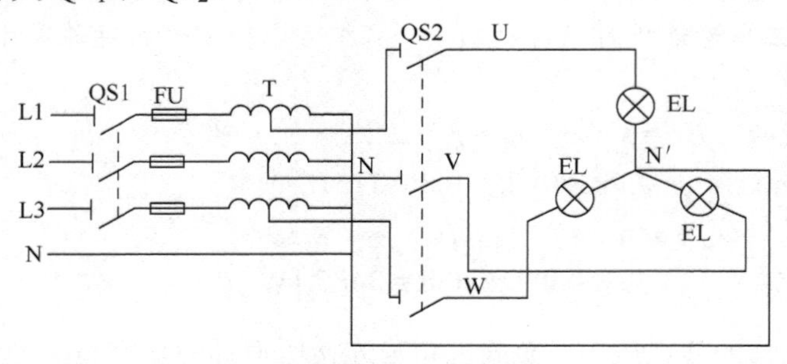

图 2.30　三相负载的星形连接电路图

2．调节三相调压器的手柄，使输出的相电压 $U_P = 220V$。

3．分别测量对称负载（三个灯泡均为 60W）和不对称负载（三个灯泡分别为 60W、40W 和 25W）两种情况下，各盏灯泡两端的电压 $U_{UN'}$ 、$U_{VN'}$、$U_{WN'}$，以及中性点之间的电压 $U_{NN'}$，各相负载的线电流 I_U、I_V、I_W 及中性线电流 I_N ，并观察各相灯泡的亮度（正常、过亮、过暗、不亮），记录于表 2.7。

表 2.7　三相负载的星形连接实训记录表

电路状态		负载相电压			中性点电压	负载线电流			中性线电流	灯泡亮度		
		$U_{UN'}$（V）	$U_{VN'}$（V）	$U_{WN'}$（V）	$U_{NN'}$（V）	I_U（A）	I_V（A）	I_W（A）	I_N（A）	U 相	V 相	W 相
对称负载	有中性线											
	无中性线											
不对称负载	有中性线											
	无中性线											

4．断开中性线（即把 N-N′点断开），重复步骤 3 的过程，同样记录于记录于表 2.7 中。

5．将调压器的输出电压降为零，并切断三相电源开关。

（二）三相负载的三角形连接

1．按图 2.31 接线。经检查确保接线无误后，将三相调压器手柄旋至输出电压为零的位置，闭合三相电源闸刀开关 QS1 和 QS2。

2．调节三相调压器的手柄，使输出的相电压 $U_P = 220V$。

3．分别测量对称负载（三个灯泡均为 60W）和不对称负载（三个灯泡分别为 60W、40W 和 25W）两种情况下，各相负载的线电流 I_U、I_V、I_W ，并观察各相灯泡的亮度，记录于表 2.8 中。

4．将调压器的输出电压降为零，并切断三相电源开关。

注意事项：

（1）注意三相调压器要正确接线，调压器的中性点 N′必须与电源的中性线 N 连接。

（2）本次实训的电压较高，应注意安全操作。接线后要认真检查电路，更换线路应先停电，严禁带电操作。

（3）在三相不对称负载星形连接且无中性线时，有的灯泡上的电压可能会超过 220V，因此动作要迅速，尽量减少通电的时间，以免灯泡烧毁。

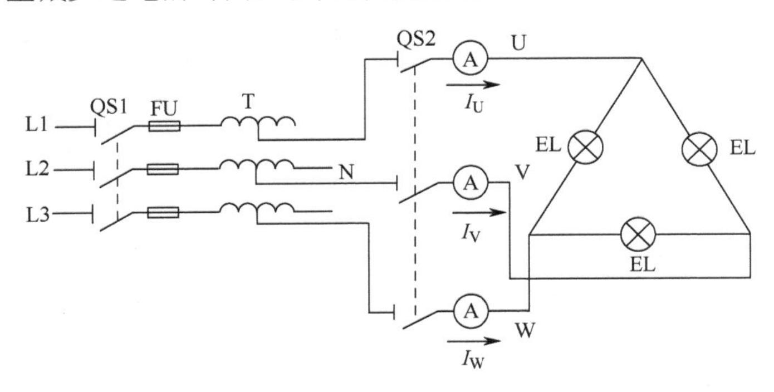

图 2.31　三相负载的三角形连接电路图

表 2.8　三相负载的三角形连接实训记录表

电 路 状 态	负载线电流			灯 泡 亮 度		
	I_U（A）	I_V（A）	I_W（A）	U 相	V 相	W 相
对称负载						
不对称负载						

本章小结

● “交流电”是指电流的大小和方向都随时间作周期性变化，而“正弦交流电”是指电流的大小和方向随时间按正弦规律作周期性变化。正弦交流电的三要素是指频率（角频率、周期）、最大值（有效值）和初相位这三个因素。

● 正弦交流电的表示方法有波形图、解析式和矢量图三种，在对交流电路进行分析计算时经常用的是矢量图表示法。

● 纯电阻、电感和电容的交流电路可称为“单一参数电路”，单一参数电路的基本性质和相互关系可归纳为表 2.9。

表 2.9　单一参数电路的基本性质和相互关系

	纯电阻电路	纯电感电路	纯电容电路	R-L 串联电路
电阻或电抗	电阻 R	感抗 $X_L=\omega L$	容抗 $X_C=1/\omega C$	阻抗 $Z=U/I=\sqrt{R^2+X_L^2}$
U、I 的大小关系	$U=RI$	$U=X_LI$	$U=X_CI$	$U=\sqrt{U_R^2+U_L^2}=I\cdot\sqrt{R^2+X_L^2}=I\cdot Z$
U、I 的相位关系	电压与电流同相	电压超前于电流 π/2	电流超前于电压 π/2	电压超前于电流 φ，$\varphi=\arctan\dfrac{X_L}{R}$
有功功率 P	$P=UI=I^2R=U^2/R$	0	0	$P=U_RI=UI\cos\varphi$
无功功率 Q	0	$Q=UI=I^2X_L=U^2/X_L$	$Q=UI=I^2X_C=U^2/X_C$	$Q=U_LI=UI\sin\varphi$
视在功率 S				$S=UI$　$S=\sqrt{P^2+Q^2}$
功率因数 λ	$\lambda=1$	$\lambda=0$	$\lambda=0$	$\lambda=\cos\varphi=P/S$　$1>\lambda>0$

● 实际的电感元件相当于一个纯电阻与一个纯电感的串联电路。在纯电阻电路中，因为只有耗能元件电阻，所以电压与电流的相位差 $\varphi=0$（同相），电路只有有功功率，无功功率为零，功率因数 $\lambda=1$；在纯电感电路中，因为只有储能元件电感，所以电压与电流的相位差 $\varphi=\pi/2$（电压超前于电流），电路只有无功功率，有功功率为零，功率因数 $\lambda=0$；而在 R–L 串联电路中，因为既有耗能元件电阻，又有储能元件电感，所以电压与电流的相位差 $\pi/2>\varphi>0$（电压超前于电流），电路既有有功功率又有无功功率，功率因数 $1>\lambda>0$。现将 R–L 串联电路的特性与基本关系也列入表 2.9 中，以利于比较。

● 从公式（$\lambda=\cos\varphi=P/S$）上看，功率因数是有功功率 P 与视在功率 S 的比值，所以在供电设备容量（即视在功率）S 一定的情况下，功率因数越高，有功功率 P 就越大，供电设备的容量越能够得到充分利用。因此功率因数是供电系统中一个很重要的参数，提高功率因数对于供电系统有很重要的实际意义。

● 三相交流电路是由三个频率与最大值（有效值）均相同，在相位上互差 $2\pi/3$ 电角度的单相交流电动势所组成的电路。采用三相四线制供电可以使负载得到相电压和线电压两种电压，线电压的有效值为相电压的 $\sqrt{3}$ 倍，在相位上分别超前于所对应的相电压 $\pi/6$。如目前普遍采用的三相四线制供电的线电压为 380V，相电压为 220V。

● 三相负载分为对称负载和不对称负载两类，负载的连接方式也有星形连接和三角形连接两种。本章介绍了对称和不对称负载的星形连接、对称负载的三角形连接三种电路，现列于表 2.10 中进行比较：

表 2.10 三相负载的连接

	三相对称负载的星形连接	三相不对称负载的星形连接	三相对称负载的三角形连接
电压	$U_L=\sqrt{3}\,U_P$	$U_L=\sqrt{3}\,U_P$	$U_L=U_P$
电流	$I_L=I_P$，三相电流对称，中性线电流为零	$I_L=I_P$，三相电流不对称，中性线电流不为零	$I_L=\sqrt{3}I_P$
有功功率 P	$P=\sqrt{3}\,U_L I_L\cos\varphi$	$P=P_U+P_V+P_W$	$P=\sqrt{3}\,U_L I_L\cos\varphi$
无功功率 Q	$Q=\sqrt{3}\,U_L I_L\sin\varphi$	$Q=Q_U+Q_V+Q_W$	$Q=\sqrt{3}\,U_L I_L\sin\varphi$
视在功率 S	$S=\sqrt{P^2+Q^2}=\sqrt{3}\,U_L I_L$	$S=\sqrt{P^2+Q^2}$	$S=\sqrt{P^2+Q^2}=\sqrt{3}\,U_L I_L$

习题 2

2.1 填空题

1. 正弦交流电的三要素是_________、_________和_______________。

2. 我国的供电电源频率（工频）为 50Hz，其周期为________，角频率为__________。

3. 交流电压 $u=220\sqrt{2}\sin(314t+60^\circ)$V，则该交流电压的最大值 U_m=_______V，频率 f=_____Hz，初相位 φ_0=_______，用电压表测量该交流电压时，U=________V。

4. 将 $C=200/\pi\ \mu F$ 的电容接入 $f=100kHz$ 的交流电路，容抗 X_C=______Ω；将 $L=5mH$ 的线圈接入 $f=100kHz$ 的交流电路，感抗 X_L=_______Ω。

5. 用同一坐标表示纯电阻电路电压和电流的有效值相量，正确的应是图 2.32 中的______。

6. 已知一个线圈的电阻为 2Ω，电感为 4.78mH，现将其接入 $u=220\sqrt{2}\sin(314t+60^\circ)$V 的交流电路中，则电流 I 的瞬时值表达式为 I= ____________________________。

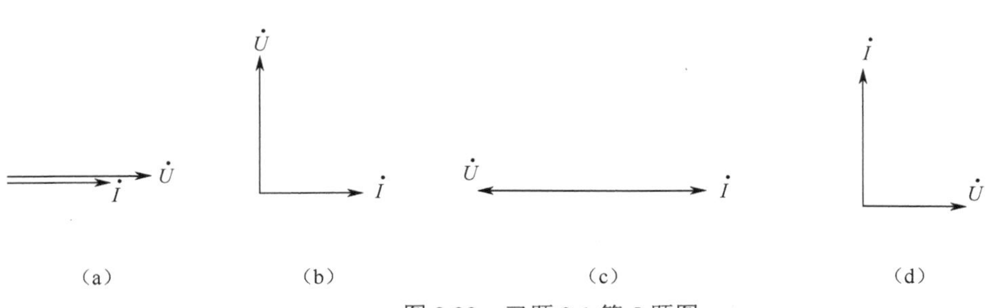

图2.32　习题2.1第5题图

7. 一个电感线圈接到电压为120V的直流电源时，电流为20A；接到频率为50Hz、电压为220V的交流电源时，电流为22A。则线圈的电阻 $R=$ __Ω，电感 $L=$ ____mH。

8. 三相对称的交流电动势是指三个交流电动势频率______，最大值______，在相位上____________。

9. 三相负载的额定电压为220V，当电源的额定线电压为380V时，应将三相负载接成_______形；当电源的额定线电压为220V时，应将三相负载接成_______形。

10. 三相对称负载的三角形连接，线电流 I_L 在相位上滞后于对应的相电流 I_P_________，在数值上为 I_P 的_____倍。

11. 三相对称负载连接如图2.33所示，在图（a）中，电压表 V_1 的读数为220V，则电压表 V_2 的读数为______V；在图（b）中，电流表 A_1 的读数为22A，则电流表 A_2 的读数为_______A。

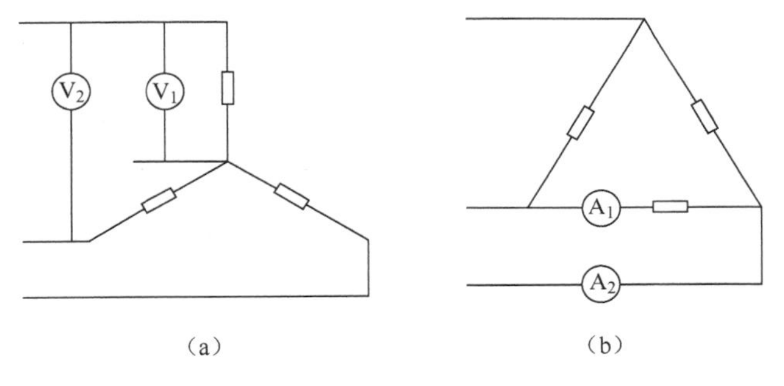

图2.33　习题2.1第11题图

2.2　选择题

1. 交流电是指_____。

A. 电流的大小和方向都不变化　　B. 电流的大小随时间变化，但方向不变化

C. 电流的大小和方向都随时间作周期性变化

2. 有两个同频率的正弦交流电流，i_1 的初相位为 π/4，i_2 的初相位为 −π/4，则_____。

A. i_1 超前于 i_2 π/2　　B. i_1 超前于 i_2 π/4　　C. i_1 滞后于 i_2 π/2

3. 正弦交流电的最大值是有效值的____倍。

A. 2　　B. $\sqrt{3}$　　C. $\sqrt{2}$

4. 用电表测量正弦交流电路的电压或电流，在表盘上指示的数值是_____。

A. 最大值　　B. 瞬时值　　C. 有效值

5. 电路中的储能元件是_____。

A. 电阻　　B. 电感　　C. 电容

6. 在正弦交流电路中，纯电容两端的电压与电流的正确关系式是_____。

A. $I=U\cdot\omega C$　　B. $I=U/\omega C$　　C. $I=U/C$

7. 在纯电容正弦交流电路中，下列关系式正确的是____。

A. $I=\dfrac{U}{X_C}$　　B. $I=\dfrac{U_m}{X_C}$　　C. $I=\dfrac{U}{X_C}$

8. 一个纯电阻与一个纯电感相串联，测得电阻的电压为40V，电感电压为30V，则串联电路的总电压为____。

A. 50V　　B. 60V　　C. 70V

9. 已知电路的电压 $u=U_m\sin(\omega t+\pi/3)$ V，$i=I_m\sin(\omega t+\pi/6)$ A，则电路的性质为____。

A. 感性　　B. 容性　　C. 电阻性

10. 电阻、电容和电感元件并连接到正弦交流电源上，当电源的频率升高时，通过电阻的电流____，通过电容的电流____，通过电感的电流____。

A. 增大　　B. 减小　　C. 不变

11. 交流电路中有功功率的单位是____，无功功率的单位是____，视在功率的单位是____。

A. 瓦特　　B. 乏　　C. 伏安

12. 已知某单相交流电路的视在功率为10kVA，无功功率为8kvar，则该电路的功率因数为____。

A. 0.4　　B. 0.6　　C. 0.8

13. 三相对称负载是指每一相的____完全相同。

A. 电阻　　B. 电抗　　C. 阻抗

14. 三相对称负载星形连接，其线电压 U_L 在数值上为相电压 U_P 的____倍。

A. 3　　B. $\sqrt{3}$　　C. $\sqrt{2}$

15. 在同样的线电压下，负载三角形连接所消耗的功率是星形连接的____倍。

A. 3　　B. $\sqrt{3}$　　C. $\sqrt{2}$

16. 对称的三相负载连接在线电压为380V的电源上，如图2.34所示。这时每相负载的电压为____。

A. 660 V　　B. 380 V　　C. 220 V

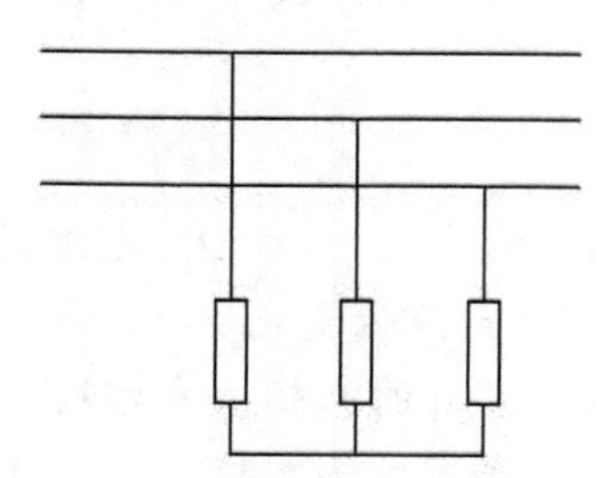

图2.34　习题2.2第16题图

2.3　判断题

1. 大小随时间作周期性变化但方向不改变的电流也是交流电流。(　)
2. 只有同频率的正弦量才能在同一矢量图上表示并用矢量进行计算。(　)
3. 只有同频率的正弦量才能讨论它们的相位关系。(　)
4. 正弦交流电的最大值是随时间变化的。(　)

5. 用交流电压表测得某元件两端的电压为 10V，则该电压的最大值为 10V。(　)

6. 将电阻值为 R 的电阻接在电压为 220 V 的直流电源上和接在电压有效值为 220 V 的交流电源上，在相同的时间内，产生的热量是相同的。(　)

7. 电阻元件上电压、电流的初相位都一定是零，所以它们是同相的。(　)

8. 电感元件在直流电路中不呈现感抗，是因为此时电感量为零。(　)

9. 电容元件在直流电路中相当于开路，是因为此时容抗为无穷大。(　)

10. 连接在交流电路中的线圈，当交流电压的最大值保持不变时，若交流电的频率越高，通过线圈中的电流就越大。(　)

11. 无功功率是平均不做功，即平均功率为零，所以是无用功率。(　)

12. 提高电路的功率因数就是提高负载本身的功率因数。(　)

13. 在供电线路中，经常用电容器对电感电路的无功功率进行补偿。(　)

14. 在 RL 串联的交流电路中，阻抗三角形、电压三角形、功率三角形是相似三角形。(　)

15. 对两个电路进行测量，如果电压表、电流表的读数均相等，则此两个电路的有功功率、无功功率及视在功率也一定相等。(　)

16. 三相电源电压对称，作星形连接的三相负载也对称时，中性线上的电流为零。(　)

17. 采用三相四线制供电，作星形连接的三相负载不论对称或不对称，中性线上的电流均为零，因此中性线实际上可以省去。(　)

18. 三相不对称负载的总功率也是 $P=\sqrt{3}\,U_L I_L\cos\varphi$。(　)

19. 表 2.3 中记录的电路三个电压值表明：灯管两端电压加上镇流器两端电压等于总电压。(　)

2.4　综合题

1. 电阻与电感串联电路 $R=3\Omega$，$X_L=4\Omega$，交流电路的电压 $u=50\sqrt{2}\sin 314t$ V，求：

（1）电路电流的有效值 I;

（2）电路的有功功率 P，无功功率 Q 和视在功率 S;

（3）电路的功率因数 $\cos\varphi$。

2. Y-160L-4 型三相异步电动机采用三角形连接，$U_L=380$V，$\cos\varphi=0.85$，输入功率 $P_1=16.95$kW，求 I_L、I_P。

3. 某台三相异步电动机采用三角形连接，$U_L=380$V，$\cos\varphi=0.87$，$I_L=19.9$A，求电源供给电动机的有功功率 P_1。如果这台电动机改为星形连接，电源线电压 U_L 不变，求此时电动机的线电流 I_L 和有功功率 P_1。

4. 将表 2.5 与表 2.3、表 2.4 的记录值相比较：为什么分别并联上 2μF 和 3.75μF 的电容后，电路的电流逐步减小？为什么在并联上 4.75μF 的电容后，电路中的电流不减小反而增加？

5. 在三相负载作三角形连接时，如果某一相（如 U 相）负载开路（可拧下灯泡），其余两个灯泡的亮度如何？（可测量其电压）如果 U 相的端线开路又如何？

6. 负载在星形连接时中性线起什么作用？在什么情况下可不要中性线，什么情况下必须要有中性线？

第2篇 电工技术

本书的第2篇是电工技术，包括：电能的生产和输送，变压器和各类电动机的原理和用途，电动机的基本控制电路，可编程控制器简介，各种电器简介，安全用电和节约用电。

第3章 电力的生产与输送

学习目标

本章主要介绍电能的生产技术，后面两章则介绍电能的应用技术。通过本章的学习，主要了解：

- 电能的产生（电力生产）。
- 电能的输送和分配。
- 变压器的基本原理和主要用途。

3.1 电力的生产

3.1.1 电能的特点

自然界的能源可分为一次能源和二次能源两类，一次能源是指自然界中现成存在的可直接利用的能源，如煤、石油、天然气、风、水、太阳、地热、原子核等能源；二次能源是指由一次能源加工转换而成的能源，包括电能和燃油等。

自然界存在着电能，如打雷闪电时产生的电能，但人们至今还未能开发直接利用自然界存在的电能。人类今天利用的所有电能都是由其他形式的能源转换而来的，因此说电能属于二次能源。电能与其他能量之间的相互转换可见图3.1。

与其他形式的能源比较，电能具有几个方面的特点：

①便于转换。电能可以很方便地由其他形式的能源（如热能、水的位能、各种动能、太阳能、原子能等）转换而成。同时，电能也很容易转换成其他形式的能量而加工利用。

②便于输送。电能可以通过输电线很方便且经济、高效地输送到远方。

③便于控制和测量。电能可实现远距离精确的控制和测量，实现生产高度的自动化。

④电能的生产、输送和使用比较经济、高效、清洁、污染少，有利于节能和保护环境。

3.1.2 电力的生产

目前电力的生产主要是以下三种方式：

1．火力发电

火力发电的基本原理是通过煤、石油和天然气等燃料燃烧来加热水，产生高温高压的蒸汽，

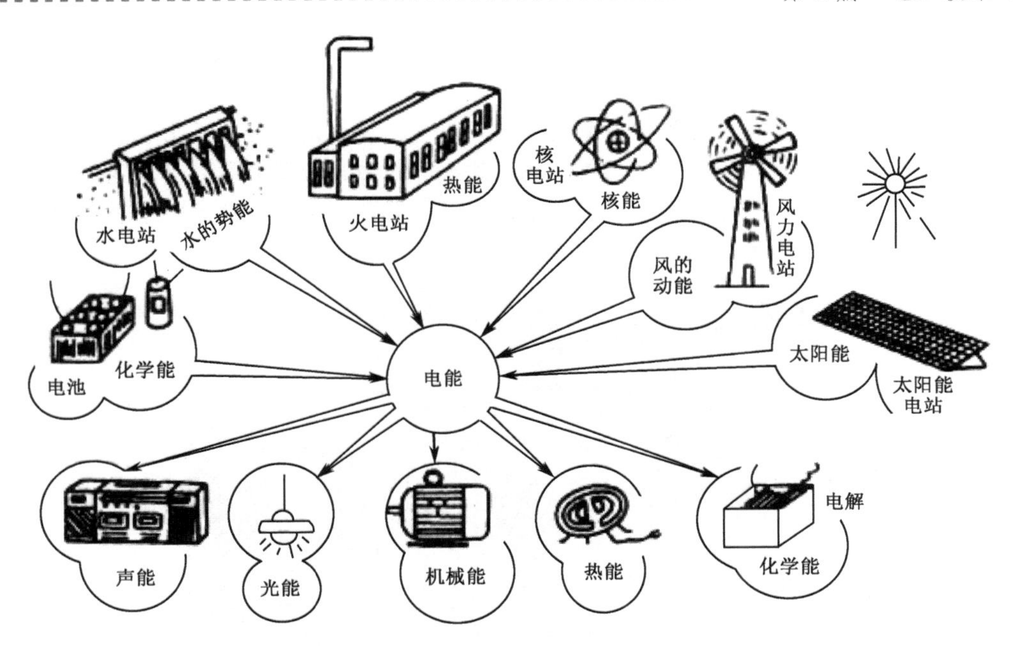

图 3.1　电能与其他能量之间的相互转换

再用蒸汽来推动汽轮机旋转并带动三相交流同步发电机发电。

火力发电的优点是电厂的投资较少，建厂速度快；缺点是耗能大、发电成本高且对环境污染较严重。目前我国仍以火力发电为主，70%以上的电力依靠火力发电产生。

2．水力发电

水力发电的基本原理是利用水的落差和流量去推动水轮机旋转并带动发电机发电。其优点是成本低，没有环境污染。但由于水力发电的条件是要集中大量的水并形成水位的落差，所以受自然条件影响较大，投资较大且建厂速度慢。

3．原子能发电

原子能发电的基本原理是利用原子核裂变时释放出来的巨大能量来加热水，产生高温高压的蒸汽，去推动汽轮机并拖动发电机发电。

原子能发电消耗的燃料少，发电的成本较低。但建设原子能发电站的技术要求和各方面条件要求高，投资大且建设周期长，而且还存在着防止核污染的问题。1986 年 4 月在前苏联发生的切尔诺贝利核电站的事故，以及 2011 年 3 月日本福岛核电站由于受地震引发产生核泄漏，以遭受核辐射的遇难者及不能再恢复的环境为惨痛代价，促使人们从珍惜生命和保护环境为重的立场出发，认真考虑建设核电站必须首先解决防止核污染、防止核武器转移及核废料的处理等问题。

其他的发电方式见以下“阅读材料”。

阅读材料

其他发电方式简介

除了前面介绍的目前电力生产的三种主要方式之外，还有风力发电、太阳能发电、地热发电、潮汐发电和波浪发电、海洋温差发电等，这些都是清洁的能源。从环境保护和节能的观点出发，这些发电方式都具有很好的开发前景。下面简单介绍其中几种发电方式：

1. 风力发电

风力发电是以自然界的风力为动力驱动发电机发电。风力发电要求风力在且风速稳定，在我国西北和沿海地区的风能资源十分丰富，现已建成许多中、小型的风力发电站。如广东省东部的南澳岛，依靠风力发电可满足全县（全岛）的用电需要。在许多发达国家风力发电的资源已得到充分开发，如英国的风力发电已达到全国20%的电力需要。

图3.2 风力发电

2. 太阳能发电

太阳能发电分为利用太阳的热能发电和利用太阳的光能发电两种类型，前者是用太阳的热能加热水，再通过类似火力发电的方法发电；后者是将太阳的光能直接分配给高效光电池，产生直流电再经逆变后送到用户。

太阳能是比其他能源更可靠、更丰富、更环保的能源，具有非常广阔的发展前景。

3. 地热发电

地热发电是指利用地球内部蕴藏的热能发电，其原理与火力发电基本相同。对地下的干蒸汽（不含水分）可直接送入汽轮发电机发电；对地下气水混合物，可采用减压扩容法和低沸点工质法获得足以使汽轮机做功的地热蒸汽。1904年意大利在拉得瑞罗火山地区建造了第一座容量为500kW的地热电厂。目前在美国、意大利、新西兰、墨西哥、日本等国对地热发电都比较重视。我国已于1970年建成了用减压扩容法发电的第一座地热电厂，1977年又建成了地下蒸汽发电厂；1988年在西藏地区打出了第一口超过200℃的地热井，进一步推动我国地热发电资源的开发利用。

4. 潮汐发电

由于太阳和月亮对地球表面不同位置的引力不平衡，使海水形成有规律升降的潮汐现象，海水有规律的运动形成大量的动能和势能，称为潮汐能。目前的潮汐发电技术是建造拦潮大坝，利用潮汐能推动水轮发电机组发电。世界上最大的潮汐发电厂是建于20世纪60年代的法国朗斯潮汐发电厂，其装机容量为24万千瓦。但是建造拦潮大坝不仅费用昂贵，而且会对环境造成影响，因此限制了潮汐能的开发。现在正在研究利用海洋的潮流发电：将水下涡轮机固定在海床上，海潮流动时推动涡轮机的叶片发电。如挪威计划于2013年在苏格兰东南部两座岛屿的狭窄水道中安装10台各1兆瓦的涡轮机。这一技术如获成功将实现对潮汐能深度开发利用，为人类提供更多的清洁能源。

3.2 电力的输送和分配

3.2.1 供电系统

供电系统是指从电源线路入线端起到高、低压用电设备进线端止的整个电路系统，包括用电设备，所以部门内部的变配电所和所有高低压供配电线路。

由于发电厂一般都建在能源产地或交通运输比较方便的地方而远离电能消费中心，所以需要通过供电系统进行远距离的输送电能。从输电的角度来看，根据三相电功率的公式 $P=\sqrt{3}\,UI\cos\varphi$（公式 2.38），在输送功率 P 和负载功率因数 $\cos\varphi$ 一定时，输电线路上的电压 U 越高，则电流 I 就越小，这不仅可以减小输电线的截面积，节约线材，而且可以减小输电线路的功率损耗。因此目前世界各国在输、配电方面都朝建立高电压、大功率的电力网系统方向发展，以便集中输送、统一调度和分配电能。这就促使输电线路的电压由高压（110～220kV）向超高压（330～750kV）和特高压（750kV 以上）不断升级。目前我国高压输电的电压等级有 110kV、220kV、330kV 及 500kV 等多种。但从用电的角度来看，为了安全和降低设备的成本，则希望电压低一些为好。因此都采用高压输电、低压配电的方式。

如图 3.3 所示，大型的用电企业一般采用的是电网 35～110kV 的进线，设置在总降压变电所的电力变压器把 35～110kV 的高压降至 6～10kV 的电压等级，通过高压母线和高压干线输送到下一级的各变电所，由电力变压器变换成 380/220V 电压，再经低压母线和干线分别输送到配电室或配电柜上，分配给具体的用电设备。

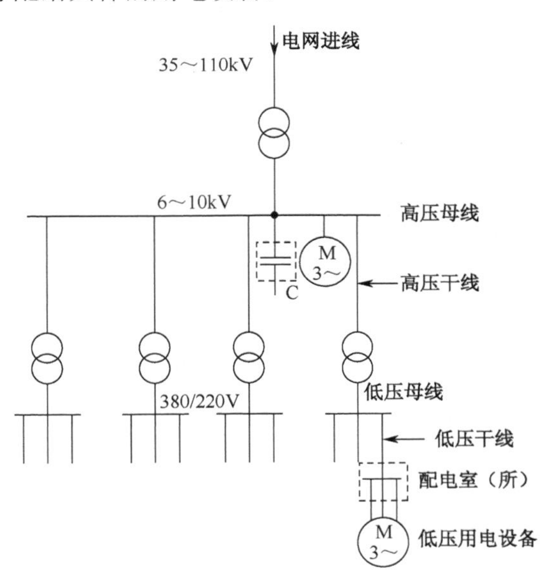

图 3.3　供电系统示意图

而对于中、小型用电企事业单位，进线电压一般为 6～10kV，因此只需要设一个变电所，高一级的变电所由供电部门统一设置和管理。通常为了提高供电的可靠性，可用来自两个不同的高一级的变电所提供的（6～10kV 的）电源进线，通过隔离开关后送到电力变压器的输入端。

对于小型用电单位，则一般只设一个简单的降压变电所。而对于用电量在 100kV·A 以下的单位，供电部门采用 380/220V 低压供电方式，用户只需设一个低压配电室即可。

3.2.2 供电质量

供电质量包括供电的可靠性、电压质量、频率质量及电压波形质量等四个方面。

1．供电的可靠性

供电的可靠性用事故停电到恢复供电所需时间的长短来反映。供电部门在向用户供电时，根据用户负荷的重要性、用电需求量及供电条件等多方面考虑确定供电的方式，以保证供电质量。电力负荷通常分为三类：

（1）一类负荷。一类负荷是指当停电时可能引起人身伤亡、造成重大政治影响、设备损坏、产生事故或混乱的场所，如医院、地铁、重要军事及政府机关部门、重要大型企业、交通枢纽等。它们一般采用两个独立的电源系统供电。

（2）二类负荷。二类负荷是指停电时将产生大量废品、减产或造成公共场所秩序严重混乱的部门，如炼钢厂、化工厂、大城市的热闹场所等。它们一般由两路电源线进行供电。

（3）三类负荷。三类负荷是指不属于上述一、二类负荷的用户，其供电方式一般为单路。

2．电压质量

国家规定：35kV 及以上供电电压允许偏差为±10%，10kV 及以下的供电电压允许偏差为±7%，220V 单相供电允许偏差为+5%～-10%。若变化幅度超过规定标准，会使用户设备不能正常工作（如三相异步电动机在电压降低过多时会使转矩减小、温升增高而导致事故）。

3．频率质量

我国交流电力设备的额定频率为 50Hz，频率偏差一般不超过±0.5Hz。若电力系统容量达 3000MW 以上时，频率偏差不得超过±0.2Hz。若频率偏差超过规定标准，也将影响用户设备正常工作。

4．电压波形质量

由于大型晶闸管整流装置及一些新零件的使用，导致供电系统中电流、电压波形发生变化，使其他用电设备损耗增大、寿命缩短，过大的畸变还会影响一些电气设备正常工作。

3.3 变压器的用途和基本结构

3.3.1 变压器的用途

变压器是一种利用电磁感应原理，将某一数值的交变电压变换为同一频率的另一数值的交变电压的静止的电气设备。变压器在电工与电子技术中具有非常广泛的用途。变压器按照用途主要分为以下几类：

1．电力变压器

变压器最主要的用途是作为输、配电用的电力变压器，如图 3.4（a）、（b）所示。如前面所介绍，供电系统采用高压输电、低压配电的方式，由于发电机本身的结构及所用绝缘材料的限制，不可能直接发出高压输电所需要的高电压，因此在输电时必须首先通过升压变电站的升压变压器将电压升高再进行输送；而在高压电输送到用电区后，为了保证用电安全和符合用电设备的电压等级要求，还必须通过各级降压变电站，利用降压变压器将电压降低。

2．特种变压器

指在特殊场合使用和特别用途的变压器，如作为焊接电源的电焊变压器［图 3.4（c)］，专供大功率电炉使用的电炉变压器，用于局部照明和控制用的控制变压器，将交流电整流成直流电的整流变压器，用于平滑调节电压的自耦变压器 [图 3.4（d）] 等。

3．仪用互感器

仪用互感器用于仪表测量技术中，如电流互感器、电压互感器等，如图 3.4（e）、（f）所示。如在本课程实训 4 中使用的钳形电流表就是利用电流互感器的原理制成的（见图 4.10）。

4．其他变压器

如试验用的高压变压器，产生脉冲信号的脉冲变压器等。

各种变压器如图 3.4 所示。

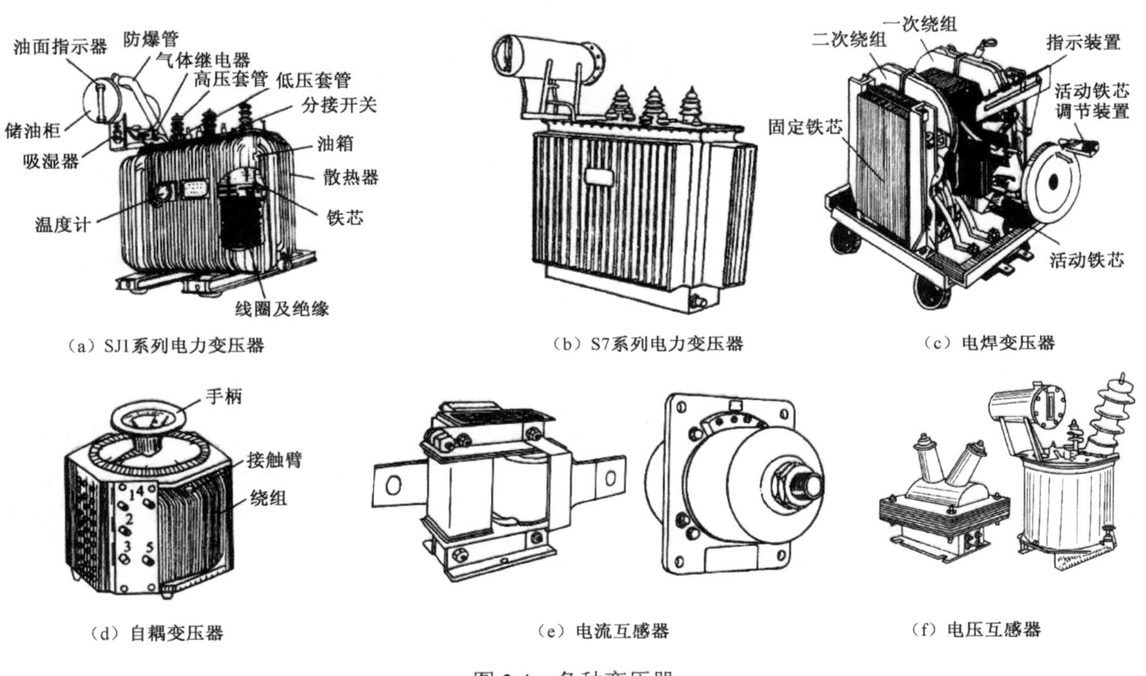

（a）SJ1系列电力变压器　（b）S7系列电力变压器　（c）电焊变压器

（d）自耦变压器　（e）电流互感器　（f）电压互感器

图 3.4　各种变压器

阅读材料

（一）新型电力变压器简介

电力变压器是输、配电系统中不可缺少的重要设备。从发电厂发出的电压经升压变压器升压，输送到用户区后，再用降压变压器降压供电站给用户，中间一般要经过 4～5 次甚至是 8～9 次变压器的升降压。根据资料显示，1kW 的发电设备需 8～8.5k·VA 容量的变压器与之配套，由此可见，在电力系统中变压器是容量最多、最大的电气设备。另外，电能在传输过程中会有能量的损耗，这主要是输电线路的损耗和变压器的损耗，约占整个供电容量的 5%～9%，这是一个相当可观的数字。例如，我国在 1999 年发电设备的总装机容量约为 3 亿千瓦，则输电线路和变压器损耗的部分约为 1500 万千瓦～2700 万千瓦，它相当于目前我国 10 到 20 个装机容量最大的火力发电厂发电量的总和。在这个能量损耗中，又以变压器的损耗为最大，约占 60% 左右，因此变压器效率的高低成为输配电系统中一个突出的问题。我国从 20 世纪 80 年代起大量生产 S7、S9 等型号的低损耗变压器 [可见图 3.5 和图 3.4（b）]，并要求逐步淘汰正在使用的旧型号变压器［如 SJ1 系列，可见图 3.4（a）］。据初步估算，采用低损耗变压器所需的投资费用可在 4～5 年时间内从节约的电费中收回。

图 3.5　新型电力变压器

近年来，随着铁损耗可降低 70%的非晶合金铁芯片和超导材料的出现，大幅度降低变压器损耗已成为可能。可以预言，新一代的节能变压器——超导变压器将于本世纪进入实用阶段。

（二）电焊变压器简介

电弧加热是利用电极与电极（或电极与工件）之间产生放电，使空气电离形成电弧发出高温来加热物体。常见的电弧焊机属于此类电器。图 3.4（c）为动铁芯式交流弧焊机的外形图，其原理图见图 3.6。由此可见，交流弧焊机实际上是一台结构特殊的降压变压器，变压器的铁芯分为固定铁芯和活动铁芯两部分，固定铁芯上绕有初级和次级绕组，活动铁芯装在固定铁芯中间的螺杆上，可以用摇动手轮来调节，从而调节固定铁芯中的磁通以调节焊接电流，可以适合不同焊接工件和焊条的焊接要求。

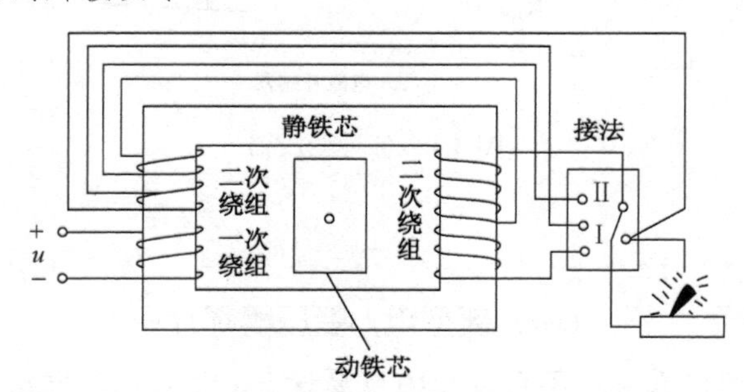

图 3.6　动铁芯式交流弧焊机原理示意图

3.3.2　变压器的基本结构

变压器的基本结构由铁芯和绕组两部分所组成，如图 3.7 所示。

1．铁芯

铁芯构成变压器的磁路系统，并作为变压器的机械骨架。为了减小涡流和磁滞损耗，铁芯一般用涂有绝缘漆的硅钢片叠成，一些专用的小型变压器则采用铁氧体或坡莫合金制成铁芯。

根据变压器铁芯的结构形式可分为芯式和壳式两大类，壳式变压器在中间的铁芯柱上安置绕组（线圈），芯式变压器在两侧的铁芯柱上安置绕组，如图 3.7 所示。

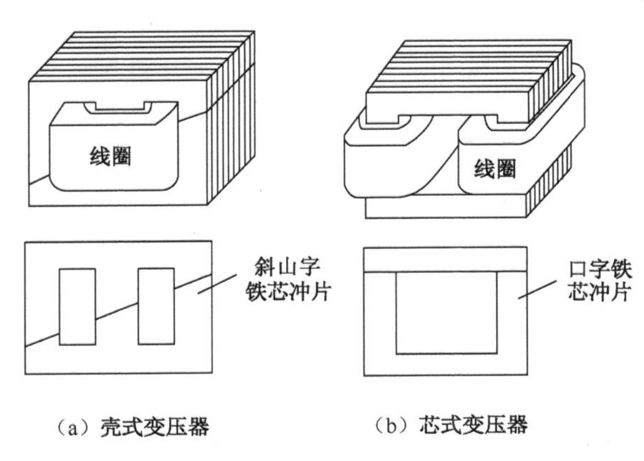

（a）壳式变压器　　（b）芯式变压器

图 3.7　变压器的基本结构

2．绕组

变压器的线圈称为绕组，它是变压器的电路部分。变压器有两个或两个以上的绕组，接电源的绕组称为一次绕组，接负载的绕组称为二次绕组。

变压器在工作时铁芯和绕组都会发热，小容量的变压器采用自冷方式，即在空气中自然冷却；中容量的变压器采用油冷式，即将其放置在有散热管（片）的油箱中冷却；大容量的变压器还要用油泵将冷却液在油箱与散热管（片）中作强制循环。

3.4 变压器的基本工作原理

3.4.1 变压器的空载运行和变压比

所谓“变压器的空载运行”，是指一次绕组接上电源，二次绕组开路的状态，如图 3.8（a）所示。

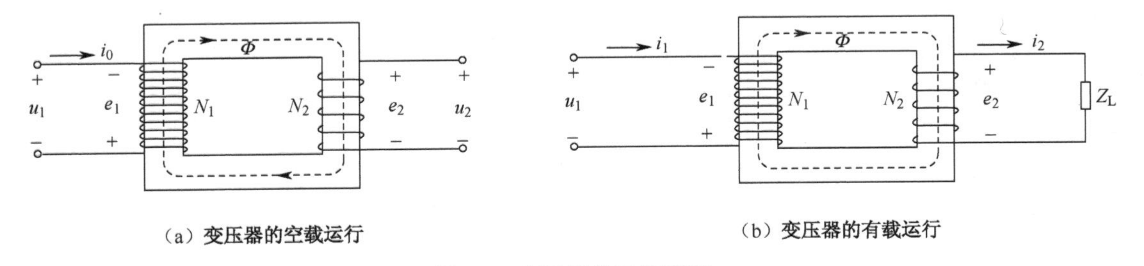

（a）变压器的空载运行　　（b）变压器的有载运行

图 3.8　变压器的工作原理

在一次绕组接上的电源电压 u_1 的作用下，在一次绕组中通过电流 i_0，i_0 称为“空载电流”，由于产生工作磁通，所以又称为“励磁电流”。在其作用下，根据电磁感应的原理，在二次绕组两端产生感应电动势。由于二次绕组开路，电流 $i_2=0$，其端电压与感应电动势相等。在理想状态下，变压器一次与二次绕组的电压关系为

$$\frac{U_1}{U_2}=\frac{N_1}{N_2}=k \tag{3.1}$$

在公式（3.1）中，N_1 与 N_2 分别为变压器一次、二次绕组的匝数。该式表明：变压器一次、二次绕组的电压（有效值）与一次、二次绕组的匝数成正比，其比值 k 称为“变压比”，可简称“变比”。通常把 $k>1$（即 $U_1>U_2$）的变压器称为降压变压器，而把 $k<1$（即 $U_1<U_2$）的

变压器称为升压变压器。

3.4.2 变压器的负载运行和变流比

所谓“变压器的负载运行”，是指其二次绕组接上负载 ZL 时的运行状态，如图 3.7（b）所示。此时变压器一次绕组的电流为 i_1，且二次绕组的电流 $i_2 \neq 0$。在理想的状态下

$$\frac{i_1}{i_2}=\frac{N_2}{N_1}=\frac{1}{k} \tag{3.2}$$

公式（3.2）表明：变压器一次、二次绕组的电流（有效值）与一次、二次绕组的匝数成反比。

【例 3.1】 低压照明变压器的一次绕组匝数 $N_1 = 770$ 匝，上次绕组电压 $U_1 = 220\text{V}$，现要求二次绕组输出电压 $U_2 = 36\text{V}$，求二次绕组的匝数 N_2 和变比 k。

解： 根据公式（3.1）可得

$$N_2=\frac{U_2}{U_1}N_1=\frac{36}{220}\times 770=126$$

$$k=\frac{U_1}{U_2}=\frac{220}{36}=6.1$$

3.4.3 变压器的外特性

所谓“变压器的外特性”，是指在电源电压不变的条件下，变压器二次绕组电压 U_2 与电流 I_2 的关系，如图 3.9 所示，在负载变化时，变压器二次绕组的电压 U_2 将会随着电流 I_2 的增大而降低。这是因为在变压器加上负载后，随着负载电流 I_2 的增加，在二次绕组内部的阻抗压降也会增加，使二次绕组的输出电压 U_2 下降；另一方面，由于一次绕组的电流 I_1 随 I_2 增加，使一次绕组的阻抗压降也增加，造成一次绕组电压 U_1 下降，从而也使二次绕组电压 U_2 下降。由图 3.9 可见，常用的电力变压器从空载到满载，二次绕组的电压会下降约 3%～5%（U_{20} 为二次绕组的空载电压）。

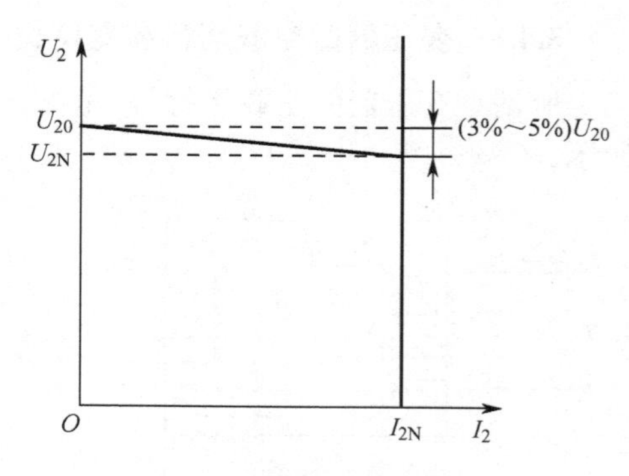

图 3.9 变压器的外特性曲线

3.4.4 变压器的效率

变压器的效率是指输出有功功率 P_o 与输入有功功率 P_i 的比值：

$$\eta=\frac{P_o}{P_i}\times 100\% \tag{3.3}$$

变压器的效率是比较高的，一般供电变压器的 η 都在 95%左右，大型变压器的 η 可达 98%以上。但即便如此，因为变压器中存在着功率损耗，所以 $\eta \neq 100\%$，即 $P_o < P_i$。变压器的功率损耗主要由铁损耗和铜损耗两部分构成。所谓“铁损耗”，就是变压器磁路的损耗，它又包括磁滞损耗和涡流损耗。当外加电压一定时，铁损耗是固定的。所谓“铜损耗”，是指变压器的电路损耗，由于变压器的绕组存在着电阻，当电流通过绕组时会在绕组电阻上产生功率损耗，可见铜损耗随着负载变化而变化。

本章小结

● 电能具有便于转换、便于输送、便于控制和测量等几个方面的特点。

● 目前电力的生产的主要方式是火力发电、水力发电和原子能发电三种。

● 电力系统是由发电厂、变电所、电力网和电能用户组成的。发电厂发出的电压经升压变压器升压后，由高压输电网输送到用电区域；再经一次、二次降压变压器降压，然后送到用电户，再分配给低压用电设备使用。我国的一般工业和民用电为50Hz、220V或380V交流电。

● 供电质量包括供电的可靠性、电压质量、频率质量及电压波形质量等四个方面。

● 电力负荷通常分为三类，分类等级越高，对供电系统的可靠性、稳定性的要求就越高。

● 变压器是一种利用电磁感应原理，将某一数值的交变电压变换为同一频率的另一数值的交变电压的静止的电气设备。

● 变压器按照用途主要分为电力变压器、仪用互感器、特种变压器和其他用途的变压器等几类。

● 铁芯和线圈（绕组）是变压器最基本的两个组成部分。铁芯构成变压器的磁路；绕组组成变压器的电路，绕组分为一次绕组和二次绕组。

● 变压器实现电压、电流变换的基本公式为

$$\frac{U_1}{U_2}=\frac{I_2}{I_1}=\frac{N_1}{N_2}=k$$

● 在电源电压不变的条件下，变压器二次绕组电压 U_2 与电流 I_2 的关系称为变压器的外特性。

● 变压器的效率是指输出有功功率 P_o 与输入有功功率 P_i 的比值

$$\eta=\frac{P_o}{P_i}\times 100\%$$

习题3

3.1 填空题

1. 变压器是一种利用__________原理，将某一数值的交变电压变换为同一频率的另一数值的交变电压的______的电气设备。

2. ______和______构成变压器的两个基本组成部分。

3. 变压器接______的称为一次绕组，接______的称为二次绕组。

4. 一台变压器的变比 $k=5$，若一次绕组的电压 $U_1=100$V，则二次绕组的电压 $U_2=$ ___V。

5. 变压器的效率是指__________与__________的比值。

3.2 选择题

1. 目前电力生产的三种主要方式是____。

A. 火力发电　　B. 水力发电　　C. 太阳能发电　　D. 原子能发电

2. 在下列场所中，属于一类负荷的是____。

A. 交通枢纽　　B. 炼钢厂　　C. 居民家庭　　D. 电影院

3. 学校属于____类负荷。

A. 一类　　B. 二类　　C. 三类

4. 变压器一次、二次绕组的____与一次、二次绕组的匝数成反比。

A. 电压　　B. 电流　　C. 电功率

5. 通常把k____的变压器称为降压变压器，而把k____的变压器称为升压变压器。

A. >1　　B. <1　　C. =1

6. 变压器的外特性是指在电源电压不变的条件下，变压器____的关系。

A. U_1与I_1　　B. U_1与I_2　　C. U_2与I_2

3.3　判断题

1. 变压器也可以变换直流电压。(　　)

2. 变压器可以变换不同频率的交流电压。(　　)

3. 变压器只能升压，不能降压。(　　)

4. 变压器既可以变压，又可以变流。(　　)

5. 变压器的功率损耗主要由铁损耗和铜损耗两部分构成，这两部分损耗都随着负载的变化而变化。(　　)

6. 如果变压器二次绕组的电流减小，则一次绕组的电流也必定随之减小。(　　)

3.4　计算题

1. 接在220V交流电源上的单相变压器，其二次绕组电压为110V，若二次绕组的匝数为350匝，求一次绕组的匝数n_1为多少？

2. 有一台单相照明变压器，容量为2kV · A，电压为380/36V，现在其二次绕组接上$U=36V$，$P=40W$的白炽灯，使变压器在额定状态下工作，问能接多少盏白炽灯？此时的I_1及I_2各为多少？

3. 一台变压器的二次绕组电压为20V，在接有电阻性负载时，测得二次绕组电流为5.5A，变压器的输入功率为132W，试求变压器的效率。

第 4 章　电动机及其控制

学习目标

电能作为能源很主要的方面是提供动力，而将电能转变成动力（机械能）的装置是电动机。电动机通电后为什么能转动起来呢？它的转速与转矩之间有什么关系？如何对它进行控制？本章将介绍电动机的原理及其控制电路，主要包括：

- 三相交流异步电动机及其基本控制电路。
- 单相交流电动机和直流电动机。
- 常用生产机械的电气控制电路。
- 可编程控制器简介。

通过学习本章，应能理解电动机的基本原理，能够读懂电动机基本控制电路的原理图。并对可编程控制器有初步的了解。

4.1　三相交流异步电动机

电机是利用电和磁相互作用的电磁感应原理来实现将机一电能量和信号相互转换的装置，它是电动机、发电机和信号电机的总称。而电动机则是将电能转换成机械能（旋转运动或直线位移）的装置。

如在“绪论”中所述，电能作为能源利用主要是作为动力（机械能）。在电能已成为人类在生产和生活中利用的最主要能源的今天，电动机也已成为主要的动力设备，据统计，电动机所消耗的电能已占全社会电能消耗总量的 60%～70%。

按照电源的种类，可将电动机分为交流电动机和直流电动机：

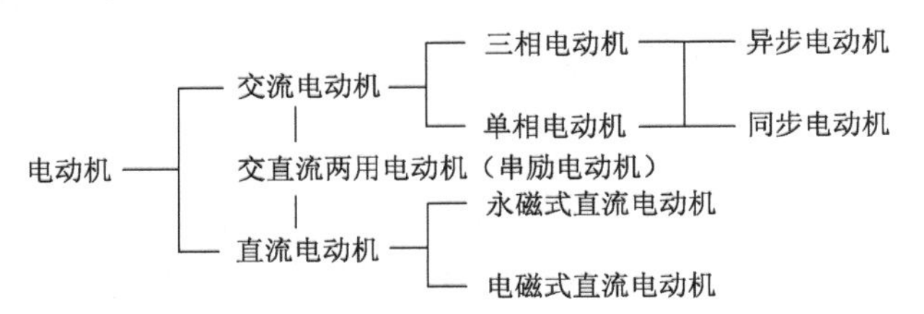

目前应用最广泛的电动机是三相交流异步电动机、单相交流异步电动机和直流电动机。

4.1.1　三相交流异步电动机的基本结构

三相异步电动机的基本结构是由定子和转子两大部分，以及机壳、端盖、轴承、风扇等部件构成的，如图 4.1 所示。

1．定子

电动机的定子是由定子铁芯和定子绕组构成的，如图 4.1 所示。定子铁芯作为电动机磁路的一部分，一般要求有较好的导磁性能和较小的铁损耗，所以定子铁芯是用冷轧硅钢片冲压成形后，再叠压而成圆筒状。其内圆均匀分布若干凹槽，用来嵌放定子绕组。硅钢片与片之间涂有绝缘漆，以减小涡流损耗。

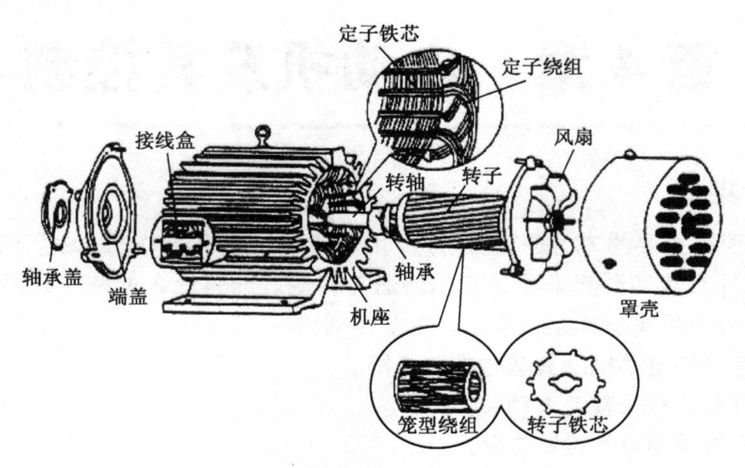

图 4.1　三相异步电动机的基本结构示意图

定子绕组是电动机的电路部分，是用漆包线绕成线圈，再按一定的规律连接而成。每个线圈的两个边嵌放在定子铁芯槽内，线圈和铁芯之间还衬有绝缘纸。三相异步电动机的定子绕组为空间互差 120° 电角度的三相对称绕组 U_1-U_2、V_1-V_2、W_1-W_2，三相定子绕组一般连接成星形或三角形，如图 4.2 所示。

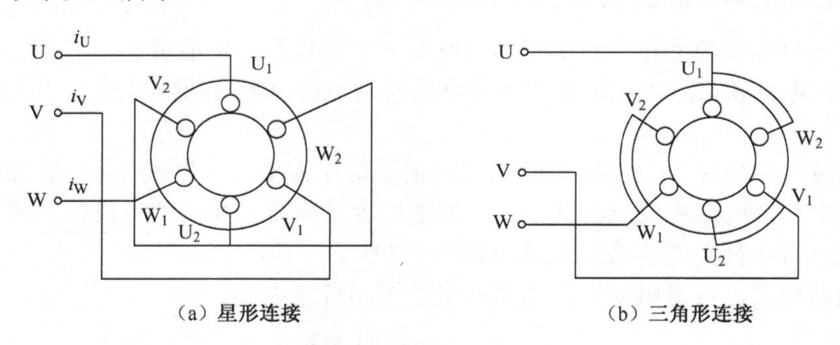

图 4.2　三相定子绕组示意图及连接方式

2．转子

电动机的转子是由转子铁芯、转子绕组和转轴构成的，如图 4.3 所示。转子铁芯作为电动机磁路的组成部分，也是用硅钢片叠压而成。沿其外圆周均匀分布着若干个槽，用来嵌放转子绕组，中间穿有转轴。

三相异步电动机根据转子绕组的结构形式分为笼型电动机和绕线转子电动机。笼型转子绕组大多是斜槽式的，绕组的导条、端环和散热用的风叶多用铝材一次浇铸成形。其中端环的作用是将所有导条并接起来形成闭合的转子电路，以便能够在导条中形成感应电流，产生电磁转矩。绕线式转子绕组与定子绕组一样，是用绝缘导线在转子铁芯槽中绕成的三相对称绕组，其尾端连接成星形，首端通过滑环和电刷装置与外电路的启动设备或调速设备接通，可以提高启动性能和调速性能。

3．其他部件

三相异步电动机的其他部件还有机壳、前后端盖、风叶等。

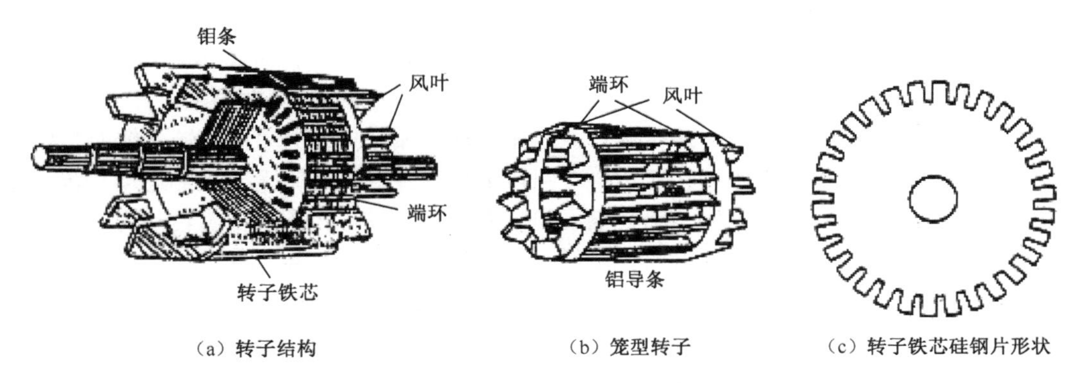

（a）转子结构　（b）笼型转子　（c）转子铁芯硅钢片形状

图 4.3　单相异步电动机的转子

4.1.2　三相异步电动机的转动原理

1．转动原理

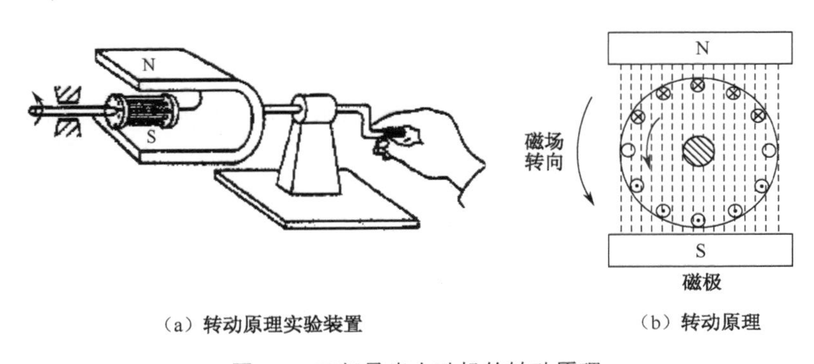

（a）转动原理实验装置　（b）转动原理

图 4.4　三相异步电动机的转动原理

做一做

实验装置如图 4.4（a）所示，在一个马蹄形磁铁上装有旋转手柄，两磁极之间放一个可以自由转动的笼型转子，磁极和转子之间是空气隙，没有机械或电气的联系。当我们转动手柄使磁铁旋转时，会观察到以下现象：

（1）笼型转子随着磁极一起转动。磁极转得快，转子跟着转得快；磁极转得慢，转子也跟着转得慢。

（2）若改变磁极旋转方向，笼型转子也跟着改变旋转方向。

（3）仔细观察还会发现，笼型转子的转速总是低于磁极的转速，两者的转速不能同步，即所谓“异步”。

上述实验现象可通过图 4.4（b）来分析说明。设磁极按逆时针方向旋转，形成一个旋转磁场，置于旋转磁场中的转子导条切割磁感应线，产生感应电动势，由于笼型转子绕组是闭合结构，所以转子绕组中产生感应电流。根据右手定则，可以判断出位于 N 极下的导条感应电流方向为进入纸面；而位于 S 极下的导条感应电流方向为穿出纸面。又因为载流导体在磁场中会受到电磁力的作用，根据左手定则可判断出位于 N 极下的导条受力方向向左；位于 S 极下的导条受力方向向右。这样，在笼型转子上就形成一个逆时针方向的电磁转矩，从而驱动转子跟随旋转磁场按顺时针方向转动起来。

若磁极按顺时针方向旋转，同理，转子也会改变方向朝顺时针方向转动。另外，磁场若加快旋转切割转子速度，转子上感应电流及电磁转矩将增大，则转子转速加快。

那么对“异步”的现象又如何解释呢？由上述原理可知，异步电动机的转子转向与旋转磁场转向一致，如果转子与旋转磁场转速相等，则转子与旋转磁场之间没有相对运动，转子导条不再切割磁感应线，没有电磁感应，感应电流和电磁转矩为零，转子失去旋转动力，在固有阻力矩的作用下，转子转速必然低于旋转磁场转速，所以称其为异步电动机。

如果能设法使电动机转子与旋转磁场以相同的转速旋转，这种电动机称为同步电动机。

异步电动机旋转磁场转速（也称同步转速 n_0）与转子转速 n 之差称为转差，转差与同步转速 n_0 的比值用转差率 s 表示

$$s = \frac{n_0 - n}{n_0} \tag{4.1}$$

转差率 s 是反映异步电动机运行状态的一个重要参数。异步电动机额定转速时的转差率称为额定转差率 s_N，一般很小（约 2%～5%），即异步电动机在额定状态下运行时的转速 n_N 很接近同步转速 n_0。

【例 4.1】 某台三相异步电动机的同步转速为 1500r/min，电动机的额定转速为 1470r/min，求电动机的额定转差率。

解：

$$s = \frac{n_0 - n}{n_0} = \frac{1500 - 1470}{1500} \times 100\% = 2\%$$

2．旋转磁场

由以上分析可知，异步电动机必须首先建立一个旋转磁场，才能驱动转子旋转。三相异步电动机的旋转磁场是由对称的三相定子绕组通入对称的三相交变电流（在时间上互有 120° 相位差）产生的。

对称的三相交变电流对称的三相定子绕组，在电流的一个周期内 t_0～t_4 五个时刻所产生的合成磁场的方向如图 4.5 所示，由图可见，电流交变一周，合成磁场的方向也在空间旋转了一圈（360°）。图 4.5 所示为一对磁极（$P = 1$）的情况，如果三相异步电动机的定子绕组每相由两组线圈组成，如图 4.6 所示分布，各相绕组首端或尾端在空间上互差 60°（电角度仍是 120°）。通入三相对称电流后，同样方法可判断电动机将产生两对磁极，并且仍按 $U_1 \rightarrow V_1 \rightarrow W_1$ 方向旋转。但是，当电流变化一个周期 360°，合成磁场只转了半圈 180°。由此归纳，旋转磁场的转速 n_0（同步转速）与交流电源的频率 f 成正比而与磁极对数 P 成反比，即

$$n_0 = \frac{60f}{P} \tag{4.2}$$

式中，f 为交流电源的频率；P 为定子磁极对数。

旋转磁场建立后，利用旋转磁场与转子的转速差在转子上感生电流，产生电磁转矩，使电动机沿旋转磁场方向旋转起来。

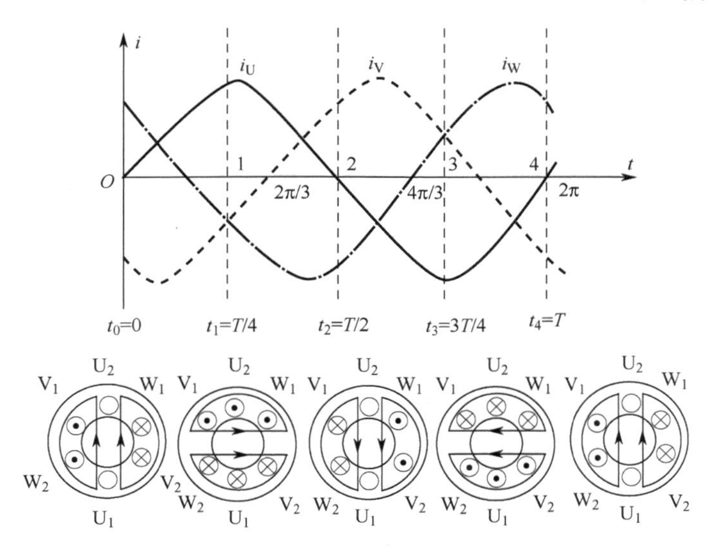

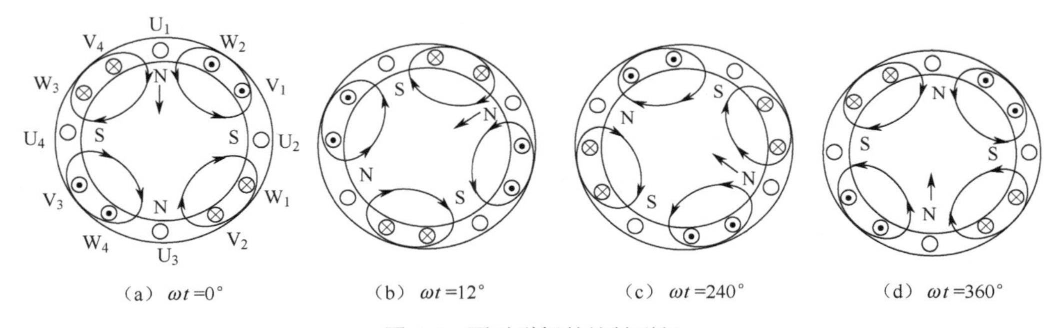

图 4.5　三相交变电流产生的旋转磁场

图 4.6　两对磁极的旋转磁场

4.1.3　三相异步电动机的机械特性

1．三相异步电动机的机械特性曲线

电动机作为动力设备，我们在使用时最关心的是电动机的输出转矩和转速，转矩与转速之间的关系称为机械特性。如果用横坐标表示转矩，纵坐标表示转速，将机械特性用曲线表示出来，则称为（电动机的）机械特性曲线。图 4.7 所示为三相异步电动机的机械特性曲线，图中 *A*、*B*、*C*、*D* 点分别为电动机的同步点、额定运行点、临界点和启动点。由图可见，电动机在 *D* 点启动后， 随着转速的上升转矩随之上升，在达到转矩的最大值后（*C* 点），进入 *A*—*C* 段的工作区域。

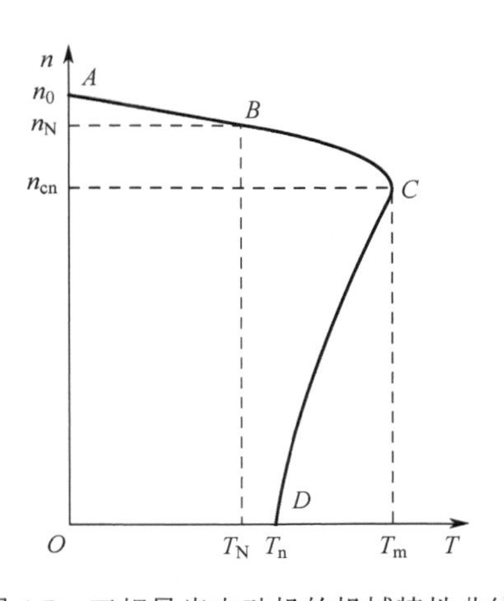

图 4.7　三相异步电动机的机械特性曲线

2．三相异步电动机的运行性能

下面用图 4.7 所示的机械特性曲线来分析三相异步电动机的运行性能：

（1）曲线的 *A*—*C* 段：在这一段的曲线近似于线性，随着异步电动机的转矩增加而转速略有下降，从同步点 A（$n=n_0$，$s=0$，$T=0$）到满载的 B 点（额定运行点），转速仅下降 2%～6%，可见三相异步电动机在 A—C 段的工作区域有较“硬”的机械特性。

（2）额定运行状态：在 B 点，电动机工作在额定运行状态，在额定电压、额定电流下产生额定的电磁转矩，以拖动额定的负载，此时对应的转速、转差率均为额定值（额定值均用下标“N”表示）。电动机工作时应尽量接近额定状态运行，以使电动机有较高的效率和功率因数。

（3）临界状态：C 点被称为“临界点”，在该点产生的转矩为最大转矩 T_{m}，它是电动机运行的临界转矩，因为一旦负载转矩大于 T_{m}，电动机因无法拖动而使转速下降，工作点进入曲线的 C—D 段，在 C—D 段随着转速的下降转矩继续减小，使转速很快下降至零，电动机出现堵转。C 点为曲线 A—C 段与 C—D 段交界点，所以称为“临界点”，该点对应的转差率均为临界值。

电动机产生的最大转矩 T_{m} 与额定转矩 T_{N} 之比称为电动机的过载能力 λ，即

$$\lambda=\frac{T_{\mathrm{m}}}{T_{\mathrm{N}}} \tag{4.3}$$

一般三相异步电动机的 λ 在 1.8～2.2 之间，这表明在短时间内电动机轴上带动的负载只要不超过 1.8～2.2 T_{N}，电动机仍能继续运行，因此一定的 λ 表明电动机所具有的过载能力的大小。

（4）启动状态：D 点称为“启动点”。在电动机启动瞬间，$n=0$，$s=1$，电动机轴上产生的转矩称为启动转矩 T_{st}（又称为“堵转转矩”）。T_{st} 必须大于负载转矩，电动机才能启动，否则电动机将无法启动。

电动机产生的启动转矩 T_{st} 与额定转矩 T_{N} 之比称为电动机的启动能力，即

$$\text{启动能力}=\frac{T_{\mathrm{st}}}{T_{\mathrm{N}}} \tag{4.4}$$

一般三相异步电动机的启动能力在 1～2 之间。

4.1.4　三相异步电动机的型号和技术数据

1．三相异步电动机的铭牌

在每台电动机的外壳上都有一块标牌，一般是用金属做的，因此称为“铭牌”，图 4.8 为一块三相异步电动机的铭牌。在铭牌上标注出电动机的型号和主要技术数据，因此电动机的额定值又称为铭牌值。现分别说明如下。

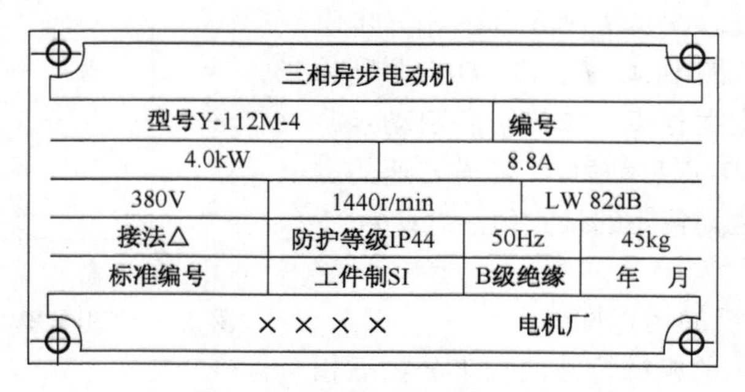

图 4.8　三相异步电动机铭牌

2．型号

以 Y-112M-4 型为例：

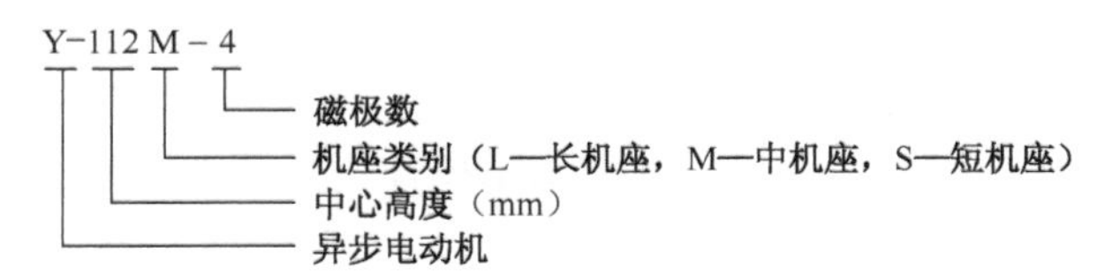

3．电动机的额定值

在第 1 章曾经介绍过：电器的额定工作状态，是指电器设备处于最为经济合理和安全可靠，并能够保证其有效使用寿命的工作状态。同样，电动机的额定工作状态，是指电动机能够可靠地运行并具有良好性能的最佳工作状态，此时电动机的有关数据称为电动机的额定值，主要有：

（1）额定电压（380V）

指在额定的条件下向电动机绕组所加的工作电压（单位：V）。

（2）额定功率（40kW）

指电动机在长期持续运行时转轴上输出的机械功率（单位：W 或 kW）。

（3）额定电流（8.8A）

指电动机在输出额定功率时，电源电路通过的电流（单位：A）。

（4）额定转速（1440r/min）

指电动机在额定状态下运行时的转速（单位：r/min）。

（5）额定转矩

指电动机在额定运行时产生的电磁转矩（单位：N • m）。

转矩与功率、转速之间的关系为

$$T_N = 9550\frac{P_N}{n_N} \tag{4.5}$$

式中：T_N 为额定转矩（N • m），P_N 为额定功率（kW），n_N 为额定转速（r/min）。

4．电动机的其他技术数据

（1）启动电流 I_{st} 和启动转矩 T_{st}

所谓电动机的“启动”状态，是指电动机已接通电源产生运转的动力，但因机械惯性还没有转动起来（转速为零），此时的电流和电磁转矩称为启动电流和启动转矩。

（2）最大转矩 T_m

指电动机所能产生的电磁转矩的最大值。

（3）电动机的效率

电动机从电源输入电功率，通过内部的电磁作用产生电磁转矩，驱动机械负载旋转做功。电动机在将电功率转换为机械功率的同时，也会在其内部产生损耗，这些损耗包括铜损（电路的损耗）、铁损（磁路的损耗）和机械损耗。电动机的效率为输出的机械功率与输入的电功率之比

$$\eta = \frac{P_2}{P_1} \times 100\% \tag{4.6}$$

式中：η 为电动机的效率，P_2 和 P_1 分别为电动机输出的机械功率和输入的电功率。

5．电动机的定额工作制

是指电动机按额定值工作时，可以持续运行的时间和顺序。一般电动机的定额为 S_1、S_2、S_3 三种：

（1）连续定额 S_1

表示电动机可按额定值工作时，可以长期连续运行。这种工作制较适用于水泵、风机等。

（2）短时定额 S_2

表示电动机按额定值工作时只能在规定的时间内短时运行。我国规定的短时运行时间为 10min、30min、60min 和 90min 四种。这种工作制较适用于制冷用电动机等。

（3）断续定额 S_3

表示电动机按额定值工作时，要运行一段时间就停止一段时间的周期性地运行。我国规定一周期为 10min，持续运行时间为工作周期的 15%、25%、40%和 60%四种。

除了上面介绍过的数据外，还有电动机的连接方法、防护等级和绝缘等级等。所谓绝缘等级，是指电动机所用的绝缘材料按其耐热性能区分的等级，国产电动机所使用的绝缘材料等级为 B、F、H、C 四级，绝缘材料的最高允许温度分别为 130℃、155℃、180℃和>180℃。

阅读材料

国产三相异步电动机简介

三相异步电动机是目前应用最广泛的动力装置，如在工业上的各种机床、中小型轧钢设备、起重运输机械、鼓风机、压缩机、水泵等，农业上的排灌、脱粒、磨粉及其他农副产品加工机械等，都是主要由三相异步电动机来拖动。

三相异步电动机分笼型和绕线型两大类，笼型转子又分为普通笼型、深槽笼型和双笼型等几种，我们平常使用最多的是普通笼型转子的三相异步电动机。

从 20 世纪 50 年代起，我国对国产的三相笼型异步电动机进行了多次更新换代，使电动机的整体性能及质量指标不断提高。其中，J、JO 系列是我国在 50 年代生产的产品，现在已很少见到。J2、JO2 系列为我国在 60 年代自行设计的产品，目前仍在许多设备上使用。Y 系列为我国在 80 年代设计并定型的产品，与 JO2 系列产品相比较，其效率有所提高，体积平均缩小 15%，质量减轻 12%，而且功率等级较多（从 0.5～160kW），选用时更方便，可避免“大马拉小车”的弊病。Y 系列三相异步电动机完全符合国际电工委员会的标准，有利于出口设备与进口设备上的电动机互换。

从 20 世纪 90 年代开始，我国又设计开发了 Y2 系列三相异步电动机。Y2 系列是 Y 系列的更新换代产品，达到同期的国际先进水平。从 90 年代末期起，我国已开始实现从 Y 系列向 Y2 系列产品的过渡。

技能训练

【实训4】 三相异步电动机的运行与测试

一、实训目的

1．进一步了解三相异步电动机的结构和铭牌数据的意义。

2．学会测试三相异步电动机定子绕组的绝缘电阻，测试启动电流和空载电流。

3．掌握兆欧表和钳形交流电流表的使用方法。

二、相关知识与预习内容

（一）兆欧表及其使用兆欧表测量电动机绝缘电阻的方法

兆欧表主要由一台小容量、输出高电压的手摇直流发电机和一只磁电系比率表及测量线路组成，因此又称为摇表，其外形如图 4.9（a）所示。

使用兆欧表测量电动机绝缘电阻的方法如下：

（1）测量前，需使被测设备与电源脱离，禁止在设备带电的状态下测量。

（2）使用前应先对兆欧表进行检查，方法是：将兆欧表水平放置。“线（L）”与“保护环”或“屏蔽（G）”端子开路时，表针应在自由状态。然后将“线（L）”与“地（E）”端子短接，按规定的方向缓慢摇动手柄，观察指针是否指向“0”刻度。若不能，则兆欧表有故障，不能用于测量。

（3）测量前要将被测端短路放电，以防止测试前设备电容储能在测量时放电，对操作者或兆欧表造成损坏。

（4）测量时一般只使用兆欧表的“线（L）”和“地（E）”两个接线端接被测对象，测量电路如图 4.9（b）所示。

（5）连接兆欧表与被测对象宜使用单股导线，不要使用双股绞线或双股并行线，并注意不要让两根测量线缠绕在一起，以免影响读数的准确。

（6）手柄摇动的速度尽量保持在 120r/min，待指针稳定 1min 后进行读数。

（7）测试完毕，先降低手柄摇动的速度，并将“线（L）”端子与被测对象断开，然后停止摇动手柄，以防止设备的电容对兆欧表造成损害。注意：此时手勿接触导电部分。

小型电动机维修常用的兆欧表如 ZC11-8 型（500V，0～100MΩ）。

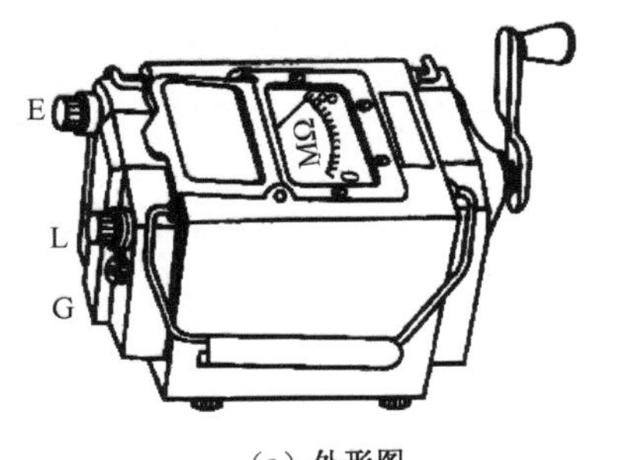

（a）外形图

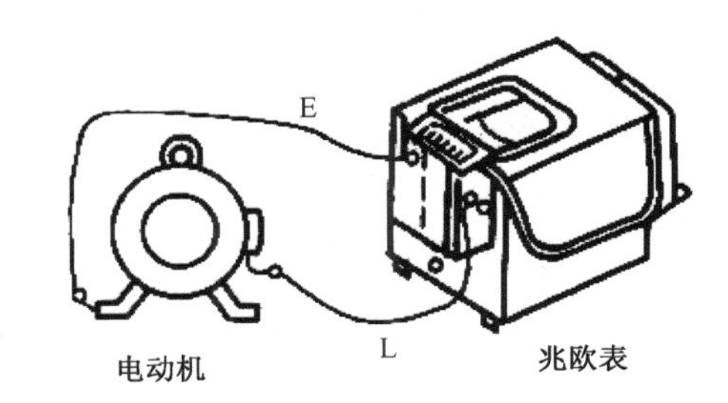

（b）测量电动机绝缘电阻的示意图

图 4.9　兆欧表

（二）钳形交流电流表及其使用方法

钳形交流电流表又简称为钳表或卡表，外形如图 4.10（b）所示，用于测量交流电流。

钳形电流表的工作原理如图 4.10（a）所示，测量时先将转换开关置于比预测电流略大的量程上，然后手握胶木手柄扳动铁芯开关将钳口张开，将被测的导线放入钳口中，并松开开关使铁芯闭合，利用互感器的原理，就能从电表中读出被测导线中的电流值。

用钳形电流表测量交流电流虽然准确度不高，但可以不用断开被测电路，使用方便，因而得到广泛应用。使用钳形电流表测量时应注意：

①使用前，应检查钳形电流表的外观是否完好，绝缘有无破损，钳口铁芯的表面有无污垢和锈蚀。

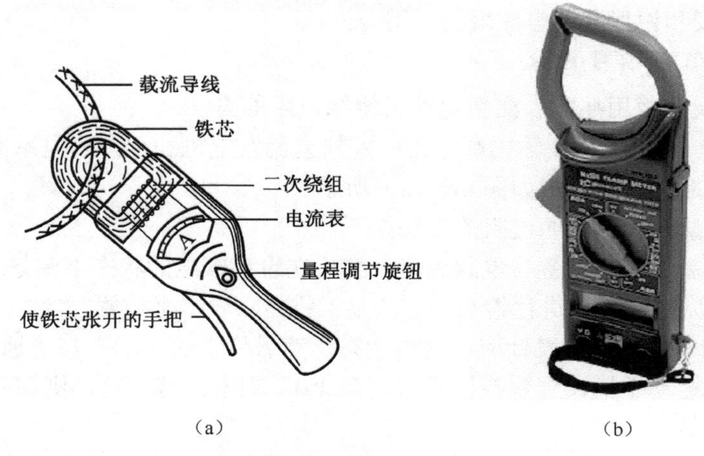

（a）　　　（b）

图 4.10　钳形电流表

②为使读数准确，钳口铁芯两表面应紧密闭合。如铁芯有杂声，可将钳口重新开合一次；如仍有杂声，就要将钳口铁芯两表面上的污垢擦拭干净再测量。

③在测量小电流时，若指针的偏转角很小，读数不准确，可将被测导线在钳口上绕几圈以增大读数，此时实际测量值应为表头的读数除以所绕的圈数。

④钳形电流表一般用于测量低压电流，而不能用于测量高压电流。在测量时，为保证安全，应戴上绝缘手套，身体各部位应与带电体保持不小于 0.1m 的安全距离。为防止造成短路事故，一般不得用于测量裸导线，也不准将钳口套在开关的闸嘴上或套在保险管上进行测量。

⑤在测量中不准带电流转换量程挡位，应将被测导线退出钳口或张开钳口后再换挡。使用完毕，应将钳形电流表的量程挡位开关置于最大量程挡。

小型电动机维修常使用互感式的钳形交流电流表，型号如 MG-27 型（0-10-50-250A，0-300-600V，0～300Ω）。

想一想

1. 在用钳形电流表测量交流电流时，若读数太小，为什么将被测导线在钳口绕上几圈就可以增大读数？

2. 在用钳形电流表测量单相交流电流时，若将相线和中性线两根导线都夹在钳口内，此时电表的读数应是多少？

三、实训器材

按表 4.1 准备好所需的设备、工具和器材。

表 4.1　工具与器材、设备明细表

序号	名　　称	型号 / 规格	单位	数量
1	三相交流电源	3×380/220V　16A　电压可调		
2	钳形电流表	MG-27 型　0-10-50-250A　0-300-600V　0～300Ω	台	1
3	兆欧表	ZC11-8 型　500V　0～100MΩ	台	1
4	万用电表	500 型或 MF-47 型	台	1
5	三相笼型异步电动机	Y2-802-4 型　0.75kW　2A　1，390r/min	台	1

续表

序号	名　称	型号 / 规格	单位	数量
6	组合开关	HZ10-10/3　10A	个	1
7	熔断器	RL1-15　配 5A 熔体	套	3
8	电工电子实训通用工具	试电笔、榔头、螺丝刀（一字和十字）、电工刀、电工钳、尖嘴钳、剥线钳、镊子、小刀、小剪刀、活动扳手等	套	1
9	连接导线			若干

四、实训内容与步骤

（一）观察三相异步电动机的铭牌

观察实训室提供的三相异步电动机的铭牌，记录于表 4.2 中。

表 4.2　三相异步电动机铭牌数据记录表

型　号		额定功率	
接　法		额定电压	
额定电流		额定转速	
额定频率		功率因数	
温　升			

（二）测量电动机定子绕组的绝缘电阻

打开三相异步电动机的接线盒：

①测量 U、V、W 三个接线端对地的绝缘电阻。

②测量 U、V、W 三个接线端之间的绝缘电阻。测量结果均记录于表 4.3 中。

（**建议**：可由实训室提供好的和坏的电动机各一台，让学生检查、判别）

表 4.3　三相异步电动机定子绕组的绝缘电阻测量记录表

U—地	V—地	W—地
U—V	V—W	W—U

（三）测量三相异步电动机的启动电流和空载电流

如图 4.11（b）所示接线：

①合上电源开关 S，用钳形电流表测量电动机的启动电流。

②待电动机的转速稳定后，测量电动机空载运行电流。测量结果均记录于表 4.4 中。

表 4.4　三相异步电动机启动电流和空载电流测量记录表

启 动 电 流	空 载 电 流

4.2　三相交流电动机基本控制电路

为了使电动机能够按照设备的要求运转，需要对电动机进行控制。传统的电动机控制系统主要由各种低压电器组成，称为继电器－接触器控制系统。图 4.11 是一个最简单的三相电动机控制电路，用一个闸刀开关控制电动机的启动和停机，用三相熔断器对电动机进行短路保护，这个简单的电路就具有对电动机进行控制和保护的基本功能。

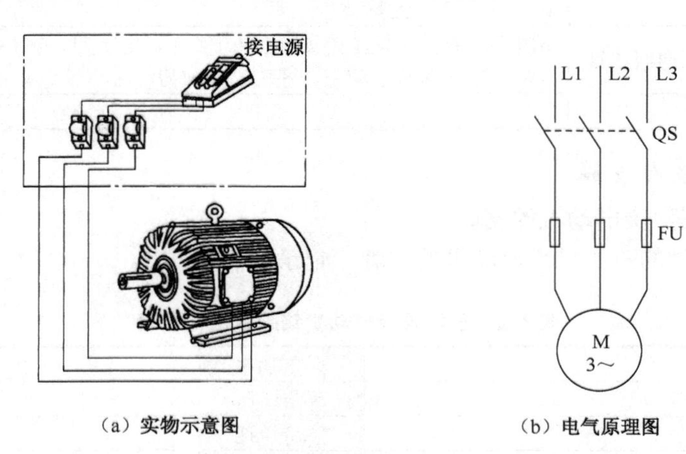

（a）实物示意图　　（b）电气原理图

图 4.11　用刀开关控制三相异步电动机单向运行电路图

图 4.11 的电路只能对电动机进行手动控制，自动控制电路由各种开关、继电器、接触器等电器组成，它能够根据人所发出的控制指令信号，实现对电动机的自动控制、保护和监测等功能。电动机的继电器—接触器控制电路由各种低压电器所组成。所谓“电器”，是指可以根据控制指令，自动或手动接通和断开电路，实现对用电设备或非电对象的切换、控制、保护、检测和调节的电气设备，如各种开关、继电器、接触器、熔断器等。而“低压电器”是指工作电压在交流 1200V 或直流 1500V 以下的电器。

根据其动作原理的不同，电器可分为手控电器和自动电器；而根据其功能的不同，又可以分为控制电器和保护电器。我国低压电器型号是按照产品的种类编制的，具体可查阅相关资料，下面将在介绍电动机控制电路时结合介绍电器的型号、功能和使用方法。

4.2.1　三相异步电动机单向运行控制电路

1．用刀开关控制电动机单向运行的电路

图 4.11 所示的就是用刀开关控制三相异步电动机单向运行的电路，图（a）为实物示意图，图（b）为电气原理图。该电路的工作原理是：

合上电源开关 QS→三相异步电动机通电→电动机启动；

断开 QS→电动机断电停转。

该电路除电动机外，使用的电器有刀开关和熔断器两种。

（1）刀开关

刀开关属于手动电器，可用于不频繁地接通和分断容量不大的低压供电线路，也可以用来直接启动小容量的三相异步电动机（见图 4.11）；其主要用途是作为电源隔离开关（见图 4.20）。刀开关的文字符号为 QS，图形符号如图 4.12（c）、（d）所示（FU 为刀开关所附熔断器的文字符号）。常用的刀开关有开启式负荷开关、封闭式负荷开关和组合开关三种。

①开启式负荷开关

开启式负荷开关又称为胶盖瓷底闸刀开关，其外形、结构和文字与图形符号如图 4.12 所示。

在结构上由刀开关和熔断器两部分组成，外面罩上塑料外壳，作为绝缘和防护。闸刀开关有双刀和三刀两种，可用于单相和三相线路的电源隔离开关。闸刀开关的主要缺点是动作速度慢，带负荷动作时容易产生电弧，不安全，而且体积较大，现已普遍被断路器所取代。如用三刀开关直接控制三相异步电动机不频繁地启动和停机，则电动机的功率一般不能超过5.5kW。

常用开启式负荷开关的HK系列其型号的含义如下：

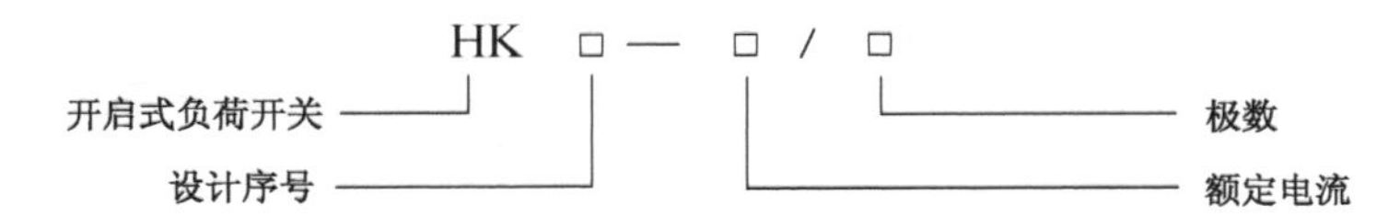

例如：HK2-15/3型——HK2系列，额定电流15A，3极（三刀）。

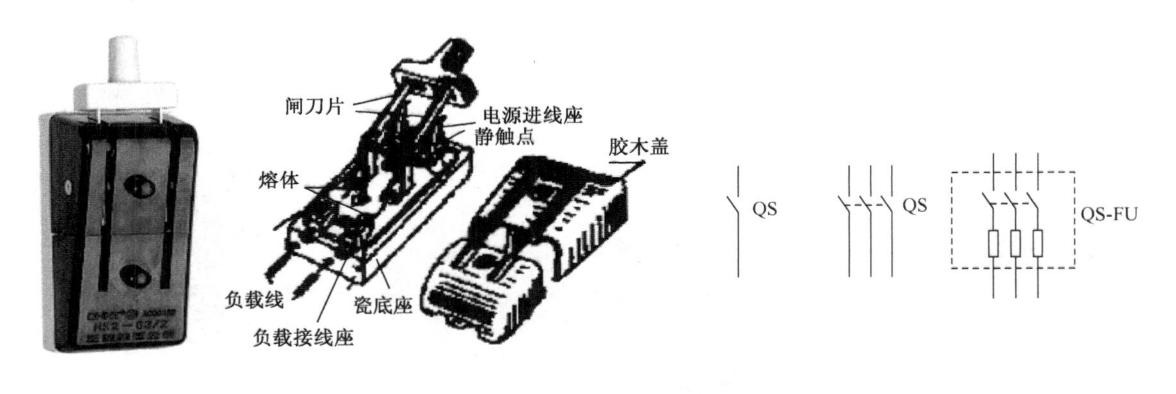

（a）外形　（b）结构　（c）单相图形符号　（d）三相图形符号

图4.12　开启式负荷开关

②封闭式负荷开关

封闭式负荷开关因其早期产品都有一个铸铁的外壳，所以也称为铁壳开关，如今这种外壳已被结构轻巧、强度更高的薄钢板冲压外壳所取代，有些进口负荷开关的外壳采用工程塑料制成。封闭式负荷开关的外形和结构如图4.13所示，其结构上有三个特点：一是装有储能作用的速断弹簧，提高了开关的动作速度和灭弧性能；二是设有箱盖和操作手柄的联锁装置，保证在开关合闸时不能打开箱盖，在箱盖打开时也不能合闸；三是有灭弧装置。因此与闸刀开关相比，铁壳开关使用更加安全，可用于分断较大的负荷，如用于电力排灌、电热器和电气照明的配电设备中作不频繁地接通和分断电路，也可以不频繁地直接启动三相异步电动机。封闭式负荷开关内也带有熔断器。

封闭式负荷开关的系列代号为HH，例如HH3-30/3型（HH3系列、额定电流30A、三刀）。

③组合开关

组合开关又称为转换开关，外形与内部结构如图4.14所示。与前面介绍的两种开关不同的是，组合开关是用旋转手柄左右转动使开关动作的，且不带有熔断器；组合开关在转轴上也装有储能弹簧，使开关动作的速度与手柄旋转速度无关。组合开关的结构较紧凑，体积较小，便于装在电气控制面板上和控制箱内，一般用于不频繁地接通和分断小容量的用电设备和三相异步电动机。

组合开关的系列代号为HZ，例如HZ10-60型（HZ10系列、额定电流60A）。

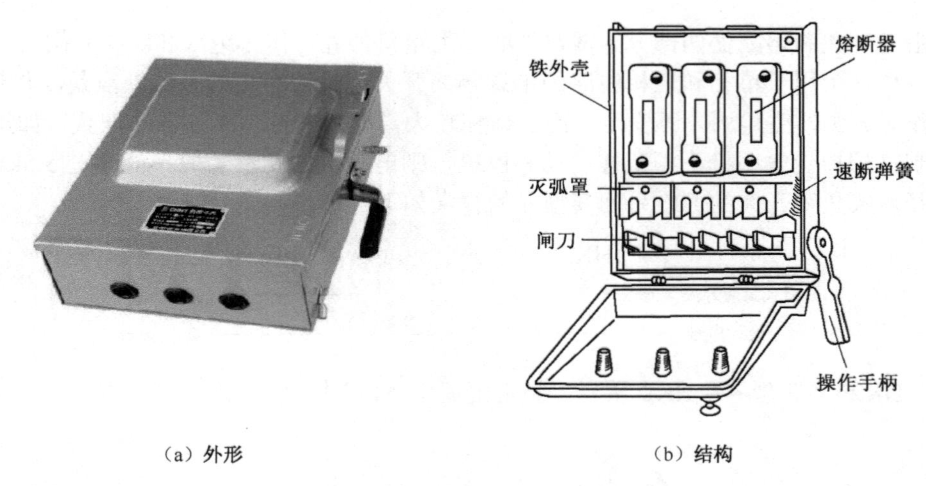

（a）外形　　（b）结构

图 4.13　封闭式负荷开关

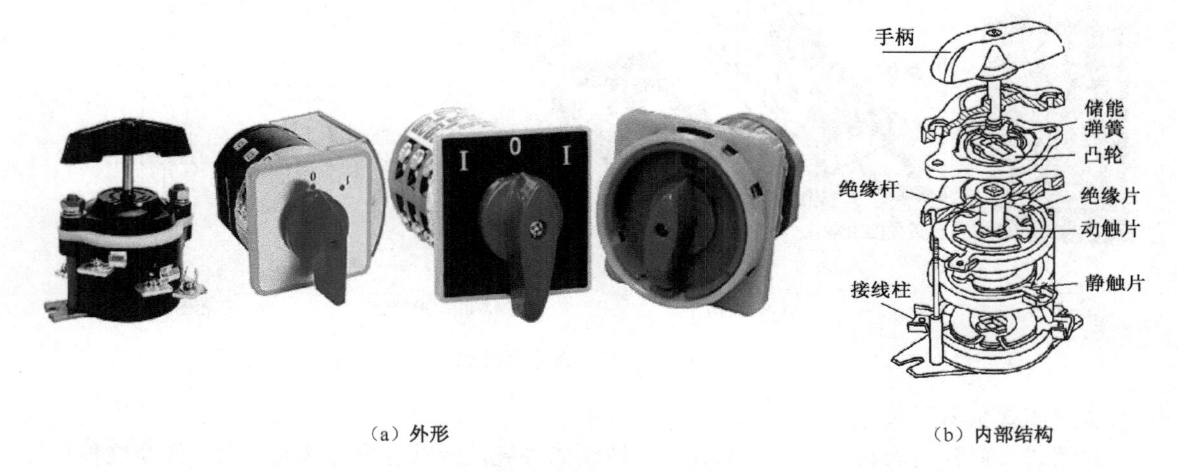

（a）外形　　（b）内部结构

图 4.14　HZ10 系列组合开关

（2）熔断器

各种熔断器的外形如图 4.15（a）、（b）所示，熔断器的文字符号为 FU，图形符号如图 4.15（c）所示。熔断器是一种使用广泛的短路保护电器，将它串联在被保护的电路中，当电路因发生严重过载或者短路而流过大电流时，由低熔点合金制成的熔体由于过热迅速熔断，从而在设备和线路被损坏前切断电路。不仅电动机控制电路采用熔断器作短路保护，而且一般照明电路及许多电器设备上都装有熔断器作短路保护。

在电动机控制电路上常用的熔断器是螺旋式熔断器，其结构如图 4.15（b）所示，是由熔管及其支持件（瓷底座、瓷套和带螺纹的瓷帽）组成的。熔体装在熔管内并填满灭弧用的石英砂，熔管上端的色点是熔断的标志，熔体熔断后，色标脱落，需要更换熔管。在装接时，注意将熔管的色点向上，以便观察。同时注意将电源进线接瓷底座的下接线端，负荷线接与金属螺纹壳相连的上接线端。螺旋式熔断器体积小，熔管被瓷帽旋紧不容易因震动而松脱，所以常用在机床电路中。其系列代号为 RL，常用的有 RL1、RL6、RL7 等系列。其他类型的熔断器还有半封闭式和插入式熔断器、有填料的和无填料的封闭管式熔断器、快速熔断器等。

熔断器的主要技术参数有额定电压、额定电流和熔体（熔丝）的额定电流，选用时应保证熔断器的额定电压大于或等于线路的额定电压，熔断器的额定电流大于或等于熔体的额定电流，而熔体的额定电流则根据不同的负载及其负荷电流的大小来选定。

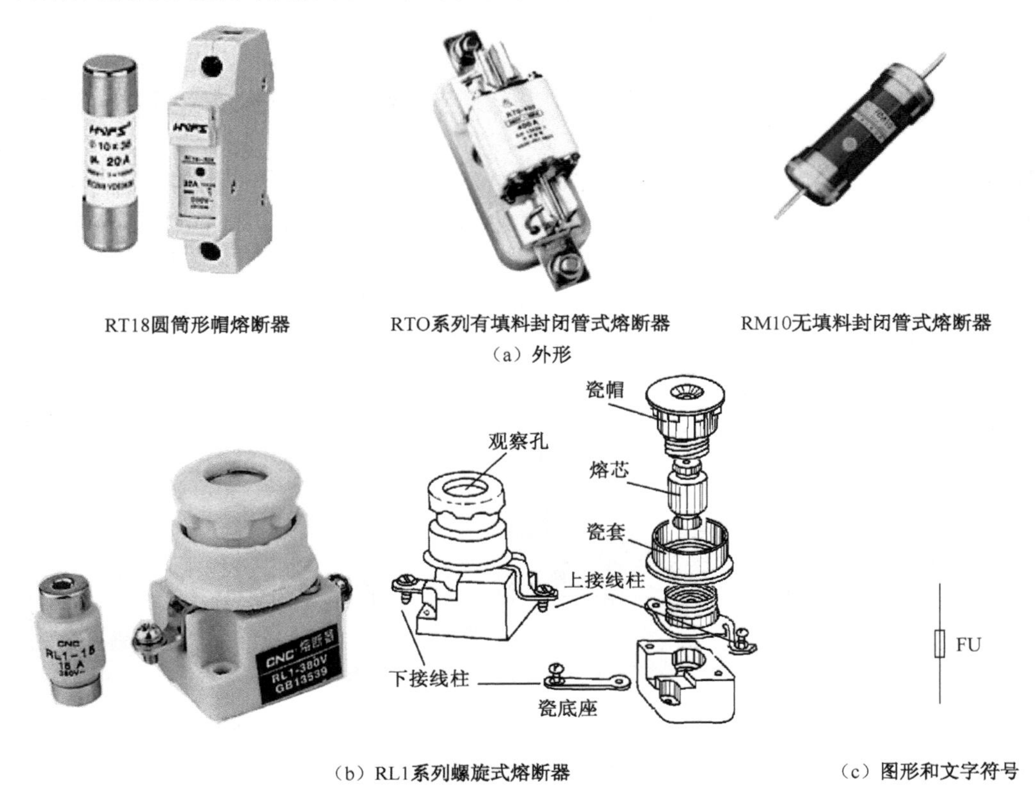

图 4.15　熔断器的外形、结构与符号

2．用接触器控制电动机单向启动的电路

采用刀开关控制的电路仅适用于不频繁启动的小容量电动机，如果要实现对电动机的远距离控制和自动控制，就需要采用接触器控制电路。除前面介绍的刀开关和熔断器外，接触器控制电路所使用的还有接触器、热继电器和按钮开关三种低压电器。

（1）接触器

接触器是一种自动控制电器，它可以用于频繁地远距离接通或切断交直流电路及大容量控制电路。接触器的主要控制对象是电动机，也可用于控制其他电力负载，如电焊机、电阻炉等。按照所通断电流的种类，接触器分为交流接触器和直流接触器两大类，使用较多的是交流接触器。交流接触器从结构上可分为电磁系统、触点系统和灭弧装置三大部分。图 4.16 为交流接触器的基本结构和工作原理示意图。接触器的工作原理是：当电磁线圈通电后，产生的电磁吸力将动铁芯往下吸，带动动触点向下运动，使动断触点断开、动合触点闭合，从而分断和接通电路。当线圈

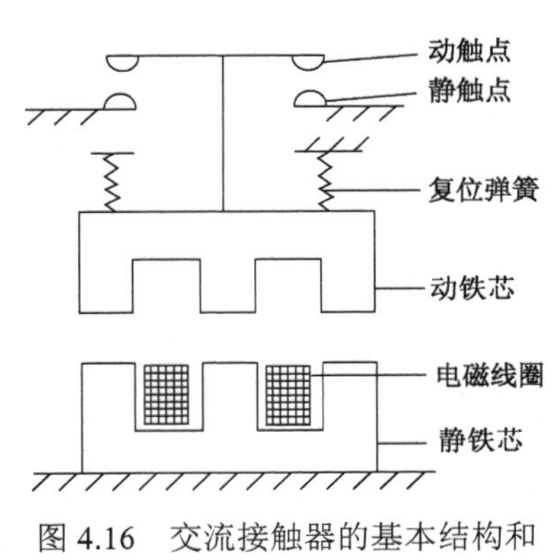

图 4.16　交流接触器的基本结构和工作原理示意图

断电时，动铁芯在反作用弹簧的作用下向上弹回原位，动断触点重新接通、动合触点重新断开。由此可见，接触器实际上是一个电磁开关，它由电磁线圈电路控制开关（触点系统）的动作。

接触器的触点又分为主触点和辅助触点。主触点一般为三极动合触点，可通过的电流较大，用于通断三相负载的主电路。辅助触点有动合和动断触点，用于通断电流较小的控制电路。由于主触点通过的电流较大，一般配有灭弧罩，在切断电路时产生的电弧在灭弧罩内被分割、冷却而迅速熄灭。

接触器的文字符号为 KM，图形符号如图 4.17（b）所示。目前常用的国产型号的交流接触器有 CJ10、CJ12、CJ20 系列产品。其中 CJ10 为国产老型号产品。CJ20 为国内 20 世纪 80 年代开发的新产品，可取代 CJ10 系列。CJ12 系列主要用于冶金、矿山机械及起重机等设备中。型号的含义是："C" 表示接触器，"J" 表示交流，数字为产品序列代号，短杠后的数字则表示主触点的额定电流，例如 CJ20-63 型（CJ20 系列交流接触器，主触点额定电流为 63A）。此外还有许多引进国外技术生产的新产品，如 3TB 和 3TF 系列、LC1-D 系列、B 系列等，这些产品的特点是其结构和材质有所改进，体积小，并采用"积木式"组合结构，可与多种附件组装以增加触点数量及扩大使用功能，使用更加灵活方便。

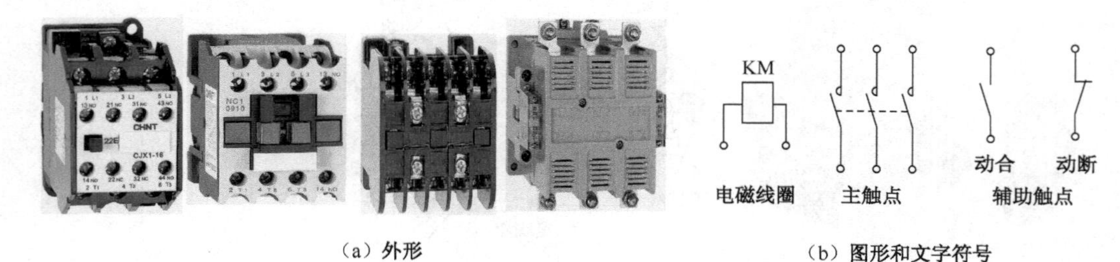

（a）外形　　（b）图形和文字符号

图 4.17　交流接触器

（2）热继电器

所谓"继电器"，是一种根据外界输入的信号来控制电路通断的自动切换电器。继电器种类很多，应用广泛，按照用途可分为控制继电器和保护继电器，若按照输入的信号分，有电压继电器、电流继电器、时间继电器、热继电器与温度继电器、速度继电器、压力继电器等。

热继电器是继电器中的一种，主要用于电动机的过载保护、断相及电流不平衡运行的保护。热继电器是根据电动机过载保护需要而设计的，它利用电流热效应的原理，当热量积聚到一定程度时使触点动作，从而切断电路以实现对电动机的保护。按照动作的方式分，热继电器可分成双金属片式、热敏电阻式、易熔合金式、电子式等几种，使用最普遍的是双金属片式，它结构简单、成本较低，且具有良好的反时限特性（即电流越大动作时间越短，电流与动作时间成反比）。双金属片式热继电器的外形如图 4.18（b）所示，其基本工作原理是：双金属片是由两种热膨胀系数不同的金属材料压合而成；绕在双金属片外面的发热元件串联在电动机的主电路中；当电动机过载时，过载电流产生的热量大于正常的发热量，双金属片受热弯曲；电流越大，过载时间越长，双金属片就越弯，在达到一定程度时，通过传动机构使触点系统动作。热继电器动作后，要等一段时间，待双金属片冷却后，才能按下复位按钮，使触点复位。热继电器动作电流值的大小可用位于复位按钮旁边的旋钮进行调节。

热继电器的文字符号为 FR，图形符号如图 4.18（c）所示。目前国产热继电器的品种很多，常用的有 JR0、JR15、JR16、JR20 等系列。其中 JR15 为两相结构，其余大多为三相结构，并可带断相保护装置。JR20为更新换代产品，用来与CJ20型交流接触器配套使用。型号中的“J”表示“继电器”，“R”表示“热”，例如JR16-20/3D型，表示为JR16系列热继电器，额定电流20A，三相结构，“D”表示带断相保护装置。一种型号的热继电器可配有若干种不同规格的热元件，并有一定的调节范围，选用时应根据电动机的额定电流来选择热元件，并用调节旋钮将其整定在电动机额定电流的0.95～1.05倍之间，在使用中再根据电动机的过载能力进行调节。

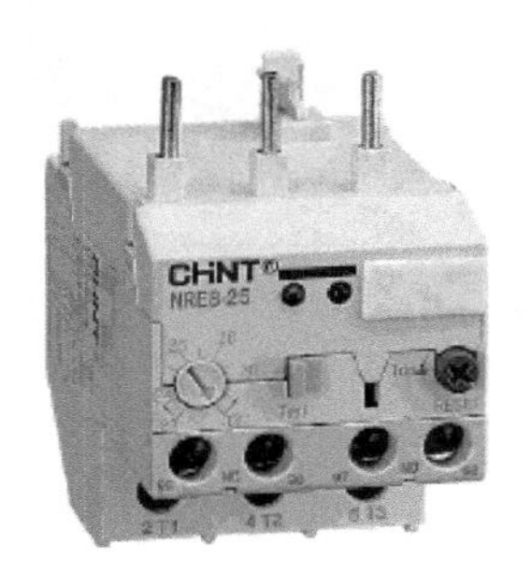

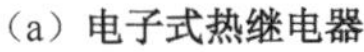
（a）电子式热继电器

（b）双金属片式热继电器

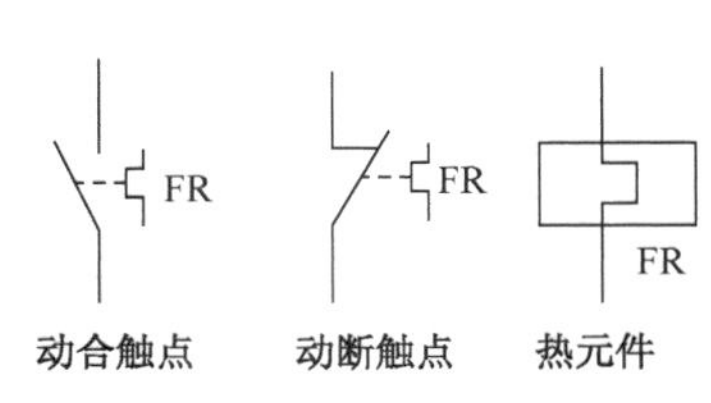

（c）图形符号

图4.18　热继电器

需要指出的是：现已介绍的熔断器和热继电器这两种保护电器，都是利用电流的热效应原理作过流保护的，但它们的动作原理不同，用途也有所不同。熔断器是由熔体直接受热而在瞬间迅速熔断，主要用作短路保护；为避免在电动机启动时熔断，应选择熔体的额定电流大于电动机的额定电流，因此在电动机过载量不大时，熔断器不会熔断，所以熔断器不宜作电动机的过载保护。而热继电器动作有一定的惯性，在过流时不可能迅速切断电路，所以绝不能用作短路保护。

阅读材料

交流异步电动机的过载保护

交流异步电动机轻载时的功率因数比较低，因此要避免将电动机的容量选得过大，造成所谓“大马拉小车”的状况。但是在实际应用中，电动机所拖动的机械负载的功率是经常地、甚至是无规律地变化的，如果电动机的容量选得过小，又容易出现“小马拉大车”的超载状况，电动机会因经常过载发热而使绝缘老化，工作寿命缩短。因此，为了充分发挥设备的潜力，既要允许电动机短时过载，又要防止电动机长时间过载运行，这就是对电动机进行过载保护的目的和要求。

（3）按钮开关

按钮开关也称为控制按钮或按钮。作为一种典型的主令电器，按钮主要用于发出控制指令，接通和分断控制电路。按钮的文字符号是SB，其外形、内部结构和原理及图形符号如图4.19所示。

按钮开关是一种手动电器，由图4.19（b）可见：当按下按钮帽时，上面的动断触点先断开，下面的动合触点后闭合；当松开时，在复位弹簧作用下触点复位。按钮开关的种类很多，有单个的，也有两个或数个组合的；有不同触点类型和数目的；根据使用需要还有带指示灯的和旋钮式、钥匙式的，等等。国产型号有LA10、LA18、LA19、LA20、LA25等系列，其中

LA25 为更新换代产品；引进国外技术生产的有 LAZ 等系列。

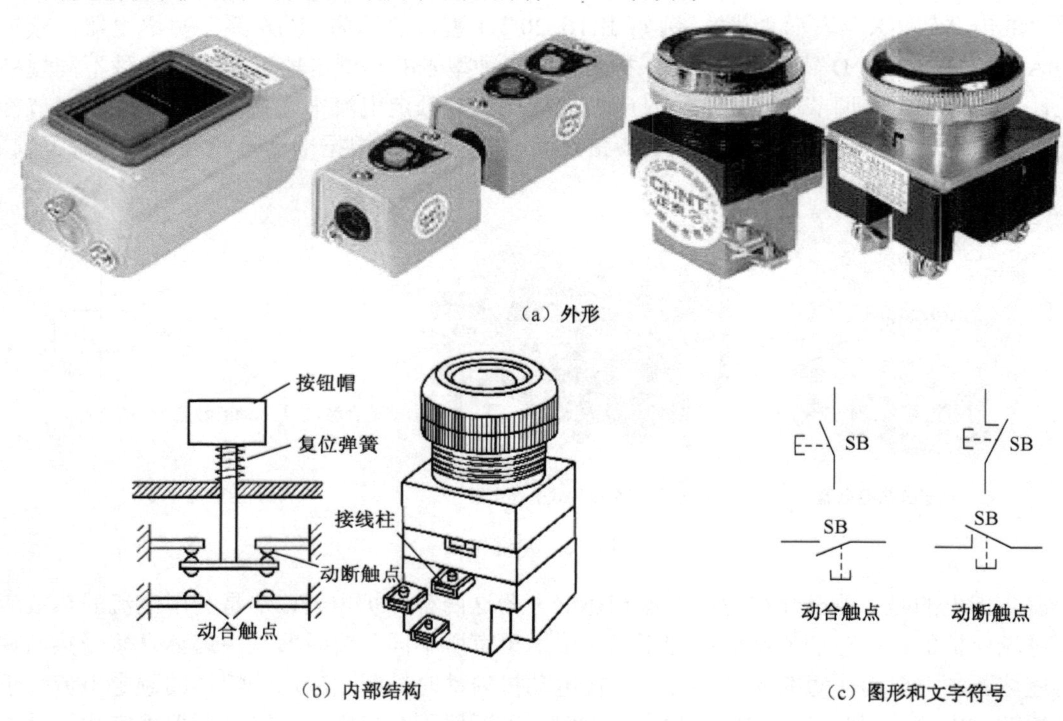

（a）外形

（b）内部结构

（c）图形和文字符号

图 4.19　按钮开关

（4）控制电路

采用接触器控制三相异步电动机单向启动的电路，如图 4.20 所示，电路的工作原理和操作过程如下。

①合上电源开关 QS。

②启动：

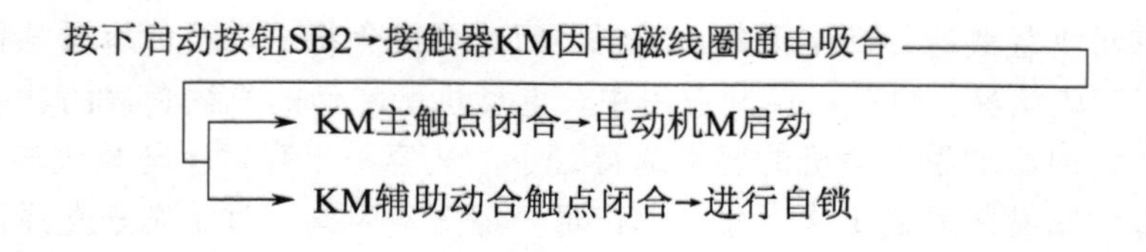

③停机：

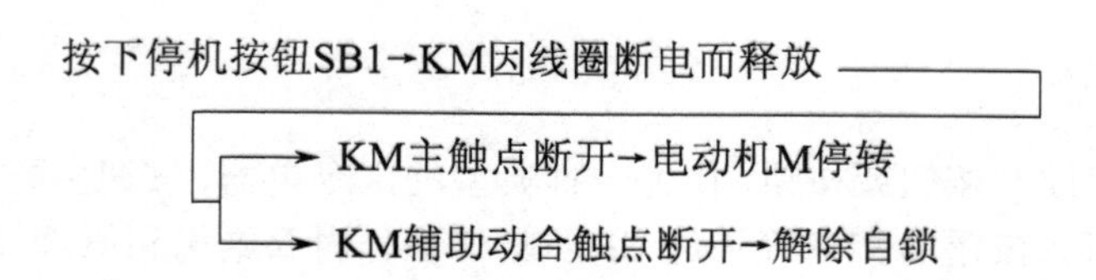

在电路中，接触器 KM 的辅助动合触点与启动按钮 SB2 并联，当松开 SB2 后，KM 的电磁线圈仍能依靠其辅助动合触点保持通电，使电动机能连续运行，这一作用称为“自锁”（或自保），KM 的辅助动合触点也称为自锁触点。显然，如果没有接自锁触点，当按下 SB2 时电动机运行，一旦松手电动机即停转，这称为“点动”控制。

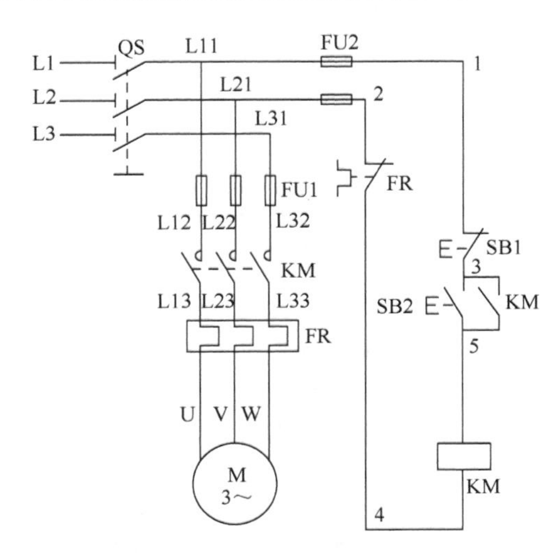

图 4.20　接触器控制三相异步电动机单向启动的电路

图 4.20 电路对电动机有四种保护功能：

①短路保护——由熔断器 FU1、FU2 分别对主电路和控制电路实行短路保护。

②过载保护——由热继电器 FR 实现。FR 的热元件串联在电动机的主电路中，当电动机过载达一定程度时，FR 的动断触点断开，KM 因线圈断电而释放，从而切断电动机的主电路。

③失压保护——图 4.20 电路每次都必须按下启动按钮 SB2，电动机才能启动运行，这就保证了在突然停电而又恢复供电时，不会因电动机自行启动而造成设备和人身事故。这种在突然停电时能够自动切断电动机电源的保护称为失压（或零压）保护。

④欠压保护——如果电源电压过低（如降至额定电压的 85%以下），则接触器线圈产生的电磁吸力不足，接触器会在复位弹簧的作用下释放，从而切断电动机电源。所以接触器控制电路对电动机有欠压保护的作用。

阅读材料

电动机控制电路电气原理图的构成与读图的基本方法

电气原理图主要反映电气设备和线路的工作原理，而不反映电器元件的实际结构、安装位置和连线情况，在读图时应注意：

（1）电气原理图分主电路、控制电路和辅助电路。如在图 4.20 中，主电路为从三相电源经刀开关 QS、熔断器 FU1、接触器 KM 的主触点、热继电器 FR 的热元件到三相异步电动机的电路；控制电路则为接触器 KM 的电磁线圈的回路。辅助电路包括信号指示、检测等电路。

（2）在电气原理图中，电器的元（部）件是按其功能而不是按其结构画在一起的。如图 4.20 中，接触器 KM 的主触点、辅助动合触点和电磁线圈就分别画在主电路和控制电路中，热继电器 FR 的热元件和动断触点也是如此。但应注意同一电器的所有元（部）件必须用相同的文字符号标注。

（3）一般主电路画在左侧；控制电路和其他辅助电路画在右侧，且电路按动作顺序和信号流程自左至右排列。

（4）图中各电器应是未通电时的状态，二进制逻辑元件应是置零的状态，机械开关应是循环开始前的状态。即按电路的“常态”画出。

3．用低压断路器控制电动机单向运行的电路

低压断路器也被称为空气断路器、自动开关等，简称断路器。它相当于刀开关、熔断器、热继电器和欠电压继电器的组合，是一种既有手动开关作用，又能自动进行欠压、失压、过载和短路保护的电器。图 4.21 为低压断路器控制三相异步电动机单向运行的电路。

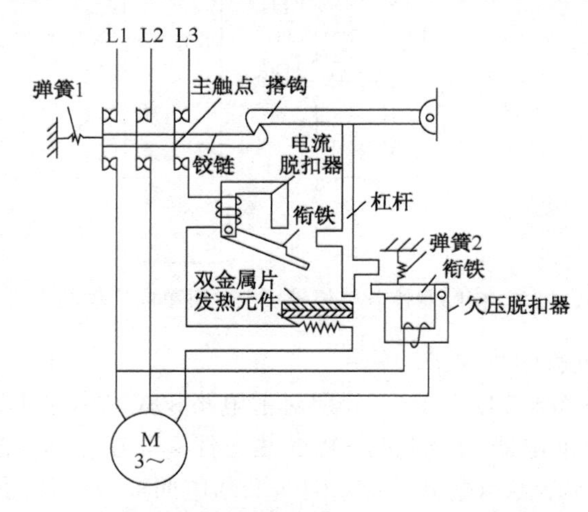

图 4.21　低压断路器控制三相异步电动机单向运行的电路

由图 4.21 可以了解低压断路器的基本结构和动作原理。由图可见，低压断路器的三对主触点串联在电动机的主电路中，在合闸后，搭钩将锁键钩住，使主触点闭合，电动机通电启动运行。扳动手柄于“分”的位置（或按下“分”的按钮），搭钩脱开，主触点在复位弹簧的拉力作用下断开，切断电动机电源。除手动分断之外，断路器还可以分别由三个脱扣器自动分断：

（1）过流脱扣器——由图 4.21 可见，过电流脱扣器的线圈与主电路串联，当线路电流正常时，所产生的电磁吸力不足以吸合衔铁；只有当线路过流时，其电磁吸力才能将衔铁吸合，将杠杆往上顶，使搭钩脱开，主触点复位切断电源。

（2）热脱扣器——热脱扣器原理与前述双金属片式热继电器一样，主电路的过流使双金属片向上弯曲，达到一定程度即可推动杠杆动作。

（3）欠压脱扣器——与过电流脱扣器相反，欠电压脱扣器的线圈并联在主电路中，当线路电压正常时，所产生的电磁吸力足以吸合衔铁；当线路电压下降到电磁吸力小于弹簧的反作用力时，衔铁释放将杠杆往上顶而切断主电路。

与刀开关和熔断器相比较，低压断路器具有结构紧凑、功能完善、操作安全且方便等优点，而且其脱扣器可重复使用，不必更换，因而使用广泛。除用在电动机控制电路外，还在各种低压配电线路中使用。低压断路器种类很多，主要有万能式断路器和塑料外壳式断路器。万能式断路器又称为“框架式”断路器，其代表产品有 DW10、DW15 系列。塑料外壳式断路器的产品型号为 DZ 系列，常用的有保护电动机用的 DZ5、DZ15 型；配电及保护用的 DZ10 型；照明线路保护用的 DZ12、DZ13、DZ15 型等，还有近年引进国外技术生产的 C45、S250S、S060 等系列，它可以单极开关为单元组合拼装成双极、三极、四极，拼装的多极开关需在手柄上加一个联动罩，以使其同步动作。各种低压断路器的外形、内部结构和图形与文字符号如图 4.22 所示。

单极二线　　三极四线　　三极三线　　三极四线带漏电保护功能

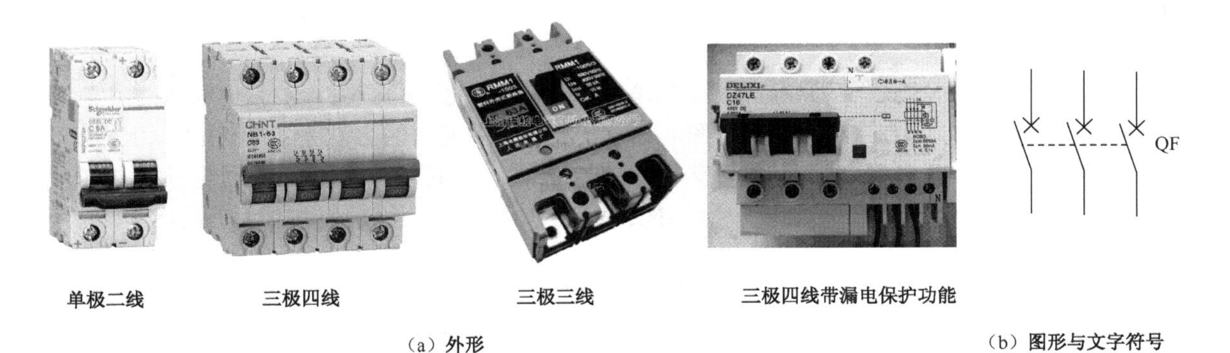

（a）外形　　（b）图形与文字符号

图 4.22　空气断路器

4.2.2　三相异步电动机的正反转控制电路

1．按钮开关控制电动机正反转电路

图 4.20 电路只能控制电动机朝一个方向旋转，而许多机械设备要求实现正反两个方向的运动，如机床主轴的正反转、工作台的前进与后退、提升机的上升与下降、机械装置的夹紧与放松等，因此都要求拖动电动机能够正反转，所以电动机的正反转控制电路是经常用到的。根据三相异步电动机工作原理，只要将电动机主电路三根电源线的其中两根对调就可以实现电动机的正反转。图 4.23 是使用两个交流接触器控制电动机正反转的电路。

（a）　（b）　（c）

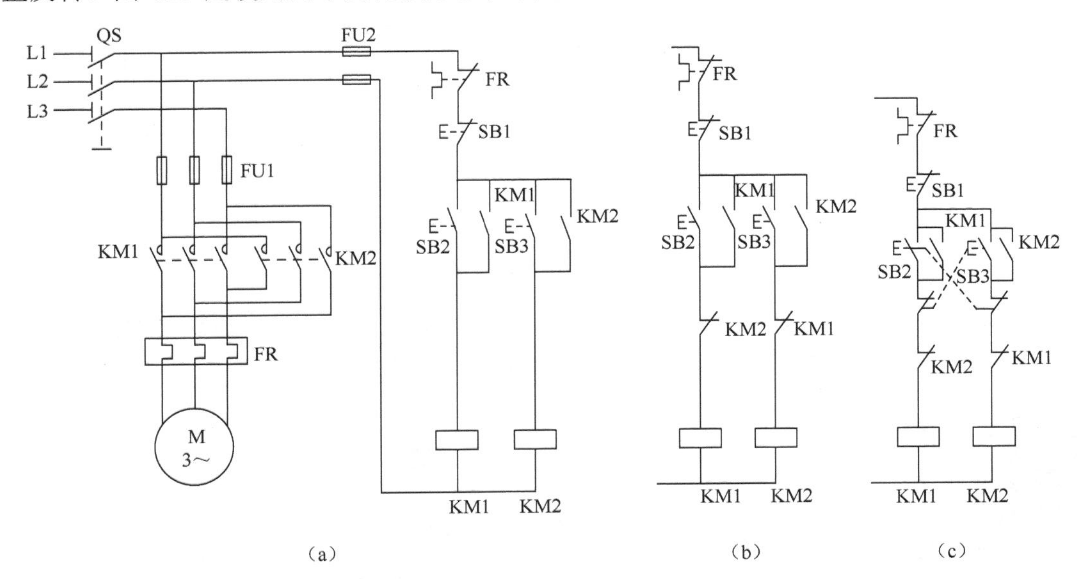

图 4.23　按钮开关控制电动机正反转电路

先看图 4.23（a）的电路：图中接触器 KM1 和 KM2 的主触点使三相电源的其中两相调换，因此 KM1 和 KM2 分别控制电动机的正、反转，SB2 和 SB3 分别为正、反转控制按钮，SB1 为停机按钮。

图 4.23（a）电路存在的问题是：按下正转按钮 SB2 电动机正转后，如需要电动机反转，若未按停止按钮 SB1 而直接按反转按钮 SB3，则将使 KM1 和 KM2 同时接通，造成电动机主

电路两相电源短路。也就是说，KM1 和 KM2 两个接触器在任何时候只能接通其中一个，因此在接通其中一个之后就要设法保证另一个不能接通。这种相互制约的控制称为“互锁”（或联锁）控制。

图 4.23 的（b）、（c）两图为互锁控制电路（图 4.23 的（b）、（c）中只画出控制电路，其主电路与图 4.23 的（a）相同）。在图 4.23（b）电路中采取的方法是：将 KM1、KM2 的辅助动断触点分别串联在对方线圈的支路之中。显然，在其中一个接触器通电后，由于其动断触点的断开，保证了另一个接触器不能再通电。两个实现互锁控制的动断触点称为“互锁触点”。

但是，图 4.23（b）的控制电路在启动电动机运行后，若要改变电动机的转向，必须先按下停机按钮 SB1，操作不够方便。此外，如果互锁触点损坏而无法断开，同样可能会造成 KM1 和 KM2 同时通电。图 4.23（c）的电路对此作了进一步的改进，除了用 KM1、KM2 的辅助动断触点作互锁之外，还串入了正、反转启动按钮 SB2、SB3 的各一对动断触点，起双重保险作用，因此称为“双重联锁”控制电路。该电路可实现电动机的直接正反转，但在操作时应注意不要使电动机的反转过于频繁（特别是大容量的电动机）。

2．行程位置控制电路

许多机械设备需要对其运动部件的行程位置进行控制，较典型的如电梯行驶到一定位置要停下来，起重机将重物提升到一定高度要停止上升。又如图 4.24 所示的机床工作台，需要控制在行程开关 SQ1、SQ2 所限制的区间内自动往复运动，其极限不能超越行程开关 SQ3、SQ4 所限制的区间。实现行程位置控制的电器主要是行程开关。

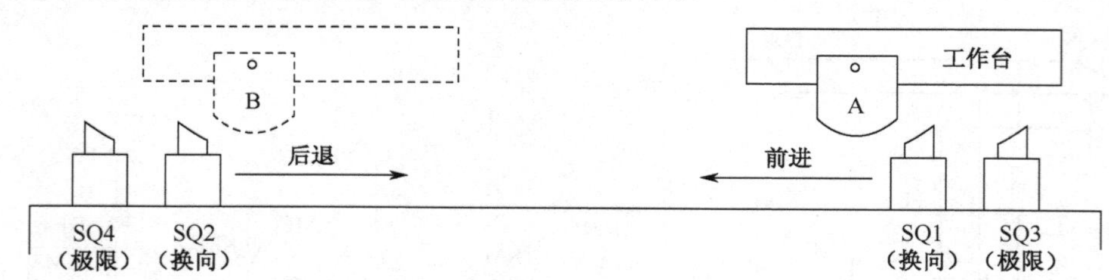

图 4.24　机床工作台往复运动示意图

如图 4.25 所示为行程开关的外形、内部结构和图形符号。行程开关的原理与按钮开关相同，所不同的是它不是手动操作，而是靠机械的运动部件撞击其推杆或滚轮，使内部的触点动作，

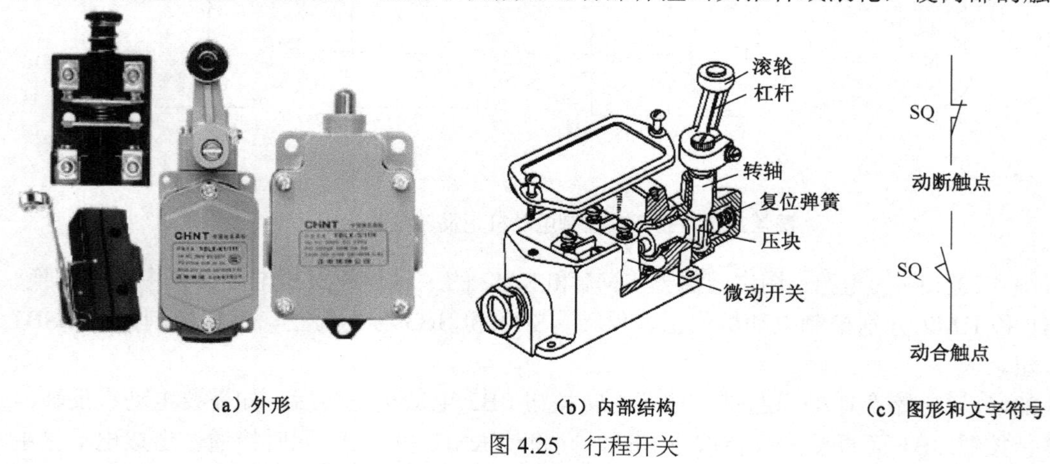

图 4.25　行程开关

从而对控制电路发出位置控制的信号。行程开关有按钮式（又称直动式）、旋转式（又称滚动式）和微动式等几种，常用的产品有 LX19、LX21、LX23、JLXK1 等系列。

实现图 4.24 所示机床工作台往复运动的拖动电动机控制电路如图 4.26 所示，与图 4.23（c）电路相对比，不同之处在于用行程开关 SQ1、SQ2 取代了正反转启动按钮 SB2、SB3；此外，还在 KM1、KM2 支路中分别串入了 SQ3、SQ4 的动断触点，其作用是在因 SQ1、SQ2 损坏而超越行程时作极限位置保护。在掌握图 4.21 电路工作原理的基础上，不难分析图 4.26 电路的工作原理和过程。

行程开关因经常受机械撞击而容易损坏，因此常用干簧管继电器或电子接近开关代替。

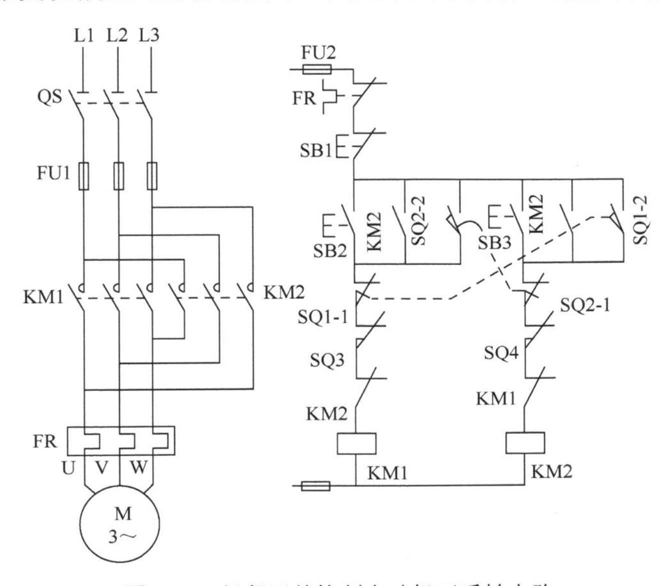

图 4.26　行程开关控制电动机正反转电路

4.2.3　三相异步电动机降压启动控制电路

1．三相异步电动机的启动

所谓“启动”，是指电动机通电后转速从零开始逐渐加速到正常运转的过程。异步电动机在开始启动的瞬间，定子绕组已接通电源，而转子因惯性仍未转动起来，此刻 $n=0$，$s=1$，转子绕组感应出很大的电流，定子绕组的启动电流也可达到额定电流的 5～7 倍。虽然启动时转子电流很大，但因为转子功率因数最低，所以启动转矩并不大，最大也只有额定转矩的两倍左右。因此，异步电动机启动的主要问题是：启动电流大而启动转矩并不大。

在正常情况下，异步电动机的启动时间很短（一般为几秒到十几秒），短时间的启动大电流一般不会对电动机造成损害（但对于频繁启动的电动机则需要注意启动电流对电动机工作寿命的影响），但它会在电网上造成较大的电压从而使供电电压下降，影响在同一电网上其他用电设备的正常工作，同时又会造成正在启动的电动机启动转矩减小、启动时间延长甚至无法启动。

另一方面，由于异步电动机的启动转矩不大，因此有的用异步电动机拖动的机械可让电动机先空载或轻载启动，待升速后再用机械离合器加上负载。但有的设备（如起重机械）要求电动机能带负载启动，因此要求电动机有较大的启动转矩。但过大的启动转矩又可能会使电动机加速过猛，使机械传动机受到冲击而容易损坏，所以有时又要求电动机在启动时先减小其启动转矩，以消除转动间隙，然后再过渡到所需的启动转矩有载启动。

综上所述，对异步电动机启动的基本要求是：在保证有足够的启动转矩的前提下尽量减小启动电流，并尽可能采取简单易行的启动方法。

在一般情况下，如果电动机的容量不超过供电变压器容量的 20%～30%，则可以把电动机直接接到电网上进行启动，称为“直接启动”。在此之前介绍的电动机单向运转或正反转控制电路，都是直接启动的电路。直接启动方法简单易行、工作可靠且启动时间短，但要能够将电动机启动所造成的电网电压降控制在许可范围以内（一般不超过线路额定电压的 5%）。一般 20kW 以下的电动机允许直接启动。

如果电动机的容量相对供电变压器的容量较大，就不能采取直接启动，而需要采用降压启动。所谓“降压启动”，就是在启动时采用各种方法先降低电动机定子绕组的电压，以减小启动电流，待电动机升速后再加上额定电压运行。降压启动的主要问题是造成启动转矩的减小，所以应考虑保证有足够的启动转矩。

笼型异步电动机常用的降压启动方法有串电阻（电抗）降压启动、星形一三角形降压启动和自耦变压器降压启动。

2．串电阻（电抗）降压启动控制电路

串电阻（电抗）降压启动控制电路如图 4.27 所示。在启动时，电动机定子绕组先串入三相电阻（或电抗）降压，待升速后再用刀开关将电阻短接，使电动机全压运行。由于电阻（电抗）上有一定的功率损耗，所以这种降压启动方法仅适用于容量较小的电动机。

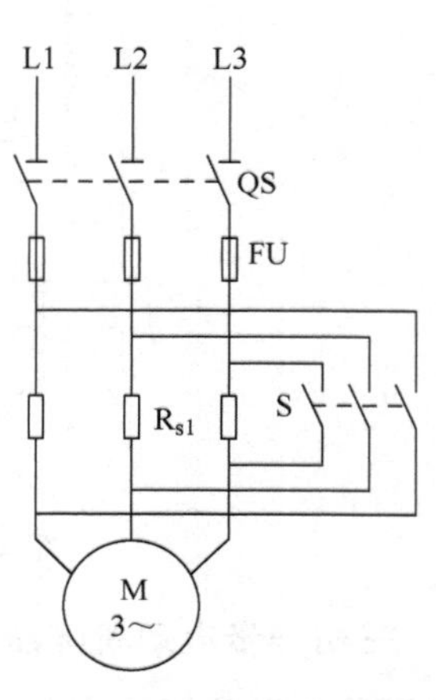

图 4.27　串电阻（电抗）降压启动控制电路

3．星形一三角形降压启动控制电路

（1）星形一三角形降压启动的原理

如果三相异步电动机在正常运行时定子绕组为三角形接法，而在启动时先将定子绕组接成星形，则定子相电压仅为额定电压的 $1/\sqrt{3}$，因此启动电流和启动转矩均降至全压启动时的 1/3（可见本书第 2 章例 2.9）。星形一三角形降压启动方法比较简单，不需要附加设备，而且没有串电阻启动时的能量损耗。目前功率在 4kW 以上的国产三相异步电动机均为三角形连接，就是为了便于采用星形一三角形降压启动方法。但由于启动时转矩下降得较多，所以仅适用于空载或轻载启动的电动机。

（2）星形一三角形降压启动自动控制电路

星形一三角形降压启动自动控制电路如图 4.28 所示，电路是由三个交流接触器、一个热继电器、二至三个按钮开关和一个时间继电器组成的。该电路已有定型产品，装在金属箱内，有的还带有指示灯和主电路电流表，和控制按钮一道装在箱盖上，称为“自动星形一三角形启动器”。

图 4.28 电路使用了时间继电器 KT 作电动机启动延时控制。时间继电器也称延时继电器，当其感测部分接收到输入信号后，需要经过一段时间（延时），执行部分才会动作。时间继电器主要用于时间控制，在电动机控制电路中也很常用。目前常用的时间继电器有空气式、电动式、电子式，其外形及图形和文字符号如图 4.29 所示。

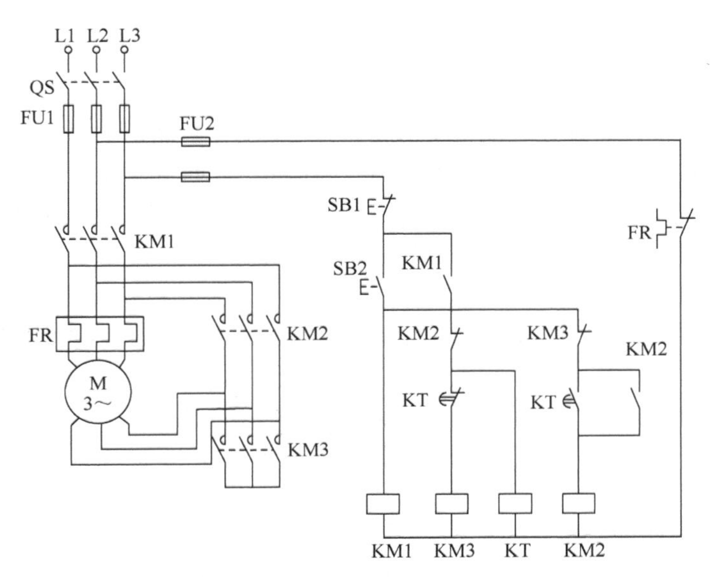

图 4.28　星形一三角形降压启动自动控制电路

（a）外形　　　　　　（b）图形和文字符号

1—延时闭合瞬时断开动合触点；2—延时断开瞬时闭合动断触点；3—瞬时闭合延时断开动合触点；
4—瞬时断开延时闭合动断触点；5—断电延时线圈；　6—通电延时线圈

图 4.29　时间继电器

图 4.28 电路的电动机启动过程为

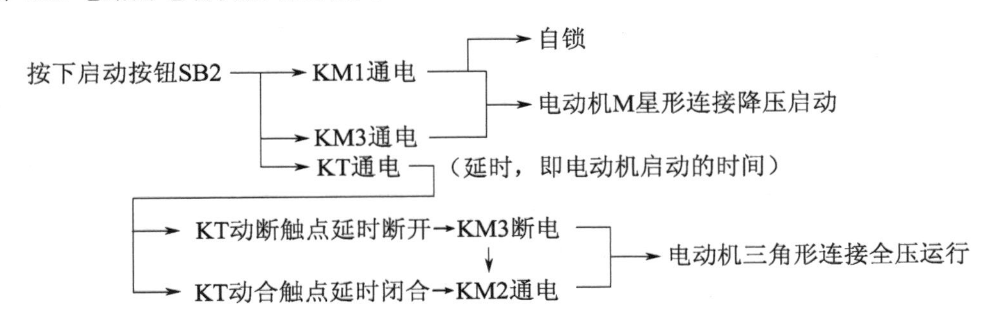

在使用中应按照需要调节时间继电器的延时时间，如果延时时间过短，会使电动机未升到额定转速就加上全压，达不到降压启动的目的；如果延时时间过长，又会造成电动机长时间星形连接运行，容易过载。

4.2.4 三相异步电动机调速控制电路

1．三相异步电动机的调速

许多机械设备在运行时都要求能根据需要调节转速，如金属切削机床要求有不同的切削速度，起重机在提升和下降重物时要求有不同的升降速度，电梯在平层前要换成慢速运行，电风扇要有快挡和慢挡以调节风量，等等。调速的方法分为机械调速和电气调速。例如用齿轮箱变速的方法就是机械调速，电气调速就是调节拖动电动机的转速，这两种方法可以分开也可以结合使用。采用电气调速方法具有调速精度高、平滑性好，以及可以简化机械传动系统等优点。以前在调速要求高的场合一般多使用调速性能较好的直流电动机，随着电力半导体器件的发展，交流电动机变频调速技术的应用越来越广泛，电气调速已进入交流化的时代。

根据异步电动机的转差率公式，可知异步电动机的转速为

$$n = n_1(1-s) = \frac{60f_1}{p}(1-s) \tag{4.7}$$

可见三相异步电动机的调速方法不外乎以下三种：一是改变异步电动机定子绕组磁极对数 p 的变极调速，二是改变异步电动机转差率 s 的调速，三是改变电源频率 f_1 的变频调速。这里只介绍三相异步电动机的变极调速控制电路。

2．变极调速控制电路

变极调速是三相异步电动机一种简单易行的调速方式，其基本原理是：按照三相异步电动机的工作原理，在电源频率恒定的前提下，异步电动机的同步转速与旋转磁场的磁极对数成反比，磁极对数增加一倍时，同步转速就下降一半，电动机转子的转速也近似下降一半。通过改变异步电动机旋转磁场磁极对数来改变其同步转速，即可以调节电动机的转速。

由此可见，变极调速是有极调速，而不可能是平滑的无极调速。而且改变旋转磁场的磁极对数，是通过改变电动机定子绕组的接线方式来实现的，因此要使用专门制造的多速电动机，一般也只能有二至四种同步转速，调速范围有限。图 4.30 就是一台双速电动机的控制电路，电动机的定子绕组制成有两种接法：在三角形连接时，$p=2$，$n_1=1500\text{r/min}$，为低速运行；而在

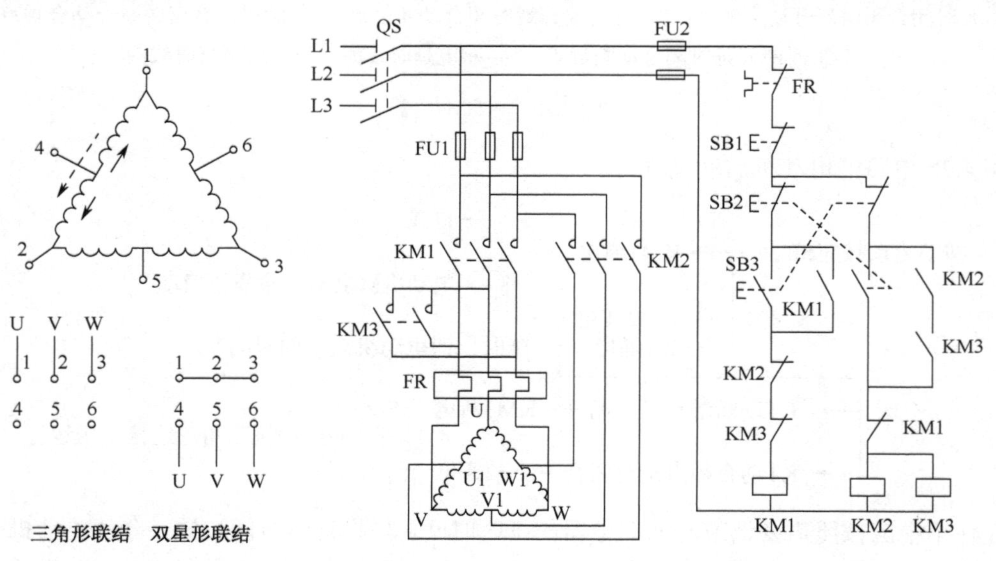

（a）定子绕组接线图　（b）电路图

图 4.30 双速电动机控制电路

双星形连接时，电动机两个定子绕组星接并联，则 $p = 1$，$n_1 = 3000\text{r/min}$，为高速运行。在该电路中，KM1 为低速控制接触器，其主触点将电动机定子绕组接成三角形；KM2 和 KM3 同为高速接触器，其主触点将电动机定子绕组接成双星形。SB2 为高速控制按钮，SB3 为低速控制按钮，电路采用按钮开关和接触器双重互锁。电路的工作原理可自行分析。

阅读材料

异步电动机的其他两种调速方法

1. 变转差率调速

对于笼型异步电动机，可采用调节定子电压的方法调速。由图 4.31 可见，当定子电压下降时，电动机的转矩特性曲线是一族临界转差率不变而最大转矩随电压的平方倍下降的曲线。对于通风机型负载（负载矩与转速的平方成正比，见图中的曲线 T_L），可获得较低的稳定转速和较宽的调速范围（见图中对应的 a、a' 、a'' 点）。因此，目前电风扇多采用串电抗器调压调速或用晶闸管调压调速。而对于绕线转子三相异步电动机，则可以采用调节转子电阻的方法调节电动机的转速。

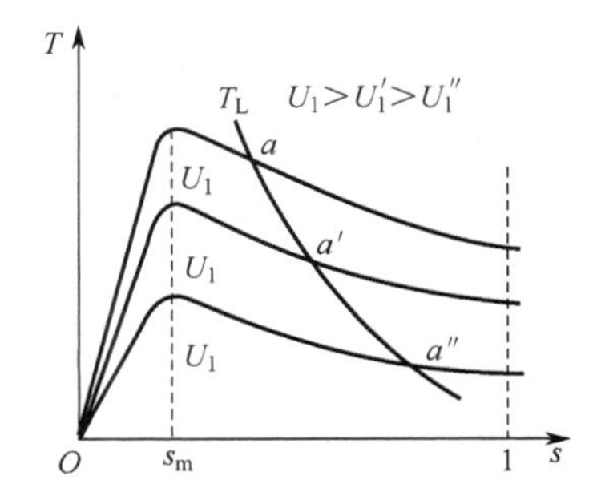

图 4.31　笼型异步电动机调压调速转矩特性曲线

2. 变频调速

由公式（4.7）可见，当磁极对数 p 不变时，电动机的转速 n 与电源频率 f_1 成正比，如果能够连续地改变电源的频率，就可以连续平滑地调节电动机的转速，这就是变频调速的原理。显然，变频调速完全不同于前面介绍的两种调速方式，它具有调速范围宽、平滑性好、机械特性较硬等优点，能够获得较好的调速性能。随着交流变频技术的成熟并进入实用化，变频调速已成为异步电动机最主要的调速方式，变频调速得到广泛地应用。在工业领域，交流异步电动机的变频调速已广泛应用于运输机械、电动汽车、电梯、机床，以及冶金、化工、造纸、纺织、轻工等行业的机械设备中，以其高效的驱动性能和良好的控制特性，在提高产品的数量和质量、节约电能等方面取得显著的效果，已成为改造传统产业、实现机电一体化的重要手段。据统计，风机、水泵、压缩机等流体机械中拖动电动机的用电量占电动机总用电量的 70%以上，如果使用变频器按照负载的变化相应调节电动机的转速，就可实现较大幅度的节能；在交流电梯上使用全数字控制的变频调速系统，可有效地提高电梯的乘坐舒适度等性能指标；而采用变频调速的交流电动机已逐步取代直流电动机作为电传动机车和城市轨道交通的动力。同时，变频技术也被应用到日用电器中（如变频空调器，见 5.3.3 的阅读材料）。

图 4.32　各种变频器

技能训练

【实训5】 三相异步电动机的控制电路

一、实训目的

1．进一步理解接触器、热继电器、按钮开关、熔断器等电器的结构和作用。

2．学会连接三相异步电动机点动、连续运行和正反转控制电路。

3．进一步熟悉测量三相异步电动机工作电流的方法。

二、相关知识与预习内容

（一）三相异步电动机电气控制电路箱（板）安装、配线和试通电的基本方法

1．绘制电气安装接线图

较复杂一些的控制电路在安装、接线前一般应先按照电气原理图绘制电气安装接线图。在布置电器时应注意：

（1）体积较大和较重的电器一般装在控制板（箱）的下方。

（2）熔断器一般装在上方，有发热元件的电器也应装在上方或装在易于散热的位置，并注意使感温元件和发热元件隔开。

（3）经常需要调节或更换的电器和部件应考虑装在便于操作的位置。

（4）应注意使用不同电压的电器分开安装，例如由电源直接供电的电器和经变压器降压供电的电器应分别装在一起。

（5）电器之间、电器与控制板边缘之间应有一定距离（通常为 15～25mm），以便于布线和维修。

如图 4.33 所示为图 4.20 电路的电气安装接线图，供参考。

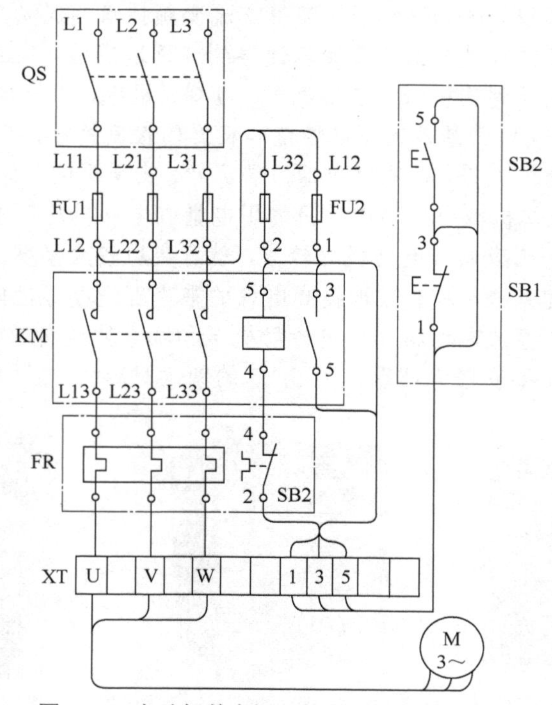

图 4.33 电动机单向运行控制电路安装接线图

2．配置设备器材

（1）按照电气原理图配置电器元件，并选配导线、软管、套管等器材。

（2）列出电气设备明细表。

（3）检查设备和器材的质量。

3．安装

按图将电器元件安装在控制箱（板）上，要求固定牢固、排列整齐。

4．配线

要按照接线图确定的走线方向进行接线。接线的顺序一般是先接主电路，后接控制和辅助电路；先接箱（板）内后接箱（板）外。控制箱（板）内电器间的配线方法一般有三种：在板的正面用线槽配线或用明敷线、板后配线。第一种方法使用最多；第二种方法仅适用于电器数较少、线路较简单的控制系统；第三种方法已较少采用。现将在控制板正面用线槽配线的具体方法和工艺要求介绍如下：

（1）在所有导线的截面积≥0.5mm^2 时，必须采用软线；考虑接线机械强度的原因，所有导线的最小截面积在控制箱（板）外为 1mm^2，箱（板）内为 0.75mm^2，但对于箱（板）内一些电流很小的电路（如电子电路）接线，可采用截面积为 0.2mm^2 的硬线，但注意只能用于不移动且无振动的场合。

（2）控制箱（板）上各电器元件接线端子引出导线的走向，以元件的水平中心线为界限，在水平中心线以上，接线端子引出的导线必须进入元件上面的线槽；在水平中心线以下，接线端子引出的导线必须进入元件下面的线槽。任何导线都不允许从水平方向进入线槽内。

（3）各电器元件接线端子引出或引入的导线，除间距很小和元件机械强度很差允许直接架空敷设以外，其他导线必须经过线槽进行连接。

（4）各电器元件与线槽之间的外露导线，应走线合理，尽可能做到横平竖直，变换走向要垂直。同一个元件上位置一致的端子及同型号电器元件上位置一致的端子上引出或引入的导线，应敷设在同一平面上，并应做到高低一致或前后一致，不得交叉。

（5）进入线槽内的导线要完全置于线槽内，并应尽可能避免交叉；装线一般不要超过线槽容量的 70%，以能够方便地盖上线槽盖为准，并便于以后的装配和查线、维修。

（6）接线要保证牢固。可以根据接线端子的情况将导线直接压接；或将导线按顺时针方向煨成稍大于螺栓直径的圆环，加上金属垫圈压接。接线端子必须与导线截面积和材质相适应，当接线端子不适合连接软线或较小截面积的导线时，可以在导线端头穿上针形或叉形轧头并压紧。

（7）注意不能损伤导线的绝缘和线芯。所有从一个接线端到另一个接线端的导线中间不能有接头。一般一个接线端子只能连接一根导线；如果采用专门设计的端子，可以连接两根或多根导线，但必须采用公认的、在工艺上成熟的各种方式（如夹紧、扫接、焊接、绕接等），严格按照工艺工序要求进行连接。

（8）控制箱（板）内、外的电气接线必须通过接线端子引出。接线端子板可根据需要布置在控制箱（板）的下方或侧面。

（9）不同电路应采用不同颜色的电线区分，规定接地线应采用黄绿双色线。所有电线的端头都应套上标注有与原理图相同号码的套管。在遇到如 6 和 9 或 16 和 91 这类方向颠倒都能读数的号码时，应做记号以防混淆。

（10）控制板（箱）外的配线应通过管道进行，在机床内部可采用塑料管或金属软管，机床外部可采用包塑金属软管。管内的电线不能有接头和扭结。管的长度超过 1.5m 应留有备用线（按管内电线根数的 1/10 配置）。

接好线后的控制板如图 4.34 所示。

5．通电试运行

安装完毕的控制线路箱（板），必须经过认真检查后，才能通电试运行，检查的主要内容和一般步骤是：

（1）按电气原理图或接线图从电源端开始，逐段核对接线及接线端子处的线号。重点检查主电路有无错接、漏接及控制电路中容易错接之处。检查导线压接是否牢固，接触是否良好，以避免在带负载运行时产生闪弧现象。

（2）用万用电表检查电路的通断情况。可先断开控制电路，用万用电表的 Ω 挡检查主电路有无短路或开路；然后再断开主电路检查控制电路有无短路或开路，检查自锁和互锁触点动作的可靠性。

（3）用兆欧表检查线路的绝缘电阻，应不小于 2MΩ。检查一般应包括以下部位：导电部件（如电器的金属外壳、底座、支架、铁芯等）对地；两个不同的电路之间（如交流电路各相之间、主电路与控制电路之间、交、直流电路之间等）。

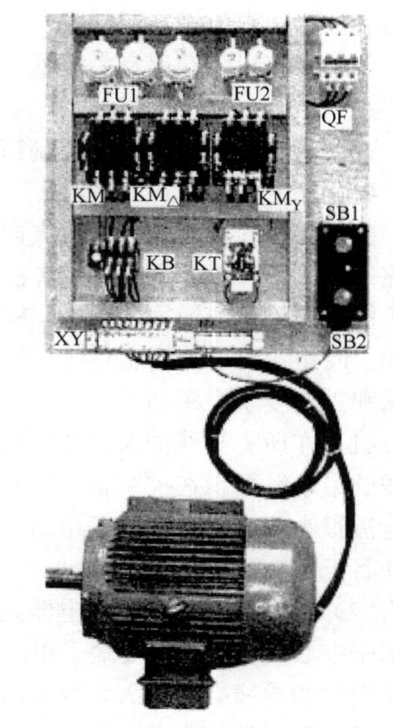

图 4.34　电动机继电器—接触器控制电路安装示意图

（4）在通电试运行之前，应再次仔细检查电源和相关设备。通电试运行的顺序一般是：

①空载试运行：合上电源开关接通电源，用试电笔检查熔断器的出线端，或用万用电表交流电压挡测量三相电源的线电压和相电压。按下操作按钮，观察接触器、继电器等电器动作情况是否正常，是否符合电路功能的要求；观察电器元件的动作是否灵活，有无异常声响和异味。测量负载接线端的三相电源是否正常。如此经过反复几次操作均为正常后方可进行带负载试运行。

②带负载试运行：先检查电动机的接线，再合闸通电。按控制原理和操作顺序启动电动机，当电动机平稳运行时用钳形电流表测量三相电流是否平衡。通电试运行完毕，应等待电动机停稳后，先拆除电源接线再拆除电动机的接线。

在试运行中，如果出现熔断器熔断或继电保护装置动作，应查明原因，不得任意增大整定值强行再次通电。

（二）预习内容

1．预习本章第 1、第 2 节有关三相异步电动机点动、连续运行和正反转的运行原理和控制电路原理的内容。

2．预先画出图 4.20 和图 4.23 电路的安装接线图。

三、实训器材

按表 4.5 准备好所需的设备、工具和器材。

表 4.5　工具与器材、设备明细表

序号	名　　称	符　号	型号/规格	单位	数量
1	三相四线电源		3×380/220V　16A		
2	单相交流电源		220V、36V、6V		
3	三相异步电动机	M	Y2-802-4　0.75kW　2A　1390r/min	台	1
4	组合开关	QS	HZ10-10/3　10A	个	1
5	交流接触器	KM	CJ20-16　线圈电压 380V	只	1
6	热继电器	FR	JR16-20/3D　配 6 号热元件	只	1
7	熔断器	FU1	RL1-15　配 5A 熔体	套	3
8	熔断器	FU2	RL1-15　配 2A 熔体	套	2
9	按钮开关	SB1、SB2	LA10-2H　500V　5A　按钮数 2	个	1
10	接线端子排		JX2-1015　500V　10A　15 节	条	1
11	木螺钉		ϕ3×20mm	颗	25
12	平垫圈		ϕ4mm	个	25
13	塑料软铜线		BVR-2.5mm^2 颜色自定	米	10
14	塑料软铜线		BVR-1.5mm^2 颜色自定	米	10
15	塑料软铜线		BVR-0.75mm^2 颜色自定	米	5
16	木板		（500×450×20）mm	块	1
17	线槽		TC3025　长 34cm，两边打 3.5mm 孔	条	5
18	异形塑料管		3mm^2	米	0.2
19	万用电表		500 型或 MF-47 型	个	1
20	钳形电流表		MG-27 型　0-10-50-250A　0-300-600V　0～300Ω	个	1
21	电工电子实训通用工具		试电笔、榔头、螺丝刀（一字和十字）、电工刀、电工钳、尖嘴钳、剥线钳、镊子、小刀、小剪刀、活动扳手等	套	1
22	圆珠笔（或 2B 铅笔）			支	1

四、实训内容与步骤

（一）电路安装与接线

1．熟悉图 4.20 电路与图 4.33 的安装接线图。

2．按照图 4.20 电路与图 4.33 的安装接线图将电器安装在控制板上。

【注意】①在控制板上安装电器要注意定位准确，使电器排列整齐。

②安装要牢固，拧紧螺钉时用力要适中，注意不要拧得过紧导致电器的底座（如熔断器的陶瓷底座）破裂。

3．进行配线。

【注意】接线不要接错（特别是有穿过软管的接线），应该接一个线头就套上一个编码套管，并随后即在接线图上做标记。

（二）通电试运行

1．进行通电前的检查

因图 4.20 电路比较简单，检查的主要内容有：

（1）检查电路的接线是否正确、牢固。

（2）检查电器的接线端有无接错，主要有：

①QS 与 FU 的进线端与出线端

②KM 的主触点与辅助触点

③KM 的辅助触点中的动合与动断触点

④FR 的热元件接点与动断触点。

（3）测量线路的绝缘电阻。

（4）调整热继电器的整定值。

（5）检查各熔断器是否已装上熔体和熔体是否符合规格。

2．通电试运行

（1）先拆开与 SB2 并联的 KM 辅助动合触点的接线；合上 QS 接通电源；按下 SB2，观察电动机点动运行的情况。

（2）接上与 SB2 并联的 KM 辅助动合触点；按下 SB2，观察电动机启动的情况；启动结束后，按下 SB1，电动机停转。

（3）如果电动机启动过程正常，再重新启动一次，用钳形电流表测量启动瞬间和稳定运行后电动机的电流值（可重复测量 2～3 次取其平均值），并记录于表 4.6。

表 4.6　电流测量记录表

启动电流（A）（图 4.20 和图 4.23）	稳定运行电流（A）（图 4.20）	反转电流（A）（图 4.23）

（三）正反转控制电路的安装

1．在上一步的基础上，按图 4.23 电路（控制电路用 4.23（a）图）接线（可试自行绘制安装接线的草图）。

2．经检查确认无误后，合上 QS 接通电源。

3．操作 SB1、SB2 和 SB3，观察电动机启动和反转的情况（可操作电动机直接反转）。

4．用钳形电流表测量电动机的启动和反转电流值，并记录于表 4.6 中。

4.3　单相交流电动机

由于单相电动机使用的是单相交流电源，所以被广泛应用于没有三相交流电源的场所，如用于各种日用电器和办公用电器中。

4.3.1　单相异步电动机的转动原理

单相异步电动机的结构与工作原理和三相异步电动机相似。单相异步电动机的定子绕组为单相绕组，在通入单相交流电流后所产生的磁场如图 4.35 所示。假设在交流电的正半周时，电流从单相定子绕组的右半侧流入而从左半侧流出，则此时电流产生的磁场如图 4.35（a） 所示，该磁场的大小随电流的大小而变化，方向则保持不变；当电流过零时，磁场也为零；当在交流电的负半周时，由于电流反向，所产生的磁场也反向，如图 4.35（b） 所示。可见这个磁场的特点是其大小和方向按正弦规律周期性地变化，但磁场的轴线（图中为纵轴）却固定不变，这种磁场被称为脉动磁场。

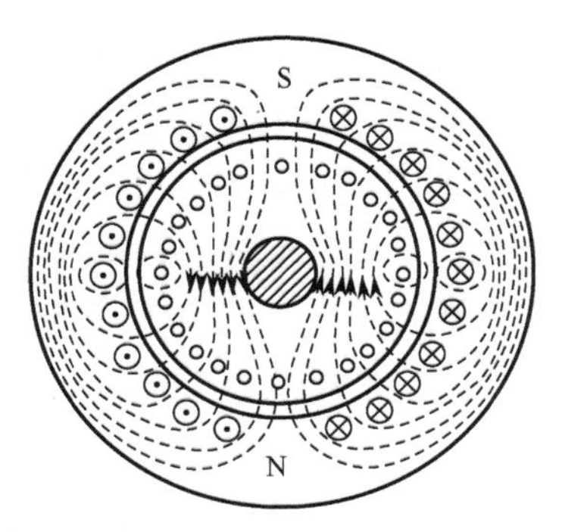

(a) 电流正半周产生的磁场

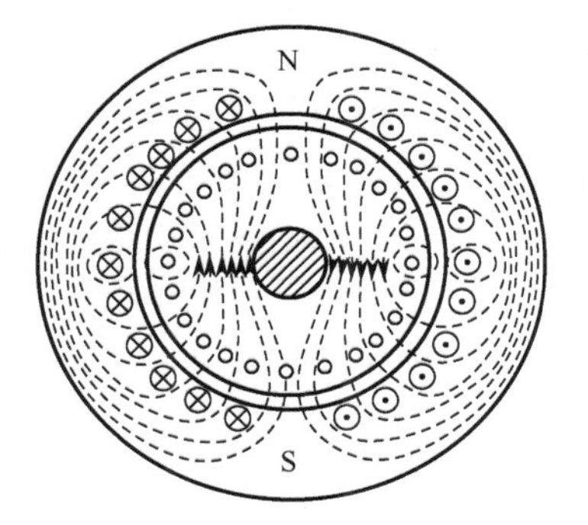

(b) 电流负半周产生的磁场

图 4.35　单相异步电动机的脉动磁场

做一做

将一台没有启动绕组的单相异步电动机（或一台小型三相异步电动机）接单相交流电源，观察电动机的状况。电动机能否自行启动？如果拨动电动机的转子，电动机能否转动起来？转向如何？

由实验结果可见，单相异步电动机通电后不能自行启动，需要拨动一下电动机的转子，电动机才能朝拨动的方向转动起来。这是由于脉动磁场可以分解成大小相等、速度相同，但方向相反的两个旋转磁场，它们共同作用于同一个转子上，所以在脉动磁场作用下的电动机，相当于两个反相序的三相异步电动机同轴连接的情况。所以单相交流电流产生的脉动磁场在转子上形成的合成转矩为零，电动机无法自行启动，如图 4.36 所示的单相异步电动机机械特性曲线图中的坐标原点。但是如果朝任意一方向有外力（如用手拨动）推动转子达到一定速度（如图 4.36 中 a 点），只要电动机的合成转矩 T_a 大于阻转矩 T_b，即使去掉外力，电动机也将自动加速，一直到 b 点稳定运行。若外力使电动机反向转动，则反向加速运行（图中第III象限的曲线），了解这一点将有助于分析单相异步电动机的故障。

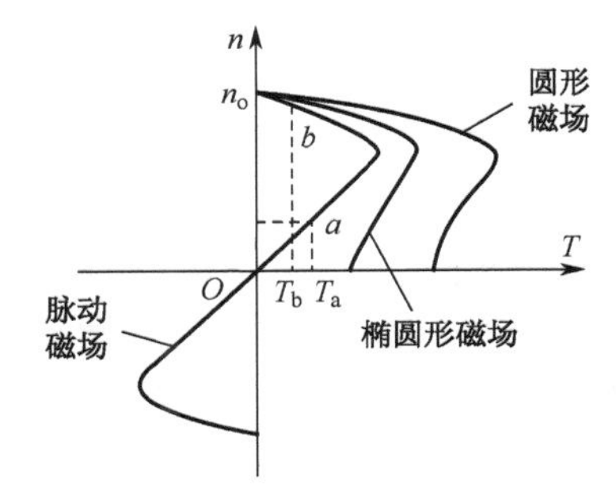

图 4.36　单相异步电动机的机械特性曲线

结论：

（1）单相绕组只能建立脉动磁场。

（2）在脉动磁场作用下电动机的启动转矩为零，电动机不能自行启动，但在外力作用下启动后能够运行。

为什么只要拨动一下电动机的转子，电动机就能够转动起来？而且转向与拨动的方向相一致？

为解决单相异步电动机的启动问题，必须在启动时建立一个旋转磁场，产生启动转矩。所以在电动机定子铁芯上嵌放了主绕组（运行绕组或工作绕组）和辅助绕组（启动绕组），且两绕组在空间互差 90° 电角度。为使两绕组在接同一单相电源时能产生相位不同的两相电流，往往在启动绕组中串入电容或电阻（也可以利用两绕组自身阻抗的不同）进行分相，这样的电动机称为分相式单相异步电动机。按启动、运行方式的不同，分相式单相异步电动机又分为电阻启动、电容启动、电容运转和电容启动运转等各种类型。还有一种结构更简单的单相异步电动机，其定子与分相式单相异步电动机定子不同，根据其定子磁极的结构特点被称为罩极式单相异步电动机。下面分别简单介绍。

4.3.2 电阻启动式单相异步电动机

电阻启动式单相异步电动机的原理接线图如图 4.37（a）所示，图中“1”为主绕组，“2”为启动绕组，启动绕组通过一个启动开关 S 与主绕组并连接到单相电源上。启动绕组仅在启动时工作，一般按短时工作制设计，匝数少，导线细，电阻大，有时还可以将其正绕几匝再反绕几匝，以增加电阻而不改变其有效匝数和电抗值。

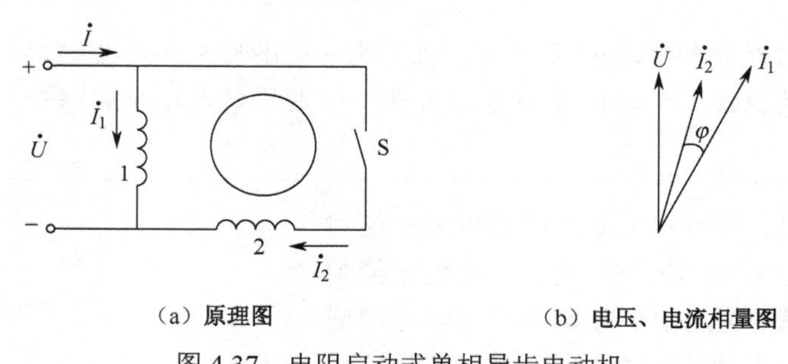

（a）原理图　　（b）电压、电流相量图

图 4.37　电阻启动式单相异步电动机

与主绕组相比，启动绕组的电抗较小，电阻较大，因此其电流 I_2 超前于主绕组电流 I_1，如图 4.37（b）所示。因两绕组都呈电感性，I_1 与 I_2 之间相位差φ角较小，远小于 90°，所以形成的是椭圆形旋转磁场，启动转矩较小，启动电流较大。适用于空载或轻载启动的场合，如冰箱压缩机、鼓风机、医疗器械等。

启动开关 S 的作用是为了避免启动绕组长时间工作过热，当转子转速上升到一定大小时（约 75% n_0），自动断开启动绕组。这时只有主绕组通电，电动机在脉动磁场下维持运行。

4.3.3 电容启动式单相异步电动机

电容启动式单相异步电动机的原理接线图如图 4.38（a）所示。启动绕组与一个电容器串联，再与启动开关串联后和主绕组一起并连接在单相交流电源上。电容器的作用：首先能使启动绕组电路呈电容性，电流 I_2 超前电源电压 U 一个相位角，而主绕组电路是电感性的，I_1 落后于电源电压 U 一个相位角，因此两绕组电流的相位差较大，如果电容 C 选择适当，可等于或接近 90°，如图 4.38（b）所示。其次，电容还可以抵消启动绕组电路的电抗值，所以启动绕组匝数可以多一些，以增大其磁势，甚至与主绕组磁势相等。这样与电阻启动式单相电动机相比，电容启动式单相异步电动机在启动时，可以产生一个较强的圆形旋转磁场，启动转矩较大。另外，两绕组电流的相位差较大，合成电流小，所以电动机启动电流较小。

由于电容器仅在电动机启动时使用，通电时间不长，耐压要求不高，但电容量要求较大，所以一般选用电解电容器。启动结束后，启动开关断开启动绕组，电动机在主绕组脉动磁场下继续运行。

电容启动式异步电动机具有良好的启动性能，适用于水泵、小型空气压缩机、电冰箱及重载启动设备。

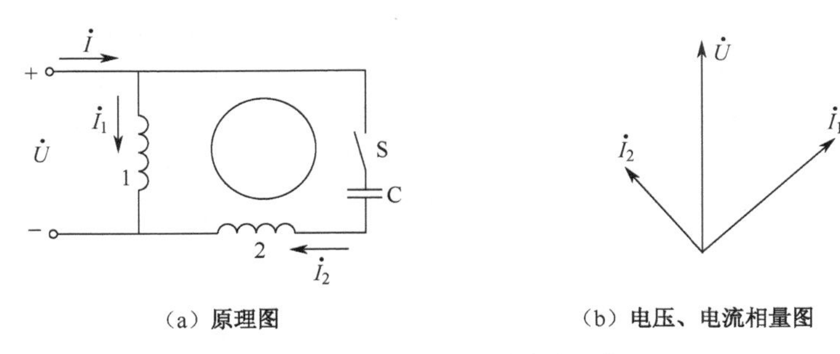

（a）原理图　　（b）电压、电流相量图

图 4.38　电容启动式异步电动机

4.3.4　电容运转式和电容启动运转式单相异步电动机

1．电容运转式电动机

电容运转式异步电动机与电容启动式异步电动机相似，只是启动绕组（辅助绕组）电路中不设置启动开关。前两种异步电动机都是分相（两相）启动，单相运行；而电容运转式异步电动机的辅助绕组不仅为了启动，而且也参与运行，实际上是一个两相电动机。辅助绕组应按长期工作设计，电容器一般用油浸或金属膜纸介质电容器。电容器容量的选择应能使电动机运行时产生圆形或接近圆形旋转磁场。这样，启动时只能是椭圆形旋转磁场。所以它的运行性能比电阻或电容启动式电动机要好，但启动性能较差。其实，电容量一旦确定，仅在某一转速下磁场才是圆形的。所以电容运转式电动机一般要求在额定转速下运行。

电容运转式异步电动机具有体积小、质量轻、噪声小、效率和功率因数较高，启动转矩低的特点，适用于电风扇、通风机、录音机等日用电器。

2．电容启动运转式电动机

电容启动运转式异步电动机结合了电容启动式和电容运转式异步电动机的优点，即启动性能和运行性能都比较好。为此，在辅助绕组中使用了 C_1 和 C_2 两个并联电容器，其中 C_1 与启动开关 S 串联，接法如图 4.39 所示。启动时，两个电容同时工作，总电容量较大；运行时，启动开关 S 动作，切除 C_1，减小电容容量。适当选择 C_1 和 C_2 的容量，可使电动机启动、运行时都能产生近似圆形旋转磁场，以获得较高的启动转矩、过载能力、功率因数和效率。

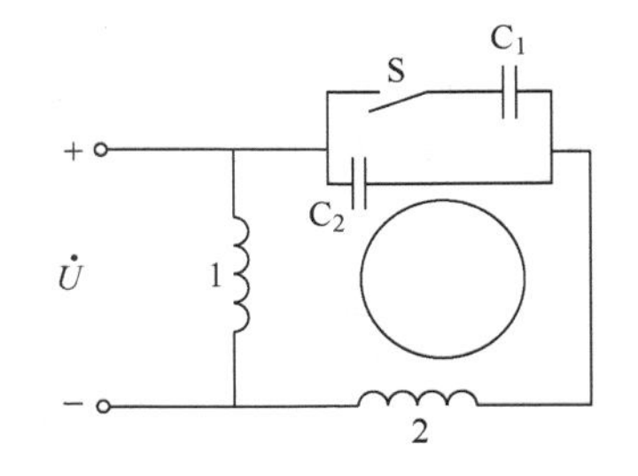

图 4.39　电容启动运转式电动机

电容启动运转式异步电动机是最理想的一种单相异步电动机。适用于各种家用电器、泵和小型机床等。

4.3.5　罩极式单相异步电动机

罩极式电动机是一种结构简单，成本低，噪声小的单相异步电动机。根据其定子结构分为凸极式和隐极式两种，其中凸极式较为常见，图 4.40 所示为凸极式罩极电动机的结构，由图可见，凸极式罩极电动机的定子主绕组采用集中绕组形式套在凸起的定子磁极上；在凸极的一侧开有小槽，槽内套入一个较粗的短路铜环（罩极线圈），作为辅助绕组罩住 1/3 磁极表面。为了改善电动机磁场，两磁极间一般插有磁分流片（磁桥），也可以直接与磁极做成一体。

当主绕组通入单相交流电流时，便产生脉动磁场，其中一部分磁通 Φ_1 不穿过短路环；另一部分磁通则穿过短路环。根据楞次定律，在短路环中产生的感应电流将阻碍罩极侧原磁通的变化，使得罩极侧合成磁通 Φ_2 的相位滞后于 Φ_1，在空间位置上 Φ_1 和 Φ_2 也存在一定的角度差。这样，罩极式电动机形成的合成磁场是一个椭圆度很大的旋转磁场，旋转方向总是从磁极的未罩部分转向罩极部分。这种磁场作用于转子也能使电动机获得一定的启动转矩，朝磁场旋转方向启动并运行。与其他圆形或椭圆形旋转磁场不同，罩极式电动机的磁场实际上是一种“移动磁场”。正因为如此，罩极式电动机的启动和运行性能较差，效率和功率因数较低，只适用于空载或轻载启动的小容量负载，如电风扇、电唱机等。

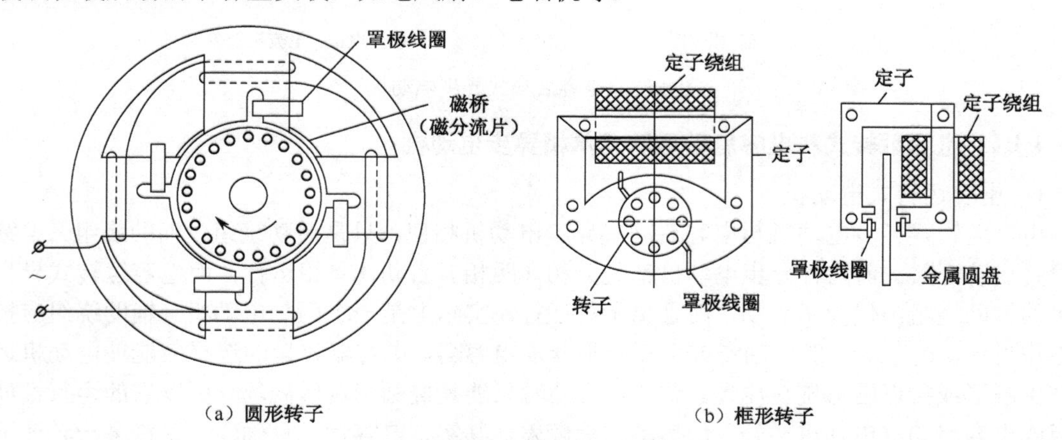

图 4.40　凸极式罩极电动机的结构

阅读材料

（一）在日用和办公等电器中使用的各种电动机

在各种日用电器、办公设备、电动工具、医疗器械中使用的电动机最多的是单相异步电动机，此外还有单相同步电动机、单相串励电动机、直流电动机、步进电动机等，如表 4.7 所示。

表 4.7　日用电器中常用的电动机

电动机类型		主 要 用 途
交流电动机	单相电阻启动式异步电动机	电冰箱用压缩机、食物搅拌器、抽湿机、小型空调器
	单相电容启动式异步电动机	电冰箱用压缩机、空调器用压缩机、小型机床
	单相电容运行式异步电动机	冷藏箱用压缩机、空调器用风扇、台风扇、吊风扇、转页扇、排气扇、洗衣机、干衣机、洗碗机、抽油烟机
	单相电容启动运转式电动机	大型冷藏箱、冷饮机、大型空调器用压缩机
	罩极式电动机	台风扇、洗衣机、通风机、电唱机、电吹风
	三相异步电动机	变频空调器
	单相同步电动机	电钟、电动程控定时器、记录仪、复印机、电唱机、录音机、录像机、转页扇、导风轮电动机
交流电动机 / 直流电动机	单相串励电动机	电动工具、洗衣机、食物搅拌器和粉碎器、电吹风、家用吸尘器、家用电动缝纫机
直流电动机	永磁式（有刷）直流电动机	录音机、电唱机、电动玩具、电吹风、吸尘器、电动剃须刀、汽车刮水器、汽车水泵、汽车窗门升降电动机
	无刷直流电动机	计算机、打印机、摄像机、家用音响影视设备、电风扇
步进电动机		计算机外围设备、办公自动化设备、指针式电子钟表

据你观察，在你的工作场所或家里有哪些办公设备和日用电器使用了电动机？您了解这些电动机的类型吗？

（二）日用电器中使用的单相异步电动机控制电路实例

在此介绍在电风扇和洗衣机中的单相异步电动机控制电路实例。

（1）电风扇控制电路

电风扇是最常见的通风降温用电器设备，有台扇、吊扇、转页扇、换气扇等种类。电风扇电动机一般选用电容式单相异步电动机，并通过调节电动机的转速，来达到调节电风扇的风量和风速的目的。电风扇电动机调速的特点是调速范围小，其调速比（即最低与最高转速之比）一般在 60%～80%之间，因此宜采用较简单的降压调速的方法，以降低制造成本，常用的方法有改变电动机定子绕组的匝数和串联电抗、电容器降压调速。

图 4.41 为几种电风扇的典型控制电路：图（a）、（b）、（c）分别为台风扇、转页扇和吊风扇的控制电路。

在图（a）的台风扇调速电路中，利用转换开关或琴键开关换接中间绕组（调速绕组）不同的抽头，以获得三挡不同的转速。

图（b）为转页扇调速电路，除了有台风扇电路的功能外，还有导风轮电动机及其开关、安全（防跌倒）开关等。

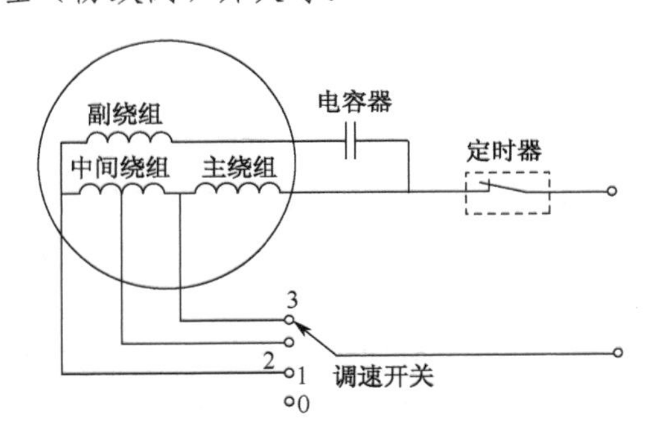

（a）台风扇调速电路

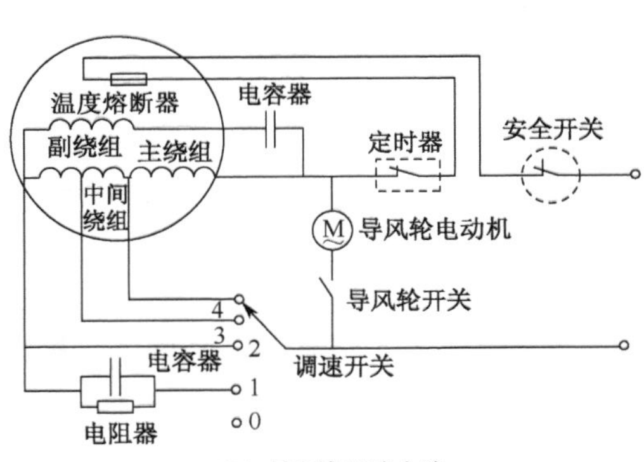

（b）转页扇调速电路

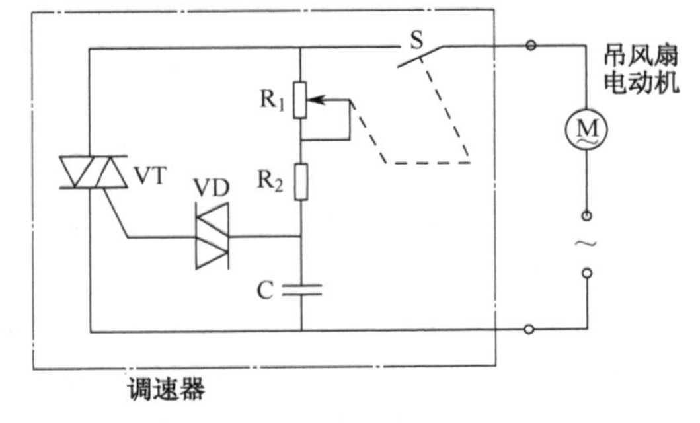

（c）吊风扇晶闸管调压调速电路

图 4.41　电风扇控制电路

图（c）的吊风扇电路采用晶闸管调压的无极调速控制，整个电路只用了双向晶闸管、双向二极管、电位器（带电源开关）、电阻和电容器各一个共五个元件，电路结构简单。旋动电位器旋钮，通过改变晶闸管的导通角，就能够调节电动机的电压从而调节其转速。

（2）洗衣机控制电路

洗衣机也是一种常用的家用电器，有很多种类型：如果按洗涤方式分类，可分为波轮式、搅拌式和滚筒式三类；按控制方式分类，又可分为普通型、半自动型和全自动型三种；如果按结构形式分类，还可以分为普通型单缸、双缸、半自动双缸、波轮式全自动、滚筒式全自动洗衣机等类型。目前在家庭中使用较多的是普通型双缸波轮式洗衣机，它采用两台电容运转式单相异步电动机驱动，一台是洗涤电动机，另一台是脱水电动机。洗涤电动机在运行时要频繁地正反转，所以定子主辅绕组的线径、匝数均相同；而脱水电动机只要求单向运转，所以主辅绕组各异。图 4.42 为国产波轮式双缸洗衣机中较为典型的控制电路图。

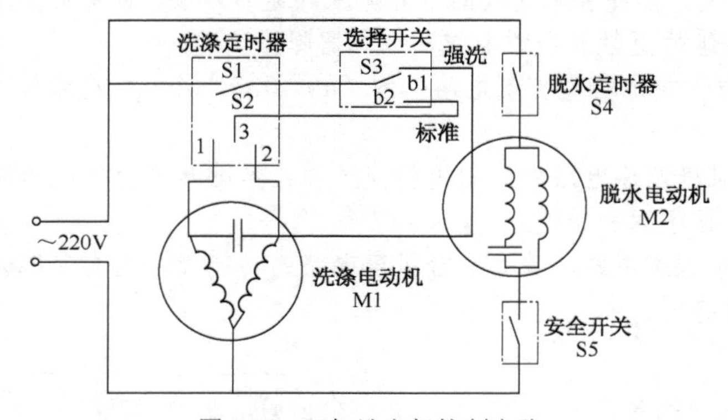

图 4.42　双缸洗衣机控制电路

在图 4.42 中，M1 为洗涤电动机，采用电容运转式单相异步电动机，通过改变电容器与主、副绕组的串联关系来改变电动机的转向，从而改变洗衣机的洗涤方式。普通型洗衣机一般有强洗、标准洗两种方式，通过图中的选择开关 S3 和洗涤定时器 S1、S2 控制。洗涤定时器多为发条式（即机械式）时间继电器，定时时间最长为 15min，在定时时间内，触点 S1 接通；而触点 S2 在定时器凸轮的作用下轮换接通接点 1、2、3，分别控制洗涤电动机正转、停、反转。当选择“强洗”时，S3 打向上接点，电动机单向旋转，此时 S2 不起作用；若选择“标准洗”，S3 打向下接点，由 S2 控制正转→停→反转的时间为 30s→5s→30s。定时时间到，S1 断开，洗涤结束。M2 为脱水电动机，其定时器 S4 的定时时间最长为 5min。因为脱水机的原理是利用脱水桶高速旋转（转速达 1300r/min 以上），使衣物中的水分在离心力作用下被甩出桶外，所以为安全起见，设有与脱水桶盖联锁的安全开关 S5。当脱水桶盖打开时，由 S5 立即切断 M2 电源，机械制动器能在 10s 内使脱水桶停转。

双缸洗衣机近年的产品一般还设有“弱洗”（轻柔洗）挡，由定时器的另一组触点控制洗涤电动机正转→停→反转的时间为 4s→8s→4s（不同产品的控制时间各异），另外还设有指示灯、报告洗涤结束的蜂鸣器等。随着社会经济的发展和人民生活水平的提高，目前全自动洗衣机和滚筒式洗衣机已大量进入家庭，其控制方式也采用微处理器控制、由电力电子器件驱动，可实现多种洗涤和脱水方式，实现较复杂的控制功能（如模糊控制等）。有兴趣的读者可查阅相关资料。

4.4　直流电动机

4.4.1　直流电动机的基本结构

直流电动机使用直流电源，与交流异步电动机相比，直流电动机具有更好的启动和运行性能，因此直流电动机应用在起重、运输机械、传动机构、精密机械、自动控制系统和电子电器、日用电器中。

和交流电动机一样，直流电动机的基本结构也是由定子、转子和结构件（端盖、轴承等）三大部分组成的。图 4.43 是一台直流电动机的结构示意图。

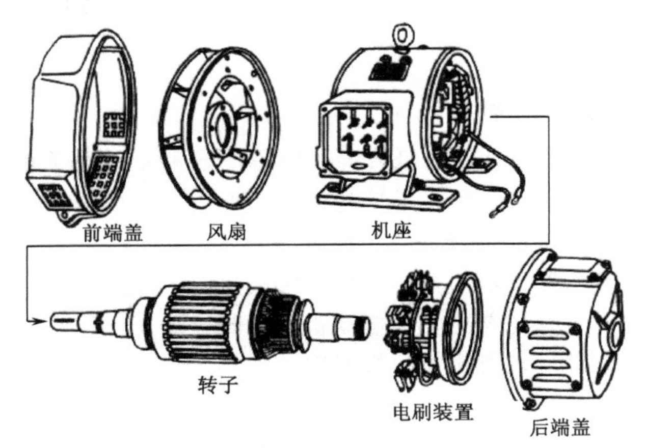

图 4.43　直流电动机结构示意图

4.4.2　直流电动机的转动原理

直流电动机转动原理示意图如图 4.44 所示，假设定子是永久磁铁（也可以是铁芯上绕有励磁线圈的电磁铁），转子是矩形的线圈（图中只画出一匝）。给线圈接上直流电源，因为转子是可以绕轴 *OO'*转动的，所以给线圈通电需通过电刷与换向器。由图 4.44（a） 可见，电刷 A 接电源正极，电刷 B 接电源负极，通过换向器（即图中两片半圆形的铜片），电流在线圈中的方向是 d→c→b→a。根据载流导体在磁场中要受磁场力作用的原理，并按照左手定则，可判断出线圈的两条边在磁场中受力的方向是：ab 边向上，cd 边向下，所产生的力矩使线圈绕轴顺时针方向转动。当线圈转过了 180° ［图 4.44（b）］，线圈 ab 与 cd 两条边在磁场中的位置刚好对调，此时电流的方向为 a→b→c→d，虽然电流的方向变了，但在两磁极（N、S 极）下导体电流的方向和受力的方向不变，因此线圈继续按顺时针的方向转动。这就是直流电动机产生持续的旋转运动动力的原理。

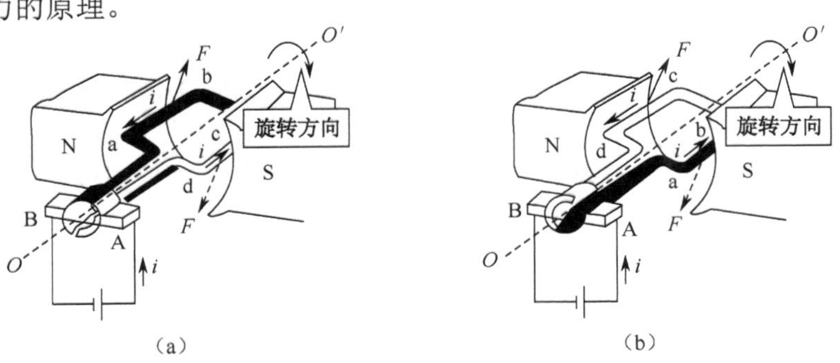

图 4.44　直流电动机转动原理示意图

4.4.3　直流电动机的分类

根据定子磁场的不同，直流电动机主要可分为永磁式和励磁（电磁）式两大类，永磁式可分为有（电）刷和无（电）刷两类，而励磁式根据励磁绕组通电方式的不同，又可分成串励、并励、复励和他励四类：

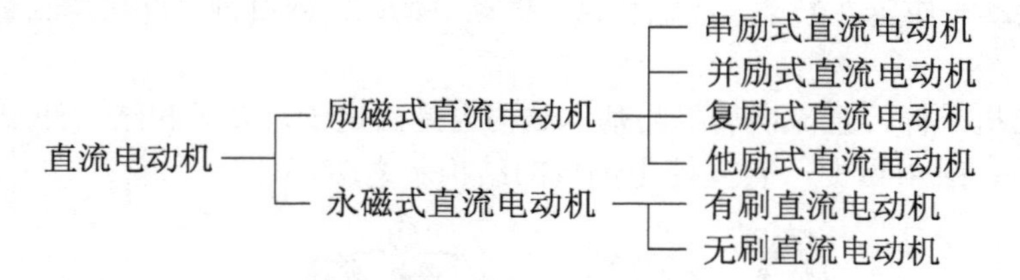

4.4.4　直流电动机的机械特性

上述四种励磁方式的直流电动机的机械特性如图 4.45 所示。由图可见，他励、并励式直流电动机具有较“硬”的机械特性，因而被广泛应用于要求转速较稳定且调速范围较大的场合，如轧钢机、金属切削机床、纺织印染、造纸和印刷机械等。而串励式直流电动机具有软的机械特性，由图可见，电动机空载时转速很高，满载时转速很低。这种机械特性对电动工具很适用。

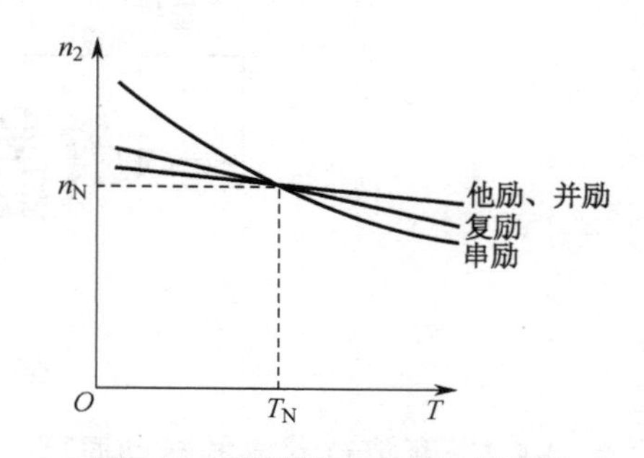

图 4.45　直流电动机的机械特性

串励式直流电动机适用于负载经常变化而对转速不要求稳定的场合，当负载增加时，转速将自动降低，而其输出功率却变化不大。因串励式直流电动机的电磁转矩与电枢电流的平方成正比，因此当转矩增加很多时，电流却增加不多，所以串励式直流电动机具有较强的过载能力。但是在轻载时转速将很高，空载时将出现“飞车”，因此绝不允许空载或轻载运行，在启动时至少要带上 20%～30%的额定负载。此外，还规定这种电动机与负载之间只能是齿轮或联轴器传动，而不能用皮带传动，以防皮带滑脱而造成“飞车”事故。

至于复励式直流电动机的机械特性，则介于上述两种电动机的机械特性之间，适用于启动转矩较大而转速变化不大的负载。

4.5　机械设备的控制电路

4.5.1　CA6140 型普通车床的电气控制电路

CA6140 型车床是一种常用的普通车床，其外形和结构如图 4.46 所示，电气控制电路如图 4.47 所示，这种车床由三台电动机拖动：M1 为主轴电动机，拖动车床的主轴旋转，并通过进给机构实现车床的进给运动。M2 为冷却泵电动机，拖动冷却泵在切削过程中为刀具和工件提供冷却液。M3 为刀架快速移动电动机。

1．主电路

机床的电源采用三相 380V 交流电源，由漏电保护断路器 QF 引入，总熔断器 FU 由用户提供。主轴电动机 M1 的短路保护由 QF 的电磁脱扣器来实现，而冷却泵电动机 M2 和刀架快速移动电动机 M3 分别由熔断器 FU1、FU2 实现短路保护。三台电动机均直接启动，单向运转，分别由交流接触器 KM1、KM2、KM3 控制运行。M1 和 M2 分别由热继电器 FR1、FR2 实现过载保护，M3 由于是短时工作制，所以不需要过载保护。

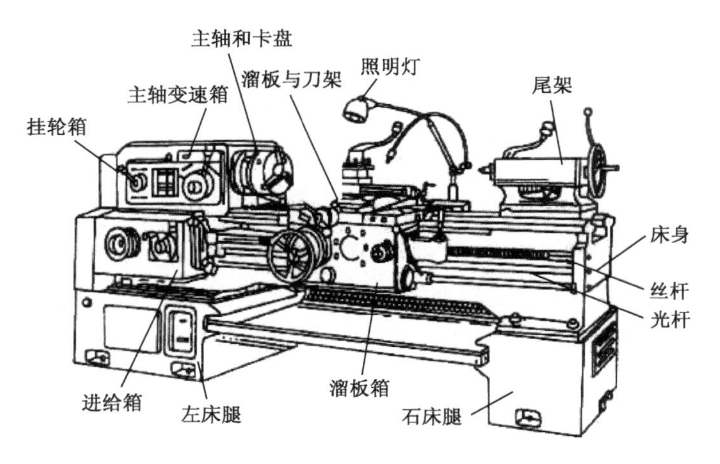

图 4.46　CA6140 型车床结构示意图

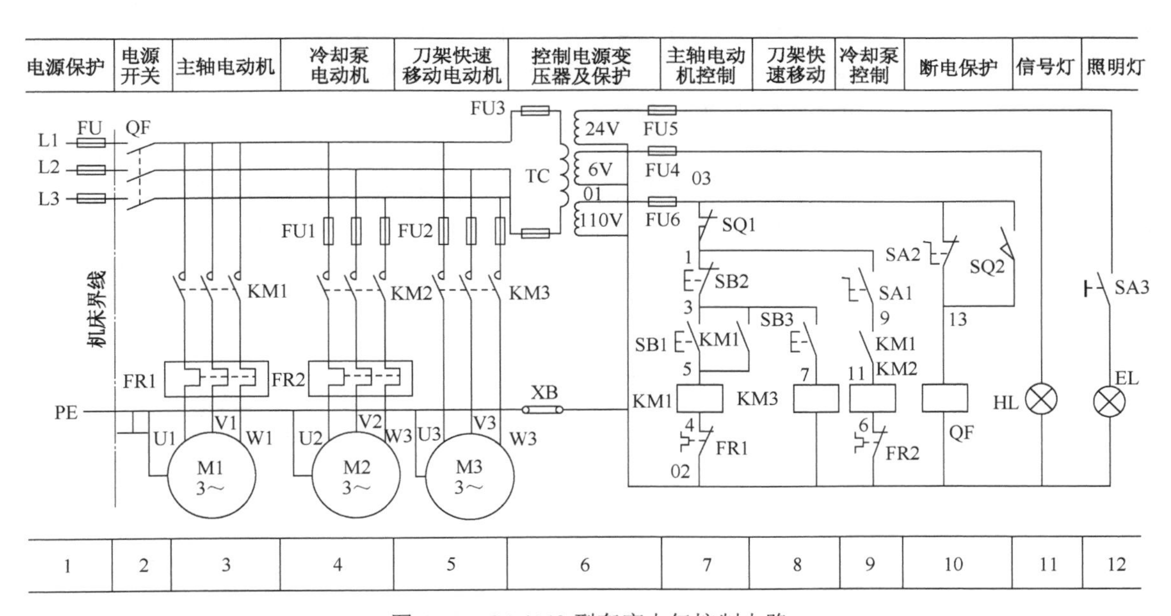

图 4.47　CA6140 型车床电气控制电路

2．控制电路

由控制变压器 TC 提供 110V 电源，由 FU3 作短路保护。该车床的电气控制盘装在床身左下部后方的壁龛内，电源开关锁 SA2 和冷却泵开关 SA1 均装在床头挂轮保护罩的前侧面。在开机时，应先用锁匙向右旋转 SA2，再合上 QF 接通电源，然后就可以操作电动机了。

（1）主轴电动机的控制：按下装在溜板箱上的绿色按钮 SB1，接触器 KM1 通电并自锁，主轴电动机 M1 启动运行；停机时，可按下装在 SB1 旁边的红色蘑菇形按钮 SB2，随着 KM1 断电，M1 停止转动；SB2 在按下后可自行锁住，要复位需向右旋。

（2）冷却泵电动机的控制：冷却泵电动机 M2 由旋钮开关 SA1 操纵，通过 KM2 控制。由控制电路可见，在 KM2 的线圈支路中串入 KM1 的辅助动合触点（9-11）。显然，M2 需在 M1 启动运行后才能开机；一旦 M1 停机，M2 也同时停机。

（3）刀架快速移动电动机的控制：由控制电路可见，刀架快速移动电动机 M3 由按钮 SB3 点动运行。刀架快速移动的方向则由装在溜板箱上的十字形手柄控制。

3．照明与信号指示电路

同样由 TC 提供电源， EL 为车床照明灯，电压为 24V；HL 为电源指示灯，电压为 6V。EL 和 HL 分别由 FU5 和 FU4 作短路保护。

4．电气保护环节

除短路和过载保护外，该电路还设有由行程开关 SQ1、SQ2 组成的断电保护环节。SQ2 为电气箱安全行程开关，当 SA2 左旋锁上或者电气控制盘的壁龛门被打开时，SQ2（03-13）闭合，使 QF 自动断开，此时即使出现误合闸，QF 也可以在 0.1s 内再次自动跳闸。SQ1 为挂轮箱安全行程开关，当箱罩被打开后，SQ1（03-1）断开，使主轴电动机停机。

4.5.2 专用机床的电气控制电路

在此以 YC80 型皮革冲裁机为例介绍专用机床的电气控制电路。皮革冲裁机是皮革制品生产厂（如皮鞋厂）常用的生产机械，它类似于金属加工的冲压机床，将皮革冲裁成所需的形状。YC80 型皮革冲裁机的电气控制电路如图 4.48 所示。图中 M 为液压油泵电动机，机床冲压部件的下冲和上升分别由电磁阀 YV1 和 YV2 控制液压系统来实现，其工作过程为：同时按下 SB3 和 SB4→继电器 KA1 通电→KA1 自锁，其动断触点切断上升电磁阀 YV2，动合触点接通下冲电磁阀 YV1，通过液压系统控制机床冲裁皮件→下冲到位后，行程开关 SQ1 动作→SQ1 动断触点切断 YV1，而动合触点接通 KA2→KA2 的动断触点又切断 KA1 线圈的电源→KA1 动合触点断开而切断 YV1，而 KA1 动断触点闭合接通 YV2→控制机床上升→上升到位时碰行程开关 SQ2→YV2 断电，上升停止，机床的一次冲裁动作到此结束。下次动作需从重新操作 SB3、SB4 开始。

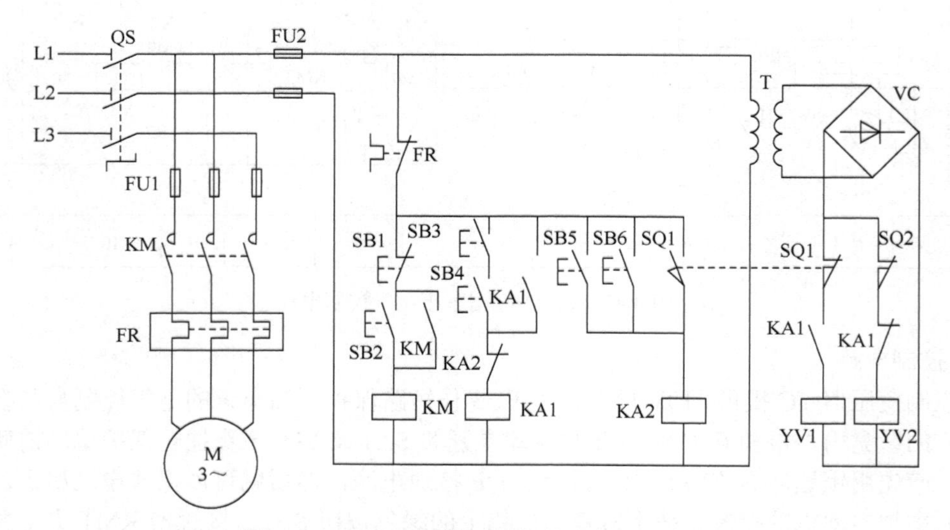

图 4.48　YC80 型皮革冲裁机的电气控制电路

SB3、SB4 和 SB5、SB6 分别为下冲和上升控制按钮开关。根据冲压机械操作规程的规定，为保证安全，将 SB3 和 SB4 安装在两处，操作人员要用两只手同时按下 SB3 和 SB4，才能控制机床的下冲动作，这是为了防止贪图快捷一只手还在取皮件，而另一只手却已去启动机床，从而容易造成事故。而要控制上升，则只需要按下 SB5 或 SB6 的任何一个即可。电磁阀的工作电压为直流 24V，由变压器降压桥式整流器整流提供。

生产机械设备电气控制电路图的读图方法

阅读生产机械设备电气控制电路需要掌握读图的基本方法：

（1）首先应了解设备的基本结构、运动情况、工艺要求、操作方法，以及设备对电力拖动的要求，电气控制和保护的具体要求，以其对设备有一个总体的了解，为阅读电气图做好准备。

（2）阅读电气原理图中的主电路，了解电力拖动系统由几台拖动电动机所组成，并结合工艺了解电动机的运行状况（如启动、制动方式，是否正反转，有无调速要求等），各用什么电器实行控制和保护。

（3）看电气原理图的控制电路。在熟悉电动机控制电路基本环节的基础上，按照设备的工艺要求和动作顺序，分析各个控制环节的工作原理和工作过程。

（4）根据设备对电气的控制和保护要求，结合设备机械、电气、液压系统的配合情况，分析各环节之间的联系、工作程序和联锁关系。对应上一步，可总结为“化整为零看电路，积零为整看全部”。

（5）统观整个电路，看有哪些保护环节。有些电器的工作情况可结合电气安装图来进行分析。

（6）再看电气原理图的其他辅助电路（如检测、信号指示、照明电路等）。

以上所介绍的只是一般的步骤和方法。在这方面没有一个固定的模式或程序，重要的是在实践中不断总结、积累经验。每阅读完一个电路，都应注意分析，总结其特点，不断提高读图的能力。

4.6　可编程序控制器（PLC）简介

4.6.1　什么是“PLC”

可编程控制器（简称“PLC”）是一种专门用于工业控制的电子计算机。国际电工委员会（IEC）曾对 PLC 作出了如下定义：“可编程序控制器是一种数字运算操作的电子系统，专为在工业环境下应用而设计。它采用可编程序的存储器，用来在其内部存储执行逻辑运算、顺序控制、定时、计数和算术运算等操作命令，并通过数字式和模拟式的输入和输出，控制各种类型的机械或生产过程。可编程序控制器及其有关的设备，都应按易于与工业控制系统联成一个整体，易于扩充功能的原则而设计”。

在本章第 2、第 5 节介绍了电动机的继电器一接触器控制系统，这种控制系统能够实现对电动机等控制对象的手动和自动控制，能够在一定范围内适应单机和生产自动线的控制需要，因而在目前仍广泛使用。但是随着生产技术的发展、生产规模的扩大和产品更新换代周期的缩短，继电器一接触器控制系统逐渐暴露出其使用的单一性和控制功能简单（局限于逻辑控制和定时、计数等简单控制）的缺点。因此迫切需要有一种能够适应产品更新快、生产工艺和流程经常变化地控制要求的工业控制装置来取代它。在 1968 年，美国通用汽车（GM）公司首先公开招标，提出了研制新型工业控制器的十项功能指标。根据这十项指标的要求，在一年后，由美国数据设备公司（DEC）研制出世界上第一台可编程控制器，并且成功地应用在 GM 公司的生产线上。此后，日本的日立公司通过从美国引进技术，于 1971 年试制出日本的第一台可编程控制器。1973 年，德国的西门子公司独立研制出欧洲的第一台可编程控制器。在这一时期的可编程控制器虽然也采用了计算机的设计思想，但仅有逻辑控制、定时、计数等控制功能，只能进行顺序控制，故称之为“可编程逻辑控制器”（Programmable Logic Controller），这就是 PLC 这一简称的由来。

到了 20 世纪 70 年代后期，随着微电子技术和计算机技术的发展，使 PLC 在处理速度和控制功能上都有了很大提高，不仅可以进行开关量的逻辑控制，还可以对模拟量进行控制，且具有数据处理、PID 控制和数据通信功能，发展成为一种新型的工业自动控制标准装置，因此于 1980 年由美国电气制造协会（NEMA）命名为“可编程控制器”（Programmable Controller），简称 PC。但由于 PC 容易和个人计算机（Personal Computer）相混淆，所以在我国仍习惯以 PLC 作为可编程控制器的简称。

用 PLC 取代继电器—接触器系统实现工业自动控制，不仅由于用软件编程取代了硬接线，在改变控制要求时只需要改变程序而无需重新配线，而且由于用 PLC 内部的“软继电器”取代了许多电器，从而大大减少了电器的数量、简化了电气控制系统的接线、减小了电气控制柜的安装尺寸，充分体现出设计、施工周期短，通用性强，可靠性高，成本低的优点。特别是 PLC 采用的梯形图编程语言是以继电器梯形图为基础的形象编程语言，一般电气技术人员和技术工人经过简单地培训就可以掌握，所以又有人把 PLC 称为“蓝领计算机”。甚至有人这样描绘现代化工厂里工人的形象：“工人左腰别着螺丝刀，右腰别着编程器”。

自 20 世纪 80 年代以来，PLC 在处理速度、控制功能、通信能力，以及控制领域等方面都不断有新的突破，正朝着电气控制、仪表控制、计算机控制一体化和网络化的方向发展。PLC 技术、CAD/CAM/CAE（计算机辅助设计/计算机辅助制造/计算机辅助工程）技术和工业机器人已成为现代工业自动化的三大支柱。因为当今的可编程控制系统已经是集计算机技术、通信技术和自动控制技术为一体的新型的工业控制装置，所以已被称为“可编程计算机控制器”（Programmable Computer Controller），简称 PCC。可编程控制器的发展过程表明，它事实上已改变了当初仅取代继电器一接触器控制系统的初衷，而发展成为在工业自动控制领域中推广速度最快、应用最广的一种标准控制设备。本节以三菱公司的 FX2 系列 PLC 为例，介绍有关 PLC 的硬件结构和软件系统的最基本的知识。

4.6.2 PLC 的硬件结构

继电器—接触器控制系统是由输入、输出电路和逻辑控制电路组成的 [图 4.49（a）]，其中逻辑控制电路一般是由若干个继电器及有关电器的触点组成的，其逻辑关系已经固化在硬接线的线路中，不能灵活变更。PLC 控制系统也可以看成是由这几个对应的部分组成的，所不同的是由中央处理器和存储器组成的控制组件取代了继电器的逻辑控制电路，从而实现了“软接线”（因其控制程序可通过编程而灵活变更，相当于改变了继电器控制电路的接线）。由图 4.49（b）可见，PLC 的硬件结构主要是由控制组件和输入/输出（I/O）接口电路及编程器三大部分组成的。

由图 4.49（b）可见，PLC 的硬件结构主要包括 CPU、RAM、ROM 和 I/O 接口电路等，内部也是采用总线结构进行数据和指令的传输。外部的各种输入信号经PLC的输入电路输入，经过PLC根据控制程序进行运算处理后，送到输出电路输出，以实现各种控制功能。从这一角度可以把PLC［图4.49（b）中用点画线框起的部分］看成是一个中间处理器或变换器。下面简单介绍PLC硬件结构的三大部分。

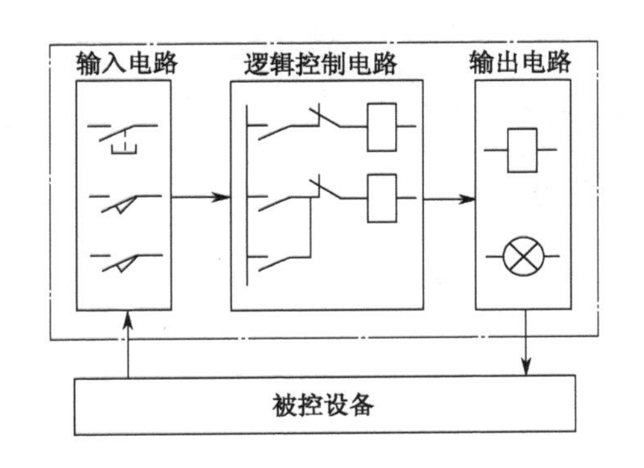

（a）继电器—接触器控制系统

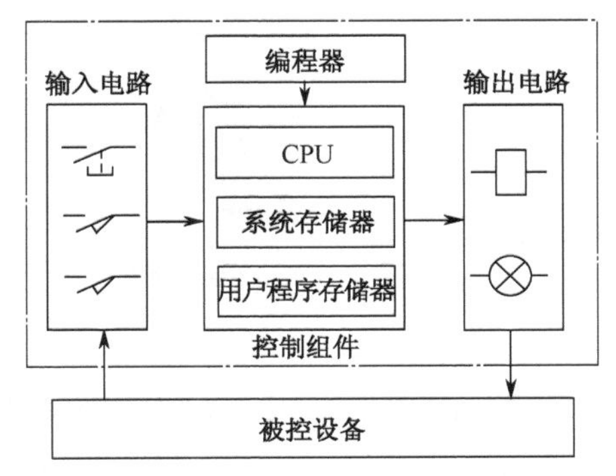

（b）PLC控制系统

图4.49 PLC的基本结构

1．控制组件

PLC的控制组件主要是由CPU和存储器组成的。"CPU"是中央处理器（Central Processing Unit）的英文缩写，它好比人的大脑，是PLC的控制指挥中心，主要完成取进输入信号、对指令进行编译、完成程序指令规定的各种操作、并将操作结果送到输出端等功能。PLC的存储器分为系统程序存储器、用户程序存储器和数据存储器。系统程序存储器用以固化系统管理和监控程序，并对用户程序做编译处理。用户程序存储器用以存放用户编制的控制程序及各种数据和中间结果，在主机停电时由后备电池供电，或采用可随时读写的快闪存储器，使断电后存储的内容不会丢失。数据存储器按输入、输出和内部寄存器、定时器、计数器、数据寄存器等单元的定义序号存储数据或状态。

2．I/O接口

PLC通过I/O接口实现与外围设备的连接。外围设备输入PLC的各种控制信号，如各种主令电器、检测元件输出的开关量或模拟量，通过输入接口转换成PLC的控制组件能够接受和处理的数字信号。而控制组件输出的控制信号，又通过输出接口转换成现场设备所需要的控制信号，一般可直接驱动执行元件（如继电器、接触器、电磁阀、微电机、指示灯等）。PLC对I/O接口的要求主要有两点：一是要有较强的抗干扰能力，二是能够满足现场各种信号的匹配要求。PLC常用的I/O接口有开关量输入、输出接口，用于模拟量与数字信号转换的A/D和D/A转换单元，以及用于PLC与各种智能控制单元（如PID控制单元、温度控制单元、高速计数器单元等）连接的智能I/O接口。

3．编程器

编程器用于用户程序的编制、调试和运行监控。PLC的编程器一般有手编程器、专用编程器和计算机编程三种，前两种现已较少使用，目前多采用计算机编程，将PLC与计算机通过通信口相连接，采用专用的编程软件在计算机上编程并实现各种功能，如图4.50（b）所示。

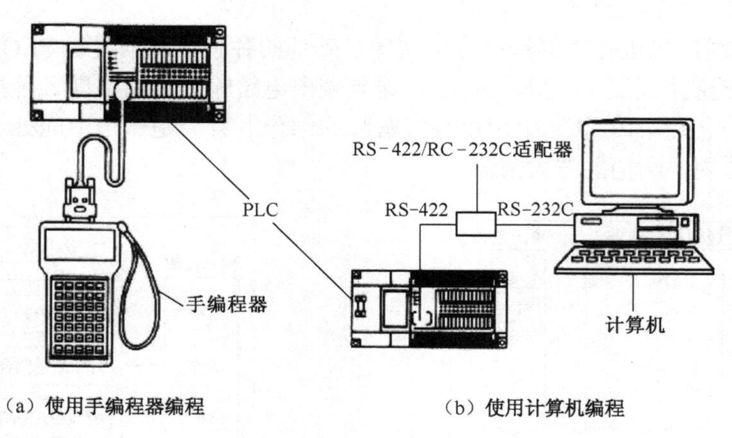

图 4.50　PLC 的编程器

4.6.3　FX2 系列 PLC 的内部寄存器

在 PLC 的内部存储器中，划分有输入、输出和内部寄存器、定时器、计数器、数据寄存器等寄存器区域，每个区域分配有一定数量的寄存器单元并按不同类型的 PLC 进行定义编号。从工业控制器的角度来看 PLC，可以把这些内部寄存器视为功能各异的继电器（即“软继电器”），PLC 就是通过这些软继电器执行指令来实现各种控制功能。下面简单介绍 FX2 系列 PLC 内部寄存器的配置。

表 4.8　FX2 系列 PLC 内部寄存器的配置

寄存器名称		符　号	编　　号	点　数	注　　释
输入继电器		X	000～177（八进制）	128	I/O 点数总共为 256 点
输出继电器		Y	000～177（八进制）	128	
辅助继电器	通用辅助继电器	M	0000～0499	500	可通过参数设置改变其范围
	保持辅助继电器		0500～1023	524	
	特殊辅助继电器		8000～8255	256	
定时器		T	000～245，246～255	256	246 点是基准时间为 10ms、100ms 的通用型定时器，10 点是积算式定时器
计数器		C	000～255	256	200 点为加计数器，35 点为加/减计数器，21 点为高速计数器
状态寄存器		S	000～999	1000	
数据寄存器		D	000～511	512	不含特殊数据寄存器
指针		P	000～063	64	

FX2 系列 PLC 内部寄存器的配置见表 4.8，主要寄存器的基本功能如下。

1．I/O继电器

PLC 的 I/O 继电器分别与 I/O 点相对应。输入继电器用于接收由外部输入的控制信号，输出继电器则用于将 PLC 的输出信号传送以驱动外部负载。由表 4.8 可见，FX2 系列的输入、输出继电器各有 128 点，所以 I/O 点数总共有 256 点，具体某种型号的 I/O 地址号应查阅产品手册。

2．辅助继电器

PLC 内部的辅助继电器的作用与继电器电路中的中间继电器相似。辅助继电器包括通用辅助继电器、保持辅助继电器和特殊辅助继电器三种。

3．定时器和计数器

PLC 内部定时器的作用与继电器电路中的时间继电器相似。定时器的定时时间及计数器的计数次数均由用户在编程时选择或设定。

4．状态寄存器

FX2 系列 PLC 的状态寄存器与步进指令配合使用，用于步进顺序控制。

5．数据寄存器

数据寄存器用于存放各种数据。

4.6.4　PLC 的应用软件—指令系统简介

PLC 的软件包括系统软件和应用软件。系统软件主要是系统的管理程序和用户指令的解释程序，已固化在系统程序存储器中，用户不能够更改。应用软件即用户程序，是由用户根据控制要求，按照 PLC 编程语言自行编制的程序。PLC 通过执行程序可实现许多继电器－接触器控制系统难以实现的复杂地控制功能。

PLC 的编程语言主要是梯形图语言和助记符语言。梯形图语言是从继电器梯形图演变过来的一种图形语言，不仅形象而且逻辑关系清晰直观，容易掌握，是使用最多的 PLC 编程语言。但梯形图语言需要有较大屏幕的显示器（如使用计算机编程）才能输入图形符号，而在生产现场编制、调试程序时，则经常使用手编程器，由于它的显示屏较小，只能显示助记符语言。助记符语言类似于计算机的汇编语言，程序的语句是由操作码和操作数组成的。目前不同生产厂家的 PLC 产品编程语言各异，而同一厂家的产品其助记符语言与梯形图语言相互对应并可以互相转换。

FX2 系列 PLC 的指令系统包括 20 条基本指令、2 条步进指令和 87 条功能指令。下面以本章第 2 节中介绍的三相异步电动机自动星形－三角形降压启动控制电路（图 4.28）改用 PLC 控制为例，简单介绍 PLC 控制系统的基本组成、PLC 两种基本的编程语言，以及 FX2 系列 PLC 的几条常用基本指令。

技能训练

【实训6】　PLC控制器的装配与调试

一、实训目的

通过对一个 PLC 控制系统的装配与调试，初步认识 PLC 控制系统的构成、原理与基本应用方法。

二、相关知识与预习内容

（一）相关知识

FX2N 系列是三菱公司在 20 世纪 90 年代后期推出的产品，为整体式结构的小型 PLC，由基本单元、扩展单元、扩展模块和特殊功能模块四种产品构成，在本任务中只使用基本单元。

图 4.51（a）为 FX2N-32MR 型基本单元结构图，图（b）为 FX2N-64MR 型基本单元面板图，图中所示各部分的名称及用途为（编号与图中标号相对应）:

①DIN 导轨。

②安装孔——在四个角有四个ϕ4.5mm 的安装孔。

③电源、辅助电源和输入端子。

④输入状态指示灯——用 LED 指示各输入端的（通、断）状态。

⑤扩展单元、扩展模块和特殊功能模块接线插座盖板。

⑥输出端子。

⑦输出状态指示灯——用 LED 指示各输出端的（通、断）状态。

⑧DIN 导轨安装杆——用于在 DIN 导轨上装、拆 PLC。

⑨面板盖——内有锂电池连接插座、另选存储器滤波器安装插座和功能扩展板安装插座。

⑩外围设备接线插座盖板——内有 RUN/STOP 开关和编程设备、数据存储单元接线插座。

⑪运行监视指示灯——有五盏运行监视指示灯（LED）：当接通工作电源时，“POWER”灯亮；当程序运行时，“RUN”灯亮；当电池电压下降时，“BATT.V”灯亮；当程序出错时，“PROG-E”灯闪烁；当 CPU 出错时，“CPU-E”灯亮。

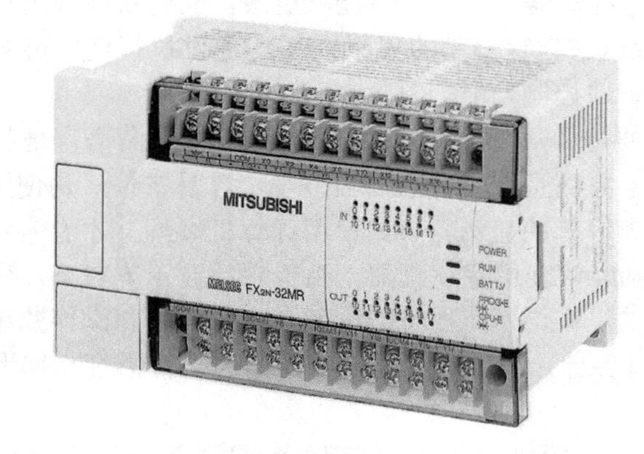

（a）FX2N-32MR型基本单元结构图

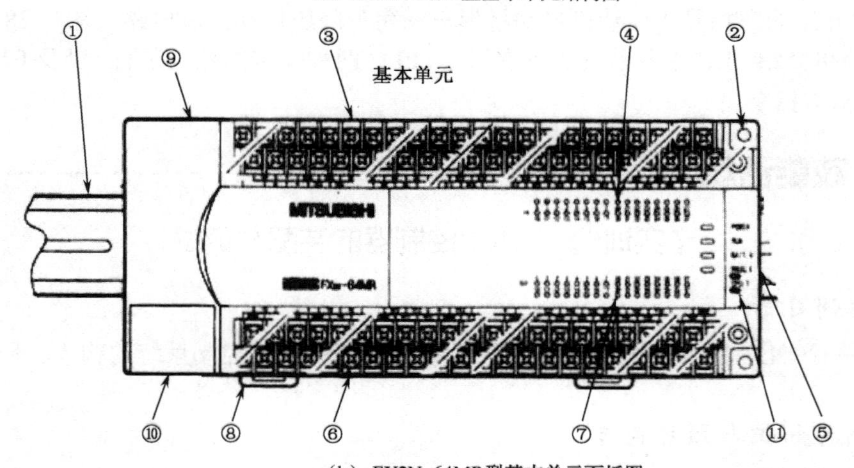

（b）FX2N-64MR型基本单元面板图

图 4.51　FX2N 基本单元结构与面板图

（二）预习内容

预习本章第 6 节有关 PLC 基本结构和软、硬件的相关内容。

三、实训器材

按表 4.9 准备好完成本任务所需的设备、工具和器材。

表 4.9　工具与器材、设备明细表

序号	名　称	符　号	型号/规格	单位	数量
1	三相四线电源		3×380/220V　16A		
2	单相交流电源		220V、36V、6V		
3	三相异步电动机	M	Y112M-4　4kW　380V　8.8A 1440r/min　Δ 接	台	1
4	组合开关	QS	HZ10-25/3　25A	个	1
5	交流接触器	KM1、KM2、KM3	CJ20-16　线圈电压 380V	只	3
6	热继电器	FR	JR16-20　热元件整定电流 9A	只	1
7	熔断器	FU1	RL1-15　500V　15A　配 10A 熔体	只	3
8	熔断器	FU2	RL1-15　500V　15A　配 2A 熔体	只	2
9	按钮开关	SB1、SB2	LA10-2H　500V　5A　按钮数 2	个	1
10	PLC 主机		FX2N-16M	台	1
11	接线端子排		JX2-1015　10A　15 节	条	1
12	木螺钉		ϕ3×20mm	颗	20
13	平垫圈		ϕ4mm	个	20
14	塑料软铜线		BVR-2.5mm^2 颜色自定	米	10
15	塑料软铜线		BVR-1.5mm^2 颜色自定	米	10
16	塑料软铜线		BVR-0.75mm^2 颜色自定	米	3
17	木板		（500×450×20）mm	块	1
18	线槽		TC3025　长 34cm，两边打 3.5mm 孔	条	3
19	异形塑料管		3mm^2	米	0.2
20	万用电表		MF-47	个	1
21	兆欧表		ZC11-8　500V 0～100MΩ	个	1
22	钳形电流表		MG-27　0-250A	个	1
23	电工电子实训通用工具		试电笔、榔头、螺丝刀（一字和十字）、电工刀、电工钳、尖嘴钳、剥线钳、镊子、小刀、小剪刀、活动扳手等	套	1

四、实训内容与步骤

（一）初识 PLC

1．观察 FX2N 系列 PLC 主机的外形与结构，可试装卸一次 DIN 导轨。

2．观察 FX2N 系列 PLC 主机的面板：

①熟悉电源输入端和信号输入端口。

②熟悉电源输出端和信号输出端口。

③熟悉面板上的各个信号指示灯。

④打开面板盖和外围设备接线插座盖板，熟悉各外设接口和 RUN/STOP 开关。

（二）安装 PLC 控制电路

本任务以将图 4.28 的三相异步电动机自动星形—三角形降压启动控制电路改用 PLC 进行

控制为例，学习 PLC 控制器的装配与调试的基本方法与步骤。

1．电路工作过程复习

图 4.28 电路的控制过程在前面已分析过，现简略重述如下：当按下启动按钮 SB2→接触器 KM1、KM3 通电→电动机定子绕组为星形连接启动，与此同时，时间继电器 KT 通电开始延时→延时时间（假设定为 10s）到→KT 切断 KM3 而接通 KM2→电动机定子绕组改为三角形连接而全压运行。

2．确定 PLC 机型和 I/O 端口分配

用 PLC 取代图 4.28 的继电器—接触器控制电路，实现对电动机星—三角降压启动自动控制的电路图如图 4.52 所示。将图 4.52 与图 4.28 相比较可见，两者的主电路是一样的，不同之处在于用 PLC 取代了图 4.28 中的控制电路部分。该电路需要连接到 PLC 的输入、输出端口只有 5 点：两个控制按钮和三个交流接触器。因此可选用型号为 FX2N-16M 的 PLC（有输入、输出端口各 8 点，其地址分别为 X000～X007，Y000～Y007）。I/O 口地址分配见表 4.10。

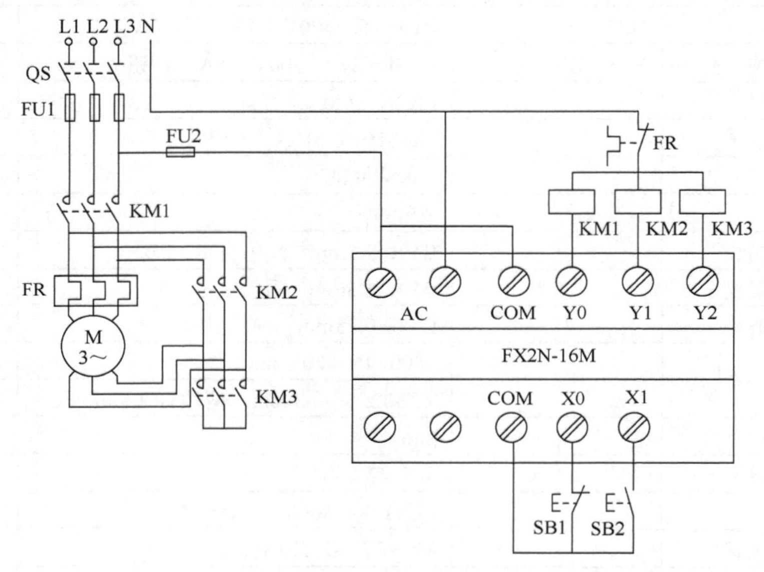

图 4.52　用 PLC 控制三相异步电动机星—三角降压启动电路图

表 4.10　I/O 口分配表

输入点地址	所连接主令电器	输出点地址	所控制负载
X000	停止按钮 SB1	Y000	接触器 KM1
X001	启动按钮 SB2	Y001	接触器 KM2
		Y002	接触器 KM3

3．安装电路

按照图 4.52 电路进行安装和接线。

（三）编制和输入控制程序

1．编制程序

根据控制要求所设计的程序如表 4.11 所示，在表中左边为程序的梯形图，右边为助记符。梯形图按由左至右、由上至下的顺序画出，左边为起始母线，每一逻辑行必须从起始母线开始画起，由左至右先画开关后画输出变量，在梯形图中表示软继电器“开关”的符号只有两种：

用“┤├”表示动合触点，用“┤/├”表示动断触点；而用“—○—”表示该逻辑行的输出。输出变量可以并联但不能串联，在输出变量的右侧也不能画输入开关；最右边为结束母线。

在此应指出的是：PLC 梯形图与继电器电路图虽然相似，两者所表达逻辑关系也基本一样，但在具体表达方式及其内涵则有本质的区别。在继电器电路图中，每个电气符号代表一个实际的电器或电器部件，之间的连线表示各电器间的连接线（即“硬接线”），因此继电器电路图表示的是实际的电路；而 PLC 梯形图表示的是程序，图中的继电器并不是物理继电器，它实质上是 PLC 的内部寄存器，其间的连线表示的是它们之间的逻辑关系，即所谓“软接线”。此外，继电器电路图中的每一个电器的触点是有限的，其使用寿命也是有限的；而 PLC 梯形图中每个符号对应的是一个内部存储单元，其状态可在整个程序中多次反复地读取，因此可认为 PLC 内部的“软继电器”有无数个动合与动断触点供用户编程使用，而且无使用次数的限制，这就给设计控制程序提供了极大方便。

表 4.11 星形一三角形降压启动控制程序

<table>
<tr><th rowspan="2">梯形图</th><th colspan="3">助记符</th></tr>
<tr><th>步序号</th><th>操作码</th><th>操作数</th></tr>
<tr><td rowspan="18"> 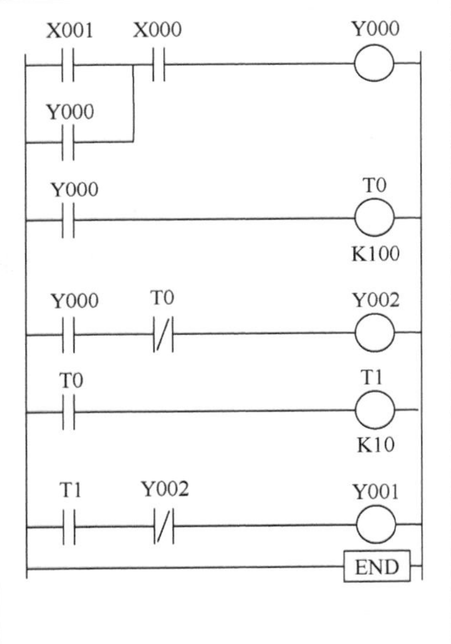X001 X000 Y000
Y000
Y000 T0
K100
Y000 T0 Y002
T0 T1
K10
T1 Y002 Y001
END</td><td>0</td><td>LD</td><td>X001</td></tr>
<tr><td>1</td><td>OR</td><td>Y000</td></tr>
<tr><td>2</td><td>AND</td><td>X000</td></tr>
<tr><td>3</td><td>OUT</td><td>Y000</td></tr>
<tr><td>4</td><td>LD</td><td>Y000</td></tr>
<tr><td>5</td><td>OUT</td><td>T0</td></tr>
<tr><td></td><td></td><td>K100</td></tr>
<tr><td>8</td><td>LD</td><td>Y000</td></tr>
<tr><td>9</td><td>ANI</td><td>T0</td></tr>
<tr><td>10</td><td>OUT</td><td>Y002</td></tr>
<tr><td>11</td><td>LDI</td><td>T0</td></tr>
<tr><td>12</td><td>OUT</td><td>T1</td></tr>
<tr><td></td><td></td><td>K10</td></tr>
<tr><td>15</td><td>LD</td><td>T1</td></tr>
<tr><td>16</td><td>ANI</td><td>Y002</td></tr>
<tr><td>17</td><td>OUT</td><td>Y001</td></tr>
<tr><td>18</td><td>END</td><td></td></tr>
</table>

表 4.11 的程序使用了 FX2 系列 PLC 的几条基本指令：

（1）LD、LDI——初始加载指令

LD 表示初始加载一个动合触点，LDI 表示初始加载一个动断触点。注意必须以 LD 或 LDI 指令开始每一逻辑行或逻辑块的操作。

（2）AND、ANI——与、与非指令

AND 表示逻辑“与”，即串联一个动合触点；ANI 表示逻辑“与非”，即串联一个动断触点。

（3）OR、ORI——或、或非指令

OR 表示逻辑“或”，即并联一个动合触点；ORI 表示逻辑“或非”，即并联一个动断触点。（ORI 指令在该程序中没有使用）。

（4）OUT——输出指令

OUT 指令表示输出逻辑运算的结果。

此外，在程序中用到了两个定时器 T0 和 T1，两个定时器的基准时间均为 0.1s。T0 用于电动机从星形连接启动到三角形连接运行的时间控制，其预置值为 100，即预置延时时间为 0.1×100 = 10s。T1 则用于接触器 KM2 与 KM3 之间动作的延时，其预置延时时间为 1s。这是因为在继电器电路中，时间继电器 KT 动作时是动断触点先断开而动合触点后闭合，而且接触器 KM2 与 KM3 之间也有动断触点互锁，从而保证了 KM2 在 KM3 释放后才吸合。而在梯形图中的“软继电器”没有这些功能，所以程序设计在 Y002 断开后，由定时器 T1 延时 1s 才接通 Y001。

2．输入程序。

【注意】程序的输入与调试可由教师进行操作（演示）。

（四）调试运行

1．先调试程序

（1）PLC 主机的输入端接入两个按钮开关，输出端先断开（先不接三个接触器）。

（2）接通 PLC 电源，将 PLC 的 RUN/STOP 开关拨到“RUN”的位置。

（3）调试程序，用主机输出端的指示灯观察运行效果。

2．试运行

（1）按图 4.52 在 PLC 的输出端接上三个接触器。

（2）操作启动按钮 SB2，观察控制效果，并做运行情况的记录。

在此需要说明的是：如果单纯从经济角度考虑，像图 4.28 这样简单的电路在实用中并不一定要采用 PLC 控制，在本任务中仅作为应用举例。但对于较复杂的控制系统，采用 PLC 控制就更能充分体现出其优点了。

阅读材料

PLC的特点及其发展

1．PLC 的特点

可编程序控制器的特点主要表现在以下五个方面：

一是可靠性高，抗干扰能力强。因为 PLC 是专门为工业控制的用途而设计的，所以可靠性高是 PLC 最主要、最突出的特点。针对工业生产现场环境较恶劣、各种电磁干扰严重、连续工作时间长的特点，PLC 在设计和制造时已采取了一系列的措施提高其抗干扰能力和工作可靠性。

二是 PLC 的功能完善，通用性强。PLC 控制系统功能完善，性能可靠，能够适应各种形式和性质的开关量和模拟量的输入/输出，可以实现各种控制、显示、监控等功能，能够适应工业生产各种类型控制的需要。此外，各主要厂家的 PLC 都已实现了产品的系列化、标准化、通用化，各种模块品种丰富、规格齐全、通用性好、功能强大，用户可以根据需要很方便地进行选用。

三是编程方便，容易掌握使用。这也是 PLC 的主要特点之一。特别是采用以继电器梯形图为基础、用计算机软件技术构成人们习惯的继电器电路模型的梯形图编程语言，与常用的微机语言相比，更形象、直观，更易于为电气技术人员和技术工人所接受。正因为如此，PLC 被称为“蓝领计算机”，梯形图也被称为“面向蓝领的编程语言”。尽管现在 PLC 也可以采用高级语言编制复杂的程序，但梯形图仍被广泛地使用。

四是设计、安装、调试的周期短，修改、维护方便。由于 PLC 用软件功能取代了继电器控制系统中大量的中间继电器、时间继电器、计数器等器件，从而大大减少控制板（柜）设计、安装、接线的工作量。在系统设计完成后，硬件设计安装和软件设计调试可以同时进行，也大大缩短了设计和调试时间。而且 PLC 的控制程序可在线修改。当生产设备更新或生产工艺流程改变时，可在不改变硬设备的情况下改变控制程序，灵活方便，具有很强的“柔性”。

五是 PLC 的体积小，质量轻，功耗低，易于装入机械设备内部，是实现机电一体化的理想控制设备。

2. PLC 的发展趋势与展望

PLC 从诞生至今，其发展大体经历了三个阶段：从 20 世纪 70 年代至 80 年代中期，以单机为主发展硬件技术，为取代传统的继电器—接触器控制系统而设计了各种 PLC 的基本型号。到 20 世纪 80 年代末期，为适应柔性制造系统（FMS）的发展，在提高单机功能的同时，加强了软件的开发，提高了通信能力。20 世纪 90 年代以来，为适应计算机集成制造系统（CIMS）的发展，采用了多 CPU 的 PLC 系统，不断提高运算速度和数据处理能力。随着计算机网络技术的迅速发展，强大的网络通信功能更使 PLC 如虎添翼，随着各种高功能模块和应用软件的开发，加速了 PLC 向电气控制、仪表控制、计算机控制一体化和网络化的方向发展。因此有人认为，还用“PLC”来表述当今的可编程序控制系统已不再合适，因为其中已融入了工业计算机和计算机集散系统的特点，所以应被称为“PCC”（可编程序计算机控制器）。今后，PLC 将主要朝着以下几个方面发展:

（1）大型化、网络化、多功能

今后的 PLC 将具有 DCS（计算机集散控制）系统的功能，网络化和强化通信能力将是 PLC 的一个重要发展趋势。将不断开发出功能更强的 PLC 网络系统，这种多级网络系统的最上层为组织管理级，是由高性能的计算机组成的；中层是协调级，是由 PLC 或计算机组成的；最底层是现场执行级，可由多个 PLC 或远程 I/O 工作站所组成。它们之间采用工业，以太网、MAP 网和工业现场总线相连构成一个多级分布式 PLC。这种多级分布式 PLC 控制系统除了控制功能之外，还可以实现在线优化、生产过程的实时调度、产品计划、统计管理等功能，是检测、控制与管理一体化的多功能综合系统。

（2）小型化、高性能、低成本、简易实用

小型化是与大型化并行的一个发展方向。今后的 PLC 将会体积更小、速度更快、功能更强、价格更低，各种小型、超小型和微型的 PLC 将有更灵活的组合特性，能与其他机型或各种功能模块连用。能够适应各种特殊功能需要的各种智能模块也将不断出现。

（3）更高的可靠性

一些特定的环境和条件将要求自动控制系统有更高的可靠性，因而自诊断技术、冗余技术、容错技术在 PLC 中将得到广泛应用。

（4）与智能控制系统更进一步地相互渗透和结合

今后的 PLC 控制系统将会更进一步地与其他智能控制系统相互结合。PLC 将会采用速度更快、功能更强的 CPU 和容量更大的存储器，使之能更充分地利用计算机的软件资源。PLC 与工业控制计算机、集散控制系统、嵌入式计算机等系统的相互渗透与结合，将进一步拓宽 PLC 的应用领域和空间。

（5）编程语言高级化

除现有的编程语言外，还可以用计算机高级语言编程，进一步改善软件的开发环境和提高开发效率。国际电工委员会（IEC）在 1999 年制定了适合于 PLC 编程的工业自动化标准编程语言 IEC61131-3。与传统的编程语言相比较，IEC61131-3 的突出优点是：具有更好的开放性、兼容性和可移植性，其应用系统能最大限度地运行来自不同厂家的 PLC。今后如果各厂家生产的 PLC 都配置了 IEC61131-3 编程软件，工程技术人员就能同时对多家厂商生产的 PLC 进行编程设计了。

（6）实现软、硬件的标准化，使之有更好的兼容性

长期以来，PLC 走的是专门化的道路，使其在取得重大成功的同时也带来了诸多不便，例如：各厂商生产的 PLC 都已具有通信联网的能力，但是各个厂商的 PLC 之间至今还无法联网通信。因此，今后在保证产品质量的同时，各 PLC 生产厂家将进一步提高国际标准化的程度和水平，使各厂商的产品能够相互兼容。为推进这一进程，一些国际性的组织（如 IEC）正在为 PLC 的发展制定出新的国际标准。

本章小结

● 电动机是将电能转换成机械能的旋转电气设备。使用最普遍的电动机是三相和单相交流异步电动机、直流电动机。

● 在对称的三相定子绕组里通入对称的三相交流电流，将产生一个沿定子内圆周旋转的旋转磁场。旋转磁场是交流电动机旋转的动力源。

● 旋转磁场的转速和转向是决定异步电动机运行的重要因素，因为异步电动机的转速接近于旋转磁场的转速，而转向与旋转磁场的转向相一致。

● 异步电动机的转速随着转矩变化的关系称为异步电动机的机械特性，机械特性是描述异步电动机启动与运行的基本特性。

● 三相异步电动机的启动方法分为直接启动和降压启动，常用的降压启动方法有定子绕组串电阻（电抗）降压启动和星形－三角形降压启动控制。常用的调速方法有变极、变频和变压调速。

● 三相异步电动机的基本控制电路是由若干基本的控制和保护环节组成的，包括自锁、互锁、正反转控制、时间控制和行程位置控制，短路、过载、失压、欠压、限位等保护作用。

● 设备的电气图主要有电气原理图、安装图和互连图三种。在掌握电动机控制电路基本环节的基础上，应注意掌握阅读电气图纸（主要是电气原理图）的方法，培养阅读和分析电路图的能力。

● 单相异步电动机包括电阻启动式、电容启动式、电容运转式、电容启动运转式和罩极式电动机。使用最多的是电容运转式电动机。

● 直流电动机按励磁方式分为他励、并励、串励和复励四种，使用最多的是并励和串励电动机。与交流电动机相比较，直流电动机具有较大的启动转矩和更好的调速性能。

● 可编程控制器（PLC）是一种应用广泛的工业控制计算机，它采用计算机的硬件结构和面向用户的梯形图编程语言，因而更易于与工业控制系统连成一个整体，更易于改变和扩充控制功能。可以说，PLC 的优点集中体现在它的“可”字上面：对软件而言，其程序可编也易编；对硬件而言，其配置可变也易变。正由于 PLC 有很强的适应性和很高的可靠性，所以在工业控制中得到广泛地应用。

习题 4

4.1　填空题

1. 三相六极异步电动机，当负载由空载增至满载时，其转差率由 0.5%增至 4%，则转速由______r/min 降至______r/min（电源频率均为 50Hz，下同）。

2. 根据三相异步电动机的工作原理，只要____________________________________就可以实现电动机的正反转。

3. 额定转速为 1470r/min 的三相异步电动机，其额定转差率为____%，这是一台____极的电动机。

4. 三相异步电动机在启动时转差率 $S=$_____，空载运行时 S______，额定运行时 S______，反接制动（转子的转向与旋转磁场的转向相反）时 S_____，再生发电制动（转子的转速高于旋转磁场的转速）时 S_____。

5. 三相异步电动机的三种调速方法是：调节_________调速、调节___________调速和调节_____________调速。

6. “电器”是指______________________________的电气设备，而“低压电器”是指其工作电压在交流_______V 或直流_______V 以下的电器。

7. 根据其动作原理的不同，电器可分为________电器和________电器；而根据其功能的不同，又可以分为________电器和________电器。

8. 交流接触器从结构上可分为________、________和________三大部分。

9. 接触器的触点又分为主触点和辅助触点。主触点一般为三极________触点，主要用于_________________。辅助触点有_______和_______触点，主要用于_________________。

10. 在图 4.20 电路中，起短路保护作用的电器是_________，起过载保护作用的电器是________，起失压保护作用的电器是________，起欠压保护作用的电器是________。

11. 选用热继电器时应根据电动机的________电流来选择热元件，并用调节旋钮将其整定在电动机________电流的____________倍之间。

12. 在图 4.23（c）图电路中采用了____________触点和____________触点实现了“双重互锁”。

13. 三相异步电动机在_____________________的情况下允许直接启动，一般____kW 以下的电动机允许直接启动。

14. 笼型三相异步电动机常用的降压启动方法有：___________降压启动、___________降压启动和___________降压启动。如果是绕线转子三相异步电动机，则可以采用___________的方法来降压启动。

15. 采用星形—三角形降压启动的三相异步电动机在启动时，定子相电压为额定电压的_______，启动电流和启动转矩均为全压启动时的_______。

16. 请画出时间继电器触点的图形符号：

①通电延时型时间继电器的动合触点：_______。

②通电延时型时间继电器的动断触点：_______。

③断电延时型时间继电器的动合触点：_______。

17. 请画出这些电器的动断触点的图形符号：

①行程开关的动断触点：_______。

②热继电器的动断触点：________。

③断电延时型时间继电器的动断触点：________。

18. 请画出这些电器的动合触点的图形符号：

①按钮开关的动合触点：________。

②接触器的动合触点：________。

③行程开关的动合触点：________。

19. 设备的电气图纸主要有__________图、__________图和________________图三种。

20. 在 CA6140 型车床电气控制电路（图 4.47）中，熔断器 FU 用做____________保护，FU1 用做____________保护，FU2 用做____________保护，FU3 用做____________保护。

21. PLC 的硬件基本结构主要由____________、____________和____________三大部分组成。

22. PLC 的编程语言主要是______语言和______语言。

4.2 选择题

1. 在电源电压不变的情况下，若在允许的范围内增加三相异步电动机的负载转矩，则电动机的转速将____，电磁转矩将____，定子线电流将____。

A. 增大　　B. 减小　　C. 不变

2. 当电网电压下降时，三相异步电动机的最大电磁转矩将____；而适当增加转子电路电阻时，最大电磁转矩将____，启动转矩将____。

A. 增大　　B. 减小　　C. 不变

3. 三相异步电动机的额定功率是指____。

A. 电动机在额定状态下运行时输出的机械功率　　B. 电动机从电网吸收的有功功率

C. 电动机的视在功率

4. 三相异步电动机的转向是由________决定的。

A. 交流电源的频率　　B. 旋转磁场的转向　　C. 转差率的大小

5. 三相异步电动机的转速在________时最高。

A. 空载　　B. 额定负载　　C. 超载

6. 三相异步电动机的电磁转矩在________达到最大值。

A. 启动时　　B. 启动后某时刻　　C. 达到额定转速时

7. ____式直流电动机的机械特性最“硬”。

A. 他励　　B. 串励　　C. 复励

8. CJ20-63 型交流接触器，其型号中的“63”是指________的额定电流为 63A。

A. 主触点　　B. 辅助触点　　C. 电磁线圈

9. JR16-20/3D 型热继电器，其型号中的“20”是指________的额定电流为 20A。

A. 热继电器　　B. 热继电器的动断触点　　C. 热继电器的热元件

10. 熔断器主要用做____保护，热继电器主要用做____保护。

A. 欠压　　B. 短路　　C. 过载

11. 交流接触器主要用做____，中间继电器主要用做____。

A. 控制大容量的三相交流负载

B. 扩展电路的触点数量，传递控制信号

C. 发出控制指令，接通和分断控制电路

12. 在图4.23的(a)、(b)、(c)三个控制电路中，如果同时按下两个启动按钮SB2和SB3，在正常情况下会出现的现象分别是：(a)图：________；(b)图：________；(c)图：________。

A. 电动机启动运行，但运转方向不确定

B. 电源短路，电动机不能启动运行

C. 电源不会短路，但电动机也不能启动

13. 在图4.23中的图(b)电路，如果将KM1、KM2的互锁动断触点调换接错了，当按下启动按钮SB2或SB3时，在正常情况下会出现的现象是________。

A. 电动机启动运行，但运转方向不确定

B. 电源短路，电动机不能启动运行

C. 电源不会短路，但电动机也不能启动

14. 在图4.23中的图(c)电路，如果将SB2、SB3的互锁动断触点调换接错了，当按下启动按钮SB2或SB3时，在正常情况下会出现的现象是________。

A. 电动机启动运行，但运转方向不确定

B. 电源短路，电动机不能启动运行

C. 电源不会短路，但电动机也不能启动

15. 在图4.26电路中，起行程位置控制作用的是________，起限位保护作用的是________。

A. SB1、SB2　　B. SQ1、SQ2　　C. SQ3、SQ4

16. 星形-三角形降压启动适合于________。

A. 正常运行时定子绕组为星形连接的三相异步电动机空载或轻载启动

B. 正常运行时定子绕组为三角形连接的三相异步电动机空载或轻载启动

C. 正常运行时定子绕组为星形连接的三相异步电动机重载启动

17. 笼型三相异步电动机采用调节定子电压的方法调速属于_____。

A. 变极调速　　B. 变转差率调速　　C. 变频调速

18. 绕线转子三相异步电动机采用调节转子电阻的方法调速属于_____。

A. 变极调速　　B. 变转差率调速　　C. 变频调速

19. 使用多速电动机调速的方法属于_____。

A. 变极调速　　B. 变转差率调速　　C. 变频调速

20. 在三相异步电动机的三种调速方法中，最简单易行的应属_____，调速性能最好的应属_____。

A. 变极调速　　B. 变转差率调速　　C. 变频调速

4.3　判断题

1. 旋转磁场的同步转速与外加电压的大小有关，而与电源频率无关。(　)

2. 旋转磁场转向的变化并不影响交流电动机转子的旋转方向。(　)

3. 从工作原理上讲，如果把三相异步电动机的定子与转子的结构相互对调，电动机也有电磁转矩产生。(　)

4. 异步电动机的转差率越高，转速就越低。(　)

5. 当异步电动机的转速等于同步转速时，电动机所产生的电磁转矩最大。(　)

6. 当交流电源频率一定时，交流电动机的磁极对数越多，旋转磁场的转速就越低。(　)

7. 因为三相异步电动机的启动电流可达额定电流的5～7倍，所以在电动机启动时，按1.5～2.5倍额定电流选定的熔断器熔体会因过流而熔断，从而造成电动机无法启动。(　)

8. 只要电路中有热继电器作保护，就不需要熔断器来保护。(　)

9. 熔断器不宜作电动机的过载保护。(　)

10. 热继电器不能用做短路保护。(　)

11. 在电动机控制电路中既然装有热继电器就不需要装熔断器了。(　)

12. 一种型号的热继电器只配有一种规格的热元件。(　)

13. 图 4.20 电路具有过载、失压和欠压保护功能。(　)

14. 三相异步电动机在变极调速时，若电动机旋转磁场的磁极对数增加一倍，同步转速也增加一倍，电动机转子的转速也随之增加一倍。(　)

15. 三相异步电动机在变极调速时，若电动机旋转磁场的磁极对数增加一倍时，同步转速就下降一半，电动机转子的转速也正好下降一半。(　)

16. 变极调速是平滑的无极调速。(　)

17. 所有的笼型三相异步电动机都可以采用变极调速。(　)

18. 单相电容运行异步电动机，其主绕组和副绕组中的电流是同相位的。(　)

19. 同时改变主绕组和副绕组的电流方向，可以使单相异步电动机反转。(　)

20. 改变定子绕组的接法就可以改变罩极式电动机的转向。(　)

21. PLC 内部的“软继电器”有无数个动合与动断触点供用户编程使用，而且无使用次数的限制。(　)

4.4 简答题与思考题

1. 三相定子绕组通入三相交流电流，为什么能产生三相旋转磁场？

2. 三相异步电动机的笼型转子既无磁性又无通电，为什么在旋转磁场中能产生转矩而转动起来？为什么在转动时达不到同步转速？如果电动机的转速达到或超过同步转速会怎么样？

3. 三相异步电动机负载运行后为什么随着负载的增加转速将下降，而定子电流将增大？

4. 为什么三相异步电动机启动时启动电流达额定电流的 4～7 倍，而启动转矩一般最大也只有额定转矩的 2.2 倍？

5. 如果将一台 28kW、1420r/min 的三相异步电动机换成一台 14kW、1420r/min 的同类型电动机也能正常工作，有人说这样节省了一半功率，你说对吗？为什么？

6. 假若有两台额定功率相同的三相异步电动机，一台为两极，另一台为六极，问哪一台额定转速高？哪一台额定转矩大？为什么？

7. 一台三相异步电动机的启动转矩是额定转矩的 1.5 倍，当负载为额定值的 60%时，若采用星形—三角形降压启动法，问电动机能否启动？为什么？

8. 什么是低压电器？低压电器按其动作原理可分为哪两大类？按其功能又可分为哪两大类？试各举一例说明之。

9. 刀开关的主要用途是什么？常用的刀开关有哪几种？各有什么特点？

10. 接触器的主要用途和原理是什么？

11. 异步电动机的启动电流较大，在电动机启动时，熔断器会不会熔断？热继电器会不会动作？为什么？

12. 按钮开关、行程开关和刀开关都是开关，它们的作用有什么不同？可否用按钮开关直接控制三相异步电动机？

13. 低压断路器能实现哪几种保护？

14. 熔断器的作用是什么？电动机控制电路常用的熔断器有哪几种？各有什么特点？

15. 既然在电动机的主电路中装有熔断器，为什么还要装热继电器？它们的作用有什么不同？装有热继电器可不可以不装熔断器？为什么？

16. 什么是电气原理图？电气原理图的构成规则是什么？在阅读电气原理图时应注意哪几点？

17. 在三相异步电动机控制电路图中，什么是主电路？什么是控制电路？两者有什么区别？

18. 什么叫“自锁”功能？在图 4.20 电路中，如果没有 KM 的自锁触点会怎么样？如果自锁触点因熔焊而不能断开又会怎么样？

19. 什么叫做“失压保护”？失压保护与欠压保护有什么不同？

20. 三相异步电动机的主电路中如何实现电动机的反转？图 4.23 所示的三个控制电路各有什么特点？试分析在这三个控制电路中，如果同时按下正、反转启动按钮，分别会出现什么情况？

21. 何谓互锁？在控制电路中互锁起什么作用？何谓电气控制中的电气互锁和机械互锁？

22. 时间继电器的主要用途是什么？如何从时间继电器的图形符号上区分是通电延时类型还是断电延时类型？

23. 转子串电阻降压启动适用于哪种类型的电动机？星形—三角形降压启动又适用于哪种类型的电动机？

24. 试用流程图叙述图 4.26 电路控制机床工作台往复运动的工作过程。

25. 如图 4.26 所示自动往复控制电路，如果其中一个行程开关 SQ2 损坏，其触点都不能动作，会出现什么问题？应如何处理？

26. 图 4.26 电路中的 SQ3、SQ4 两个行程开关的作用是什么？如果这两个行程开关的触点接反了，会出现什么问题？

27. 三相异步电动机启动的主要问题是什么？对三相异步电动机启动的基本要求是什么？

28. 笼型三相异步电动机有哪些主要的降压启动方法？各有什么特点？适用于什么场合？

29. 三相异步电动机的三种调速方法各有什么特点？各适用于什么场合？

30. 分别单独画出图 4.30 电路中电动机低速运行（KM1 动作，KM2、KM3 不动作）与高速运行（KM2、KM3 动作，KM1 不动作）的等效电路（主电路）。

31. 你能否将图 4.30 电路改变成使用时间继电器延时自动控制的电路？

32. CA6140 型普通车床控制电路中（图 4.47），由行程开关 SQ1、SQ2 组成的断电保护环节是如何实现保护的？

33. CA6140 型普通车床的刀架快速移动电动机 M3 不需要用热继电器进行过载保护，其原因是什么？

34. 在图 4.48 所示的 YC80 型皮革冲裁机电气控制电路中，按钮开关 SB3、SB4 和 SB5、SB6 的作用是什么？为什么要将 SB3 和 SB4 安装在两个不同的地方？

35. 单相异步电动机与三相异步电动机的反转原理与方法有什么不同？

36. 如何区分时间继电器的延时类型？

37. 你有没有注意到还有什么采用时间控制的日用电器？

38. 与传统的继电器—接触器控制系统比较，PLC 控制系统有什么主要的优点？

4.5 分析题与设计题

1. 试分析图 4.53 中各控制电路有何不当之处。

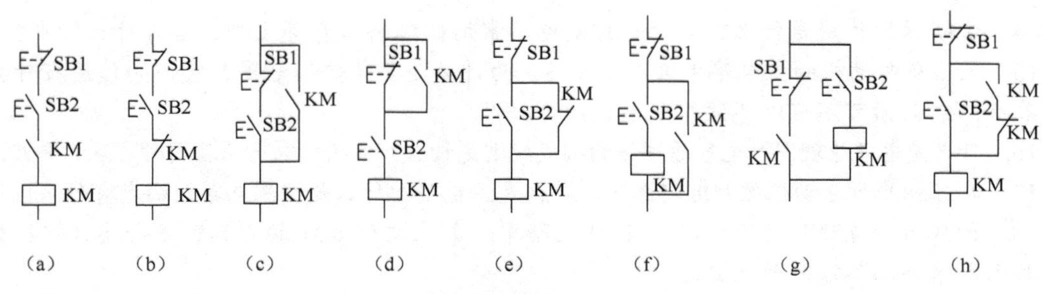

图 4.53　习题 4.5 第 1 题图

2. 某车床有两台三相异步电动机，一台为主电动机，要求能够正反转控制；另一台为冷却泵电动机，只要求正转，并在主电机运行时才能启动运行。试画出其电气控制电路图。

3. 有两台三相异步电动机 M1 和 M2，要求：（1）M1 先启动，M1 启动 20s 后，M2 才能启动；（2）若 M2 启动，M1 立即停机。试画出其控制电路图。

4. 试画出用两个启动按钮和两个停机按钮在两个不同地点对同一台三相异步电动机进行“启动”、“停机”控制的电路。

5. 某台生产机械有 M1、M2 两台笼型异步电动机，要求按下启动按钮 SB2 时，M1 直接启动，M2 定子串电阻自动启动（使用时间继电器延时）。试画出其电路图。

阅读材料

磁悬浮列车——直线电动机的应用

1. 直线电动机

在本章所介绍的电动机都是做圆周旋转运动的。蒸汽机的往复运动唤起了人们早期对电动机的设想，但是直到 20 世纪中期，做圆周运动的电动机要经过许多复杂的传动机构才能驱动那些做简单直线运动的机械（如牛头刨床）。从 20 世纪 50 年代开始研制的直线电动机，实现了将电能转换成直线运动动力的设想。直线电动机也可分为直线直流电动机、直线异步电动机、直线同步电动机和直线步进电动机等几种，目前应用较多的是直线异步电动机。

从交流异步电动机的原理我们知道旋转磁场是使电动机转动的动力。如果把一台普通的旋转型异步电动机沿径向剖开并将定子、转子圆周展开成直线，（从原理上）就成为一台直线异步电动机，或者可以把直线异步电动机看成是一台定子直径很大的三相异步电动机。由定子转变而来的一边称为初级，由转子转变而来的另一边称为次级（或称为“滑子”），它是直线电动机中做直线运动的部件。

在向直线异步电动机初级三相绕组中通入三相交流电流后，也将产生一个气隙磁场，而且磁场的分布情况与旋转电动机相似，沿直线方向呈正弦分布且做直线移动，称为“行波磁场”。该行波磁场在移动时将切割滑子导体，从而产生电磁力使滑子沿行波磁场移动的方向做直线运动。这就是直线电动机运行的基本原理。

2. 磁悬浮列车

在铁路出现一百多年来，由车轮在钢轨上滚动使列车前进的传统方式，运行速度已达到每小时三百多公里的纪录（法国用电力机车牵引的铁路客车创下了 306km/h 的最高纪录），速度再进一步提高已相当困难。而磁悬浮列车采用电磁力将列车浮起，取消了车轮，用直线电动机驱动列车前进。由于不存在车轮与钢轨之间的滚动摩擦阻力，故列车的速度最高已达517km/h，而且运行平稳、能耗低，具有很强的爬长陡坡道的能力，有极大的发展前途。

磁悬浮列车目前比较成熟的技术有两种，一种是日本的超导电动式，一种是德国的常导吸引式。常导吸引式列车采用安装在车上的常导电磁铁和地面上沿线铺设的导轨进行磁悬浮、导向控制及驱动，如图4.54所示，磁悬浮气隙约1cm，驱动部分采用长定子直线同步电动机。车上的常导电磁铁既作悬浮电磁铁用，又作为同步电动机的励磁转子。作为列车驱动动力的同步直线电动机的三相定子绕组安装在导轨两侧，这两部分定子在电路上为串联连接。三相定子绕组也由绝缘导线构成，并预先成形。定子铁芯由硅钢片叠成，铁芯被加固在导轨下部。

继上海浦东机场的磁悬浮列车线之后，我国的第二条磁悬浮列车线——上海一杭州磁悬浮列车线即将投入建设，据报道该线路全长175km，列车的正常运行速度为450km/h。

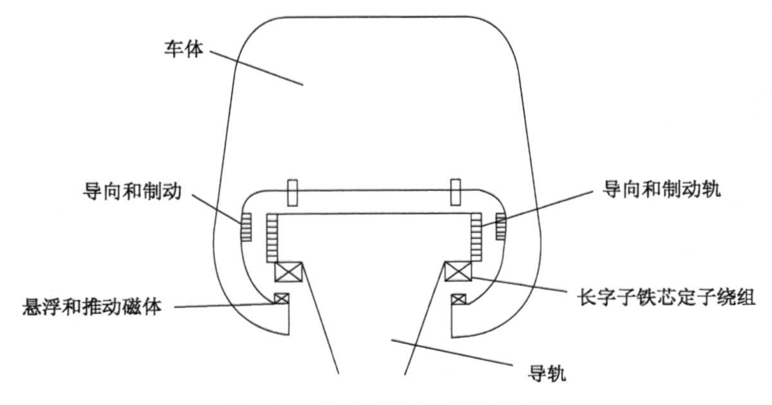

图4.54 高速磁悬浮列车截面图

第 5 章　电器及用电技术

学习目标

本章介绍常用的电器及其用电技术，主要包括：

- 电-光、电-热转换电器和常用的日用电器。
- 安全用电和节约用电。

通过学习本章，应能理解所介绍的电器的基本原理和使用方法，能够了解安全用电和节约用电的常识，并且掌握触电救护的基本方法。

5.1　电光转换电器

在第 3 章第 1 节曾介绍：电能之所以成为当今人类社会所利用的最主要的能源，其主要原因之一就是电能容易转换成其他形式的能源而便于人们利用。将电能转换成其他形式的能源需要通过各种电器来实现，最主要的有：电能-机械能、电能-光能、电能-热能，以及电能-化学能的转换。至于实现电能与机械能转换的各种电动机，我们已在第 4 章中介绍了。实现电能与化学能转换的，主要是各种电化学电池，还有电镀和电解；各种电池我们也在第 1 章的阅读材料中简单介绍了。在本节和下一节，将简单介绍几种主要的电能-光能、电能-热能转换电器。

电光转换电器最主要、最普遍的是各种电光源。转换成光能至今是人类使用电能的主要用途之一，各种电光源取代了过去的煤油灯和蜡烛，为我们驱走了长夜的黑暗，使我们能够在各种的时间和场合工作。目前常用电光源可分为热辐射光源和气体放电光源两大类，如表 5.1 所示。

表 5.1　常用电光源的适用场合

类　别	名　称	适 用 场 合
热辐射光源	钨丝白炽灯	照度要求较低，开关次数频繁的场合
	卤钨灯	照度要求较高，悬挂高度在 6m 以上
气体放电光源	日光灯	照度要求较高，开关次数不频繁的室内
	高压汞灯	悬挂高度在 5m 以上的大面积室内外照明
	高压钠灯、低压钠灯	悬挂高度在 6m 以上的道路、广场照明
	氙灯	要正确辨色的工业生产场所及广场、车站、码头等大面积照明
	金属卤化物灯	悬挂高度在 6m 以上的大面积照明

5.1.1　热辐射光源

热辐射光源结构简单，所需附件较少，价格便宜，缺点是电源波动对其寿命和发光效率影响很大。热幅射光源主要有白炽灯和卤钨灯（包括碘钨灯和溴钨灯）。

1．白炽灯

世界上第一个碳丝白炽灯是爱迪生在 1879 年发明的。现在使用的白炽灯的灯丝是由钨丝制成的，绕成单螺旋或双螺旋状，通过电流灯丝被加热达 3600℃左右的白炽状态而发光。为了在这样高的温度下灯丝不氧化或蒸发，一般将玻璃泡抽成真空，然后充入惰性气体。

常用的白炽灯有插口和螺口两种，如图 5.1 所示。使用时应注意将相线接到螺口灯泡顶部的电极上，并选用与电源电压相符的白炽灯。

白炽灯原来是使用最普遍的电光源，但现在已逐渐被更为节能的节能灯所取代（在相同的照明效果下，白炽灯所消耗的电能是节能灯的 5～7 倍）。

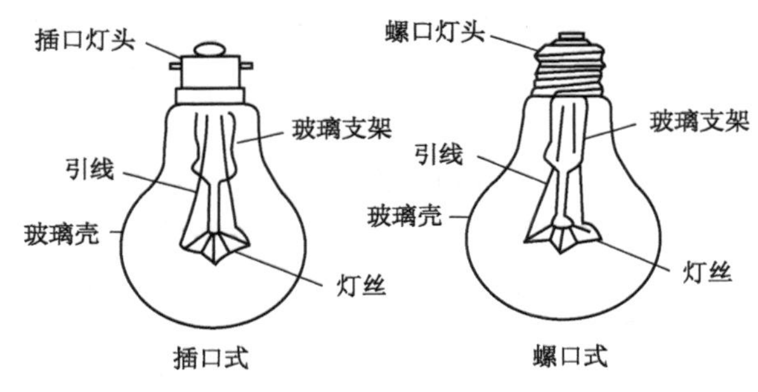

图 5.1　白炽灯

2．卤钨灯

卤钨灯（见图 5.2）的发光原理与白炽灯相同。在耐高温的石英管内充入含有少量卤族元素或卤化物（如碘化物或溴化物）的气体，以防止钨蒸发沉积在灯管壁上影响发光。卤钨灯在安装时须保持水平（倾角不得大于 4°），否则容易将灯管烧坏。

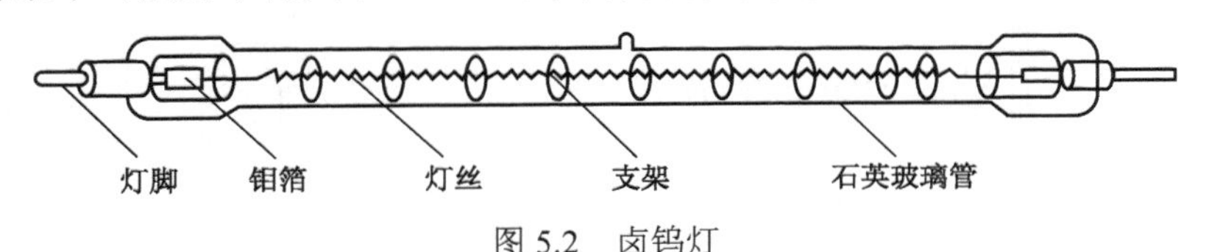

图 5.2　卤钨灯

5.1.2　三基色节能日光灯

三基色节能日光灯的发光效率可比普通日光灯提高 30%左右，是白炽灯的 5～7 倍，也就是说一只 7W 的三基色节能日光灯发出的光通量与一只 40W 白炽灯的相当。而且光色柔和、显色性好、体积小、造型别致，其外形有直管形、单 U 形、双 U 形、环形、2D 形、H 形等。H 形三基色节能日光灯是由两根平等排列且顶部相通的玻璃灯管和灯头组成的，如图 5.3 所示。应采用专用灯座，拆装时应捏住灯头的铝壳部分平等地手稿或拔出，不要捏住玻璃灯管摇动和推拉，以免灯管与灯头松脱。

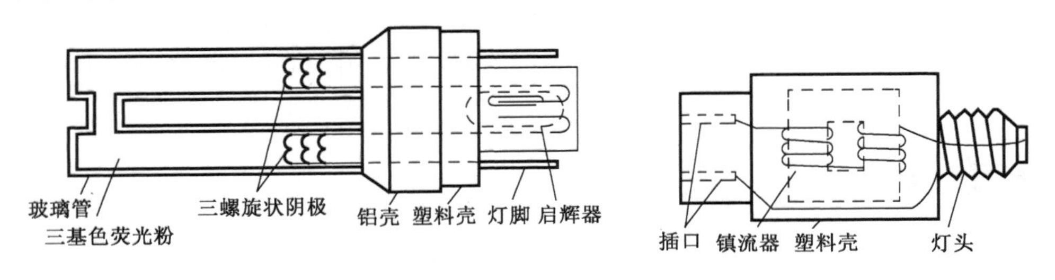

（a）灯管结构示意图　　（b）灯头结构示意图

图 5.3　三基色节能日光灯

5.1.3 气体放电光源

气体放电光源是利用气体放电辐射发光的原理，相对于热辐射而言，气体放电发光效率较高，寿命长，受电源电压波动的影响较小；缺点是控制电路较复杂，附件多，价格相对较高。

1．日光灯

对日光灯的介绍可见实训2。与白炽灯相比较，日光灯发光效率高（比白炽灯高5倍）且寿命长，缺点是功率因数较低，还存在频闪效应（即灯光随电流的周期性变化而频繁闪烁），容易使人产生错觉。一般在有旋转机械的车间尽量少用日光灯，如果要用就要设法消除频闪效应，方法是在一个灯具内装有两支或三支日光灯，每根灯管分别接到不同的相线上。

2．高压汞灯

高压汞灯也称为高压水银灯，其原理与荧光灯相同，结构如图5.4所示。

高压汞灯在工作时第一主电极与辅助电极间先行放电，使内层石英放电管内汞汽化，而后第一、第二主电极之间弧光放电，辐射大量紫外线，致使外层玻璃泡内壁上的荧光粉受激发发出可见光。因为石英放电管内部气压在电极放电后可达2～6个大气压，所以被称为高压汞灯。高压汞灯发光效率高，功率较大，所以适用于大面积的室外（如广场）照明。缺点是启动时间较长。

3．高压钠灯和其他气体放电光源

高压钠灯的结构与高压汞灯基本相同，如图5.5所示。高压钠灯利用高气压的钠蒸汽放电发光，其发光效率比高压汞灯还高一倍，但启动的时间也较长。

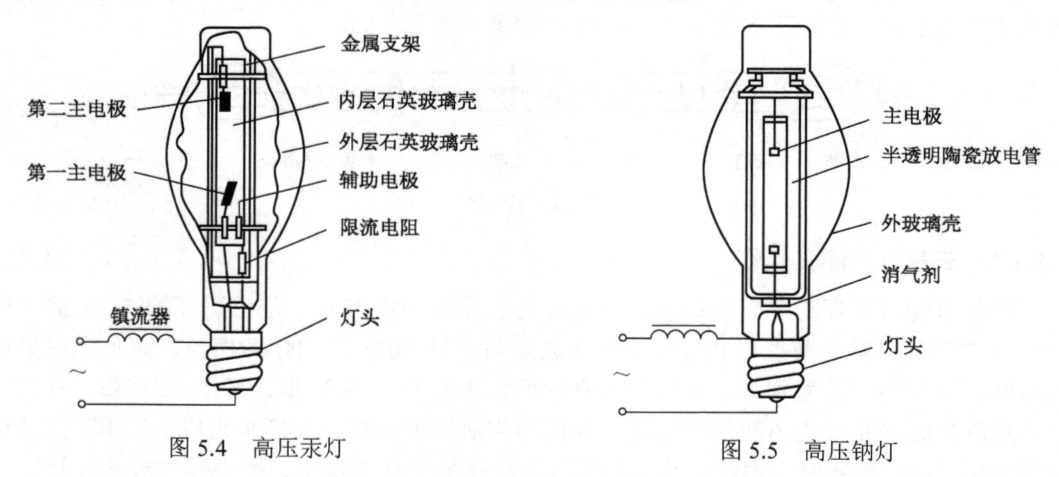

图5.4 高压汞灯　　图5.5 高压钠灯

金属卤化物灯是在高压汞灯的基础上为改善光色而研制的一种新型电光源。氙灯是一种充有高压氙气的大功率（可达100kW）的气体放电灯，俗称人造“小太阳”。此外，还有各种用于特殊用途的气体放电光源，如用于广告和装饰的霓虹灯，用于消毒的紫外线灯和作为热源的红外线灯等。

LED灯

LED灯（图5.6）的主要发光器件是LED发光二极管，这是一种能够将电能直接转化为光能的半导体器件（可见第六章）。LED可以用于各种仪器仪表的指示光源及各种信息的大面积显示屏幕。由于 LED 具有使用寿命长、照明效率高和节能等优点（在相同光效下比白炽灯节约电能 80%），现在各种光色的 LED 在各种照明场合（如建筑物的照明、装饰照明）及交通信号灯等，正得到越来越普遍地推广使用。

图 5.6 LED 照明灯头

5.2 电热转换电器

按照电能转换为热能的形式，可分为电阻加热、电弧加热、微波加热、远红外加热和感应加热五种类型，现将每一种类型都选取一两种较常见和较有代表性的电器予以介绍。

5.2.1 电阻加热电器

电阻加热是将电能转换为热能的主要形式。

1．电烙铁

电烙铁是电子线路焊接的主要工具，属于电阻加热电器。对电烙铁的介绍可见实训 7。

2．电饭锅

许多电热类的日用电器都是采用电阻加热的形式。如图 5.7 所示的电饭锅，其中一种比较简单的控制电路如图（b）所示，其工作原理如下：电路中有两个温控开关：S1 为磁钢限温器开关，其控制温度为 103℃±2℃；S2 为双金属片恒温器开关（动断触点），控制温度为 70℃±5℃。当插上电源插头后，同时按下 S1 的按钮使 S1 闭合，加热板通电发热，锅内的温度上升。当上升到 70℃时，S2 断开，但由于 S1 仍然闭合，所以锅内温度继续上升直至锅内的水沸腾开始煮饭。在煮饭过程中，只要锅内有一定的水，温度就不会超过 100℃；当锅内的水煮干后，温度超过 100℃，S1 断开，切断加热板电源，煮饭过程结束。当锅内温度低于 70℃时，S2 又闭合，接通加热板；当超过 70℃时 S2 又断开，如此反复以实现保温的作用。

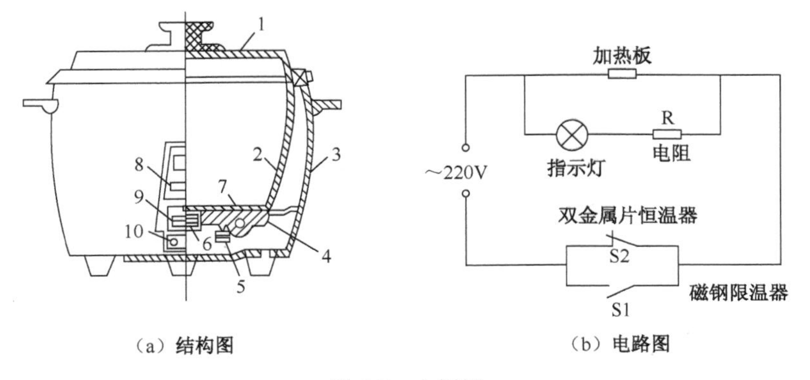

（a）结构图　（b）电路图

图 5.7 电饭锅

5.2.2 电弧加热电器

电弧加热是利用电极与电极（或电极与工件）之间产生放电，使空气电离形成电弧发出高温来加热物体。在日用电器中的电子点火器和生产中常用的电弧焊机均属于此类电器。电弧焊机是利用电弧为焊接热源，来熔化焊条、金属和母材而形成焊缝的焊接设备，主要有交流弧焊机、直流弧焊机和电子控制式弧焊机三类，下面作简单介绍：

1．交流弧焊机

交流弧焊机实际上是一台结构特殊的降压变压器，已在第 3 章作了介绍，这里不再重复。

2．直流弧焊机

直流弧焊机有旋转式和整流式两种类型，整流式直流弧焊机的基本原理是利用电子功率器件将交流电转变为直流电来作为接电源。

3．电子控制式弧焊机

上述两种弧焊机的控制方式是机械控制式和电磁控制式。前者是用机械的方法移动铁芯或绕组的位置，或者以换接抽头顺序来改变电抗，从而控制弧焊机的静、动特性；后者是用改变主回路中饱和电抗器的磁饱和程度或发电机磁路的励磁程度来控制弧焊机的静、动特性。而电子控制式弧焊机作为上述两种控制方式弧焊机的更新换代产品，具有良好的静、动特性，输出电压、电流稳定，控制性能好，抗干扰能力强等优点，便于编程和采用微机群控，是全方位自动弧焊机器人的理想弧焊电源。

5.2.3 微波加热电器

波长在厘米波段的电磁波称为微波，微波具有遇金属反射，遇绝缘材料可透过，遇水或含水材料则被吸收并转化为热能的特性。利用这一特性制成了各种微波加热电器，最常见的是家用微波炉，如图 5.8 所示。微波炉内的磁控管产生 2 450MHz 的微波，经波导管传输到炉腔内，再通过炉腔反射，激励食物中的水分子以每秒 24.5 亿次的频率高速振动，相互摩擦产生高热以煮熟或加热食物。微波炉内的玻璃转盘在食物加热过程中不断转动，以使食物加热均匀。功率调节器和定时器用来调节加热的功率和时间。

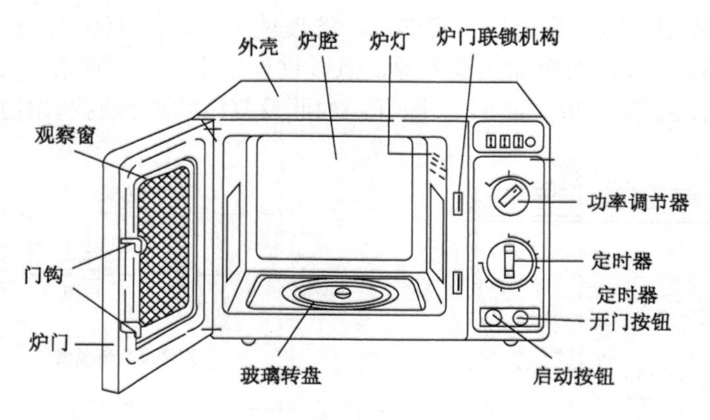

图 5.8 家用微波炉

微波加热具有加热速度快、效率高，由于物体从内部加热而受热均匀、表层过热危险小等特点，所以微波加热技术也广泛应用于工业生产中。

5.2.4　远红外加热电器

波长在 3～15μm 的电磁波称为远红外线。远红外加热技术是指大多数加热物质（特别是有机化合物）的红外吸收光谱都在 3～15μm 的远红外区域，并在这个波段上吸收来自于热源的辐射，使被加热物体内部产生热量达到加热的目的。远红外线穿透力强、加热迅速且均匀，所以是一种高效节能的加热技术。

如图 5.9 所示的石英电暖器是一种家庭常用的远红外加热电器，由石英管产生远红外线，经反射罩反射后照射在人体或物体上，利用人体或物体对远红外线较强的吸收功能，达到取暖加热的效果。

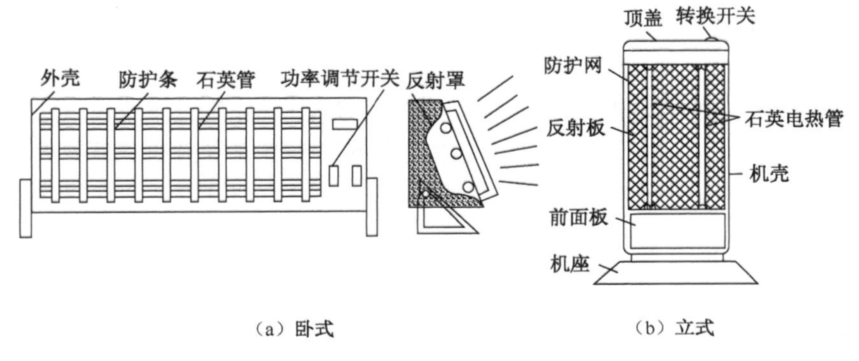

图 5.9　石英电暖器

5.2.5　感应加热电器

在学习变压器原理时我们了解到，在交流铁芯线圈中通入交变的电流，则在铁芯中产生交变磁场，使铁芯势利磁化并感应出涡流，导致涡流损耗和磁滞损耗，会使铁芯发热。这是我们所不期望的。但是同样可以利用这一原理，将电能转换成热能，制成感应加热电器。感应加热包括工频（交流电流频率为 50Hz）、中频（几百赫兹至几十千赫兹）、超音频（10～50kHz）、高频（100～400kHz）、超高频（1～100MHz）五种。如图 5.10 所示为工频感应电炉，在通入工频交流电流后，在炉体——坩埚内的待熔化的金属材料中就有交变磁场穿过，产生强大的涡流使金属加热熔化。

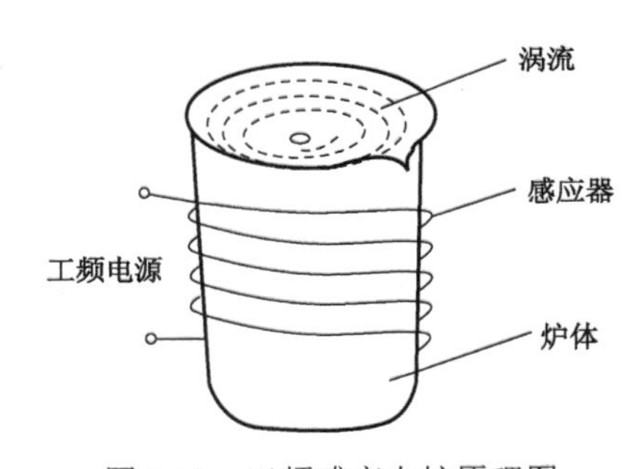

图 5.10　工频感应电炉原理图

5.3　其他日用电器

在前面两节介绍了实现电能-光能和电能-热能转换的电器，在本节简单介绍两种用电能制冷的日用电器——电冰箱和空调器。

5.3.1　电冰箱和空调器制冷系统原理简介

家用电冰箱和空调器的使用已十分普及。电冰箱和空调器的共同点是都有一个制冷系统，目前一般采用的是蒸汽压缩式制冷方式，下面以电冰箱的制冷系统（见图 5.11）为例说明其工作过程和基本原理。

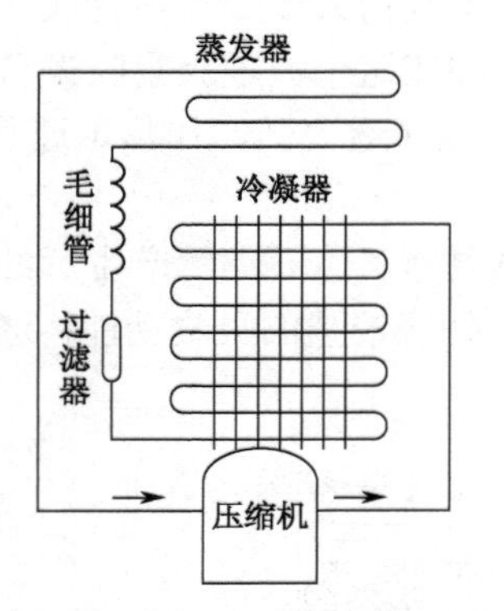

图 5.11　电冰箱制冷系统组成和原理示意图

蒸汽压缩式制冷方式有压缩、冷凝、节流、蒸发共四个过程，形成一个循环。首先，压缩机将气态的制冷剂（如氟利昂）吸入汽缸内，并将其压缩成高温高压的蒸汽排至冷凝器。制冷剂的蒸汽在冷凝器冷却后变回液态，再经过毛细管节流器降压后，进入蒸发器。在蒸发器内，液态的制冷剂迅速沸腾而成为低压低温的蒸汽，同时在蒸发沸腾的过程中大量吸收热量，达到制冷的目的。经过蒸发器的气态的制冷剂又被压缩机抽走并压缩，从而进入下一个循环。

空调器制冷系统的工作原理与此相一致，所不同的是空调器要造成室内和室外的热交换，还具有室内、外的通风系统。

阅读材料

制　冷　剂

从上述制冷系统的循环过程可见，制冷剂在制冷过程中的作用是通过相态的变化实现能量转移，即在蒸发器内吸收热量蒸发汽化，又在冷凝器内放出热量而冷凝成液体。制冷系统正是依靠制冷剂的循环吸、放热量而实现连续的热量转移，达到制冷的目的。如果把压缩机比作制冷系统的心脏，那么制冷剂就是制冷系统的血液。

目前应用最广的制冷剂是氟利昂（R12）类制冷剂，其特点是性能稳定、安全、毒性小、无味、不易燃，因此自 20 世纪 30 年代问世以来被广泛使用。但是在 20 世纪 70 年代人们发现氟利昂排入大气层后会破坏臭氧层，导致地球表面受太阳紫外线辐射量增加，危害人类的身体健康，并影响地球上一切生物的生长，而且还会产生温室效应。因此自 20 世纪 80 年代以来，经多次国际会议讨论，决定从 2000 年起对氟利昂类制冷剂停止或限制使用，到 2030 年要全部停止使用。目前已寻找出新型的制冷剂来取代氟利昂类制冷剂。

5.3.2　电冰箱

1．电冰箱的分类

电冰箱是冷藏箱、冷藏冷冻箱和冷冻箱的总称。电冰箱的主要用途是冷藏或冷冻食品、饮料，在医疗和科研单位也用于保存药品、血浆和疫苗等。电冰箱也有多种分类方法，主要有：

（1）按用途分类，可分为冷藏箱（单门电冰箱）、冷藏冷冻箱（双门和多门电冰箱）和冷冻箱（电冰柜）三类。

（2）按冷却方式分类，可分为直冷式、间冷式和间冷、直冷混合式电冰箱三类。

（3）按制冷原理分类，可分为压缩式、吸收式和半导体式三大类。目前绝大多数电冰箱是压缩式，其制冷原理已在前面介绍。

2．单门直冷式电冰箱

图 5.12 为单门直冷式电冰箱的结构示意图。单门直冷式电冰箱只有一个门，箱内只有一个蒸发器，安装在上部，蒸发器内为冷冻室，蒸发器下部容积较大的空间为冷藏室，依靠冷气下沉、热气上升形成箱内空气的自然对流进行冷却。冰箱在工作过程中蒸发器内壁会结霜，当霜层厚度达 5mm 时就需要化霜，直冷式电冰箱采用半自动化霜方法，当需要化霜时按下控制按钮，压缩机停止运行，待温度上升，霜层化尽后压缩机自动启动恢复制冷。

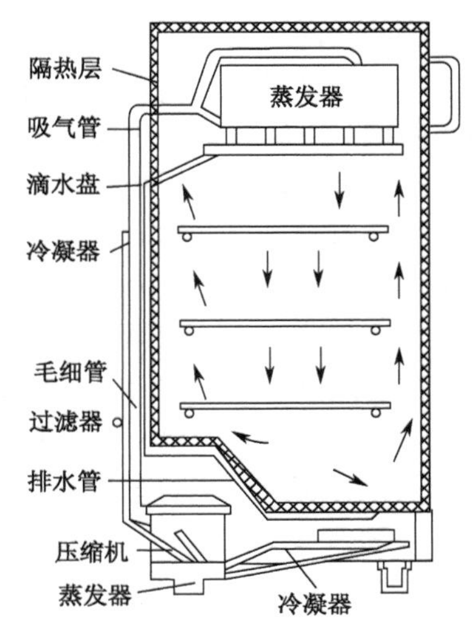

图 5.12　单门直冷式电冰箱的结构

3．双门直冷式电冰箱

图 5.13 为双门直冷式电冰箱的结构示意图。双门直冷式电冰箱有两个门，冷冻室和冷藏室相互分开，因此有两个蒸发器，两个蒸发器直接相连，冷藏室采用盘管式蒸发器。冷凝器有的与单门式一样装在箱体的背后，目前多数采用内藏式结构装在箱体的两侧。除霜方式有的仍采用半自动方式，高档的已采用全自动方式。

4．双门间冷式电冰箱

图 5.14 为双门间冷式电冰箱的结构示意图。这种电冰箱采用一个翅片盘管式蒸发器，多数是水平地安装在冷冻室和冷藏室的夹层中，利用小型电风扇将蒸发器周围的冷空气吹入冷冻室和冷藏室，形成箱内冷空气的强制对流循环，以达到制冷效果。采用全自动式除霜。

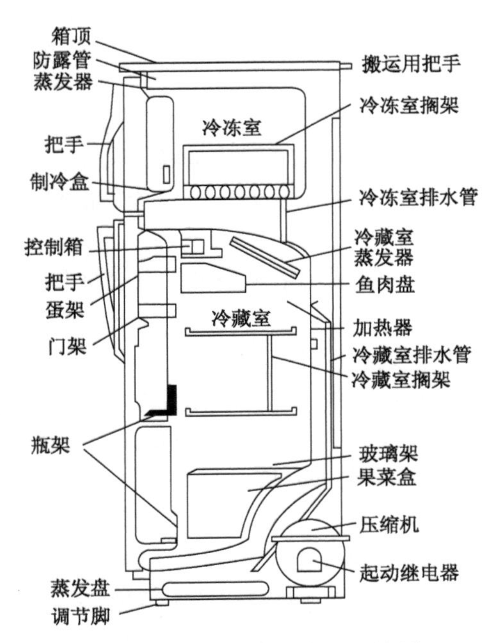

图 5.13　双门直冷式电冰箱的结构图

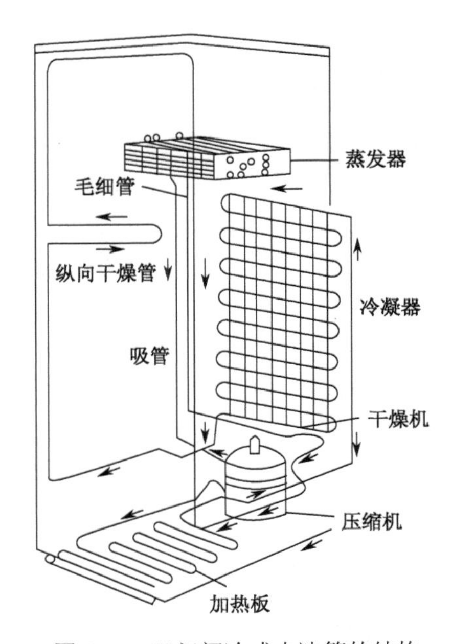

图 5.14　双门间冷式电冰箱的结构

5．电冰箱电路

图 5.15 为一个典型的直冷式双门电冰箱电路。压缩机电动机采用电阻启动单相异步电动机（少量也有采用电容启动的），其启动绕组在启动后由启动器断开。启动器有重锤式启动器和 PTC 元件（热敏电阻）启动器两种，图 5.15 所示为重锤式启动器，它实际是一个欠电流继电器，电动机启动时的大电流使其触点闭合，随着转速的上升电流下降，其触点断开，电动机启动绕组断电。压缩机电动机由温度控制器控制，因此温度控制器是电冰箱控制电路的一个核心元件。温度控制器是采用控制上、下限温度的方式来控制压缩机电动机的，当电冰箱内的温度高于上限值时启动电动机，低于下限值时关闭电动机，以达到电冰箱内的温度保持恒定的目的。除霜电热器用于除去蒸发器上的结霜，由图 5.15 可见，除霜电热器与电动机的绕组串联而与温控器的触点并联，当温控器触点闭合接通电动机时，除霜电热器不能工作；若电动机的绕组断线，除霜电热器也不能通电。热保护器相当于前面介绍过的双金属片式热继电器，对电动机起过载保护作用；此外，电冰箱的热保护器还紧贴在压缩机的外壳上，当压缩机温度升高时，也会由双金属片感受到热量而使热保护器动作，切断电动机电路。

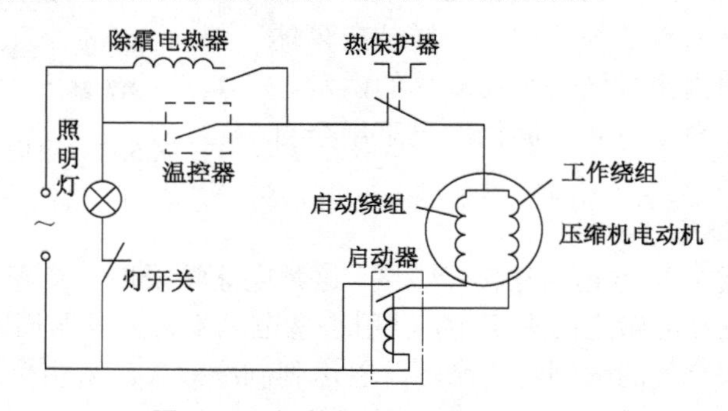

图 5.15　直冷式双门电冰箱电路图

5.3.3　空调器

1．空调器的分类

空调器是空气调节器的简称。空调器的作用是对一定空间的空气的温度、湿度、清洁度及气流速度进行调节，以达到人体对环境的舒适或生产对环境的工艺要求。空调器的种类很多，分类方法也有多种，家庭用空调器的分类方法主要有：

（1）按功能分类，可分为单冷型和冷热型两种，冷热型又包括热泵型、电热型和热泵辅助电热型三种。

（2）按结构形式分类，可分为窗式（整体式）、分体式和柜式三种。其中分体式按照室内机组，又分为吊顶式、壁挂式、落地式、嵌入式和台式，按照室外与室内机组的配置，又分为一拖一、一拖二、一拖三式（即一台室外机可拖动三台室内机组）等。柜式也有整体式和分体式两种。

（3）按制冷原理分类，可分为全封闭蒸汽压缩式和热管式两种，以前者居多。

2．普通冷风型窗式空调器的结构

普通冷风型窗式空调器主要是由制冷系统、空气循环系统、电气控制系统等几部分组成的，其结构如图 5.16（a）所示。空调器制冷系统的结构与原理和前面介绍的电冰箱制冷系统基本相同，所不同的是空调器要形成室内、外的热交换，还要有室内、外的通风系统。通风系统包括室内和室外空气循环系统。室内空气循环系统的作用是将室内空气经过滤除尘后，送入蒸发器冷却，冷却后的冷空气再由离心风扇通过风道和出风口送入室内。室外空气循环系统的作用是将室外的空气从空调器两侧的百叶窗吸入，经轴流风扇吹向冷凝器，使冷凝器冷却，热空气则从空调器后部排出。普通冷风型窗式空调器的通风系统如图 5.16（b）所示。由图可见，窗式空调器的室内、外两部分是隔离开的，中间有一个空气调节门，其作用是将室外的新鲜空气吸入并将室内的混浊空气排出，形成约占室内空气总量 15%的新风，所以称为“新风系统”。室内部分的离心风扇和室外部分的轴流风扇由同一台电动机驱动。

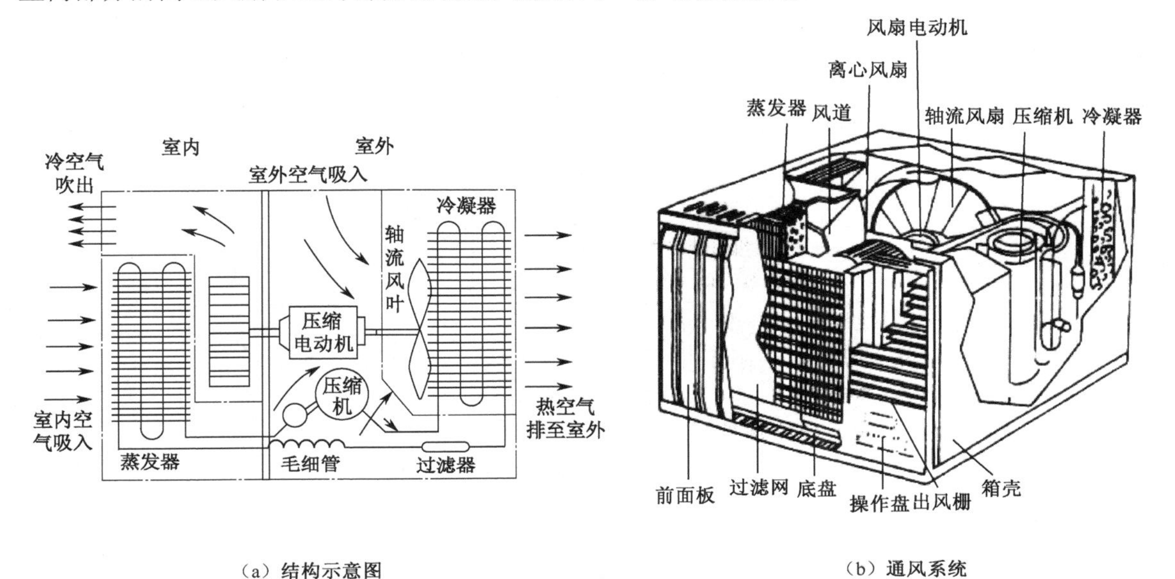

（a）结构示意图　　（b）通风系统

图 5.16　普通冷风型窗式空调器

3．热泵式冷热型窗式空调器

热泵式冷热型窗式空调器的结构如图 5.17 所示。这种空调器与单冷式空调器不同，它既可以制冷又可以供暖，而且制冷与制热共用一套循环系统，其原理是：加了一个能使制冷剂双向流动的电磁阀。在制冷时，低压制冷剂进入室内换热器（蒸发器），空调器向室内送冷风，此时与单冷式空调一样；在制热时，由电磁阀改变制冷剂的流向，使高压制冷剂进入室内换热器（此时作为冷凝器），则空调器向室内送热风。由此可见，制冷循环系统的基本原理是一样的，但是在具体结构上，与单冷式空调器的主要区别在于三处：一是增加了一个换向电磁阀；二是冷凝器和蒸发器基本一样，两者不再区分，统称为（室内、外）热交换器；三是有两只干燥过滤器，分装在毛细管的两端，分别在制冷和制热时使用。

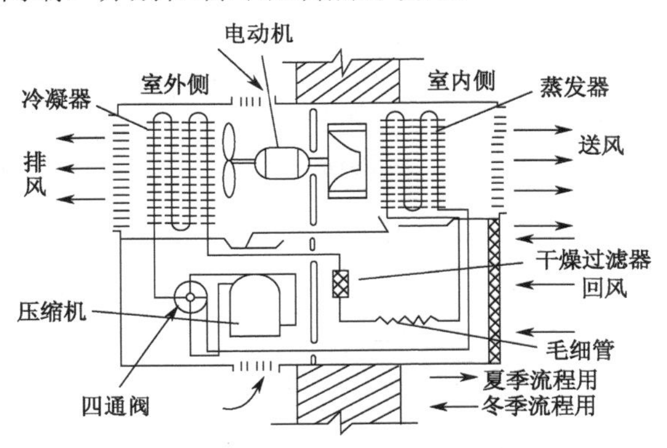

图 5.17　热泵式冷热型窗式空调器结构示意图

热泵式冷热型窗式空调器的通风系统与单冷式窗式空调器完全一样。

4．壁挂式分体空调器

分体空调器的结构分为室内、室外机组两部分，一般家庭常用的壁挂式分体空调器结构示意图如图 5.18 所示。将图 5.18 与图 5.16 比较可见，分体式空调器的室内、室外机组与窗式空调器的室内、室外部分其结构与原理都基本一样，只是规格较大一些。两部分之间用管道相连。但室内、外的风扇分开各用一台电动机，制冷量较大的室外机组装有两台风扇。

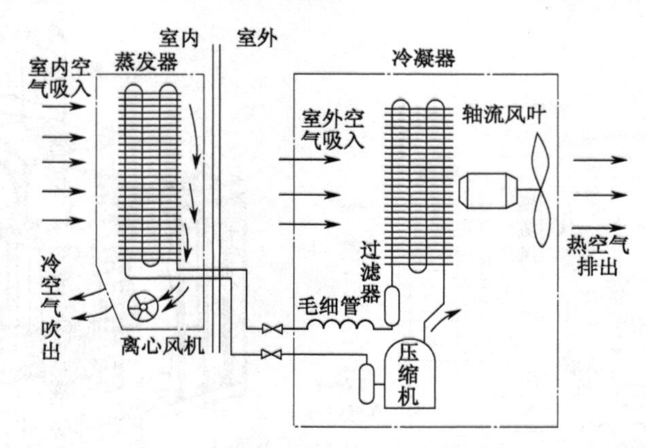

图 5.18　壁挂式分体空调器结构示意图

5．窗式空调器控制电路

图 5.19 为窗式空调器控制电路。其制冷部分与电冰箱电路基本相同。压缩机电动机和风扇电动机都是电容运转单相异步电动机。风扇电动机采用变极调速，有高、低两挡转速。窗式空调器的控制开关有四组触点、五个挡位，图中每条竖画的虚线表示一个挡位，每个黑点表示在该挡位对应的触点接通。由图可见，当控制开关置于“停”挡时，四组触点均断开。当置于“强风”挡时，仅触点 1、2 接通，风扇电动机高速绕组通电，而压缩机电动机没有通电，此时空调器没有制冷，窗式空调器的室内、外部分可连通，起换气扇的作用。当开关置于“强冷”挡时， 触点 1、2、4 接通，风扇电动机与“强风”挡相同，同时压缩机电动机通电运行，在制冷状态下室内、外不连通。在“弱风”和“弱冷”两挡的工作状态可类推。

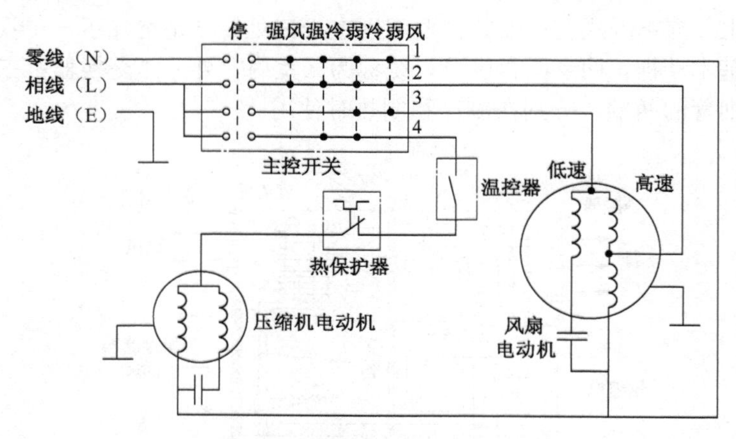

图 5.19　窗式空调器控制电路

分体式空调器的控制电路相对较复杂一些，有兴趣的同学可阅读有关书籍或资料。

变频空调器

上述空调器（包括电冰箱）采用由温度继电器控制压缩机电动机启动、停机的方式来调节温度，这种调节方式存在以下问题：由于压缩机不是连续运行，所以会造成室内温度波动；压缩机不能及时跟随室内外温度的变化相应地调整其运行状态；同时压缩机电动机每次的启动和停机会使制冷回路的制冷剂压力变化，引起损耗增加。这样不但制冷效果差，而且效率低、能耗大，压缩机电动机的启动电流还会对电网产生影响。如果将交流异步电动机的变频调速技术应用于空调器的控制中，将能很好地解决以上问题。变频式空调器控制系统还可以将单相交流电源变成频率可调的三相交流电，所以压缩机电动机可以使用性能更好的三相异步电动机。变频系统由微处理器控制，可以根据所设定的温度和室内外的温度，控制压缩机电动机的运行速度：电动机启动时，可选择较低的频率和电压来限制启动电流；如果室温与设定温度相差较大，可选择高频（高速）运行；当温差减小时，则选择低频（低速）运行。变频调速使电动机的转速能够在更大的范围内变化，达到高效率运行状态，并取得很好的节能效果，变频空调器可比一般空调器节电 20%～30%。

5.4　安全用电

安全用电包括供电系统安全、用电设备安全和人身安全三个方面，这三个方面是密切相关的。如在绪论中所述，电能的应用在给人类社会带来巨大的经济效益与社会效益的同时，也会给人带来危害，在电气化已经越来越普遍实现的今天，电击、电伤和电气火灾时刻在威胁着人们的生命财产安全。因此在掌握电能应用的知识与技能的同时，也需要掌握安全用电的基本知识，才能驾驭并应用好电能，趋利避害，确保用电安全。

5.4.1　电流对人体的伤害

1．电流对人体的作用及其影响

（1）电流强度对人体的影响

因为人体是电的导体，所以当人体接触带电部位而构成电流的回路时，就会有电流通过人体，对人体造成不同程度的伤害，这种现象称为“触电”。通过人体的电流强度大小是造成人体伤害主要的和直接的因素，电流越大，通电时间越长，对人体的伤害就越严重（如表 5.2 所示）。按照对人体的伤害程度可分为以下三种情况：

表 5.2　电流对人体的影响

电流（mA）	通电时间	交流电（50Hz）	直流电
		人体反应	
0～0.5	连续	无感觉	无感觉
0.5～5	连续	有麻刺、疼痛感、无痉挛	无感觉
5～10	数分钟内	痉挛、剧痛、但可摆脱电源	有针刺、压迫及灼热感
10～30	数分钟内	迅速麻痹，呼吸困难	压痛、刺痛，灼热强烈、有痉挛
30～50	数分钟	心跳不规则，昏迷，强烈痉挛	感觉强烈，有剧痛痉挛
50～100	超过 3s	心室颤动，呼吸麻痹，心脏麻痹而停止跳动	剧痛、强烈痉挛、呼吸困难或死亡

①感知电流，即能够引起人体任何感觉的最小电流。人体对电流的最初感觉是轻微的麻感或针刺感，一般不会造成伤害；随着电流越来越大，感觉越来越明显，则有可能会导致坠落等二次事故。实验证明成年男、女子的感知电流约为 1.1mA 和 0.7mA。

②摆脱电流，即人体触电后能够自行摆脱的最大电流。成年男、女子的摆脱电流约为 16mA 和 10mA。

③室颤电流，即能够引起心室发生纤维性颤动的电流。室颤电流的大小取决于电流通过人体的持续时间：当持续时间超过人的心脏搏动周期（约 750ms）时，就会有生命危险，此时室颤电流约为 50mA；若持续时间小于人的心脏搏动周期，室颤电流约为数百毫安。

综合各种因素，一般认为人体的摆脱电流约为 10mA，室颤电流约为 50mA。因此在一般场所设定 30mA 为安全电流，在危险场所设定为 10mA，在空中或水中则设定为 5mA。

（2）电压高低和人体电阻的影响

电压越高，人体电阻越小，流经人体的电流就越大。人体的电阻与身体状况、人体的部位及环境等因素有关，一般在 1～1.5kΩ 之间，因此我国规定 36V 以下为安全工作电压。（应注意在一些特殊环境下 36V 的安全电压对人体也是不安全的，例如在湿润条件下人体电阻可降至 500Ω 甚至更低）。此外，虽然高压对人体的危险性更大，但由于高压设备的安全防范措施一般比较完善，一般人接触高压设备的机会也比较少，加上人们对高电压的防范心理较强，所以高压触电反而比低压触电少得多。据统计，70%以上的触电死亡事故出自于 220V 以下的电压。

（3）其他因素的影响

电流对人体的伤害程度除了与电流的大小、通电时间的长短有关，还与电源的频率、电流流经人体的途径及健康状况等因素有关：

①电源频率在 50～60Hz 的交流电对人体的危害最为严重，直流电和高频电流的危险性稍低。

②电流通过心脏的危险性最大。此外，电流通过人的头部、脊髓和中枢神经系统等部位时危险性也很大。实践证明，由人的左手至前胸是最危险的电流流通途径。

③男性、成年人和身体健康者对电流的抵抗能力较强。

2．电流对人体伤害的种类

（1）电伤

电伤是由电流的热效应、化学效应、机械效应等对人体的外部器官造成的伤害。常见的电伤有灼伤、烙伤、皮肤金属化、机械损伤和电光眼等。

灼伤是最常见的电伤（约占 40%）。大部分触电事故都含有灼伤的成分。灼伤分为电流灼伤和电弧烧伤，是由于电流或电弧的热效应造成皮肤红肿、烧焦或皮下组织的损伤。

烙伤是电流通过人体后，在接触部位留下的斑痕。斑痕处皮肤硬变，失去原有的弹性和色泽，甚至皮肤表层坏死、失去知觉。

皮肤金属化是在电伤时由于金属微粒渗入皮肤表层，造成受伤部位变得粗糙、张紧而留下硬块。

机械损伤是由于电流通过人体时肌肉不由自主地强烈收缩而造成的，包括肌腱、皮肤和血管、神经组织断裂，以及关节脱位、骨折等伤害。应注意与触电时引起的坠落、碰撞等二次伤害相区别。

电光眼是指电弧产生强烈的弧光造成眼睛的角膜和结膜发炎。

（2）电击

电击是电流通过人体使人的机体组织受到伤害。通常所说的触电多指的是电击，电击比电伤更危害人的生命安全，绝大部分的触电死亡都是由电击造成的。

5.4.2　人体触电的方式

人体触电的方式主要有直接接触触电和间接接触触电两种。直接接触触电指人体触及或过分靠近带电体造成的触电，包括单相触电、两相触电和电弧伤害；间接接触触电指人体触及因故障而带电（在正常情况下不带电）的部件所造成的触电，包括接触电压触电和跨步电压触电。此外，还有高压电场、高频电磁场、静电感应和雷击等对人体造成的伤害。下面主要介绍单相触电、两相触电和跨步电压触电三种触电方式。

1．单相触电

如图 5.20（a）所示，当人体直接接触带电设备或线路的一相导体时，电流通过人体而发生的触电现象称为单相触电。现供电系统大部分采用三相四线制，如果系统的中性点接地，则人体承受的电压为相电压 220V，流过人体的电流可达 220mA（人体电阻加上接地电阻按 1kΩ 计算），足以危及生命。在中性点不接地时，虽然线路的对地绝缘电阻可以起到限制人体电流的作用，但线路同时还存在对地电容，而且对地绝缘电阻也因环境而异，所以触电电流仍可能达到危及生命的程度。在发生的触电事故中大多数属单相触电方式。

2．两相触电

如图 5.20（b）所示，如果人体的两个不同部位同时触及两相导体称为两相触电。这时人体承受的电压为线电压 380V，而且可能大部分电流流过心脏，所以两相触电的危险性比单相触电更大。

3．跨步电压触电

当电气设备发生接地故障时（如架空输电线断线，一根带电导线与地面接触），以电流入地点为圆心，形成一个半径约 20m 的电位分布区域［见图 5.20（c），在圆心的电位最高，距圆心越远电位越低，距圆心 20m 处地面电位接近于零］。如果人进入这一区域，两脚之间的电位差形成跨步电压，使电流通过两脚形成回路，这种触电方式称为跨步电压触电。

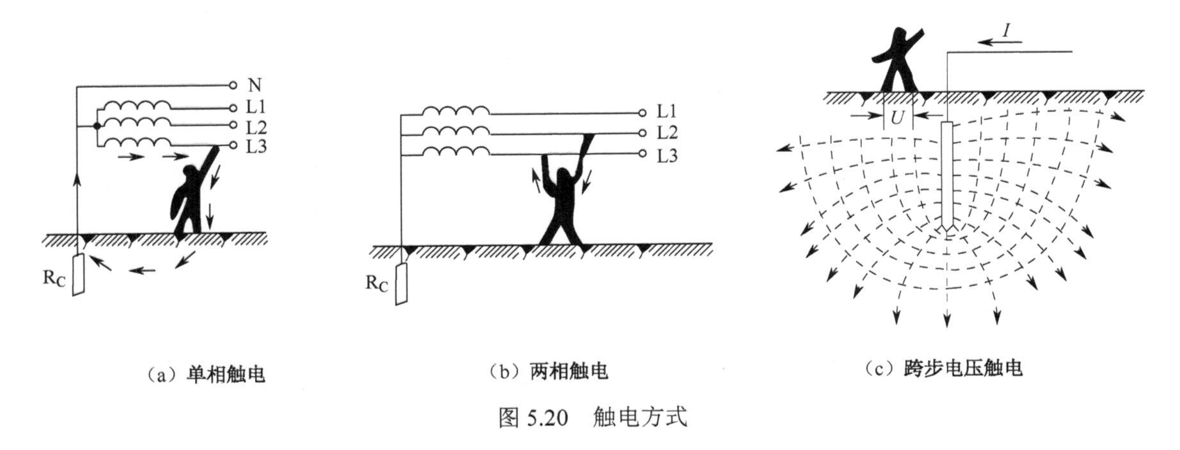

（a）单相触电　　（b）两相触电　　（c）跨步电压触电

图 5.20　触电方式

在你的工作场所或日常生活中，在什么场合容易发生单相、两相和跨步电压触电？

5.4.3 防止触电的保护措施

保护接地和保护接零是防止触电事故的主要措施。

1．保护接地

保护接地适用于 1000V 以上的电气设备及电源中线不直接接地的 1000V 以下的电气设备。保护接地是将电气设备的金属外壳或构架等接地。采取了保护接地措施后，即使偶然触及漏电的电气设备也能有效地防止触电。如图 5.21 所示，在图（a）中，中性点不接地的供电系统中电动机的外壳未接地，电动机若发生单相碰壳，当人体接触电动机的外壳时，接地电流 I_d 通过人体和电网对地绝缘阻抗形成回路，可能会造成触电事故。如果如图（b）所示那样将电动机的外壳保护接地，由于人体电阻 R_r 与接地电阻 R_b 并联，而 R_r 远大于 R_b，所以电流大部分流经接地装置，从而保证了人身安全。

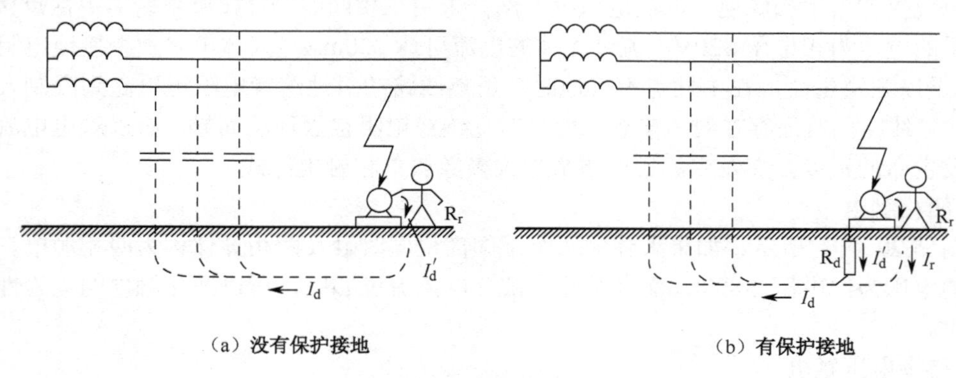

（a）没有保护接地　　（b）有保护接地

图 5.21　保护接地

2．保护接零

保护接零适用于三相四线制、中线直接接地的供电系统。保护接零是将电气设备的金属外壳或构架等与中线（零线）相接。采取了保护接零措施后，如果电气设备的某相绝缘损坏，电流可经过零线成回路而形成短路电流，立即使该相的熔体熔断或其他过流保护电器动作，即使人体触及漏电的电气设备，外壳也不会发生触电事故，如图 5.22 所示。

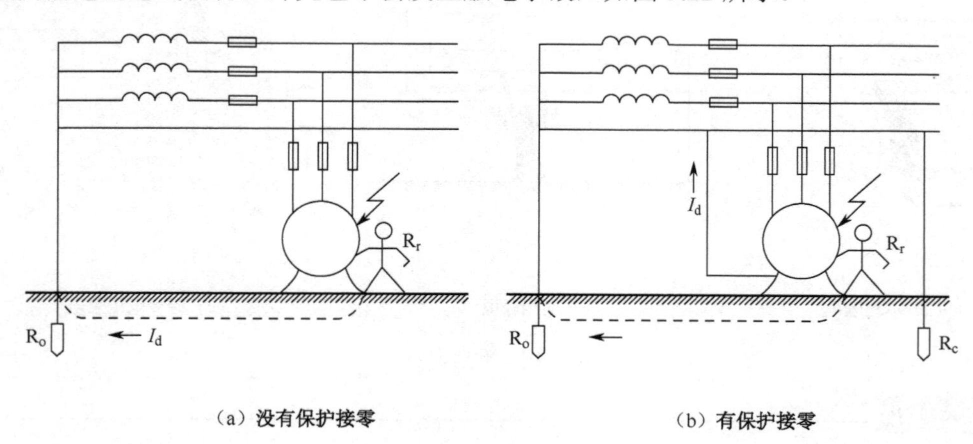

（a）没有保护接零　　（b）有保护接零

图 5.22　保护接零

必须指出，在同一供电系统中，绝不允许一部分电气设备采用保护接地而另一部分设备采用保护接零，否则会发生严重后果。如果采用保护接地的设备的某相绝缘损坏，将使零线的电位升高，致使所有接零设备的外壳都带上危险的电压。

5.4.4 触电急救

触电急救的要点是：①动作迅速；②方法正确；③贵在坚持。触电后抢救时间越早效果越好，据统计：如果在触电后 1min 内开始抢救，有 90%救活的希望；如果在 6min 开始抢救，只有 10%的希望；如果在 12min 才开始抢救，则救活的希望已经很小了。

1．脱离电源的方法

发现有人触电后首先是尽快使触电者脱离电源，基本的方法是：

（1）如果附近有电源开关，应立即拉下开关切断电源。

（2）如果开关离事故现场较远，则可用绝缘钳或装有干燥木柄的工具（如斧头、锄头等）将电线切断。若导线落在触电者身上，可用干燥的物体（如木棒、竹竿等）或有绝缘柄的工具将电线挑开。应注意防止切断或挑开的电线触及自己或其他人的身体。

（3）如果触电者是趴在电源上，其衣服是干燥的且不是紧裹在身上的，则可以戴上绝缘手套，穿上绝缘鞋，或站在绝缘垫上（也可站在干燥的木板或凳子上），用手将触电者拉开使其脱离电源。但应注意不要触及触电者的皮肤。

（4）如果触电者是在高压设备上触电，应立即一面通知有关部门切断高压电源，一面准备抢救。戴上绝缘手套，穿上绝缘鞋，使用适合于该电压等级的绝缘工具使触电者脱离电源。

（5）可以采用一根导线一端接地，另一端接在触电者接触的导线上，制造人为短路的方法使熔断器熔断或保护电器跳闸，从而切断电源。但要注意自身的安全。

（6）如果触电者在电源被切断后有可能从高处坠落，应采取妥当的措施以防摔伤造成二次事故。

此外，应考虑到如果切断电源后会影响现场的照明，要事先准备好照明用具。

2．现场急救的方法

使触电者脱离电源后，应根据不同的情况采取适当的救护方法：

（1）如果触电者尚未失去知觉，仅因触电时间较长，或在触电过程中一度昏迷。则应让其保持安静，立即请医生来诊治或送医院。同时密切注意触电者的情况。

（2）如果触电者已失去知觉，但还存在呼吸。则应让其安静平卧，解开衣服，保持空气流通，同时可用毛巾沾少量酒精或水擦热全身（天气寒冷时应注意保暖）。立即请医生来诊治或送医院。同时密切注意触电者的呼吸情况，如果出现呼吸困难或抽筋，就应随时准备进行人工呼吸。

（3）如果触电者呼吸、脉搏、心跳均已停止，就应立即施行人工呼吸（注意不能就此认为触电者已经死亡而放弃抢救，因为经常会出现“假死”的状态），同时立即请医生来诊治。人工呼吸应持续不断地进行，必须有耐心和信心（实践证明有的人需经几个小时的人工呼吸后方能恢复呼吸和知觉）。直至触电者出现尸斑或身体僵冷，并经医生作出诊断确认已经死亡后方可停止。

3．人工呼吸法

（1）口对口人工呼吸法

①将触电者抬到通风阴凉处平躺，并迅速解开衣服，使其胸部能自由扩张。

②清除触电者口腔内的异物，以免堵塞呼吸道。

③用一只手捏住触电者的鼻孔，另一只手托住其后颈，使其脖子后仰，嘴巴张开，如图 5.23（a）所示。

④救护人深吸一口气后，紧贴触电者口向内吹气 2 秒 [图 5.23（b）]。

⑤吹气完毕，立即松开触电者的鼻孔，口离开触电者的嘴，让其自行将气吐出，约 3 秒左

右［图 5.23（c）］。

⑥如触电者口腔张开有困难，可以紧闭其嘴唇，改用口对鼻人工呼吸法。

⑦如对儿童进行口对口人工呼吸法，可不用捏鼻子，而且吹气要平稳些，以免造成肺泡破裂。

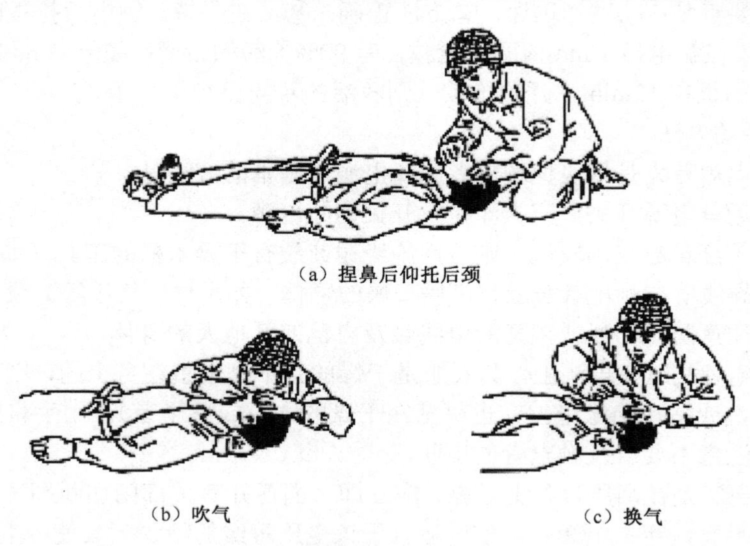

（a）捏鼻后仰托后颈

（b）吹气　　（c）换气

图 5.23　口对口人工呼吸法

（2）人工胸外挤压法

①将触电者抬到通风阴凉处平躺，头稍向后仰，解开衣服，并清除口腔内的异物。

②救护人跨跪在触电者的骼腰两侧，两手重叠，手掌放在胸骨下三分之一处为正确的压点［图 5.24（a）、（b）］。

③掌根垂直向下用力挤压 3～4cm，突然松开，以让心脏里的血液被挤出后再收回。挤压速度以每分钟 60 次为宜［图 5.24（c）、（d）］。如此反复，直到触电者恢复呼吸为止。

④如对儿童进行胸外挤压法，则可用一只手挤压，而且用力要轻些，以免压伤胸骨，挤压速度则以每分钟 100 次为宜。

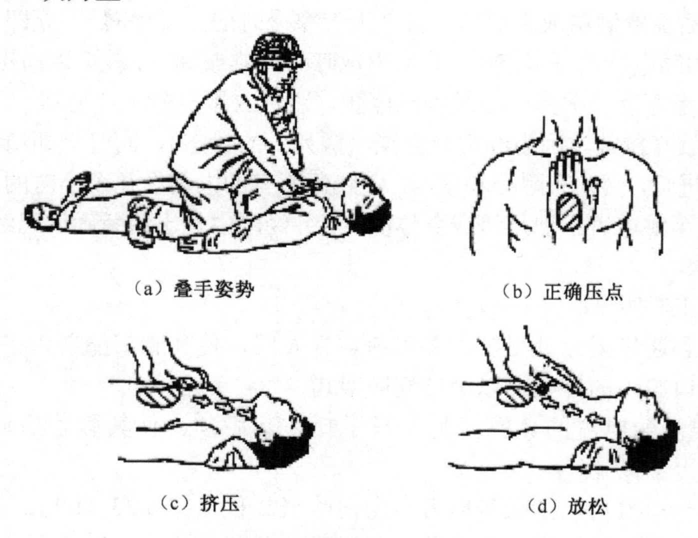

（a）叠手姿势　　（b）正确压点

（c）挤压　　（d）放松

图 5.24　胸外挤压法

5.4.5　维修电工安全技术操作规程

维修电工安全技术操作规程一般包括以下内容：

1．上班前的检查和准备工作

（1）上班前必须按规定穿戴好工作服、工作帽、工作鞋。女同志应戴工作帽，披肩长发、长辫必须罩入工作帽内。手和脖子不准佩带金属饰物，以防止在操作时触电。

（2）在安装和维修电气设备之前，要清扫工作场地和工作台面，防止灰尘等杂物进入电气设备内造成故障。

（3）上班前不准饮酒。工作时应集中精神，不准做与本职工作无关的事情。

（4）必须检查工具、测量仪表的防护用具是否完好。

2．文明操作和安全技术

（1）检修电气设备时，应先切断电源，并用试电笔测试是否带电。在确定不带电后，才能进行检查修理。

（2）在断开电源开关进行检修时，应在电源开关处挂上“有人工作，禁止合闸”的标牌。

（3）在电气设备拆除送修后，对可能通电的线头应用绝缘胶布包好。

（4）严禁非电气作业人员装修电气设备和线路。

（5）严禁在工作场地，特别是有易燃、易爆物品的场所吸烟及明火作业，以防止火灾发生。

（6）使用起重设备吊运电动机、变压器时，要仔细检查被吊的设备是否牢固，并有专人指挥，不准歪拉斜吊，在吊物下和旁边严禁站人。

（7）在检修电气设备内部故障时，应选用 36V 安全电压的灯具照明。

（8）在电动机通电试验前，应先检查其绝缘是否良好、机壳是否接地。在试运转时，应注意观察转向，听声音、测温度。在场人员要避开联轴节旋转方向，非操作人员不准靠近电动机和试验设备，以防止触电。

（9）在拆卸和装配电气设备时，操作要平稳，用力应均匀，不要强拉硬敲，防止损坏设备的各部分。

（10）在烘干电动机和变压器的绕组时，不许在烘房或烘箱周围存放易燃、易爆物品，不准在烘箱附近用易燃溶剂清洗零件或喷漆。在将绕组浸漆烘干时，应严格按照工艺规程进行。必须待漆滴尽后才放入烘箱内的铁网架上，严禁与烘箱的电阻丝直接接触，严禁超量超载。在烘烤时要有专人值班，随时注意温度的变化，并做好记录。

（11）在过滤变压器油时，应先检查好滤油机并接好地线，在滤油现场严禁烟火。

3．下班前的结束工作

（1）下班前要清理好现场，擦干净工具和仪器，并放置好。

（2）下班前要断开电源总开关，防止电气设备起火造成事故。

（3）修理过的电器、设备应放在干燥、干净的场地，并摆放整齐。

（4）注意做好工作（值班），特别是设备检修的记录，以便积累检修经验。

5.4.6　电气设备消防及灭火

1．电气设备常用的消防措施

（1）引起电气火灾的原因

引起电气设备发生火灾的原因很多，如设备的绝缘强度降低，设备过载、导线严重超负荷，安装质量不好，电路出现漏电、接线松动或短路，以及设备及安装不符合防火要求、机械损伤、使用不当等原因，都可能酿成电气火灾。

（2）消防措施

①选用的电气装置应具有合格的绝缘强度。

②经常监视实际用电负荷的情况，不使设备长时间过载、过热。

③按照安装标准装设各类电气设施，严格保证安装质量。

④合理使用电气设备，防止出现机械损伤、绝缘损伤等造成短路故障。

⑤电线和其他导体的接触点必须牢固，接触要良好，以防止过热氧化。在铜、铝导线连接处，还应防止电化腐蚀。

⑥在生产工艺过程中产生有害静电时，要采取相应的措施予以消除。

2．电气火灾的扑救方法

对电气火灾除了做好预防工作外，还应做好灭火的准备工作，在万一发生火灾时，能够及时有效地扑灭火灾。电气火灾的扑救方法如下：

（1）断电灭火。在发生电气火灾时，应首先切断电源，然后立即救火和报警。在切断电源时，应注意安全操作，防止造成触电和短路事故，并考虑到切断电源是否会影响灭火工作的进行（如照明问题）。

（2）带电灭火。如果没有机会断电灭火，为争取时间及时控制火势，就需要在保证救火人员安全的前提下进行带电灭火。带电灭火应注意：

①不能直接使用导电的灭火剂（如水、泡沫灭火机等）进行喷射，应使用不导电的灭火剂（如二氧化碳、1211 灭火器、干粉灭火机等）。

②如果是有油的电气设备的油发生燃烧，则应使用干砂灭火。但应注意对旋转的电机不能使用干砂和干粉灭火。

（3）在灭火时注意不要发生触电事故。

5.5 节约用电

目前，我国的电力生产得到了飞速发展，电力供求的矛盾有所缓解。但是随着国民经济的快速发展和人们生活水平的不断提高，电力供求矛盾仍然是一个长期存在的问题，仍然需要采取开发与节约并重的方针，所以节约用电对于建设能源节约型、环境友好型社会具有十分重要的意义。

节约用电的主要途径包括技术改造和科学管理两个方面，具体有：

1．合理使用电气设备

（1）合理使用电动机和变压器

通过学习电动机的原理知道：电动机在空载或轻载状态下运行时，其功率因数和效率都很低，损耗大，浪费了很多电能。因此要正确选用电动机的容量，既要防止过载，又要避免“大马拉小车”的现象。一般选择电动机的额定功率比实际负载大 10%～15%为宜。对于变压器也是同样道理，一般中小型变压器在 60%～85%额定容量时的效率最高，因此在使用时也要防止变压器在空载或轻载状态下运行。

（2）更新淘汰低效率的旧型号供用电设备

如在第 3、第 4 章的阅读材料中介绍，新型号的变压器和电动机具有效率更高、损耗更低的突出优点，所以应选用新型号的电气设备。

2．提高用电功率因数

通常采用两种方法：一是提高用电设备的自然功率因数，二是采用人工补偿法，如在用户端并联适当的电容器或同步补偿器等。

3．革新挖潜，改造生产工艺和设备

对生产工艺和设备进行技术革新和技术改造，不但可以提高产品质量、降低成本，而且可以节约生产工艺过程和设备的用电。

4．降低供电线路的损耗

一般可以从以下三方面着手：

（1）选用最佳的导线直径，减小导线的电阻。

（2）减小线路电流。在设备条件许可的前提下，设法减小线路输送的无功电流，或提高电网的运行电压。

（3）减小变压器的损耗。

5．节约空调和照明用电

（1）科学地设计建筑物的空调和照明系统。如充分利用自然光线和空气调节；选择合理的照明方式，提高照明效率；采用合理的控制方式；等等。

（2）采用高效率的电光源和空调设备。如推广使用前面介绍的三基色节能日光灯等。

（3）提高公民的节电意识。

6．推广节电新技术

积极开发应用广谱变频节能技术。广谱变频节能技术是一种将微电子、电力电子、电子计量与监测、能源优化与控制及节能等诸项技术有机地结合起来，可为各种传统设备和产业提供最佳频率和功率，实现高效运行的工程新技术。它是应用在节能技术领域中的电子技术，是交叉电力、电子和控制技术的边缘学科，是一门新兴的、发展迅速的高新科技。

【实训7】　维修电工安全操作实训

一、实训目的

通过电工安全操作实训，掌握安全用电的知识与技能。

二、预习内容

预习本章第 4 节的相关内容。

三、实训器材

按表 5.3 准备好所需的设备、工具和器材。

表 5.3　工具与器材、设备明细表

序号	名　称	型号/规格	单位	数量	备　注
1	相关工具、材料	如木棒（竹竿）、绝缘手套、绝缘鞋等		若干	
2	灭火器	二氧化碳灭火器、干粉灭火器	个	各 1	
3	衬垫		块	若干	
4	模型人		个	若干	

四、实训内容与步骤

（一）模拟解救触电的人脱离电源

每三人为一组，模拟解救触电的人脱离电源，并将相应的方法、操作要点及注意事项记录于表 5.4 中。

表 5.4　模拟解救触电的人脱离电源操作记录

序号	解救触电的人脱离电源的方法	操 作 要 点	操作注意事项	备　注
1				
2				
3				
4				
5				
6				
7				
8				

（二）模拟给触电的人做人工呼吸

每三人为一组，其中甲做施救者，乙做被施救者，丙观察时间及甲的动作是否规范并作记录。

表 5.5　模拟给触电的人做人工呼吸操作记录

序号	操 作 方 法	操 作 要 点	操作注意事项	备　注
1	口对口人工呼吸法			
2	人工胸外挤压法			

注：①三人轮换操作；②可用模型人进行训练。

（三）模拟扑救电气火灾

每三人为一组，模拟扑救电气火灾的方法，并记录于表 5.6 中。

表 5.6　模拟扑救电气火灾的操作记录

序号	操 作 方 法	操 作 要 点	操作注意事项	备　注
1	使用二氧化碳灭火器灭火			
2	使用干粉灭火器灭火			

【注意】①可由指导教师带领同学进行真实的灭火演习；②操作注意安全。

本章小结

● 电能是人类利用的最主要的能源，人类利用电能都是把电能转换成其他形式的能源，包括机械能、热能、光能和化学能等。在第 4 章介绍实现电能-机械能转换的主要电气设备——电动机的基础上，本章介绍实现电能-光能和电能-热能的几种常见的、有代表性的电器。

● 电光转换电器主要是照明电器，常用电光源可分为热辐射光源和气体放电光源两大类。热辐射光源主要有白炽灯和卤钨灯；气体放电光源包括荧光灯、高压汞灯、高压钠灯、金属卤化物灯和氙灯等。

● 电热转换电器可分为电阻加热电器、电弧加热电器、微波加热电器、远红外加热电器和感应加热电器等五种类型。

● 除了电光转换电器和电热转换电器外，在本章第三节还简单介绍两种用电能进行制冷的日用电器——电冰箱和空调器。

● 能源问题是世界性的问题。要解决能源问题有两条途径：一是开源，开发现在使用的能源和开发可替代的能源；二是节能，主要依靠技术创新和知识更新，在这方面改造电能转换技术将发挥重要的作用。

● 掌握安全用电知识是学习电工技术一个很重要的方面，所以应掌握防止触电、触电救护和电气火灾扑救的基本知识。

● 节约用电对于建设能源节约型、环境友好型社会具有十分重要的意义。节约用电的主要途径包括技术改造和科学管理两个方面。

习题 5

5.1　填空题

1. 常用电光源可分为______光源和________光源两大类。

2. 微波具有遇____材料反射，遇____材料可透过，遇______材料则被吸收并转化为热能的特性。

3. 电弧加热是利用____电离形成电弧发出高温来加热物体的。

4. 蒸汽压缩式制冷方式的一个循环包括________、________、________和_______共四个过程。

5. 热泵式冷热型空调器既可以制冷，又可以______。

6. 安全用电包括______________安全、______________安全和________安全三个方面。

7. 触电对人体的伤害一般分为____________和____________两种。

8. 触电方式一般有____________、____________和__________________三种。

9. 触电急救的要点是：①______________；②______________；③______________。

10. 节约用电的主要途径包括______________和______________两个方面。

5.2　选择题

1. _____存在着频闪效应。

A. 白炽灯　　B. 日光灯

2. 卤钨灯在安装时须保持____。

A. 水平　　B. 垂直　　C. 倾斜

3. 石英电暖器属于____型加热电器。

A. 电阻加热　　B. 远红外加热　　C. 感应加热

4. 交流电焊机属于____型加热电器。

A. 电阻加热　　B. 电弧加热　　C. 感应加热

5. 波长在____波段的电磁波称为微波。

A. 分米　　B. 厘米　　C. 毫米

6. 目前使用的电冰箱绝大多数是____。

A. 压缩式　　B. 吸收式　　C. 半导体式

7. 我国规定_____V 以下为安全工作电压。

A. 36　　B. 110　　C. 220

8. 频率在______的电流对人体的危害最为严重。

A. 零（直流）　　B. 工频　　C. 高频

9. 在两相触电时，人体承受的电压是_____。

A. 线电压　　B. 相电压　　C. 跨步电压

10. 在三种人体触电方式中，以______最为危险。

A. 单相触电　　B. 两相触电　　C. 跨步电压触电

5.3　判断题

1. 气体放电光源是借助两电极之间的气体电离激发而发光的。(　　)
2. 从用电的角度来说，40W 的日光灯比 40W 的白炽灯耗电量少。(　　)
3. 高压汞灯和高压钠灯的特点是启动时间短。(　　)
4. 日光灯不宜用做紧急照明。(　　)
5. 只要触电电压不高，触电时通过人体的电流再大也不会有危险。(　　)
6. 在带电灭火时，切忌用直流水枪和泡沫灭火剂灭火。(　　)

5.4　简答题

1. 热辐射光源和气体放电光源的原理有什么区别？
2. 日光灯有什么优缺点？
3. 微波加热具有什么特点？
4. 图 5.7 所示电饭锅电路中开关 S_1 与 S_2 的作用分别是什么？
5. 分体式空调器和窗式空调器的结构与原理各有什么不同？
6. 人体触电有哪几种方式？试比较其危害程度。
7. 除了书上所介绍的例子之外，你能否再举出几个电-光转换的例子？
8. 除了书上所介绍的例子之外，你能否再举出几个电-热转换的例子？
9. 在你的日常生活和工作中，应该如何节约用电？

光 纤 通 信

光纤通信也是属于电-光转换技术的领域。

在当今信息社会里，随着人们对通信容量、传输距离，特别是对数字信号的传输要求越来越高，采用电缆和微波通信已远远不能适应。自从光纤这种非常理想的传输介质问世并应用到通信领域以来，光缆线路以其容量大、频带宽、中继距离长、抗干扰性能好、保密性强，以及成本低、传输质量高等突出优点，正在逐步取代现有的电缆线路，从而建立起全新的各类有线信息网络。光纤通信作为一门新兴技术已日臻成熟，已成为信息社会的显著标志和重要支柱。

光纤通信系统是由光发射机、光纤光缆和光接收机三个主要部分组成的。光发射机是由发送电端机与发送光端机组成的。发送电端机将待传送的模拟信号转换为数字信号送入发送光端机。发送光端机的作用是将电信号转换为光信号，并将光信号送入传输光纤中。光纤是用石英玻璃拉成的纤维丝，裸光纤两部分组成的，中间部分称为纤芯，外层为包层，光纤的结构如图 5.25（a）所示。光波在光纤内成“之”字形路径向前传播，如图 5.25（b）所示。光接收机是由接收光端机和接收电端机组成的，接收光端机将光纤传来的已调光信号转换成相应的电信号，经放大电路放大，然后由接收电端机将接收光端机输出的数字信号端恢复成原来的模拟信号，其原理如图 5.25（c）所示。

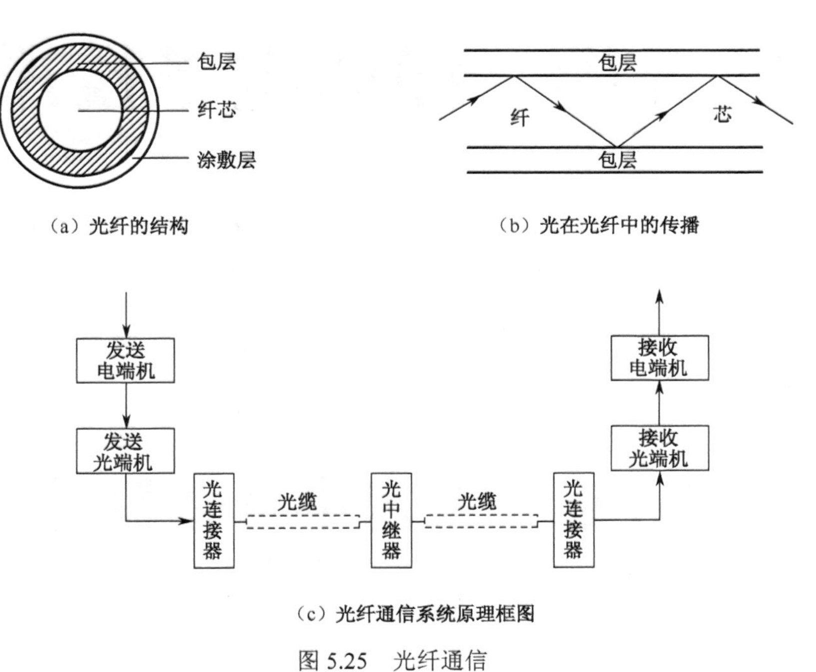

（a）光纤的结构

（b）光在光纤中的传播

（c）光纤通信系统原理框图

图 5.25　光纤通信

第 3 篇　模拟电子技术

本书的第 3、4 篇为电子技术的内容。在电子技术中，按照电路传递和处理的信号可分为模拟信号和数字信号两大类：在时间上和数值上是连续变化的，模拟正弦波的信号称为模拟信号；在时间上和数值上都是不连续变化的称为数字信号。与之相对应，传递和处理这些信号的电路分别称为模拟电路和数字电路。第 3 篇为模拟电路的内容，包括常用的半导体器件，整流、滤波及稳压电路，放大电路与集成运算放大器等。

第 6 章　常用半导体器件

学习目标

本章主要介绍各种常用的半导体器件，主要包括：

- 半导体基础知识。
- 二极管及其特性。
- 三极管及其特性。
- 晶闸管简介。
- 单结晶体管。
- 场效晶体管。
- 集成器件。

本章是学习电子技术的基础。通过学习本章，应能理解、掌握各种常用的半导体元器件的基本概念和基本原理。

6.1　半导体二极管

6.1.1　半导体基础知识

在自然界中存在着各种不同的物质。如果按导电能力来区分，可分为三大类：第一类是导电性能良好的导体，常见的有金属和液体等物质，如银、铜、铝、水等；第二类是几乎不能导电的绝缘体，常见的有非金属物质，如塑料、橡胶、陶瓷等；第三类是导电性能介于导体与绝缘体之间的半导体，如硅、锗等。

通过电工基础的学习我们知道，电流的形成是电子载着电荷在导体中的移动，即在导体中，电子作为唯一的一种载体（又称为载流子）携带着电荷移动而形成电流。

在半导体里，通常有两种载流子。一种是带负电荷的自由电子（简称为电子），另一种是带正电荷的空穴；电子和空穴都是携带电荷的载流子，在外电场的作用下，这两种载流子都可以作定向移动而形成电流。

由于半导体的材料及其制造工艺的不同，利用两种载流子形成电流或导电，又可产生两种导电情况完全不相同的半导体，即电子半导体（又称 N 型半导体）和空穴半导体（又称 P 型半导体）；在 N 型半导体中，电子为多数载流子，因此其主要是依靠电子来导电；在 P 型半导体中，空穴为多数载流子，所以其主要是依靠空穴来导电。

6.1.2　PN 结

1．结构

若将 P 型半导体和 N 型半导体通过特殊的工艺加工后紧密地结合在一起，则在两种半导体之间出现一种特殊的接触面——PN 结（见图 6.1）。这也是各种半导体元器件的基础和最主要的部分。

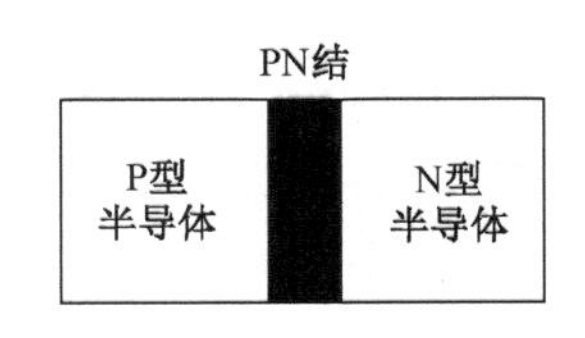

图 6.1　PN 结

2．特性

PN 结的厚度将随着外界条件的变化而改变。

（1）若 P 型半导体（又称 P 区）外接电源的正极，N 型半导体（又称 N 区）外接电源的负极，如图 6.2 所示。

此时加在 PN 结上的电压叫做正向电压或正向偏置（简称正偏）。PN 结的厚度将变薄，形成的电流就变大，且随正向电压增大而增大。即 PN 结正偏时，意味着 PN 结的电阻很小，导致正向电流较大。

（2）若 P 型半导体（又称 P 区）外接电源的负极，N 型半导体（又称 N 区）外接电源的正极，如图 6.3 所示。

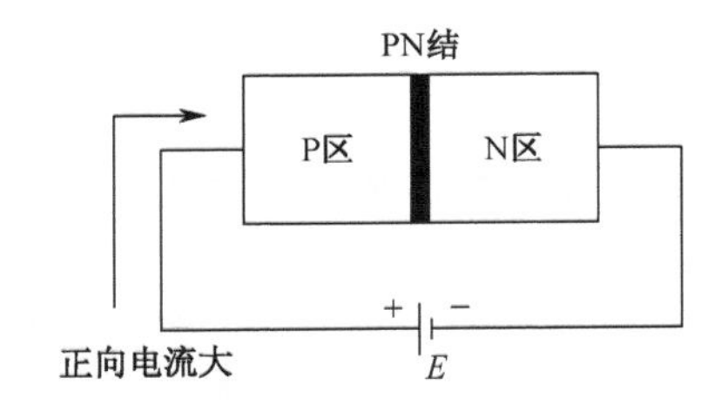

图 6.2　PN 结承受正向电压

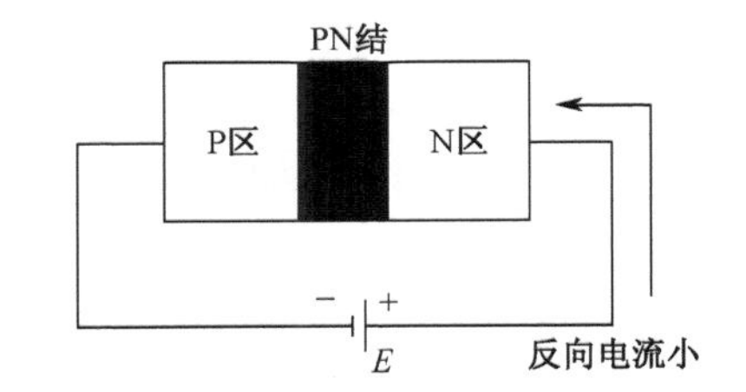

图 6.3　PN 结承受反向电压

此时加在 PN 结上的电压叫做反向电压或反向偏置（简称反偏）。PN 结的厚度将变厚，使通过的电流变小；即 PN 结反偏时，意味着 PN 结的电阻很大，导致反向电流较小。

综上所述，当 PN 结正偏时，正向电阻很小，正向电流较大；当 PN 结反偏时，反向电阻很大，反向电流很小，可近似认为 PN 结是截止的。即正偏导通、反偏截止——单向导电特性。

6.1.3　二极管

1．结构

二极管就是一个 PN 结，它从 P 区和 N 区分别引出的导线，并用外壳封闭起来，如图 6.4 所示。

外壳的材料可以是塑料、玻璃或金属等。

2．符号

P 区引出的导线称为正极（或阳极），在电路中常用“+”号表示；N 区引出的导线称为负极（或阴极），在电路中常用“－”号表示；文字符号用“VD”表示。如图 6.5 所示。

电路符号中的三角形表示通过二极管正向电流的方向，如图 6.5 所示。

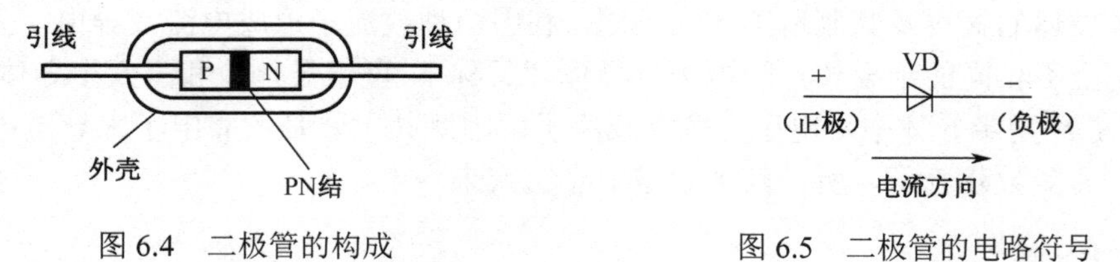

图 6.4　二极管的构成　　　　图 6.5　二极管的电路符号

3．特性

由于二极管就是一个 PN 结，因此二极管就具有 PN 结的特性——单向导电特性。

二极管的导电特性常用加到二极管两端的电压与通过二极管的电流之间的关系及其曲线来描述，称之为二极管的伏安特性及其伏安特性曲线；如图 6.6 所示。

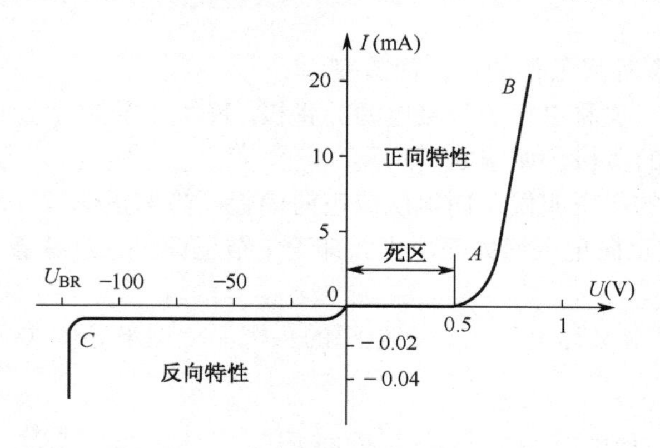

图 6.6　二极管的伏安特性曲线

由图 6.6 可见，二极管的导电特性（伏安特性）可分为正向特性和反向特性两部分。

（1）正向特性部分

当二极管两端所加的正向电压 U 小于 0.5V 时，正向电流 I 近似为 0，二极管处于截止状态。从 0V～0.5V 的范围通常称之为死区；相应的电压称为死区电压（硅二极管的死区电压约为 0.5V，锗二极管的死区电压为 0.2V）。

当二极管两端所加的正向电压 U 等于或大于 0.5V 时，正向电流 I 迅速增加，二极管处于正向导通状态。且正向电压 U 的微小增加都使正向电流 I 急剧增大，如图 6.6 中的 AB 段所示。

正常导通后，二极管所承受的正向电压称为管压降，硅二极管的管压降约 0.7V，锗二极管的管压降约 0.3V。

（2）反向特性部分

当二极管的两端加反向电压时，反向电流是很小的，也近似为 0，二极管处于截止状态，而且在很大范围内基本不随反向电压的增加而有所变化，即保持恒定，如图 6.6 中的 $0C$ 段所示。

但反向电压增大到一定数值 U_{BR} 时，反向电流就会突然增大，这种现象称为反向击穿，与之相对应的电压叫反向击穿电压（U_{BR}）。这种现象将导致二极管永久性损坏。

4．主要参数

（1）最大整流电流 I_{FM}——指二极管长时间工作时允许通过的最大正向直流电流的平均值。使用时，二极管的工作电流应小于最大整流电流 I_{FM}。

（2）最高反向工作电压 U_{RM}——指确保二极管不被击穿损坏而承受的最大反向工作电压。使用时，该值一般为反向击穿电压（U_{BR}）的 1/2 或 1/3。

（3）最大反向电流 I_{RM}——指二极管在最高反向工作电压 U_{RM} 下的反向电流。该值越小，则二极管的导电性能越好。

5．外形和种类

（1）外形

各类二极管的外形如图 6.7 所示。

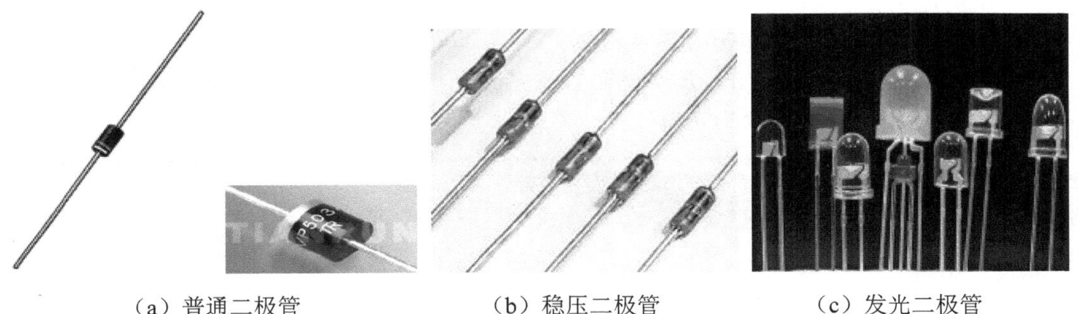

（a）普通二极管　（b）稳压二极管　（c）发光二极管

图 6.7　各类二极管的外形

（2）种类

①按制造工艺的不同，可分为：

点接触型——PN 结接触面积较小，工作电流小，常用于高频小信号电路。

面接触型——PN 结接触面积较大，工作电流大，常用于低频大信号电路。

平面型——PN 结接触面积较大，工作电流大，常用于大功率的信号电路。

②按制造材料的不同，可分为：

硅二极管——热稳定性较好。

锗二极管——热稳定性较差。

③按作用或用途的不同，可分为：

整流二极管、稳压二极管、发光二极管、光敏二极管等。

做一做

在实际中，常使用万用表电阻挡对二极管进行极性判别及其性能的检测。测量时，首先选择万用表的电阻挡 R×100（也可以选择 R×1k 挡），再将万用表的红、黑表笔分别接二极管的两端；若测得：

1．阻值较小时，黑表笔接二极管的一端为正极（+），红表笔接的另一端为负极（−）。如图 6.8（a）所示，此时测得的阻值称为正向电阻。

2．阻值较大时，黑表笔接二极管的一端为负极（−），红表笔接的另一端为正极（+）。如图 6.8（b）所示，此时测得的阻值称为反向电阻。

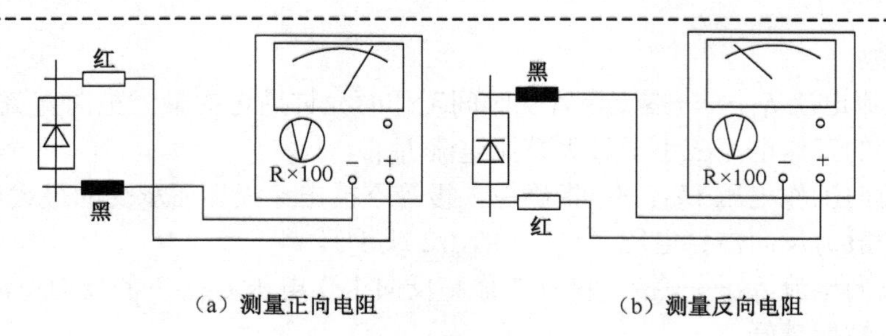

（a）测量正向电阻　　（b）测量反向电阻

图 6.8　二极管的极性判别

3. 阻值为 0 时，再将二极管的两端或万用表的两支表笔对调位置，阻值仍为 0 时，表明该二极管内部短路已经损坏。

4. 阻值为无穷大时，再将二极管的两端或万用表的两支表笔对调位置，阻值仍为无穷大时，表明该二极管内部开路已经损坏。

二极管正常时，测得的正、反向电阻应相差很大；如正向电阻一般为几百欧到几千欧，而反向电阻一般为几十千欧到几百千欧。

6.2　半导体三极管

6.2.1　结构

三极管是由两个 PN 结及其划分为三个区组成的（见图 6.9），三个区分别称为集电区、基区和发射区，集电区与基区之间的 PN 结称为集电结，基区与发射区之间的 PN 结称为发射结。

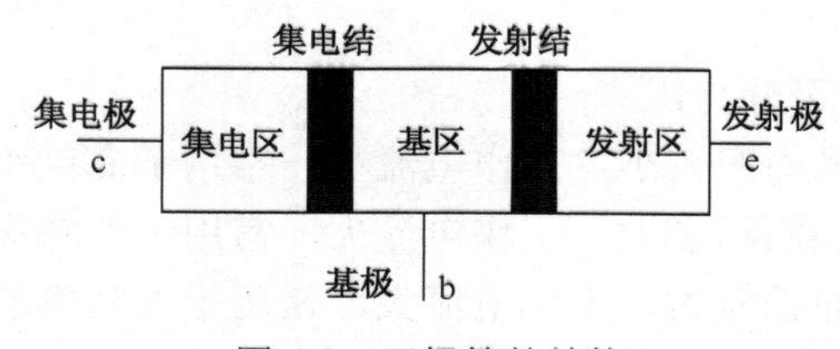

图 6.9　三极管的结构

6.2.2　类型

根据结构分为 NPN 型和 PNP 型两种，内部结构如图 6.10 所示。

（a）NPN型　　（b）PNP型

图 6.10　NPN 型和 PNP 型

另外，根据材料可分为硅管和锗管两种；根据功率分为小功率管、中功率管和大功率管；根据工作频率分为低频管、高频管、超高频管、甚高频管等；根据用途还可分为放大管和开关管等。

在实际中，硅管多数为 NPN 型，锗管多数为 PNP 型，而且硅管相对于锗管而言，受温度的影响较小，性能稳定，因此，硅管的使用更为广泛。

6.2.3　符号

三极管的集电区、基区和发射区各引出一导线，分别称为集电极、基极和发射极，并分别用 c、b 和 e 来表示（可见图 6.9）。NPN 型和 PNP 型三极管的图形符号如图 6.11 所示；文字符号用“VT”表示。

c b VT e

（a）NPN型　　　（b）PNP型

图 6.11　三极管的图形符号

6.2.4　特性

1．输入特性及其曲线

输入特性是指 U_{CE} 为定值时，U_{BE} 与 I_B 之间的关系，并描述成曲线；如图 6.12 所示。

由输入特性曲线可见，三极管的 U_{BE} 只有大于死区电压（硅管的死区电压约为 0.5V，锗管的死区电压为 0.2V），I_B 才大于 0。

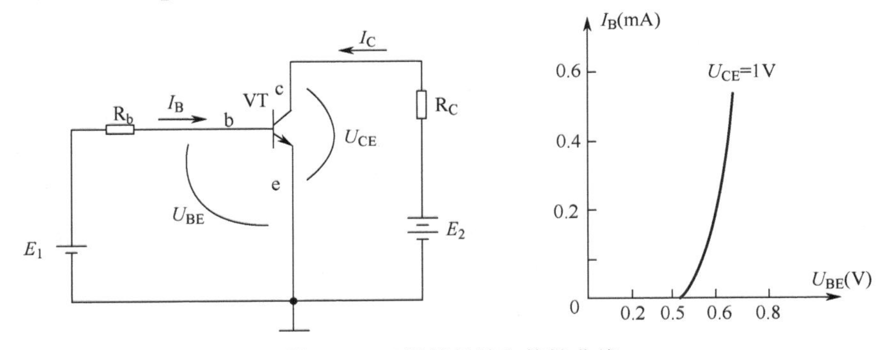

图 6.12　三极管的输入特性曲线

2．输出特性及其曲线

输出特性是指 I_B 为定值时，U_{CE} 与 I_C 之间的关系，并描述成曲线；如图 6.13（a）所示。改变 I_B 值时，就可得到另一条曲线，因此给出不同的 I_B 值，也就可得到许多条曲线；如图 6.13（b）所示。所以三极管的输出特性曲线实际就是一组曲线族。

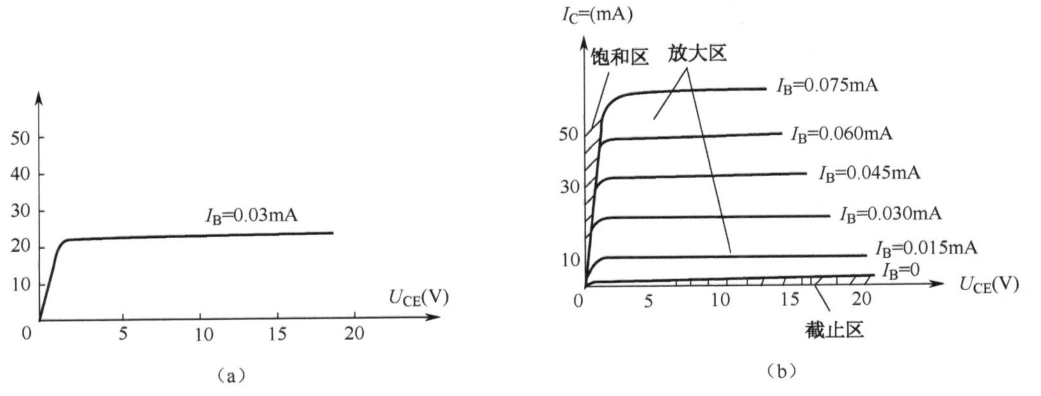

图 6.13　三极管的输出特性曲线

3．工作状态

根据三极管的输出特性曲线可以分成三个区及其对应的三种工作状态。

（1）截止区（截止状态）

截止区是指 $I_B=0$ 曲线以下的区域。

根据三极管的输入特性曲线，$I_B=0$ 时，即 U_{BE} 小于死区电压（硅管的死区电压约为 0.5V，锗管的死区电压为 0.2V）。根据三极管的输出特性曲线，$I_B=0$ 时，I_C 为很小的数值，该数值称为穿透电流（I_{CEO}）。因此，三极管的截止状态是 U_{BE} ＜死区电压，$I_B=0$，$I_C\approx 0$。

（2）放大区（放大状态）

放大区是指曲线之间间距基本相等，并互相平行的区域。

根据三极管的输入特性曲线，U_{BE} 大于死区电压（硅管的死区电压约为 0.5V，锗管的死区电压为 0.2V），I_B 大于 0。根据三极管的输出特性曲线，不同的 I_B 值，就有相应的 I_C 值；而且微小的 I_B 值，可得到较大的 I_C 值，这就是三极管的电流放大作用。因此，三极管的放大状态是 U_{BE} ＞死区电压，且 $U_{CE} > U_{BE}$，I_C 受 I_B 控制。此时，硅三极管的管压降 U_{BE} 约 0.7V，锗三极管的管压降 U_{BE} 约 0.3V。

（3）饱和区（饱和状态）

饱和区是指 U_{CE} 较小，I_C 较大的狭窄区域。

三极管的饱和状态是 $U_{CE} < U_{BE}$，I_C 不再受 I_B 控制；此时，三极管将失去电流的放大作用。在饱和状态下，U_{CE} 较小，该值称为饱和压降 U_{CES}。

6.2.5 主要参数

1．电流放大系数 β（或 h_{FE}）

三极管的 β 值通常在 20～200 之间，若 β 值太小，则其放大能力差；若 β 值太大，则其工作性能不稳定，所以选用在 60～100 之间。

2．极间反向饱和电流 I_{CBO}、I_{CEO}

I_{CEO} 又称穿透电流；I_{CEO} 与 I_{CBO} 之间的关系为：$I_{CEO}=(1+\beta)I_{CBO}$

I_{CEO} 与 I_{CBO} 都随温度的上升而增大，三极管的稳定性能就越差；因此要选用 I_{CEO} 和 I_{CBO} 小的三极管。

硅管的穿透电流 I_{CEO} 通常要比锗管小，所以硅管的稳定性较好。

3．极限参数

（1）集电极最大允许电流 I_{CM}

若 $I_C > I_{CM}$ 时，则放大能力变差；若 $I_C \gg I_{CM}$ 时，将会使三极管损坏。

（2）反向击穿电压 U_{CEO}

若 $U_{CE} > U_{CEO}$ 时，I_C 会急剧增大，造成三极管击穿损坏。

（3）集电极最大耗散功率 P_{CM}

若 $I_C \cdot U_{CE} > P_{CM}$ 时，将使三极管的工作温度过高而损坏。

大功率的三极管为防止工作温度过高，通常采用带有散热器工作。

6.2.6 外形

各种三极管的外形如图 6.14 所示。

图 6.14 各种三极管的外形

做一做

在实际中，常使用万用表电阻挡（R×1k 挡）对三极管进行管型和管脚的判断、集电极和发射极的判断及其性能估测。

1．管型和基极的判断

（1）若采用红表笔搭接三极管的某一管脚，黑表笔分别接另外两引脚，不断变换；若测得两次阻值都很小时，红表笔接的引脚即为 PNP 型管的基极。

（2）若采用黑表笔接三极管的某一引脚，红表笔分别接另外两引脚，不断变换；若测得两次阻值都很小时，黑表笔接的引脚即为 NPN 型管的基极。

2．集电极和发射极的判断

管型和基极确定后，用表笔分别接测量另外两个管脚的电阻值，再对调表棒再测一次；比较两次测量结果，测量结果（阻值）较大的，红表笔接的是 PNP 型三极管的发射极（或 NPN 型三极管的集电极），黑表笔接的是 PNP 型三极管的集电极（或 NPN 型三极管的发射极）。

通常，金属类三极管的金属外壳为集电极。

3．性能估测

（1）用万用表的电阻 R×1k 挡，红表笔接 PNP 型三极管的集电极（或 NPN 型三极管的发射极），黑表笔接发射极（或 NPN 型三极管的集电极）；测得电阻值越大，说明穿透电流 I_{CEO} 越小，三极管的性能越好。

（2）在基极和集电极间接入一个 100kΩ 的电阻，再测量集电极和发射极之间的电阻（PNP 型三极管时，黑表笔接发射极或 NPN 型三极管时，红表笔接发射极）；比较接入电阻前后两次测量的电阻值，相差很小，表示三极管无放大能力β或放大能力β很小；相差越大，表示放大能力β越大。

（3）黑表笔接 PNP 型三极管的发射极（或 NPN 型三极管的集电极），红表笔接集电极（或 NPN 型三极管的发射极）；用手捏住管的外壳（相当于加温），若电阻变化不大，则说明三极管的稳定性好，反之稳定性差。

阅读材料

国产半导体元器件型号的命名

我国半导体元器件的型号是由五部分组成的；其各组成部分的符号及其意义如表 6.1 所示。

表 6.1　中国半导体器件的型号组成部分的符号及其意义

第一部分		第二部分		第三部分				第四部分	第五部分
用数字表示器件的电极数目		用汉语拼音字母表示器件的材料和极性		用汉语拼音字母表示期间的类型				用数字表示器件序号	用汉语拼音表示规格号
符号	意义	符号	意义	符号	意义	符号	意义		
2	二极管	A	N 型，锗材料	P	普通管	D	低频大功率管		
		B	P 型，锗材料	V	微波管	A	高频大功率管		
		C	N 型，硅材料	W	稳压管	T	半导体闸流管（可控整流器）		
		D	P 型，硅材料	C	参量管				
3	三极管	A	PNN 型，锗材料	Z	整流管	Y	体效应器件		
				L	整流堆	B	雪崩管		
		B	NPN 型，锗材料	S	隧道管	J	阶跃恢复管		
				N	阻尼管	CS	场效应器件		
		C	PNP 型，硅材料	U	光电器件	BT	半导体特殊器件		
				K	开关管	FH	复合管		
		D	NPN 型，硅材料	X	低频小功率管	PIN	PIN 管		
				G	高频小功率管	JG	激光器件		
		E	化合物材料						

注：场效应晶体管、半导体特殊器件、复合管、PIN 型管和激光器件等型号只是由第三、四、五部分组成的。

6.3　晶闸管

晶闸管俗称可控硅，是一种变流的半导体器件。晶闸管有单向晶闸管和双向晶闸管两种类型，在这里主要介绍单向晶闸管。

6.3.1　结构

单向晶闸管是由三个 PN 结及其划分为四个区组成的，如图 6.15 所示。

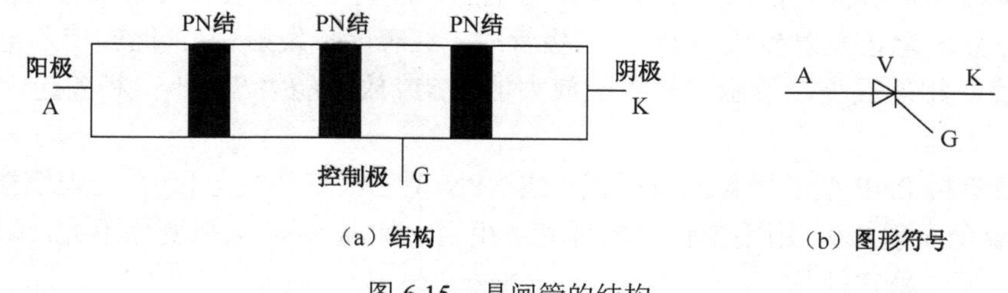

（a）结构　　（b）图形符号

图 6.15　晶闸管的结构

6.3.2　符号

从相关的区分别引出导线，依次为阳极（A）、阴极（K）和控制极（G），如图 6.15（a）所示。单向晶闸管的图形符号如图 6.15 （b）所示，文字符号用“V”表示。

6.3.3　特点

（1）单向晶闸管导通必须具备两个条件：阳极（A）与阴极（K）之间必须加正向电压（正

向偏压）；控制极（G）与阴极（K）之间也必须加正向电压（正向偏压）。

即 $U_{AK}>0$；$U_{GK}>0$。

（2）单向晶闸管导通后，降低或去掉控制极（G）与阴极（K）之间的正向电压，即 $U_{GK}=0$，单向晶闸管仍然导通。

（3）单向晶闸管要关断时，必须满足：使其导通电流小于晶闸管的维持电流值或在阳极（A）与阴极（K）之间加上反向电压（反向偏压）。

综上所述，单向晶闸管比二极管多了一个控制极（G）；它与二极管的区别在于其正向导通是有条件的，即是可控的；并具有用微弱的电触发信号去控制较强的电信号输出的作用；所以晶闸管为控制开关器件。

6.3.4　主要参数

1．额定正向平均电流 I_T

是指在规定的环境温度和散热条件下，允许通过阳极和阴极之间的电流平均值。

2．维持电流 I_H

是指在规定的环境温度和控制极（G）断开的条件下，保持晶闸管处于导通状态所需要的最小正向电流。

3．控制极触发电压和电流

是指在规定的环境温度和一定的正向电压条件下，使晶闸管从关断到导通时，控制极 G 所需要的最小正向电压和电流。

4．反向阻断峰值电压

是指在规定的环境温度和控制极（G）断开的条件下，可以允许重复加到晶闸管的反向峰值电压。

通常，晶闸管的正、反峰值电压是相等，所以统称为峰值电压；它也是指晶闸管的额定电压。

6.3.5　极性判别与检测

在实际中，常使用万用表电阻挡（R×100 挡）对单向晶闸管进行极性判别与检测。

（1）用万用表的电阻 R×100 挡；用黑表棒固定接一管脚，红表棒分别接其余两个管脚，测读其一组电阻值；不断变换；若只有一组测得的电阻值均为较小时，黑表棒所接的管脚为 G 极，红表棒所接的管脚为 K 极，剩余一管脚为 A 极。

（2）将黑表棒接 A 极，红表棒接 K 极；再将 G 极与黑表棒（或 A 极）相碰触一下，单向晶闸管出现导通状态并应能够维持。

6.4　单结晶体管

6.4.1　结构和符号

单结晶体管只有一个 PN 结，因此称为单结晶体管。它有三个电极：发射极 e、第一基极 b_1、第二基极 b_2，所以单结晶体管又称为双基极二极管。单结晶体管的图形符号如图 6.16 所示。图中发射极 e 的箭头指向 b_1 极，表示流经 PN 结的电流流向。

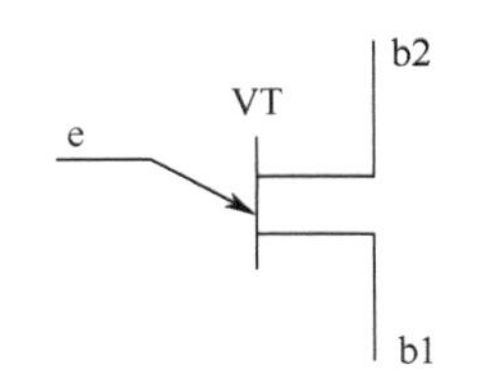

图 6.16　单结晶体管图形符号

单结晶体管的型号有 BT31、BT32、BT33、BT35 等。

6.4.2 特点

单结晶体管的 e 极与 b_1 极之间的电阻 r_{eb_1} 随发射极电流而变；若 I_E 上升 r_{eb_1} 则下降。单结晶体管的 e 极与 b_2 极之间的电阻 r_{eb_2} 与发射极电流无关。

单结晶体管的导通：加在 e 极与 b_1 极之间的正向电压 $U_{eb_1}>0$，且加在 b_2 极与 b_1 极之间的正向电压 $U_{b_2b_1}\gg 0$。但 U_{eb_1} 较低时，VT 是截止的；当 U_{eb_1} 上升至某一数值时，I_E 加大，r_{eb_1} 迅速下降，即单结晶体管导通。

因此，只要改变 U_{eb_1} 的大小，就可控制单结晶体管迅速的导通与截止。

6.4.3 极性判别与检测

1．e极的确定

将万用表调到电阻 R×100 挡；用黑表棒固定接一管脚，红表棒分别接其余两个管脚，测读其一组电阻值；不断变换；若测得其中一组的电阻值均为较小时，则黑表棒所接的管脚为 e 极。

2．b_1极和b_2极的判别

用黑表棒固定接 e 极，红表棒分别接其余两个管脚，测读其电阻值；比较两次测得电阻值，电阻值较大的一次，红表棒接的为 b_1 极，剩余一管脚为 b_2 极。通常，金属类的单结晶体管的金属外壳为 b_2 极。

6.4.4 外形

单结晶体管的外形如图 6.17 所示。

图 6.17 单结晶体管的外形

6.5 场效晶体管

半导体三极管是电流控制型的器件，其工作是通过输入电流对输出电流而产生的控制作用，场效晶体管（又称为场效应管）则是电压控制型的器件，其工作是通过输入电压对输出电流而产生的控制作用。

6.5.1 分类和符号

1．分类

根据结构和工作原理的不同，场效应管可分为结型（JFET）和绝缘栅型（MOSFET）两大类；又根据材料的不同，结型和绝缘栅型又分为 N 沟道和 P 沟道。绝缘栅型根据生产工艺的需要又分为增强型的 N 沟道和 P 沟道，以及耗尽型的 N 沟道和 P 沟道。

2．符号

场效应管有三个电极，分别称为栅极（G）、源极（S）和漏极（D）。文字符号用 VT 表示。

（1）结型（JFET）

电路符号如图 6.18 所示。

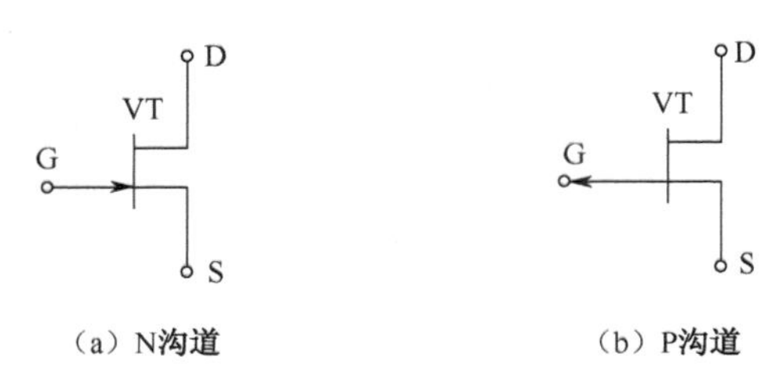

（a）N沟道　　（b）P沟道

图 6.18　结型场效应管电路符号

（2）绝缘栅型（MOSFET）

绝缘栅型（MOSFET）又称为 MOS 场效应管；N 沟道的 MOS 场效应管简称为 NMOS 管，P 沟道的 MOS 场效应管简称为 PMOS 管。电路符号如图 6.19 所示。

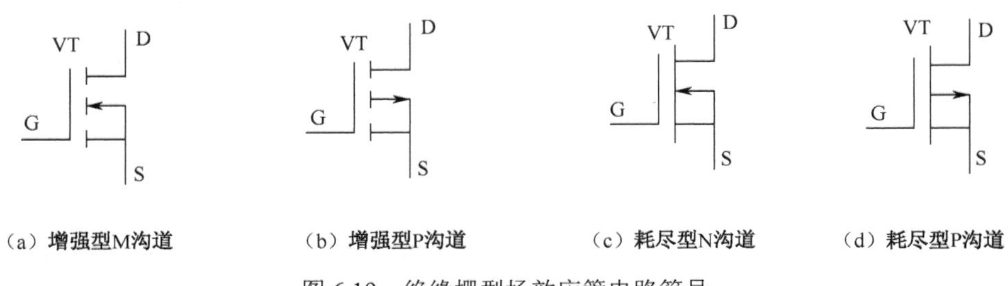

（a）增强型M沟道　（b）增强型P沟道　（c）耗尽型N沟道　（d）耗尽型P沟道

图 6.19　绝缘栅型场效应管电路符号

6.5.2　特点

（1）控制方式为电压控制方式。场效应管的漏极电流，是受控于栅源极电压的，即 U_{GS} 控制 I_D。

（2）输入电阻极大，一般在 10^5～$10^7\Omega$。

（3）温度稳定性好，即受温度的影响很小，工作稳定。

6.5.3　主要参数

（1）跨导 gm——指当 U_{DS} 为一定值时，漏极电流 I_D 的微小变化量与栅源电压 U_{GS} 的微小变化量之比；单位为 ms。gm 反映栅源电压 U_{GS} 对漏极电流 I_D 的控制能力；其值越大，说明场效应管的放大能力越强。

（2）夹断电压 U_P——指当 U_{DS} 为确定值时，使 $I_D=0$ 时的 U_{GS} 值。

（3）开启电压 U_T——指使场效应管开始导通时的 U_{GS} 值。

（4）饱和漏极电流 I_{DSS}——指场效应管放大时的最大输出电流。I_{DSS} 值越大，表明信号的动态范围就越大。

（5）最大漏源极间电压 $U_{(BR)DS}$——指漏极与源极之间的最大反向击穿电压。

（6）最大耗散功率 P_{DM}——指 I_D 与 U_{DS} 的乘积的最大允许值。超过 P_{DM} 值时，将过热烧坏管子。

6.5.4　使用注意事项

（1）在使用中要注意电压极性；电压和电流的数值不能超过最大的允许值。

（2）在焊接时，要使用小功率的电烙铁，动作要迅速或切断电源后利用余热进行焊接。焊接时应先焊源极，后焊栅极。

（3）要有良好的接地线，因此要求测试仪器及电烙铁等都必须有外接地线。

（4）使用时要绝对防止栅极悬空；在不使用时应将三个电极短接。

（5）通常场效应管的漏极和源极是制成对称的，故可互换使用。但要注意也有部分产品因工艺要求使漏极和源极不能互换使用。

6.6 集成器件

在电子技术的发展史中，经历了电子管和晶体（半导体）管两大电子元器件为核心组成的电路及其电子设备；将电子管或晶体管、电阻器、电容器等元器件组装成的电子线路，称为分立元件的电路形式。随着半导体制造工艺和技术的不断发展，产生了新的半导体元器件及其电路形式——集成电路（集成块）。集成电路是将电子元器件（半导体、电阻、小电容等）和连接导线集中制作在一小块半导体芯片上，形成一个整体。这样可大大缩小了电路及其电子设备的体积和重量，降低了成本，并大大提高了电路工作的可靠性，减少了组装和调试的难度等，体现了集成电路的优越性。

6.6.1 工艺特点

（1）集成电路里的元器件都是采用相同的工艺在相同的一块硅片上大批制造的，因此各元器件的性能一致，对称性好。

（2）集成电路里的电阻器是利用 P 型半导体（即 P 区）的内电阻制成，阻值的范围一般在几十欧至几十千欧之间。若使用的电阻阻值超出范围（太高或太低）时则只能采用外接固定电阻方式。

（3）在集成电路里，由于制造二、三极管等半导体元器件比制造电阻器要节省硅芯片，且工艺简单，故在集成电路中采用二、三极管等半导体元器件代替电阻器用得较多，纯电阻用得不多。

（4）集成电路里的电容器是利用 PN 结的结电容制成的，容量一般小于 100pF。若使用的电容器容量超出范围时，同样只能采用外接固定电容方式。

（5）目前，利用集成电路制造电感器在工艺上还不能完成。

6.6.2 种类

（1）按功能区别分类：有模拟集成电路和数字集成电路两大类。

①模拟集成电路：用于对模拟信号的处理。模拟集成电路又分为线性集成电路和非线性集成电路两类。常用的模拟集成电路有集成运算放大器、集成功率放大器、集成稳压器、集成数/模转换器和集成模/数转换器等。

②数字集成电路：用于对数字信号的处理。常用的数字集成电路有各种集成门电路、触发器、计数器、寄存器、译码器，以及各种数码存储器等。

（2）按导电类型分类：有单极型（MOS 场效应管）、双极型（PNP 型或 NPN 型）和二者兼容型三种。

单极型集成电路又分为三种：采用 P 沟道 MOS 管构成的，称为 PMOS 型；采用 N 沟道 MOS 管构成的，称为 N 沟道 MOS 型；如果同时采用 P 沟道和 N 沟道 MOS 管互补应用构成的，称为 CMOS 型。

（3）按集成程度分类：有小规模、中规模、大规模和超大规模等几种。在一块芯片上包含一百个及以下的元器件称为小规模集成电路；包含一百到一千个的元器件称为中规模集成电路；包含一千到十万个的元器件称为大规模集成电路；包含超过十万个以上的元器件称为超大规模集成电路。

（4）按制造工艺分类：有半导体集成电路、薄膜集成电路和厚膜集成电路等。

（5）按照外形分类：有陶瓷双列直插、塑料双列直插、陶瓷扁平、塑料扁平和金属圆形等多种，如图 6.20 所示。

图 6.20　集成电路的外形

阅读材料

国产集成电路简介

集成电路的型号是由五部分组成的，各部分的符号和意义见表 6.2。

表 6.2　半导体集成电路型号命名方法

第零部分		第一部分		第二部分	第三部分		第四部分	
用字母表示器件		用字母表示器件的类型		用数字表示器件系列和品种代号	用字母表示器件工作温度范围		用字母表示器件封装	
符号	意义	符号	意义		符号	意义	符号	意义
C	中国制造	T	TTL		C	0～70℃	W	陶瓷扁平
		H	HTL		E	−40～85℃	B	塑料扁平
		E	ECL		R	−55～85℃	F	全密封扁平
		C	CMOS		M	−55～125℃	D	陶瓷直插
		F	线性放大器		…	…	P	塑料直插
		B	非线性电路				J	黑陶瓷直插
		D	音响电视电路				K	金属菱形
		W	稳压器				T	金属圆形
		J	接口电路				…	…
		M	存储器					
		μ	微型机电路					
		…	…					

技能训练

【实训8】　电子技术实训基础

一、实训目的

1．掌握焊接工具和材料的使用。
2．掌握焊接技术和熟悉焊接过程。
3．掌握常用仪器、仪表的使用。
4．学会电子电路的调试。

二、相关知识与预习内容

（一）焊接工具和材料

1．电烙铁

电烙铁是焊接电子元器件的主要工具；其将直接影响到焊接的质量。

按电烙铁的结构来分类，可分为外热式和内热式两种；电烙铁的外形如图 6.21 所示。

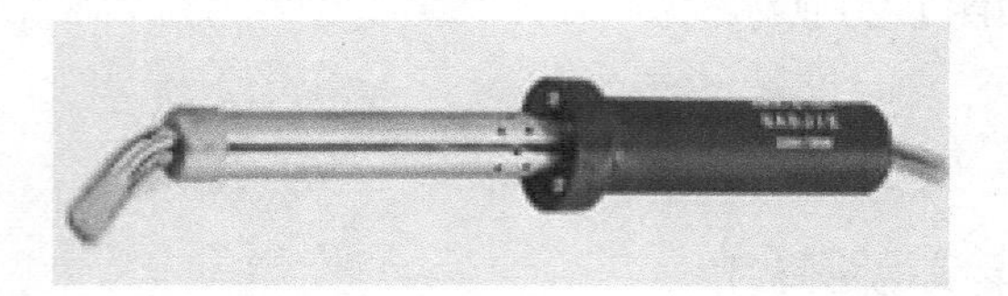

（a）外热式电烙铁

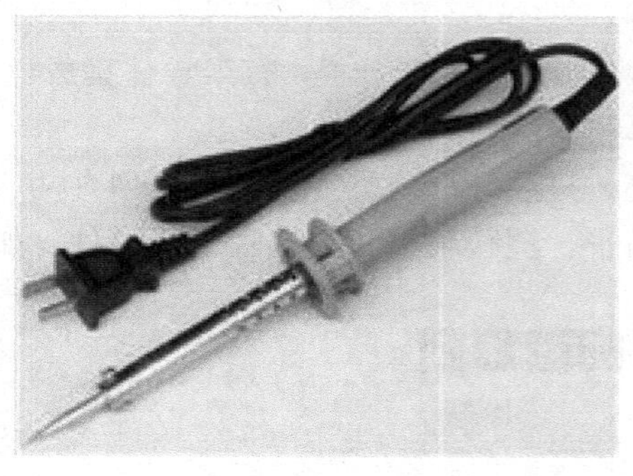

（b） 内热式电烙铁

图 6.21 电烙铁的外形

按电烙铁的功率来分类，通常有 15W、20W、25W、30W、35W 等。一般焊接半导体及其小型的电子元器件应选用 15～25W 的电烙铁；对于焊接较特殊的器件，如 MOS 电路，应选用内热式 20～25W 的电烙铁，并且电烙铁的外壳要有良好接地；对于焊接大型元件或焊接面积较大场合，可选用 40W 的电烙铁；对于焊接金属底板、粗地线等热容量大的物件，则需用 75W 及以上的电烙铁。因此，根据焊接任务的不同，应注意选用不同功率的电烙铁。

选用电烙铁的形式以使用方便为宜。

新电烙铁使用前应将烙铁头锉干净，可按照工作需要锉成一定形状，如楔形、圆锥形、角锥形、斜面形、平顶形等。待通电加热后，先上层松香，再挂一层锡，防止长时间加热因氧化而被“烧死”，不再“吃锡”。长时间使用的电烙铁，不焊接时可将电源电压调低一些，避免烙铁头“烧死”。

2．焊锡

焊锡是一种“铅锡合金”材料，其比纯锡的熔点要低，约为 190℃，而机械强度要高于锡、铅。熔化后其表面张力和粘度降低了，增加了流动性；焊接后有较强的抗氧化能力。

常用的焊锡有焊条和焊锡丝；焊条在使用前应先加工成小块或焊丝。目前焊锡主要采用焊锡丝（见图 6.22），而且大多已夹入松香焊剂，所以使用比较方便。

图 6.22 焊锡丝

3．助焊剂

焊接过程中常需要使用助焊剂。常用的助焊剂有松香、松香酒精溶液、焊油、焊锡膏等。松香（见图 6.23）和松香酒精溶液属中性焊剂，不腐蚀电路元器件和影响电路板的绝缘性能，助焊效果好。因此，使用较多。

为了去除焊点处的锈溃，确保焊点质量，有时也采用少量焊油或焊锡膏，因为它们属于酸性助焊剂。对金属有腐蚀作用；因此，焊接后一定要用酒精将焊点擦洗干净，以防损害印刷线路板和元器件引线。

图 6.23　松香

4．烙铁架

为了便于放置电烙铁和焊剂等，一般应配置烙铁架。烙铁架外形如图 6.24 所示。

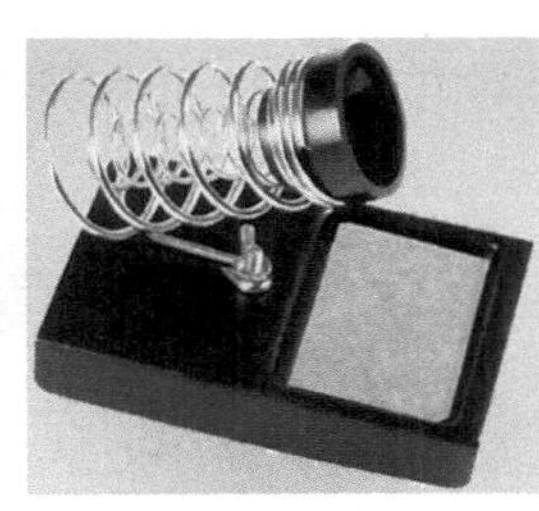

图 6.24 烙铁架外形

（二）电子元器件的焊接技术

为确保焊接的质量，使焊点光亮、圆滑、牢固而不出“虚焊”现象，就必须掌握焊接技术和焊接工艺。

1．一般的焊接要求和过程

（1）首先对焊接部位的金属表面及元器件的引线、引脚等净化处理。

（2）将电烙铁上锡并对焊接部位加热至焊锡熔化的程度，涂上松香，挂上锡，使焊锡填充到被焊位置或元器件。

（3）移开电烙铁，待焊锡自然冷却。

2．焊接工艺和要求

（1）掌握好焊接温度和时间。

温度不够，造成焊锡流动性差，很容易凝固，出现焊点不亮或成“豆腐渣”状；温度过高，焊锡流淌，焊点不易存锡。焊接时间太短，焊剂不能充分挥发，很容易形成“虚焊”现象；焊接时间过长，会使元器件受热过度而损坏和印刷线路点或条翘起。因此，焊接温度和时间应足以使焊锡点光亮、圆滑为宜。

（2）元件扶稳不晃，蘸锡要适当。

在焊接时，电子元件要扶稳、扶牢，使电烙铁不要施加压力或来回移动。尤其在焊锡凝固过程中，不要晃动被焊的元器件，否则容易造成“虚焊”。

烙铁蘸锡多少视焊点大小而定。最好让所蘸锡量刚能包住被焊物。一次上锡不够可以再次填补，但补锡时一定待上次的锡一同熔化后方可移开烙铁头，以使焊点熔为一体。

（3）为美观对元件整形。

一般先将电阻、电容、二极管等电子元件的引线弯成所需的形状，插入电路板的焊孔并排列整齐，然后统一焊接；检查焊点后剪去过长的电子元件引线。

焊接元器件的顺序，一般是焊完电阻、电容和二极管等元器件后，再焊晶体三极管或集成电路。

晶体管和集成电路的焊接时间一般要短些，注意引脚不宜剪得太短，防止在焊接时烫坏管子；可用镊子夹住管脚进行焊接，以便通过镊子散热，保护晶体管。

（4）焊接完后要检查焊点质量，看有无漏焊、错焊和虚焊等问题。

可用尖嘴钳或镊子将被焊元件拉一拉，若有松动应重新焊接。好的焊接应当是焊锡饱满适中，焊点表面光滑，被焊引线着锡均匀，焊点周围干净、无毛刺等。

（三）常用仪器、仪表

1．低频信号发生器

低频信号发生器是用于产生标准低频的正弦波信号，作为测试或检修时用的信号源。低频信号发生器的种类有很多，这里仅介绍 XD2 型低频信号发生器。其面板与外形如图 6.25 所示。

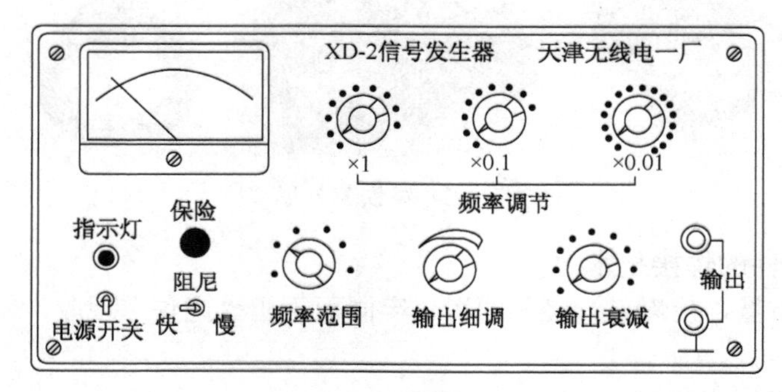

（a）面板

（b）外形

图 6.25　XD2 型低频信号发生器

使用步骤与注意事项：

（1）开机前应将输出电压微调电位器旋至最小输出。

（2）开机预热 20～30min 后方可达到足够的频率稳定度。

（3）选择频率时先选择相应频段，然后再微调到所需频率。

（4）在使用电压输出时，负载阻抗通常要大于 5kΩ。

（5）在使用功率输出时，一般要求应使实际的负载阻抗≥仪器阻抗。

（6）为预防干扰，连接的导线必须采用屏蔽电缆。

2．晶体管毫伏表

晶体管毫伏表（又称电子毫伏表、交流毫伏表）是用于测量一定频率范围的电压，作为测试或检修时用的仪表。毫伏表的种类有很多，这里仅介绍DA-16型晶体管毫伏表。其面板与外形如图6.26所示。

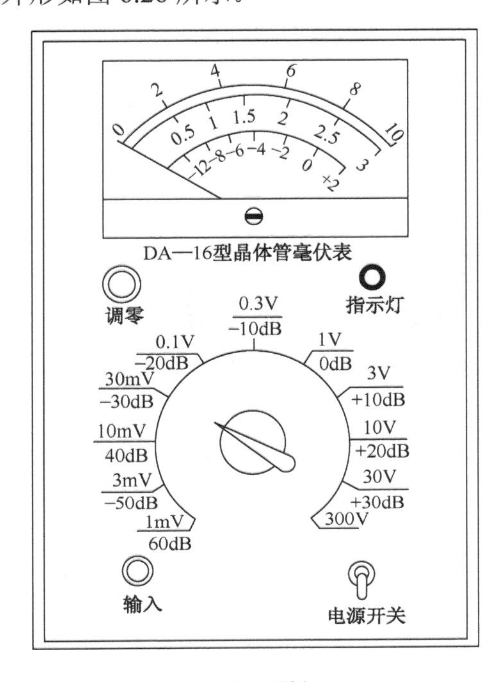

（a）面板

（b）外形

图6.26 DA-16型晶体管毫伏表

使用步骤与注意事项：

（1）接通电源开关，将输入端短接。调整仪表面板的调零电位器，使指针调整在零位。

（2）估算被测信号的数值，选择合适的量程。若无法估算被测量，可先选择最大量程，然后根据表的指示值逐步减少量程，直至合适量程。

（3）将仪表并连接入被测电路。

（4）指针指示值应在满刻度的1/2～1/3段，此时读数精度最高。

（5）读数时应根据量程选择开关的位置，选择相对应的刻度线来读数。

（6）连接导线应尽可能短，并使用金属屏蔽线。

（7）测量非正弦波电压时，指针读数无意义。若测量有规则的波形（如方波、锯齿波等），可按波形因数进行换算，再得出测量结果。

（8）测量较高电压（如220伏）时，应将被测相线接高压端，零线接地端，切勿接反。

3．示波器

示波器是能够直接显示、观察、测量电信号波形的仪器。用于显示电信号波形，测量电信号幅度、频率、周期和相位，观察电信号的形状（如非线形失真等）等。

通用示波器分为单踪和双踪两种。单踪、双踪示波器的外形如图6.27（a）、（b）所示。

通用示波器型号很多，面板也各有不同，但各控制部件及其作用、使用等都基本相同。

使用步骤与注意事项：

（1）闭合电源开关，指示灯发亮。

调节辉度旋钮，控制（调节）光点或光线或波形的亮度。

调节聚焦旋钮，控制（调节）光点或光线或波形的清晰度。

调节辅助聚焦旋钮，并与聚焦旋钮配合使用，控制（调节）光点或光线或波形的清晰度。

调节 X 轴位移（← →）和 Y 轴位移（↑↓）旋钮，使光点或光线调到所需位置。

（a）单踪示波器

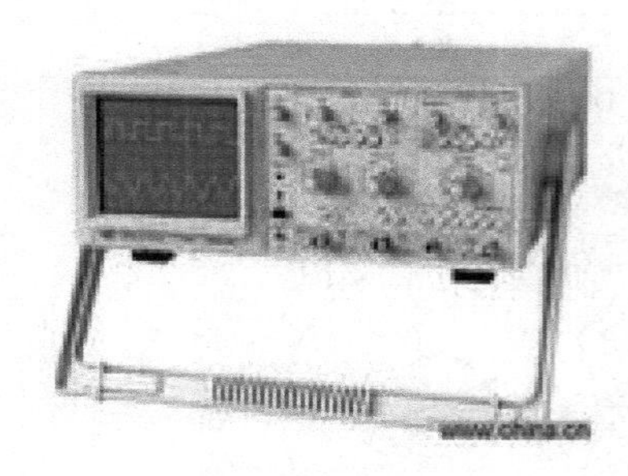

（b）双踪示波器

图 6.27　通用示波器

（2）调节 Y 轴部分

①输入选择开关（DC-⊥-AC）

DC 是直接耦合方式，即输入含直流分量的信号；

⊥是接地耦合方式，用于观察地电位的位置；

AC 是只能输入交流分量的信号耦合方式。

②偏转因数选择开关（V / cm 或 V / div），又称灵敏度选择开关。

适当调节使波形显示的幅度适中，然后用开关指示的数值乘以波形在 Y 轴方向占的格数，即波形的电压值。

③微调旋钮

能使偏转因数连续可调，实现各步进挡内的覆盖。

④极性选择开关（+ 、-）

可使被测信号倒相显示。

⑤显示方式开关（A、B、A+B、交替、断续），双踪或多踪示波器特有的开关。

A——Y_A 通道单独显示，即单踪显示；

B——Y_B 通道单独显示，即单踪显示；

A+B——Y_A 和 Y_B 处于同时工作状态，配合极性开关，可显示两输入信号之和或之差的波形；

交替——Y_A 和 Y_B 处于交替工作状态，显示双踪频率较高的信号；

断续——Y_A 和 Y_B 受电子开关的控制，实现显示双踪频率较低的信号。

⑥内触发选择开关（常态、Y_A、Y_B），双踪或多踪示波器特有的开关。

常态——触发信号由电子开关之后取出，Y_A、Y_B 轮流被作为触发信号，用于一般波形的观察，不能比较两信号的相位关系。

Y_A——触发信号由电子开关之前的 Y_A 取出，双踪显示时扫描始终由 Y_A 来同步，可以比较与另一个信号的相位关系。

Y_B——触发信号由电子开关之前的 Y_B 取出，双踪显示时扫描始终由 Y_B 来同步，可以比较与另一个信号的相位关系。

（3）调节 *X* 轴部分

①扫描因数选择开关（t/cm 或 t/div），又称为扫速开关。

适当调节使波形显示的宽度适中，用开关指示的数值乘以波形上两点之间在水平方向所占格数，即为两点间的时间。若两点是信号的一个周期，则该时间的倒数即为重复频率。

②微调旋钮

可连续微调扫速。

③扩展开关（×10）

使 *X* 轴放大器放大量扩大 10 倍，扫速相应扩展 10 倍。

④稳定性旋钮，又称稳定度或触发稳定旋钮。

与触发电平旋钮配合调整，使波形稳定显示。

⑤触发电平旋钮

与稳定性旋钮配合调整，稳定波形。

⑥触发信号选择开关（内、外、电源）

内——来自机内 *Y* 通道的被测信号；

外——来自外触发插座的信号；

电源——来自机内 50Hz 工频，适用于观察与工频有关的信号。

⑦触发极性开关（ + 、-）

置 +——选择触发倍号的上升部分来触发扫描；

置 - ——选择触发倍号的下降部分来触发扫描。

⑧触发耦合方式开关（DC、AC、AC（H））

DC——选择内、外触发信号交流耦合；

AC——直接耦合，用于慢变信号的触发；

AC（H）——是经高通滤波器后耦合，可抑制低频信号的干扰。

（四）电子电路调试技术

1．一般调试方法

（1）电路的检查

根据电路图检查电路元器件是否连接正确，如元器件的管脚、二极管方向、电容极性、电源线、地线等连接是否正确；元器件的连接或焊接是否牢固；电源电压的数值和方向是否符合设计要求等。

（2）按功能块（或单元电路）分别调试

任何一个复杂的电子装置都是由各个简单的单元电路组成；若把每一部分单元电路调试的能正常工作，这样才可能使各部分连接成整机后有正常工作的基础。因此有必要先分功能块（或单元电路）调试电路；同时这样做既容易排除故障，又可以逐步扩大调试范围，实现整机调试。分块调试既可以装好一部分就调试一部分；也可以整机装好后，再分块调试。

（3）先静态调试，后动态调试

调试电路一般都是从最简单的工作状态开始调试，因此，通常是先给电路加上电源而不外加输入信号进行调试，待电路的工作状态正常后再加上输入信号进行动态调试。

（4）整机调试

在每一部分单元电路或功能块工作正常后，再进行整机的调试。

调试顺序可以按信号传递的方向或路径，逐级地完成全电路的调试工作。

（5）指标测试

在电路能正常工作后，可进行技术指标的测试工作。

2．模拟电路调试

（1）静态调试

首先进行测试电路中各主要部位的静态电压、电流值，并检查元器件是否完好、是否处于正常的工作状态。若有不符合要求的，要先找出原因加以排除。

（2）动态调试

静态调试完成后，再接上输入信号；各级电路的输出端应有相应的信号输出。线性放大电路不应有波形失真；波形产生和变换电路的输出波形应符合设计要求。

调试时，一般是由前级开始逐级向后检测，并及时调整改进。

3．数字电路调试

（1）先需调整好振荡电路，以便为其他电路提供标准的时钟信号。

（2）注意调整控制电路，以便为各部分电路提供控制信号，使电路能正常运行。

（3）调整信号处理电路，如寄存器、计数器、编码和译码电路等；并相互连接检查电路的逻辑功能。

（4）注意调整好接口电路、驱动电路、输出电路，以及各种执行元件或机构，保证实现正常的功能。

调试中应注意的问题：

（1）注意元件类型，如果有 TTL 电路，又有 CMOS 电路，还有分立元件等，应注意检查电源电压是否合适，电平转换及带负载能力是否符合要求等。

（2）注意时序电路的初始状态，检查能否自启动；各集成电路辅助管脚、多余管脚是否处理合适等。

（3）注意检查容易出现故障的环节，掌握排除故障的方法。出现故障时，可从简单部分逐级查找，逐步缩小故障点的范围。

（4）注意各部分的时序关系。对各单元电路的输入和输出波形的时间关系要十分熟悉。应对照时序图、检查各点波形、弄清哪些是上升沿触发、哪些是下降沿触发及它和时钟信号的关系等。

（五）其他

1．电子元器件的排列原则

（1）相互有影响或产生干扰的元器件应尽可能地分开或屏蔽。

（2）元器件排列应利于散热。

（3）要便于整机调试、测量和检修。

2．连接线路的原则

（1）按电路图的走向顺序排列各级电路，应尽量缩短连接线，以减少分布参数对电路的影响。

（2）连接线应尽量避免形成闭合回路，避免由于空间磁场通过此环路形成涡流，产生干扰信号。

（3）对集成电路的外接元器件应尽可能地安排在对应脚附近，缩短连接线的距离。

（4）连接线应尽量做到横平、竖直美观，并要紧贴线路板。

3．合理接地

（1）输入级和输出级不要共同用一条地线。

（2）输入信号的“地”应就近在输入级放大器的地端，不要和其他地方的地线公用。

（3）电路尽可能一点接地；避免地电流干扰和寄生反馈。

（4）各种高频和低频去耦电容的地端应尽可能远离输入级的接地点；但可靠近高电位的接地端。

三、实训器材

按表6.3准备好完成本任务所需的设备、工具和器材。

表6.3 工具与器材、设备明细表

序号	名 称	型 号	规 格	单 位	数 量
1	单相交流电源		220V、36V、6V		
2	低频信号发生器	XD2型		台	1
3	晶体管毫伏表	DA-16型		台	1
4	双踪示波器	XC4320型		台	1
5	万用电表	MF-47型		个	1
6	电工电子实训通用工具		试电笔、榔头、螺丝刀（一字和十字）、电工刀、电工钳、尖嘴钳、剥线钳、镊子、小刀、小剪刀、活动扳手等	套	1
7	焊接工具和材料		15～25W 电烙铁、焊锡丝、松香助焊剂、烙铁架及印制电路板等	套	1
8	连接导线				若干

四、实训内容与步骤

（一）焊接操作

1．电烙铁的使用

（1）对电烙铁、焊锡丝、松香助焊剂、烙铁架及印制电路板等的认识。

（2）对电烙铁的烙铁头上锡。

（3）电烙铁的规范操作。

2．焊点的焊接

（1）使用电烙铁对印刷电路板中的焊点上锡。

（2）要求焊锡点光亮、圆滑，锡量要合适。

（3）反复操作，掌握技术要领。

（二）常用仪器、仪表的使用

1．DA-16型晶体管毫伏表的操作

（1）面板各部位的认识。

（2）使用前的检测。

2．XD2 型低频信号发生器面板旋钮的操作

（1）将 DA-16 型晶体管毫伏表的测试输入端与 XD2 型信号发生器的电压输出端连接好；分别接通各自的电源。

（2）将信号发生器的频率设置为 1 kHz；调节输出幅度旋钮使信号发生器的电压表和晶体管毫伏表指示均为零。

（3）调节信号发生器的输出幅度达到 1 V。

（4）调节信号发生器的输出衰减至 0dB 起，每变换一挡时，读出晶体管毫伏表的指示值，并记录于表 6.4 中。

表 6.4　晶体管毫伏表测量记录

衰减值（dB）	0	20	40	60	80
指示值（V）					

3．XC4320 双踪示波器的操作

（1）面板各部位及各旋钮的认识。

（2）接通电源，调整面板上各控制旋钮寻找光点或光线；通过光点或光线调整辉度使光点或光线亮度适当；并调整聚焦及辅助聚焦旋钮使光点圆而小或光线细而最清晰。

（3）使信号发生器向示波器输入一正弦波信号，并显示一个稳定的波形；观察波形，读出示波器的指示值，并记录于表 6.5 中。

电压峰-峰值（V_{P-P}）= 灵敏度（mV/div）×度数（div）

带 10∶1 衰减的电压峰-峰值（V_{P-P}）= 灵敏度（mV/div）×度数（div）×10

电压有效值（V）= 电压峰-峰值（V_{P-P}）/ $\sqrt{2}$

表 6.5　示波器的交流电压测量记录

峰-峰值（V_{P-P}）	带衰减的峰-峰值（V_{P-P}）	有效值（V）

（4）改变信号发生器的频率（选择 100Hz、1 kHz、10 kHz），观察波形，读出示波器指示的信号周期（频率）值，并记录于表 6.6 中。

表 6.6　示波器的频率测量记录

100Hz	1 kHz	10 kHz

信号周期 T = 扫速（t /div）×度数（div）

信号频率 $f = 1/T$

本章小结

● 常用的两种半导体，即 P 型和 N 型半导体。P 型和 N 型半导体结合时在交界处形成 PN 结。PN 结具有单向导电特性，即加正向电压时，呈现很小的正向电阻，可以通过较大的正向电流，相当于导通状态；若加反向电压时，呈现很大的反向电阻，只能通以微小的反向电流，相当于截止状态。

● 二极管的结构就是由一个 PN 结构成，所以 PN 结的特性就是二极管的特性。当二极管

加上正向电压，且正向电压值必须大于死区电压时，二极管才正向导通；当二极管加反向电压时，处于截止状态。

● 硅二极管的死区电压约为 0.5V，锗二极管的死区电压为 0.2V；在正常导通后，硅二极管的管压降约 0.7V，锗二极管的管压降约 0.3V。

● 三极管的结构是由三个区及其两个 PN 结组成的。即集电区、基区和发射区，集电结和发射结。

三极管分为 NPN 型（硅管）和 PNP 型（锗管）；注意电路符号的区别是表示电流方向的发射极箭头方向不同。

三极管是一种电流控制元器件，三极管的电流放大作用，即用基极电流 I_B 的变化去控制集电极电流 I_C 的变化。

三极管有三种工作状态，即放大、截止和饱和状态。放大状态必须满足集电结加反向偏压、发射结加正向偏压的条件；截止状态必须满足发射结和集电结都加反向偏压的条件；饱和状态必须满足发射结和集电结都加正向偏压的条件。

● 晶闸管是一种变流的半导体元器件。

单向晶闸管的结构是由四个区及其三个 PN 结组成的。具有可控制的单向导电特性，导通时必须满足两个条件：阳极与阴极之间必须有适当的正向电压、控制极与阴极之间也必须加有足够大的正向触发电压。

晶闸管一旦导通，尽管控制极与阴极之间的正向触发电压为 0，也会维持导通；条件是必须保证阳极的工作电流大于维持电流；因此维持电流是维持晶闸管导通的最小阳极工作电流。

晶闸管的自行关断条件是阳极工作电流减小到无法维持晶闸管导通的程度或使阳极与阴极之间的正向电压为 0，而与有无触发电压无关。

● 单结晶体管是只有一个 PN 结的三极管，具有两个基极，即第一基极和第二基极。

晶闸管的触发电压脉冲是由单结晶体管及其电路来产生或形成的。

● 场效应管是电压控制型的器件，其工作是通过输入电压对输出电流而产生的控制作用。

● 集成电路有模拟集成电路和数字集成电路两大类；模拟集成电路是用于对连续的、不间断的电压或电流信号进行的处理，数字集成电路是用于对断续的、离散的电压或电流信号进行的处理。

习题 6

6.1　填空题

1. 导电性能介于导体与绝缘体之间的物质称为__________。

2. 在 N 型半导体中，主要是依靠__________来导电。在 P 型半导体中，主要是依靠__________来导电。

3. PN 结具有__________性能。

4. PN 结的正向接法是将电源的正极接__________区，电源的负极接__________区。

5. 硅二极管的死区电压约__________ V，锗二极管的死区电压约__________ V。

6. 二极管导通后，硅管管压降约为__________伏，锗管管压降约为__________伏。

7. 三极管是由__________个 PN 结及其划分为__________个区组成的。

8. 三极管的两个 PN 结分别称为__________和__________。

9. 三极管具有__________放大作用。

10. 三极管具有电流放大作用的条件是________。

11. 硅三极管的死区电压为________V，锗三极管的死区电压为________V。

12. 硅三极管的管压降U_{BE}约________V，锗三极管的管压降U_{BE}约________V。

13. 三极管的β值太小，则其________较差。

14. 单向晶闸管是由________个PN结及其________个区组成的。

15. 单向晶闸管导通必须具备两个条件：________。

16. 晶闸管要关断时，________电流小于晶闸管的维持电流值或在阳极与阴极之间加上________电压。

17. 单结晶体管有________个PN结。

18. 改变________的大小，就可控制单结晶体管迅速的导通与截止。

19. 场效应管是________控制型的器件。

20. 场效应管有三个电极，分别称为________、________和________。

21. 焊接场效应管时应先焊________极，后焊________极。

22. 使用场效应管时要绝对防止________极悬空；在不使用时应将三个电极________。

23. 集成电路中的电容器是利用________的结电容制成，容量一般小于________。

6.2 选择题

1. 半导体在外电场的作用下，____作定向移动而形成电流。

A. 电子　　B. 空穴　　C. 电子和空穴

2. 在P型半导体，主要是依靠____来导电。

A. 电子　　B. 空穴　　C. 电子和空穴

3. PN结的P区接电源负极，N区接电源正极，称为____偏置接法。

A. 正向　　B. 反向　　C. 零

4. 在二极管正向时，二极管呈现____。

A. 较小电阻　　B. 较大电阻　　C. 不稳定电阻

5. 二极管正向导通的条件是其正向电压值____。

A. 大于0　　B. 大于0.3V　　C. 大于死区电压

6. 二极管的正极电位是−20V，负极电位是−10V，则二极管处于____。

A. 正偏　　B. 反偏　　C. 不稳定

7. 三极管是由____个PN结所组成。

A. 1　　B. 2　　C. 3

8. 硅三极管的管压降U_{BE}约为____V。

A. 0.3　　B. 0.5　　C. 0.7

9. 在一般情况下，三极管的电流放大系数随温度的增加而____。

A. 增加　　B. 减小　　C. 不变

10. 处于放大状态下的三极管，其发射极电流是基极电流的____倍。

A. 1　　B. β　　C. $1+\beta$

11. 三极管在饱和状态时，I_C____I_B控制。

A. 受到　　B. 不再受　　C. 等待

12. 穿透电流在温度的上升时而____。

A. 增加　　B. 减小　　C. 不变

13. 单向晶闸管是有____个 PN 结。

A. 1　　B. 2　　C. 3

14. 单向晶闸管导通必须具备条件是____。

A. $U_{AK}>0$　　B. $U_{GK}>0$　　C. $U_{AK}>0$ 和 $U_{GK}>0$

15. 晶闸管要关断时，其导通电流____晶闸管的维持电流值。

A. 小于　　B. 大于　　C. 等于

16. 在晶闸管的阳极与阴极之间加上____偏压，晶闸管将要关断。

A. 正向　　B. 反向　　C. 双向

17. 单结晶体管有____个 PN 结。

A. 1　　B. 2　　C. 3

18. 改变____的大小，就可以控制单结晶体管迅速的导通与截止。

A. U_{be_1}　　B. U_{eb_1}　　C. U_{be_2}

19. 场效应管是____控制型的器件。

A. 电流　　B. 电压　　C. 电流和电压

20. ____是指使场效应管开始导通时的 U_{GS} 值。

A. 夹断电压　　B. 开启电压　　C. 漏极电流

21. 焊接场效应管时应____。

A. 先焊栅极，后焊源极　　B. 先焊源极，后焊栅极　　C. 焊接各极不用分先后

22. 集成电路中在工艺上不能制造____。

A. 电阻器　　B. 电容器　　C. 电感器

6.3　判断题

1. 在 N 型半导体中，主要是依靠电子来导电。(　)
2. 二极管具有单向导电性。(　)
3. 二极管加正向电压时一定导通。(　)
4. PN 结正向偏置时电阻小，反向偏置时电阻大。(　)
5. 当二极管加反向电压时，二极管将有很小的反向电流通过。(　)
6. 硅二极管的死区电压小于锗二极管的死区电压。(　)
7. 两个二极管反向连接起来可作为三极管使用。(　)
8. 硅三极管的死区电压约为 0.7 V。(　)
9. 三极管的输出特性曲线实际就是一组曲线族。(　)
10. 三极管的截止状态是指输出特性 $I_B=0$ 曲线以下的区域。(　)
11. 三极管的放大状态是 $U_{BE}>$ 死区电压，且 $U_{CE}>U_{BE}$。(　)
12. 三极管的β值太大，则其工作性能不稳定。(　)
13. 三极管的β值越大，说明该管的电流控制能力越强，所以选择三极管的β值越大越好。(　)
14. 工作在放大状态的三极管，其发射极电流要比集电极电流要大。(　)
15. 单向晶闸管是由两个三极管组成的。(　)
16. 单向晶闸管导通后，控制极将失去作用。(　)
17. 晶闸管的控制极仅在触发晶闸管导通时起作用。(　)
18. 晶闸管为控制开关元件。(　)
19. 晶闸管的控制极加上触发信号后，晶闸管就导通。(　)

20. 当晶闸管阳极电压为零时，晶闸管就马上关断。(　)
21. 只要阳极电流小于维持电流，晶闸管就关断。(　)
22. 只要给晶闸管加足够大的正向电压，没有控制信号也能导通。(　)
23. 单结晶体管有两个 PN 结。(　)
24. 单结晶体管又称为双基极二极管。(　)
25. 改变 U_{be_2} 的大小，就可控制单结晶体管迅速的导通与截止。(　)
26. 场效应管是电流控制型的器件。(　)
27. 绝缘栅型（MOSFET）又称为 MOS 场效应管。(　)
28. 使用场效应管时要绝对防止栅极悬空；在不使用时应将三个电极短接。(　)
29. 集成电路中的电阻阻值是有限的。(　)

6.4 简答题

1. 简述 PN 结的形成及其特性。
2. 当二极管的正向电压等于死区电压时，二极管有何特性？
3. 当二极管加入反向电压时，二极管有何特性？
4. 简述三极管的特性。
5. 试述三极管的电流放大原理。
6. 简述三极管的各种工作状态。
7. 单向晶闸管与普通二极管有何区别？
8. 简述单向晶闸管的工作特点。
9. 简述单结晶体管的工作特点。
10. 试述场效应管的基本工作原理及其特点。
11. 试述场效应管的使用注意事项。
12. 简述集成电路的工艺特点和应用。

6.5 识图题

1. 判别图 6.28 中二极管的工作状态。

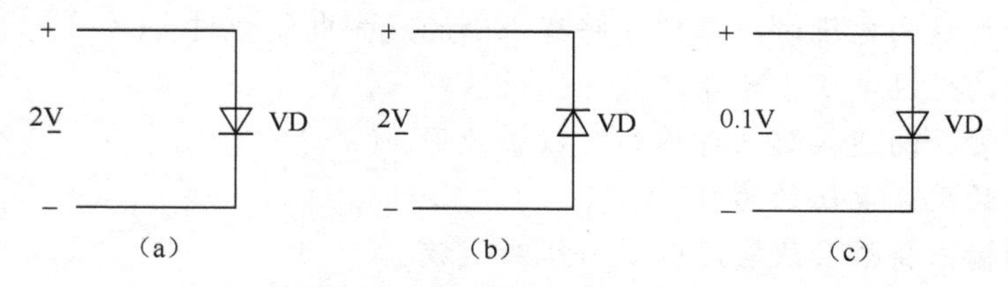

图 6.28　习题 6.5 第 1 题图

2. 试确定图 6.29 中硅二极管两端的电压值。

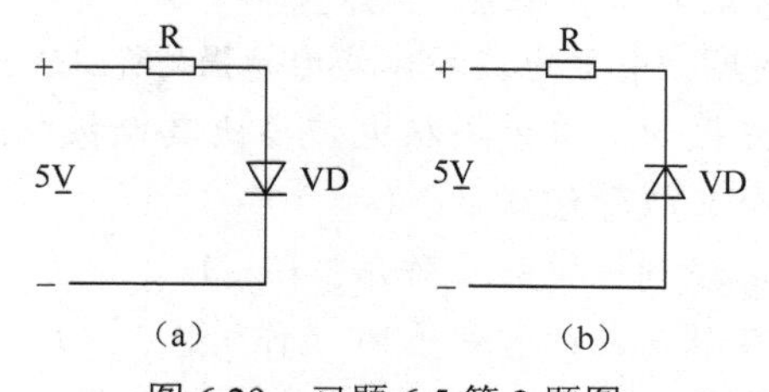

图 6.29　习题 6.5 第 2 题图

3. 试确定图 6.30 中硅二极管两端的电压值。

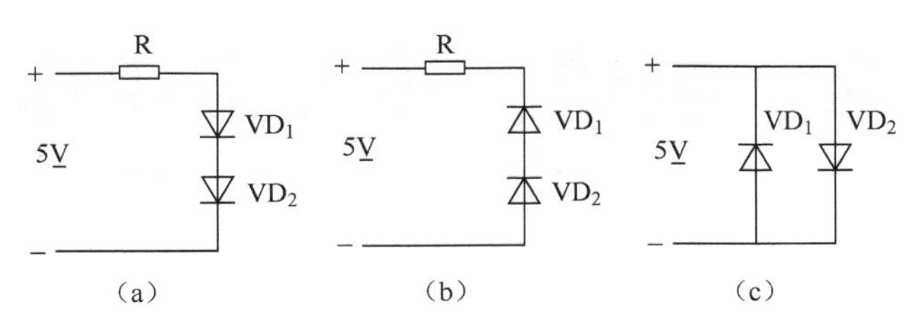

图 6.30　习题 6.5 第 3 题图

4. 判别图 6.31 中三极管的工作状态。

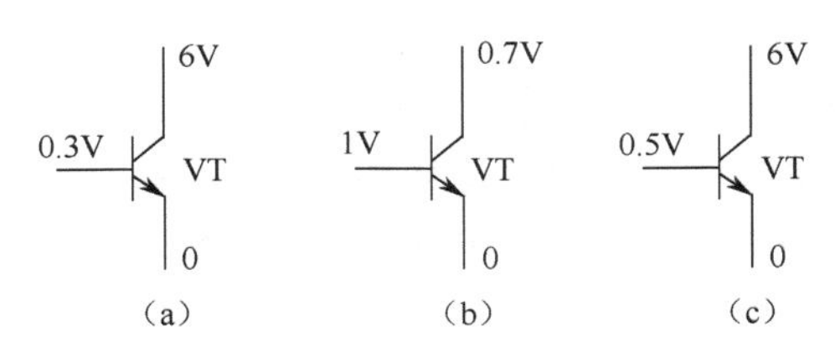

图 6.31　习题 6.5 第 4 题图

5. 试确定图 6.32 中通过三极管的未知电流值。

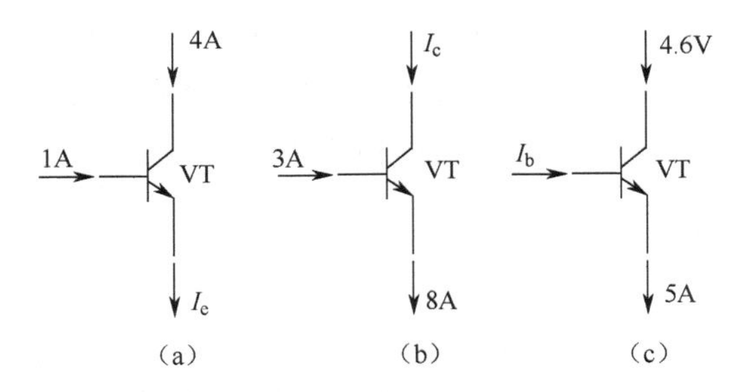

图 6.32　习题 6.5 第 5 题图

第 7 章　整流、滤波及稳压电路

学习目标

本章主要介绍整流、滤波和稳压电路，并研究在实际应用中的一些具体电路，主要包括：

- 单相整流电路和三相整流电路；
- 滤波电路；
- 稳压电路；
- 晶闸管单相可控整流电路。

通过学习本章，应能理解直流电源的结构和各部分电路作用及其基本原理；能够掌握单相桥式整流电路的结构和工作原理，明确滤波电路和稳压电路的作用；并对集成稳压器的使用有一定的了解。

7.1　整流电路

将交流电变换为直流电（脉动）的过程称为整流，利用二极管的单向导电性可以实现整流。整流电路可分为单相整流电路和三相整流电路两大类，根据整流电路的形式还可分为半波、全波和桥式整流电路。下面介绍应用最广泛的单相桥式整流电路。

7.1.1　单相桥式整流电路

（1）电路结构

单相桥式整流电路如图 7.1 所示。在电路中，四只整流二极管连接成电桥形式，所以称为桥式整流电路；这种电路通常有如图 7.1 所示的几种形式的画法，其中图 7.1（c）为单相桥式整流电路最常用的简单画法。

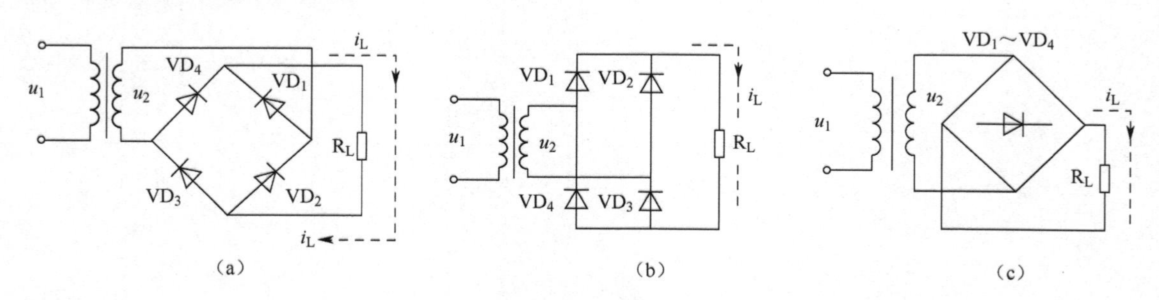

图 7.1　单相桥式整流电路

（2）工作原理

经过电源变压器 T 的变换为所需要的电源电压 u_2 后，在交流电压 u_2 的正半周（即 0～t_1）时，整流二极管 VD_1、VD_3 正偏导通，VD_2、VD_4 反偏截止，产生电流 i_L 通过负载电阻 R_L，并在负载电阻 R_L 上形成输出电压 u_L；如图 7.2（a）所示。输出信号的波形如图 7.2（c）所示；由图可见，通过负载电阻 R_L 的输出电流 i_L 和在负载电阻 R_L 上的输出电压 u_L 均为脉动直流电的正半周。

在交流电压 u_2 的负半周（即 t_1～t_2）时，整流二极管 VD_2、VD_4 正偏导通，VD_1、VD_3 反偏截止，产生电流 i_L 同样通过负载电阻 R_L，并在负载电阻 R_L 上形成输出电压 u_L；如图 7.2（b）所示。输出信号的波形如图 7.2（c）所示；由图可见，通过负载电阻 R_L 的输出电流 i_L 和在负载电阻 R_L 上的输出电压 u_L 同样均为脉动直流电的正半周。当交流电压 u_2 进入下一个周期的正半周（即 t_2～t_3）时，整流电路将重复上述工作过程。

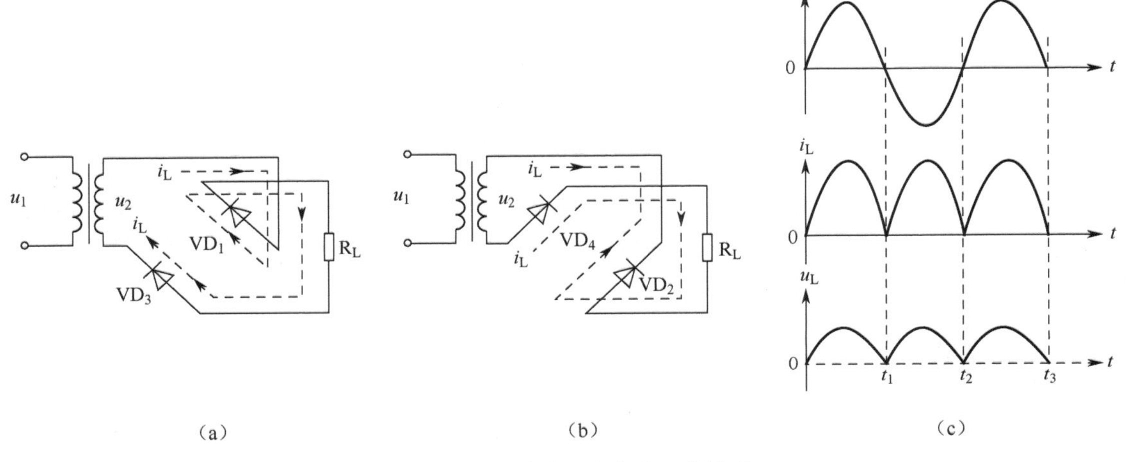

图 7.2　单相桥式整流电路工作原理

由此可见，在交流电压 u_2 的一个周期（正负半周）内，都有相同一方向的电流流过 R_L，四只整流二极管中，两只导通时另两只截止，轮流导通工作，并以周期性地重复工作过程。在负载 R_L 上得到大小随时间 t 改变但方向不变的全波脉动直流输出电流 i_L 和输出电压 u_L，所以这种整流电路属于全波整流类型。

单相桥式整流电路的特点是：整流效率高（电源利用率高），而且输出信号脉动小，因此在各个方面的应用最为广泛。

在实际应用中，四个整流二极管集中制作成一体，称为全桥整流堆。其内部电路和外形如图 7.3 所示。通过全桥整流堆代替四个整流二极管与电源变压器连接，就可组成单相桥式整流电路。

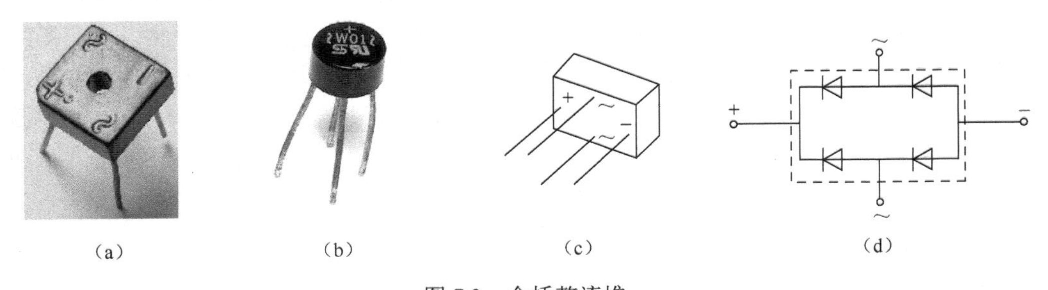

图 7.3　全桥整流堆

若单相桥式整流电路中的其中一个二极管被击穿，电路的工作过程将会如何？

7.1.2　三相整流电路

单相整流电路的输出功率都较小，因此在设备中使用的大功率直流电源，大多数都是从三相整流电路得来的。使用广泛的三相桥式整流电路如图 7.4 所示。

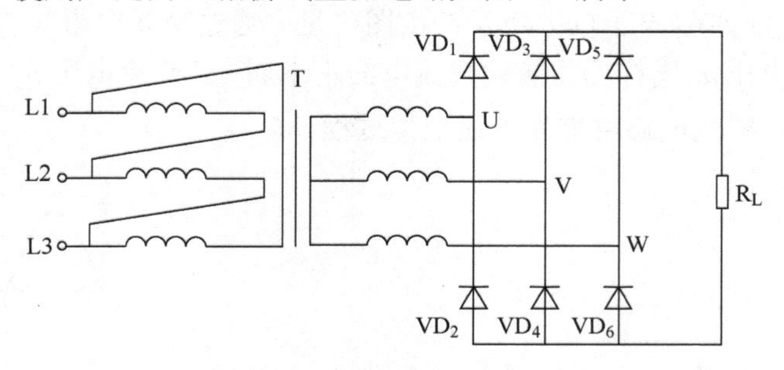

图 7.4　三相桥式整流电路

三相桥式整流电路的特点：电源的利用率较高（即变压器的利用率较高），输出电压比三相半波整流电路的输出电压大一倍，且脉动小，并能使三相电网负荷平衡等，因此广泛应用于要求输出电压高、脉动小的电气设备中。

阅读材料

整流电路部分电量关系

整流电路中有关电量计算归纳如表 7.1 所示。

表 7.1　整流电路部分电量关系

整流电路	单相半波	单相桥式	三相半波	三相桥式
输出电压	$0.45u_2$	$0.9u_2$	$1.17u_2$	$2.34u_2$
每个二极管通过平均正向电流	负载电流	负载电流/2	负载电流/3	负载电流/3
二极管承受最大反向电压	$\sqrt{2}\,u_2$	$\sqrt{2}\,u_2$	$\sqrt{6}\,u_2$	$\sqrt{6}\,u_2$

7.2　滤波电路

整流电路是将交流电转换成为直流电，但转换后所输出的并不是纯净的直流电，而是脉动直流电；这种不平滑或不纯净的直流电中含有较多的、较大的交流成分，因此，要获得纯净的或平滑的直流电，应尽可能地滤除脉动直流电的交流成分，保留脉动直流电的直流成分，这就是滤波的概念。完成滤波作用的电路称为滤波电路（也称滤波器）。滤波电路是由电容器或电感器或电阻器按照一定的连接形式组成的，并连接在整流电路后；从而使经整流后的脉动直流电变为较平滑的直流电，得到所需要的较纯净的直流电，如图 7.5 所示。

7.2.1　电容滤波电路

电容滤波电路如图 7.6 所示。在整流器输出后并接电容 C，利用电容器的“通交隔直”特点使经过整流输出后的脉动直流电流分成两部分，一部分为交流成分 i_C，经电容 C 被滤除；另一部分为直流成分 I_L，经负载电阻 R_L 输出。因此，输出的电压 U_L 和电流 I_L 变为较平滑的直流电。

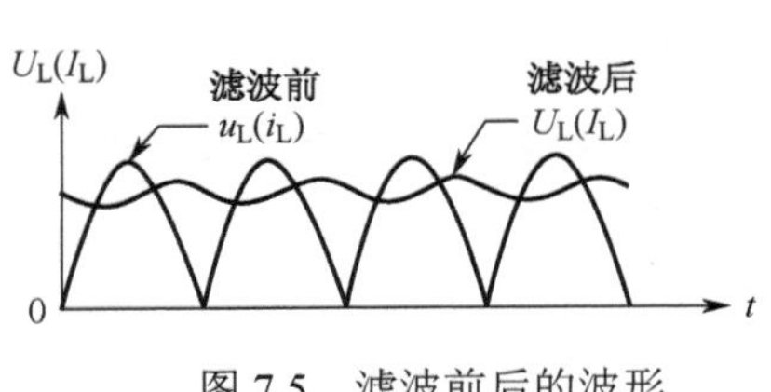

图 7.5　滤波前后的波形

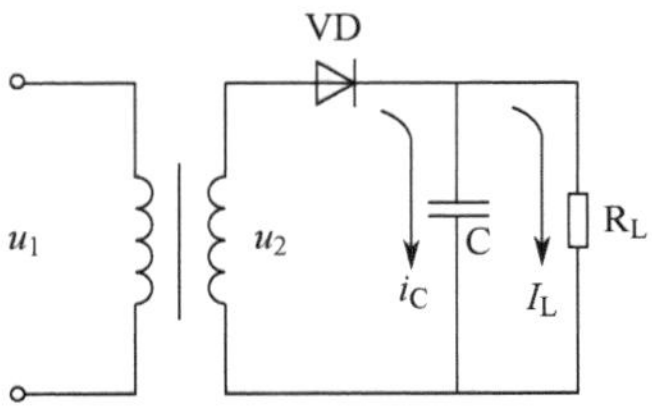

图 7.6　电容滤波电路

电容滤波电路的特点：交流成分大大减少，输出的直流电比较平滑，而且输出直流电的平均值升高；但负载上的直流电压 U_L 随负载电流 I_L 增加而减小；因此适用于小功率而且负载变化较小的场合。

7.2.2　电感滤波电路

电感滤波电路如图 7.7 所示。在整流器输出串接电感 L，利用电感器的“通直隔交”特点，使经过整流输出后的脉动直流电中的交流成分无法通过电感 L 并被吸收掉，而脉动直流电中的直流成分 I_L 顺利通过电感 L 输出到负载电阻 R_L；因此，输出的电压 U_L 和电流 I_L 变为较平滑的直流电。

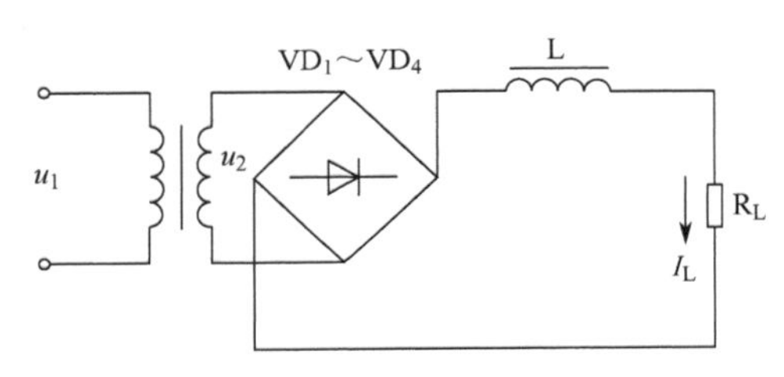

图 7.7　电感滤波电路

电感滤波电路的特点：交流成分更加减少，输出的直流电更平滑，滤波效果更好；但损耗将增加，成本上升；因此适用于大功率、大电流而且负载变化较大的场合。

7.2.3　复合滤波电路

复合滤波电路是由电容器、电感器和电阻器组合的滤波电路，其滤波效果比单一使用的电容器或电感器的滤波效果要好，因此应用更为广泛。

1．π型RC滤波电路

π 型 RC 滤波电路如图 7.8 所示。电路中 C_1 起滤波的作用，RC_2 起进一步平滑作用。

π 型 RC 滤波电路的特点：交流成分进一步减少，输出的直流电更加平滑；但电阻 R 上的直流压降使输出电压 U_L 降低，损耗加大。

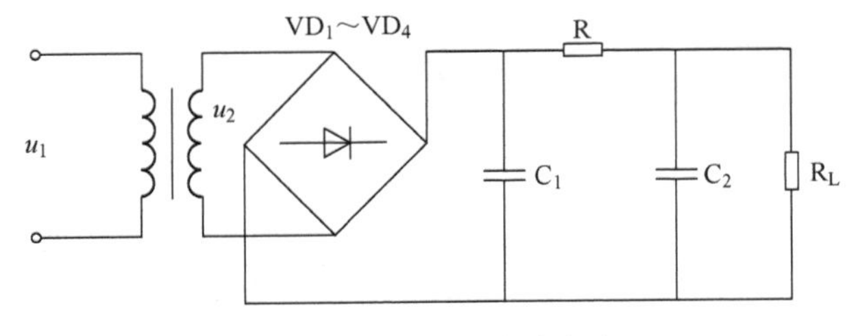

图 7.8　π 型 RC 滤波电路

2．LC型滤波电路

为减少在电阻 R 上的直流压降损失而不致使输出电压 U_L 降低，用电感器 L 代替电阻 R。

LC 型滤波电路如图 7.9 所示。通过电感器 L 和电容器 C 的双重滤波，使其滤波效果比 π 型 RC 滤波电路要好。

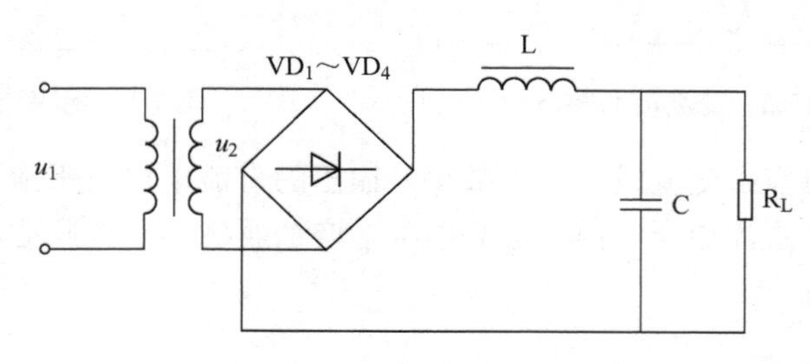

图 7.9　LC 型滤波电路

3．π型LC滤波电路

π 型 LC 滤波电路如图 7.10 所示。实际上是在 LC 型滤波电路的基础上增加一个滤波电容器，滤波效果比前几种滤波电路都要好；因此适用于要求较高的场合或电子设备。但体积较大，成本较高。

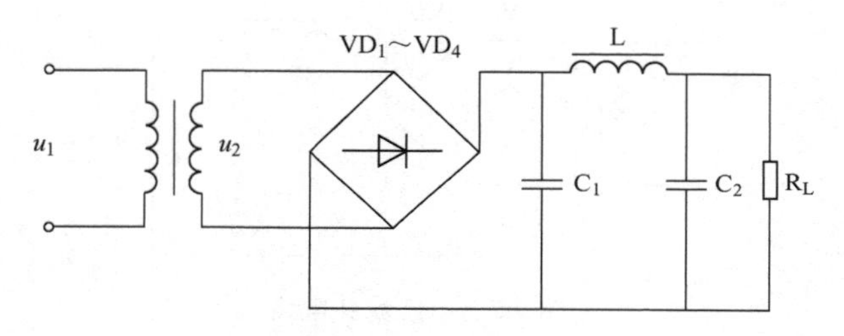

图 7.10　π 型 LC 滤波电路

阅读材料

整流滤波（电容）电路部分电量关系

整流滤波（电容）电路中有关电量计算归纳如表 7.2 所示。

表 7.2　整流滤波（电容）电路部分电量关系

整流电路	负载开路时输出电压	带负载时输出电压	二极管最大反向电压	二极管通过电流
半波	$\sqrt{2}\,u_2$	u_2	$2\sqrt{2}\,u_2$	负载电流
桥式	$\sqrt{2}\,u_2$	$1.2u_2$	$\sqrt{2}\,u_2$	负载电流/2

7.3　稳压电路

7.3.1　概述

交流电经过整流、滤波后变换为平滑的直流电，但由于电网电压或负载的变动使输出的平滑直流电也随之变化，因此显然不够稳定。为适用于精密设备和自动化控制等，有必要在整流、滤波后再加入稳压电路，以确保输出电压的稳定。

当电网电压发生波动或负载发生变化时，输出电压应不受影响，这就是稳压的概念。完成稳压作用的电路称为稳压电路（也称为稳压器）。稳压电路的构成是以稳压二极管为主的电路。

7.3.2　稳压二极管及其特性

稳压二极管的材料多采用硅材料，所以称为硅稳压二极管；硅稳压二极管是一种特殊的二极管，由于其具有稳定电压的特点，因此也是稳压电路中的基本元件之一。

稳压二极管的正向特性与普通的二极管相同，但反向特性却有很大的区别。硅稳压二极管的伏安特性曲线如图 7.11 所示。由图可见，当反向电压 U 较小时，其反向电流 I_Z 很小；但若反向电压 U 增加达到某一值（图 7.11 中 A 点）时，反向电流 I_Z 开始增加，进入反向击穿区域；此时反向电压 U 若有微小的增加（$\triangle u_Z$），就会引起反向电流 I_Z 的急剧增大（$\triangle i_Z$），即反向电流大范围的变化（$\triangle i_Z$）而反向电压却几乎不变（$\triangle U_Z$）。稳压二极管稳压电路就是利用这一特性来达到稳压的目的。

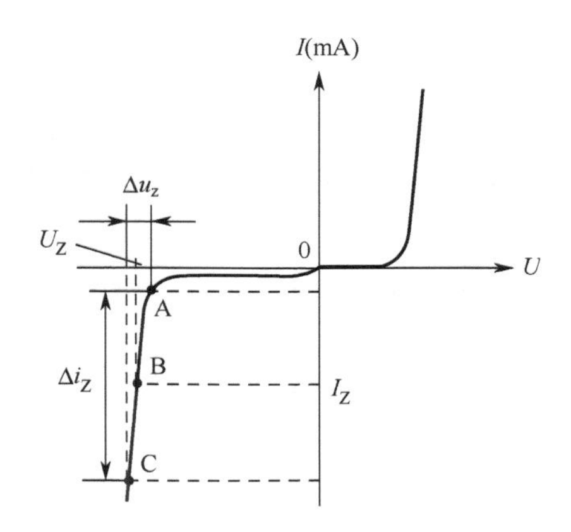

图 7.11　稳压二极管的伏安特性曲线

稳压二极管的图形符号如图 7.12 所示。一极为正极（或阳极），用“+”号表示，另一极为负极（或阴极），用“－”号表示；文字符号用“VZ”表示。

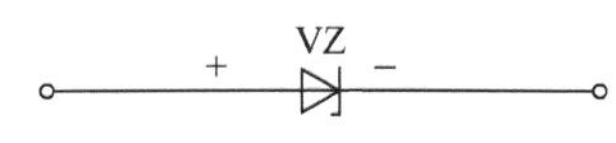

图 7.12　稳压二极管图形符号

稳压二极管的主要参数和使用：

（1）稳定电压 U_Z——指稳压二极管在正常工作状态下两端的反向击穿电压值。

（2）稳定电流 I_Z——指稳压二极管在稳定电压 U_Z 下的工作电流。

（3）最大耗散功率 P_{ZM}——指稳压二极管的稳定电压 U_Z 与最大稳定电流 I_{ZM} 的乘积。在使用中若超过 P_{ZM}，稳压管将被烧毁。

（4）温度系数——通常稳压值 U_Z 大于 6V 的稳压二极管是具有正温度系数；即温度升高时，其稳压值 U_Z 略有上升；若稳压值小于 6V 的稳压二极管是具有负温度系数，即温度升高时，其稳压值 U_Z 略有下降；稳压值 U_Z 为 6V 的稳压管，其温度系数趋近于零。

在实际使用中，若用一个稳压二极管的稳压值达不到要求时，可采用两个或两个以上的稳压二极管串联使用。

7.3.3　基本的稳压电路

1．电路结构

基本的稳压电路如图 7.13 所示。电路是由稳压二极管 VZ 和电阻 R 等组成的。稳压二极管 VZ 是稳定输出电压 U_L，使输出电压 U_L 受制于稳压二极管 VZ 的稳定电压值 U_Z 上。电阻 R 又称为限流电阻，其作用是限制电流，使通过稳压二极管 VZ 的稳定电流 I_Z 不超过最大的允许值，并使输出电压 U_L 趋向稳定。

2．工作原理

（1）当电网电压升高时，使 u_1、u_2、整流和滤波的输出电压都随之升高，并引起稳压二极管 VZ 的两端电压 U_Z 增加，输出电压 U_L 也增加。根据稳压二极管的反向击穿特性，即反向电

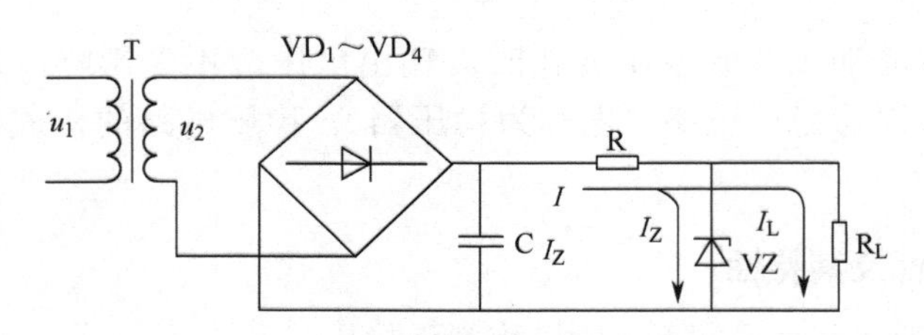

图 7.13　基本的稳压电路

压 U 若有微小的增加（$\triangle u_Z$），就会引起反向电流 I_Z 的急剧增大（$\triangle i_Z$）；因此 I_Z 显著增加，导致通过限流电阻 R 的电流及其压降增大，从而使输出电压 U_L 下降，保持稳定。工作过程可描述为：

电网电压↑→u_1↑→u_2↑→电容 C 两端电压 u_C↑→输出电压 U_L↑→I_Z↑→I↑→电阻 R 两端压降 U_R↑→输出电压 U_L↓。

（2）当负载电阻 R_L 增大时，使输出电流 I_L 减小，通过限流电阻 R 的电流及其压降都减小，并引起稳压二极管 VZ 的两端电压 U_Z 增加，输出电压 U_L 也增加。根据稳压二极管的反向击穿特性，反向电流 I_Z 将迅速升高，即 I_Z 增大；若 I_Z 的增加量与 I_L 减小量相等时，则通过限流电阻 R 的电流 I 及其压降 U_R 都维持不变，从而使输出电压 U_L 保持稳定。工作过程可描述为：

负载电阻 R_L↑→ I_L↓→I↓→电阻 R 两端压降 U_R↓→输出电压 U_L↑→I_Z↑→I↑→ U_R↑→输出电压 U_L↓。

（3）反之，当电网电压波动下降或负载电阻 R_L 减小变化时，其工作过程与上述相反。

基本的稳压电路特点：电路结构简单；稳压管与负载并联，所以又称为并联型稳压电路；在一定范围内，输出电压与供电电网的电压波动或负载的变化都无关；但输出电压不能任意调节，稳定性较差，因此适用于要求不高的场合。

7.3.4　集成稳压电路

在实际应用中，单片集成化的稳压电路已广泛使用。该集成稳压电路有三个引出端，即接电源的输入端、接负载的输出端和公共接地端，因此又称为三端集成稳压器。常用的三端集成稳压器有 W78XX 和 W79XX 等两个系列；W78XX 系列为正电压输出，W79XX 系列为负电压输出，XX 表示集成稳压器的标称输出电压值；如 W7806 表示输出+6 伏的集成稳压器，W7906 表示输出-6 伏的集成稳压器。其电路符号和外形如图 7.14 所示。

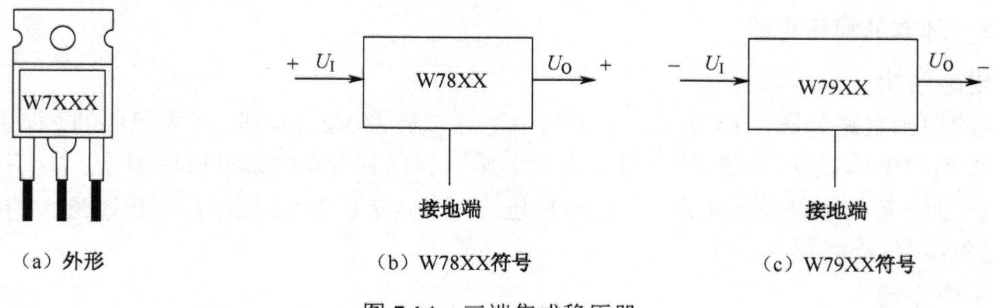

（a）外形　（b）W78XX符号　（c）W79XX符号

图 7.14　三端集成稳压器

基本的集成稳压电路如图 7.15 所示。

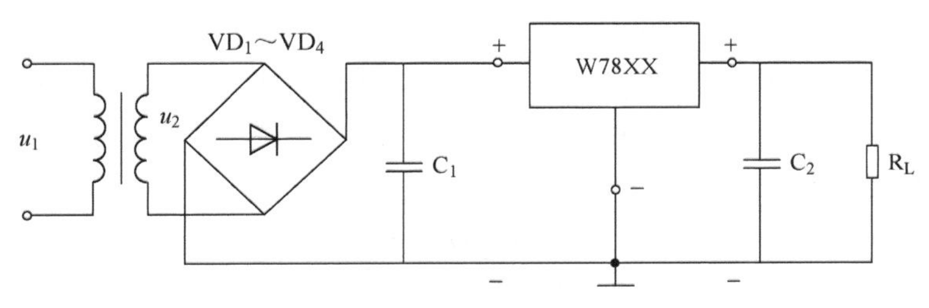

（a）W78XX基本集成稳压电路

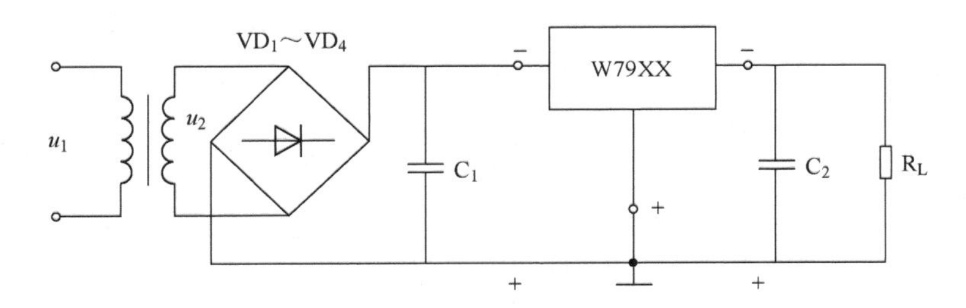

（b）W79XX基本集成稳压电路

图 7.15　基本的集成稳压电路

7.4　晶闸管单相可控整流电路

如在上一章介绍，晶闸管是一种可控的元件，并具有用微弱的电触发信号去控制较强的电信号输出的作用；利用这种具有“触发而导通”的特性组成的整流电路，就可以使输出到负载的电压 u_L 可控或可调。

1．电路结构

将单相桥式整流电路中的四个整流二极管全部改换成晶闸管的电路，称为单相全控桥式可控整流电路；若只改换其中两个整流二极管为晶闸管的电路，则称为单相半控桥式可控整流电路，如图 7.16（a）所示。

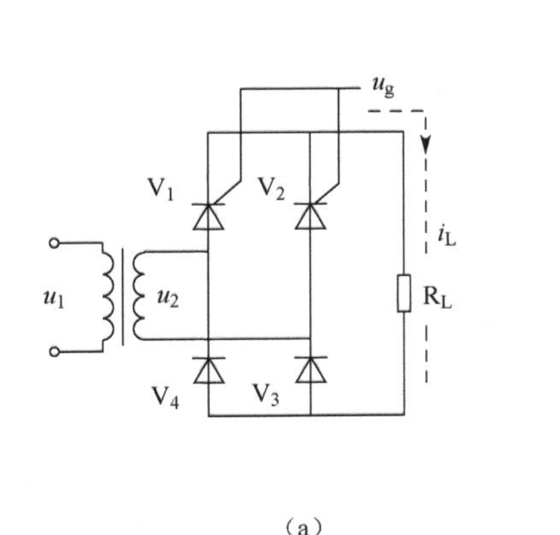

（a）

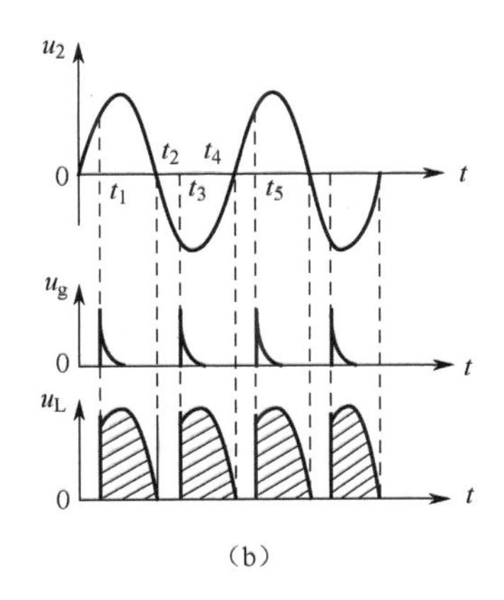

（b）

图 7.16　单相半控桥式可控整流电路及波形

2．工作原理［见图7.16（b）］

（1）当 $t=0\sim t_1$ 时，$u_2>0$，但 $u_g=0$，晶闸管 V_1、V_2 均关断，$u_L=0$。

（2）当 $t=t_1$ 时，$u_2>0$，$u_g>0$，晶闸管 V_1 导通，二极管 V_3 也导通，晶闸管 V_2 与二极管 V_4 反偏而关断或截止；电流 i_L 通过负载电阻 R_L，并在负载电阻 R_L 上形成输出电压 u_L。

（3）当 $t=t_1\sim t_2$ 时，尽管 $u_g\downarrow=0$，但晶闸管 V_1 维持导通，因此，输出电压 u_L 与 u_2 相等，如图 7.16（b）中 u_L 的阴影面积部分所示。

（4）当 $t=t_2$ 时，$u_2=0$，晶闸管 V_1 自行关断、V_2 也关断，$u_L=0$。

（5）当 $t=t_2\sim t_3$ 时，$u_2<0$，但 $u_g=0$，晶闸管 V_1、V_2 均关断，$u_L=0$。

（6）当 $t=t_3$ 时，$u_2<0$，$u_g>0$，晶闸管 V_2 导通，二极管 V_4 也导通，晶闸管 V_1 与二极管 V_3 反偏而关断或截止；电流 i_L 通过负载电阻 R_L，并在负载电阻 R_L 上形成输出电压 u_L。

（7）当 $t=t_3\sim t_4$ 时，尽管 $u_g\downarrow=0$，但晶闸管 V_2 维持导通，因此，输出电压 u_L 与 u_2 相等，如图 7.16（b）中 u_L 的阴影面积部分所示。

（8）当 $t=t_4$ 时，$u_2=0$，晶闸管 V_2 自行关断、V_1 也关断，$u_L=0$；同时又是进入 u_2 的第二个周期的开始，即从 $t=t_4$ 开始，电路将重复上一周期的变化；不断重复过程。

可见，在 u_2 的一个周期里，不论 u_2 是正半周（即 $u_2>0$）或 u_2 是负半周（即 $u_2<0$），总有一只晶闸管和一只二极管同时导通，从而在负载 R_L 上得到单向的全波脉动直流电 u_L。

该电路也是通过调节触发信号 u_g 到来的时间来改变晶闸管的控制角 α，即改变导通角 θ，从而实现控制或调节输出的直流电。

单相半控桥式可控整流电路的特点：效率较高，应用广泛，但不允许接滤波电容器；否则，会影响晶闸管的自行关断。

技能训练

【实训9】 单相整流、滤波电路

一、实训目的

1．进一步掌握单相整流、滤波电路各组成部分的工作原理。

2．进一步掌握焊接技术和熟悉焊接过程。

3．分析、测量整流和各种滤波电路的输出电压值。

4．观察整流和各种滤波电路的输出波形及其滤波效果。

二、相关知识与预习内容

阅读本章有关单相整流和滤波电路的内容。

三、实训器材

按表 7.3 准备好完成本任务所需的设备、工具和器材。

表 7.3 工具与器材、设备明细表

序号	名　称	型　号	规　格	单位	数量
1	单相交流电源		220V、36V、6V		
2	变压器		220V/ 9V	个	1
3	拨动开关		单掷	个	5
4	二极管	1N4001		个	4
5	电解电容器		30μF / 50V、100μF / 50V	个	各1
6	电阻		300Ω 1/4W、 500Ω 1/4W	个	各1

续表

序号	名　称	型　号	规　　格	单位	数量
7	双踪示波器	XC4320 型		台	1
8	万用电表	MF-47 型		个	1
9	电工电子实训通用工具		试电笔、榔头、螺丝刀（一字和十字）、电工刀、电工钳、尖嘴钳、剥线钳、活动扳手、镊子等	套	1
10	焊接工具和材料		15～25W 电烙铁、焊锡丝、松香助焊剂、烙铁架及印制电路板等	套	1
11	连接导线				若干

四、实训内容与步骤

（一）焊接操作

1．按图 7.17 所示电路，正确焊接电子元件及其元器件。

（1）按电子元器件的排列原则在印制电路板进行排列；

（2）按焊接工艺和要求进行焊接。

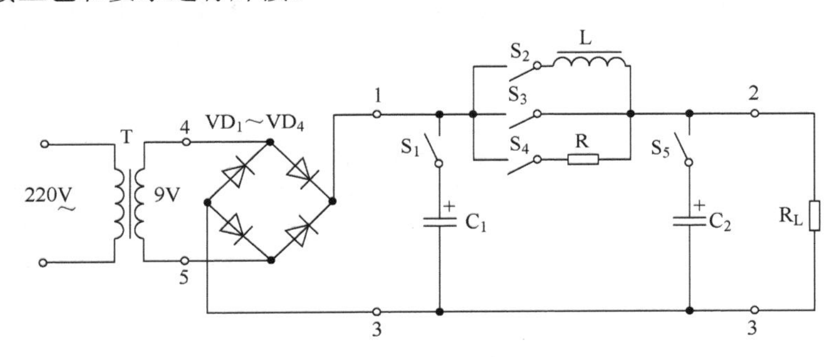

图 7.17　单相桥式整流和滤波电路

2．根据连接线路的原则按图 7.17 所示电路进行线路连接。

3．经检查无误方可进行下一步操作。

（二）测量

1．桥式整流

（1）接通电源 220V，所有拨动开关 S_1～S_5 均处于图中的状态。

（2）将万用表选择直流电压挡（>9 V），测量变压器 T 二次侧电压 U_{45} 和桥式整流后电压 U_{13}，并填入表 7.4 中。

（3）闭合开关 S_3，测量负载电阻 R_L 两端电压，即 U_{23}，并填入表 7.4 中。

表 7.4　桥式整流电路测量记录

	变压器 T 二次侧电压 U_{45}	整流电压 U_{13}	负载电阻 R_L 两端电压 U_{23}
计算值（V）			
测量值（V）			

2．电容滤波

（1）闭合开关 S_1，断开开关 S_3，电路为不带负载的桥式整流、电容滤波电路；测量 U_{13}，并填入表 7.5 中。

（2）闭合开关 S_1 和 S_3，电路为带负载的桥式整流、电容滤波电路；测量 U_{23}，并填入表

7.5 中。

表 7.5　桥式整流、电容滤波电路测量记录

	电容滤波电压 U_{13}	负载电压 U_{23}
测量值（V）		

3．电感滤波

（1）所有开关 S_1～S_5 断开，电路为不带负载的桥式整流电路；测量 U_{13}，并填入表 7.6 中。

（2）闭合开关 S_2，电路为带负载的桥式整流、电感滤波电路；测量 U_{23}，并填入表 7.6 中。

表 7.6　桥式整流、电感滤波电路测量记录

	整流电压 U_{13}	负载电压 U_{23}
测量值（V）		

4．复合滤波（π 型滤波）

（1）所有开关 S_1～S_5 断开，电路为不带负载的桥式整流电路；测量 U_{13}，并填入表 7.7 中。

（2）闭合开关 S_1、S_4、S_5，电路为带负载的桥式整流、复合滤波（π 型滤波）电路；测量 U_{23}，并填入表 7.7 中。

表 7.7　桥式整流、复合滤波（π 型滤波）电路测量记录

	整流电压 U_{13}	负载电压 U_{23}
测量值（V）		

（三）观察

使用 XC4320 双踪示波器观察，并分析整流、各种滤波电路的特点。

1．电容滤波

（1）所有开关 S_1～S_5 断开，用示波器观察电路中 4、5 点及 1、3 点的电压波形，并绘画在图 7.18 中。

（2）闭合开关 S_1，电路为桥式整流、电容滤波电路；用示波器观察电路中电容器两端的电压波形，并绘画在图 7.18 中。

（3）比较开关 S_1 闭合前、后的电压波形。

2．电感滤波

（1）所有开关 S_1～S_5 断开，用示波器观察电路中 4、5 点及 1、3 点的电压波形，并绘画在图 7.19 中。

（2）闭合开关 S_2，电路为桥式整流、电感滤波电路；用示波器观察电路中 2、3 点的电压波形，并绘画在图 7.19 中。

（3）比较开关 S_2 闭合前、后的电压波形。

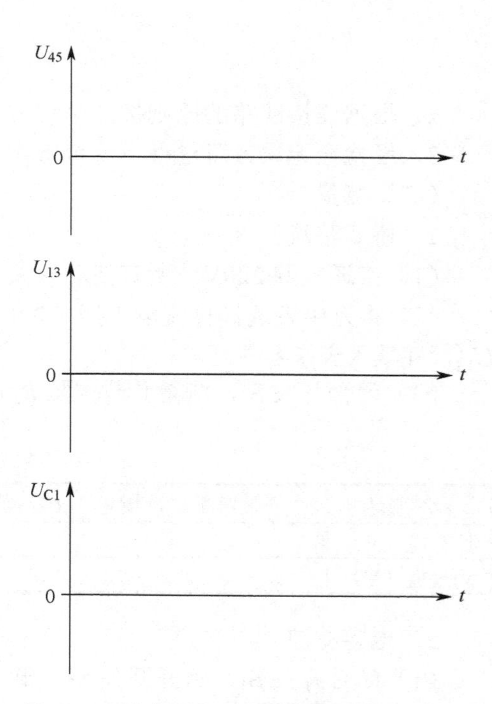

图 7.18　桥式整流、电容滤波电路电压波形

3．复合滤波（π 型滤波）

（1）所有开关 S_1～S_5 断开，用示波器观察电路中 4、5 点及 1、3 点的电压波形，并绘画在图 7.20 中。

（2）闭合开关 S_1、S_4、S_5，电路为桥式整流、复合滤波（π 型滤波）滤波电路；用示波器观察电路中 2、3 点的电压波形，并绘画在图 7.20 中。

（3）比较开关 S_1、S_4、S_5 闭合前、后的电压波形。

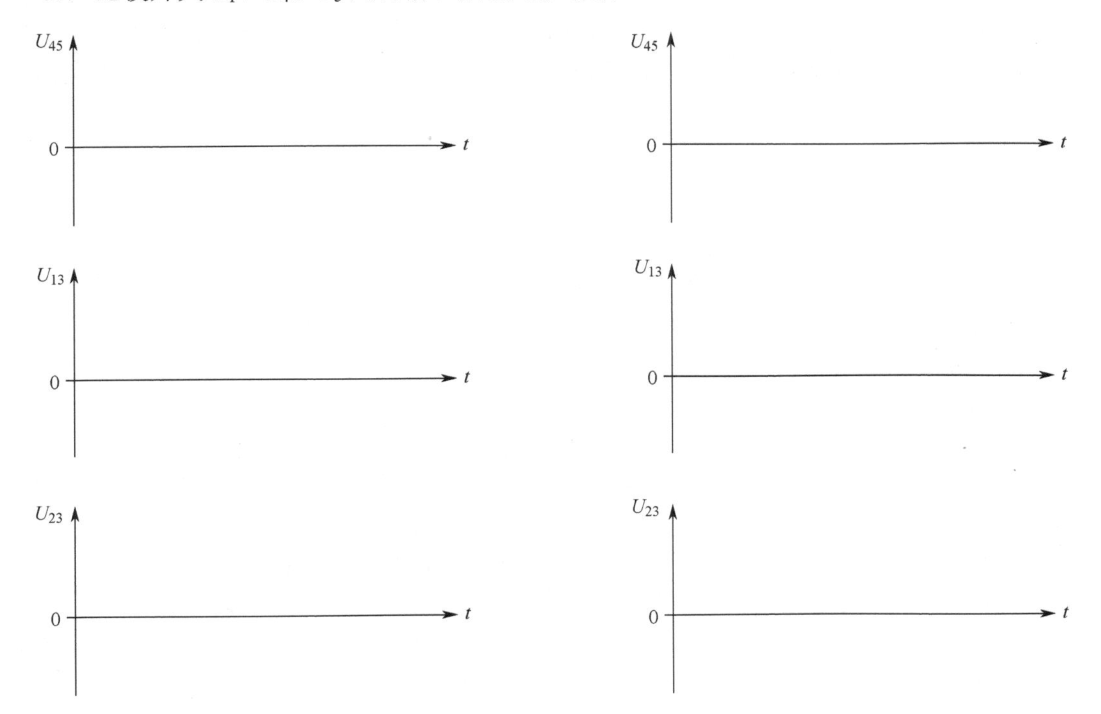

图 7.19　桥式整流、电感滤波电路电压波形　　图 7.20　桥式整流、复合滤波（π 型滤波）电路电压波形

本章小结

- 一个直流电源是由电源变压器、整流电路、滤波电路和稳压电路等组成的。
- 整流是指将交流电转换为脉动直流电的过程。通常是利用二极管的单向导电特性，组成各种的整流电路，来完成整流功能；其中单相、三相桥式整流电路应用比较广泛。
- 桥式整流电路是全波整流电路，具有效率高的特点，在输入电源的正、负半周时，有各自的电流回路，并轮流工作。
- 要复习交流电的最大值、有效值和平均值之间的关系。整流电路所输出电压 u_L 和输出电流 i_L 均是指平均值，而整流管的反向耐压是指最大值。
- 为了减少整流电路输出信号的脉动成分（即交流成分），在整流之后接入滤波电路。
- 滤波的方法是利用对频率信号有关的元件进行旁路或抑制；通常有电容器、电感器及其复合电路。
- 电容滤波主要应用于小电流的设备，滤波效果较好；而应用工作在大电流的设备时，一般采用电感滤波。

● 因电网电压或负载的波动引起输出电压的不稳定，因此要得到稳定的输出电压，通常在整流、滤波后加接稳压电路。

● 稳压管必须工作在反向击穿状态，利用在较大的电流范围内电压保持基本不变来达到稳压。

● 三端集成稳压器是一种集成的稳压电路。具有固定的输出（正、负）电压，在使用时要注意引脚的功能不同。

● 采用晶闸管构成输出电压可调节的可控整流电路，可以通过改变晶闸管的控制角或导通角的大小来调节输出电压。电路形式有单相半波、单相半控桥式等基本的可控整流电路。

习题7

7.1 填空题

1. 整流是将__________变换为__________的过程。

2. __________在整流电路中起到将交流电压的升高或降低的作用。

3. 在变压器二次侧电压相同的情况下，桥式整流电路输出的直流电压比半波整流电压高__________倍，而且脉动__________。

4. 单相桥式整流电路的特点是__________，__________。

5. 利用电抗元件的__________特性能实现滤波。

6. 滤波是尽可能地滤除脉动直流电的__________，保留脉动直流电的__________直流成分。

7. 电容滤波是利用电容器的__________特点进行滤波。

8. 常用的滤波电路有__________、__________、复式滤波等几种类型。

9. 电容滤波适用于__________的场合，电感滤波适用于__________的场合。

10. 稳压的作用是当__________发生波动或__________发生变化时，输出电压应不受影响。

11. 在稳压管稳压电路中，稳压管必须要与负载电阻__________。

12. 硅稳压管在电路中，其正极必须接电源的________________极，其负极必须接电源的________________极。

13. 稳定电压是指稳压二极管在正常工作状态下两端的__________电压值。

14. 稳压值小于6V的稳压二极管是具有__________系数。

15. 三端集成稳压器有__________端、__________端和__________端等。

16. W78XX系列集成稳压器为__________电压输出。

17. 晶闸管作用是__________用去控制__________输出。

18. 晶闸管的控制角α越小，导通角θ__________，输出电压就__________。

7.2 选择题

1. 在整流电路中起到整流作用的元件是_____。

A. 电阻　　B. 电容　　C. 二极管

2. 交流电通过单相整流电路后，得到的输出电压是_____。

A. 交流电压　　B. 脉动直流电压　　C. 恒定直流电压

3. 单相桥式整流电路在输入交流电的每个半周内有_____个二极管导通。

A. 1　　B. 2　　C. 4

4. 桥式整流电路输出的直流电压比半波整流电路输出的直流电压脉动_____。

A. 要小　　B. 要大　　C. 不稳定

5. 单相桥式整流电路中，如果电源变压器二次侧电压为100V，则负载电压为____。

A. 45 V　　B. 90 V　　C. 100 V

6. 利用电抗元件的____特性能实现滤波。

A. 延时　　B. 储能　　C. 稳定

7. 在整流电路的负载两端并联一大电容，其输出电压波形脉动的大小将随负载电阻和电容量的增加而____。

A. 增大　　B. 减小　　C. 不变

8. 单相桥式整流电路接入滤波电容后，二极管的导通时间____。

A. 变长　　B. 变短　　C. 不变

9. 单相桥式整流电容滤波电路中，如果电源变压器二次侧电压为 100V，则负载电压为____。

A. 90 V　　B. 100 V　　C. 120 V

10. 几种复合滤波电路比较，滤波效果最好的是____电路。

A. π型 RC 滤波　　B. π型 LC 滤波　　C. LC 型滤波

11. 滤波电路中，滤波电容和负载____，滤波电感和负载____。

A. 串联　　B. 并联　　C. 混联

12. 在直流稳压电源中，采取稳压措施是为了____。

A. 将交流电变换为直流电

B. 保证输出电压不受电网波动和负载变化的影响

C. 稳定电源电压

13. 稳压二极管工作于____偏置状态。

A. 正向　　B. 反向　　C. 正向和反向

14. 在稳压管稳压电路中，稳压管必须要与负载电阻____。

A. 串联　　B. 并联　　C. 串联和并联

15. 稳定电压是指稳压二极管在正常工作状态下两端的____电压值。

A. 正向工作　　B. 反向工作　　C. 反向击穿

16. 在温度升高时，稳压值为3V的稳压二极管其稳压值应____。

A. 略有上升　　B. 略有下降　　C. 不变

17. W79XX 系列集成稳压器为____输出。

A. 负电压　　B. 正电压　　C. 正、负电压

18. 晶闸管的导通角θ越小，输出电压就____。

A. 越小　　B. 越大　　C. 不变

7.3　判断题

1. 整流是将交流电变换为脉动直流电的过程。(　)

2. 单相桥式整流电路在输入交流电的每个半周内都有两只二极管导通。(　)

3. 桥式整流电路输出的直流电压比半波整流电路输出的直流电压脉动要大。(　)

4. 在负载相同时，单相桥式整流电路中二极管所承受的反向电压比单相半波整流高一倍。(　)

5. 单相整流电容滤波中，电容器的极性不能接反。(　)

6. 整流电路接入电容滤波后，输出直流电压下降。(　)
7. 单相整流电容滤波中，电容器容量越大效果越好。(　)
8. 复合滤波电路的滤波效果比单一使用的电容器或电感器的滤波效果要好。(　)
9. π 型 RC 滤波电路比 LC 型滤波电路的滤波效果要好。(　)
10. 稳压二极管具有反向电流大范围的变化而反向电压几乎不变的特性。(　)
11. 在使用中若超过最大耗散功率，稳压管将被烧毁。(　)
12. 在温度升高时，稳压值为 8V 的稳压二极管其稳压值应略有下降。(　)
13. 稳压值为 6V 的稳压管，其温度系数趋近于零。(　)
14. 硅稳压二极管可以串联使用，也可以并联使用。(　)
15. 晶闸管具有用微弱的电触发信号去控制较强的电信号输出的作用。(　)
16. 单相全控桥式可控整流电路是将单相桥式整流电路中的整流二极管全部改换成晶闸管的电路。(　)
17. 单相半控桥式可控整流电路在加入滤波电容后，可提高效率。(　)

7.4 简答题

1. 什么是整流？
2. 对整流、滤波电路有什么要求？
3. 简述单相桥式整流电路的工作原理。
4. 试述三相桥式整流电路的工作原理。
5. 什么是滤波？
6. 试述滤波的基本原理。
7. 试述电容滤波的特点。
8. 试述电感滤波的特点。
9. 什么是稳压？
10. 简述硅稳压二极管反向特性。
11. 试述稳压电路的结构及其稳压过程。
12. 试述基本的稳压电路特点。
13. 简述单相半控桥式可控整流电路的工作过程。
14. 单相桥式整流、电容滤波电路的负载端电压大小与负载的大小有什么关系？
15. 在空载时，单相桥式整流、电感滤波电路中的电感有什么作用？

7.5 识图题

1. 完成图 7.21 中的整流电路。

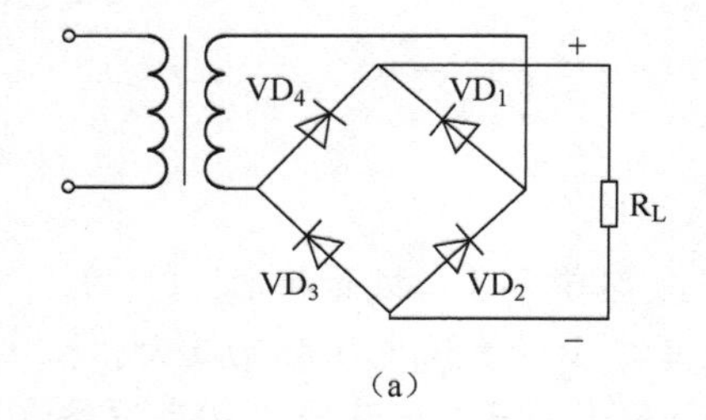

(a)

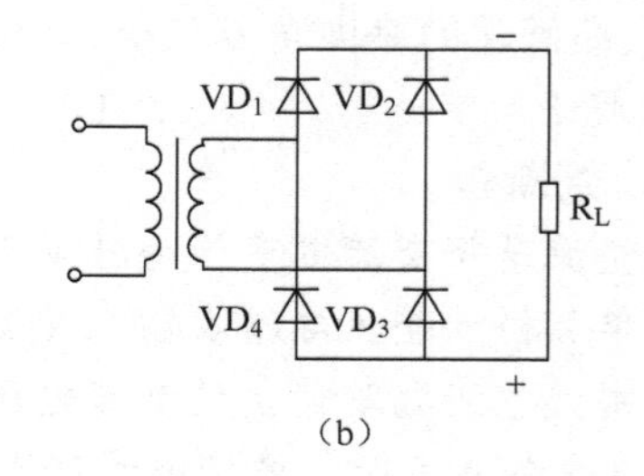

(b)

图 7.21　习题 7.5 第 1 题图

2. 将图 7.22 中的元件连接成单相桥式整流电路。

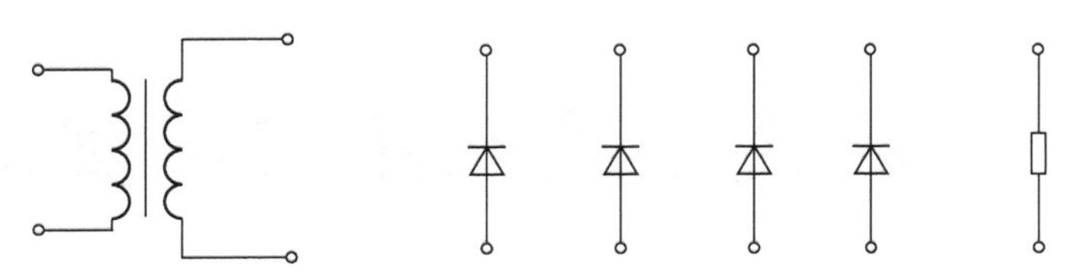

图 7.22 习题 7.5 第 2 题图

3. 指出图 7.23 中的元件错误之处，并改正。

4. 指出图 7.24 中的元件错误之处，并改正。

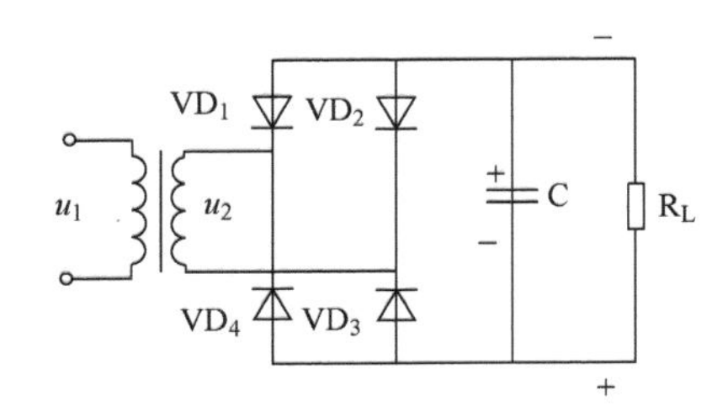

图 7.23 习题 7.5 第 3 题图

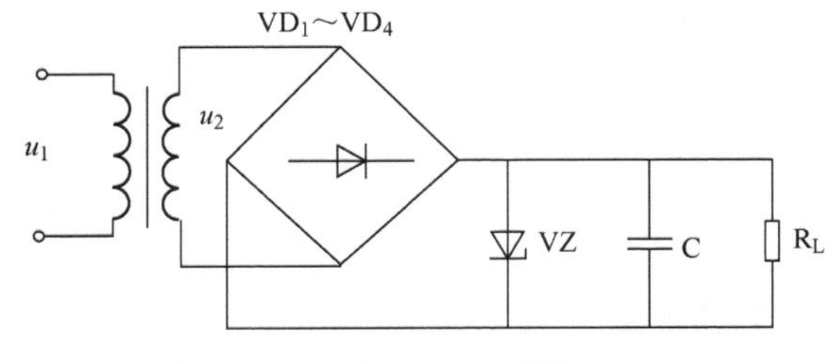

图 7.24 习题 7.5 第 4 题图

5. 已知单相变压器二次侧电压为 20V，采用桥式整流和电容滤波电路时，负载的直流电压和电流为多少？

6. 电路如图 7.25 所示，若 U 为 10 V，稳压管 VZ_1、VZ_2 的稳压值均为 6 V，则电路的输出电压为多少？

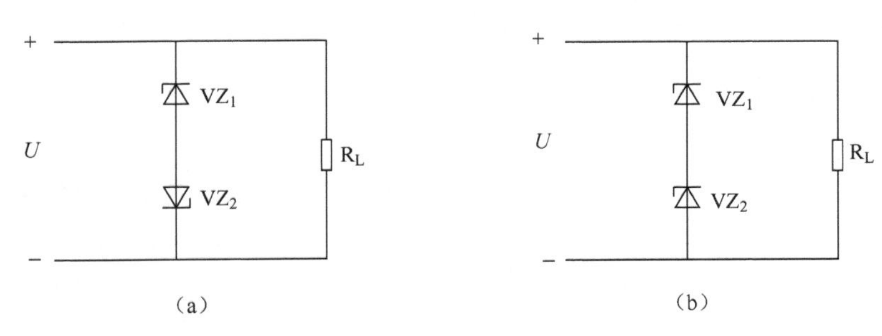

图 7.25 习题 7.5 第 6 题图

7. 在图 7.26 所示电路中，若 VD_2 烧毁，电路的负载端电压波形如何？

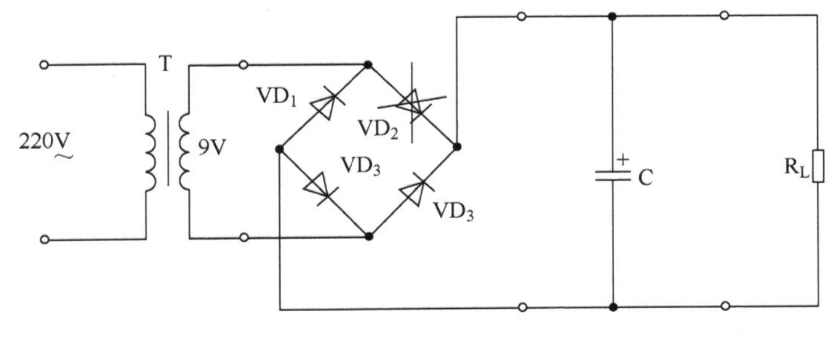

图 7.26 习题 7.5 第 7 题图

第 8 章 放大电路与集成运算放大器

学习目标

本章主要介绍由晶体三极管为主的分立元件组成的放大电路和集成器件组成的放大电路，具体包括如下内容：

- 共发射极放大电路。
- 共集电极放大电路（又称射极输出器）。
- 多级放大电路。
- 负反馈的概念。
- 功率放大器。
- 集成运算放大器。
- 差分放大器。
- 正弦波振荡器。

通过本章的学习，应能理解、掌握各种基本放大电路的基本工作原理，能够按图进行基本的分析；并能对集成电路有一定的了解和应用知识。

8.1 共发射极单管放大电路

8.1.1 放大电路的概述

1．概念

所谓“放大”是指放大电路（放大器）特定的性能，它能够将微弱的电信号（电压或电流）转变为较强的电信号，如图 8.1 所示。“放大”的实质是以微弱的电信号控制放大电路的工作，将电源的能量转变为与微弱信号相对应的较大能量的大信号，是一种“以弱控强”的能力。

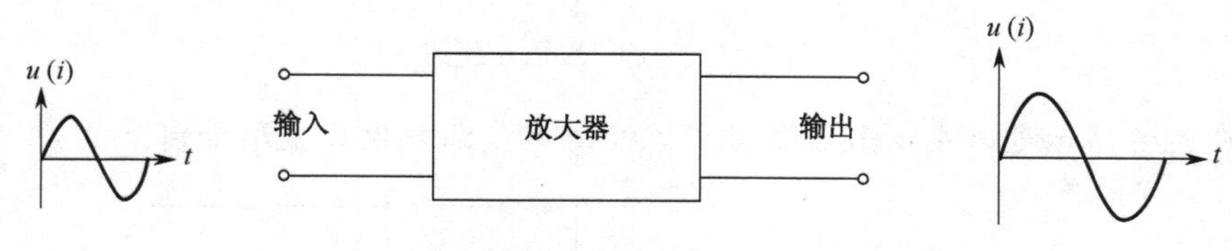

图 8.1 放大器“放大”作用示意图

2．对放大电路的要求

（1）要有足够大的放大能力或倍数。

（2）非线性失真要小。

（3）稳定性要好。

（4）应具有一定的通频带。

3．放大电路的分类

（1）按晶体三极管的连接方式来分，有共发射极放大器、共基极放大器和共集电极放大器等。

（2）按放大信号的工作频率来分，有直流放大器、低频（音频）放大器和高频放大器等。

（3）按放大信号的形式来分，有交流放大器和直流放大器等。

（4）按放大器的级数来分，有单级放大器和多级放大器等。

（5）按放大信号的性质来分，有电流放大器、电压放大器和功率放大器等。

（6）按被放大信号的强度来分，有小信号放大器和大信号放大器等。

（7）按元器件的集成化程度来分，有分立元件放大器和集成电路放大器等。

8.1.2　基本的共发射极放大电路

1．电路组成

NPN 型三极管组成的基本的共发射极放大电路如图 8.2 所示。外加的微弱信号 u_i 从基极 b 和发射极 e 输入，经放大后信号 u_o 由集电极 c 和发射极 e 输出；因此，发射极 e 是输入和输出回路的公共端，故该电路称为共发射极放大电路。

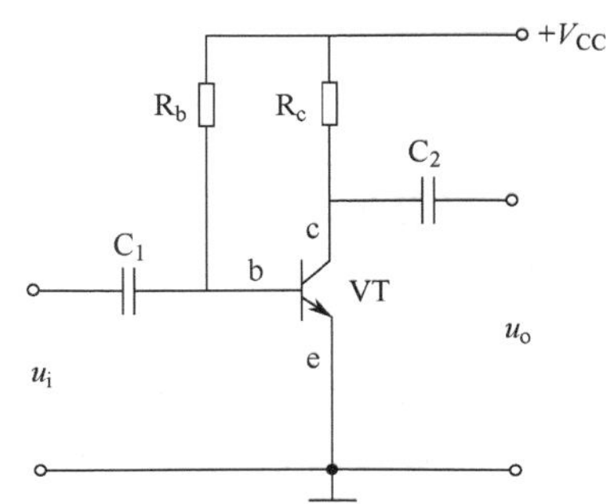

图 8.2　基本的共发射极放大电路

电路中各元件的作用：

（1）晶体三极管 VT 起放大作用，又称为放大管。其工作在放大状态，可起到电流或电压的放大作用，是放大电路的核心器件。

（2）基极电阻 R_b 是使电源 V_{CC} 供给放大管的基极 b 提供一个合适的基极电流 I_{bQ}（又称为基极偏流），并向发射结提供所需的正向电压 U_{BEQ}，以保证放大管工作在合适的状态。该电阻又称为偏流电阻、偏置电阻。

（3）集电极电阻 R_c 是使电源 V_{CC} 供给放大管的集电结所需的反向电压 U_{CEQ}，与发射结的正向电压 U_{BEQ} 共同作用，使放大管工作在放大状态；另外还使放大管的电流放大作用转换为电压放大的形式，从而输出比输入电压大很多的电压。该电阻又称为集电极负载电阻。

（4）耦合电容 C_1 和 C_2，分别为输入耦合电容和输出耦合电容；在电路中起隔直流通交流的作用。其能使交流信号顺利通过，同时隔断前后级的直流通路以避免互相影响各自的工作状态。由于 C_1 和 C_2 的容量较大，在实际中一般选用电解电容器，因此使用时应注意其极性。该电容又称为隔直电容。

（5）电源 V_{CC} 是一方面供给放大管一个合适的工作状态，即供给发射结正向偏压、集电结反向偏压；另一方面为整个放大器提供能源。

2．工作原理

在图 8.3 所示的电路中，输入信号电压 u_i 经耦合电容 C_1 从三极管基极 b 和发射极 e 之间输入 u_{BE} ，而被放大后的信号 u_{CE} 从集电极 c 与发射极 e 之间经耦合电容 C_2 输出 u_o。

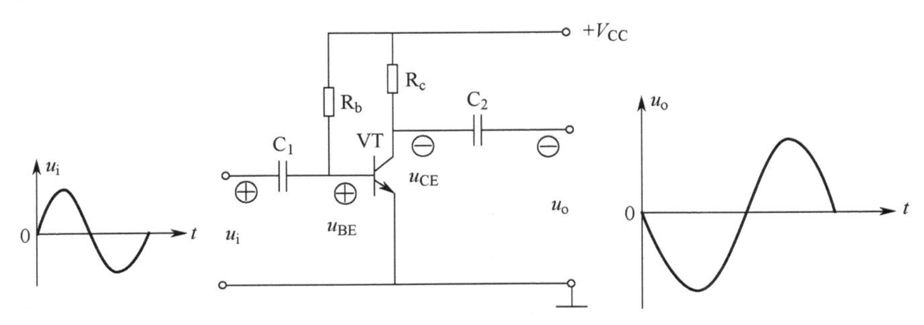

图 8.3　基本共发射极放大电路的放大原理

图中⊕⊖符号表示交流信号的瞬时极性。

变化着的输入电压 u_i 将产生变化着的输入基极电流 i_b，使三极管的基极总电流 $i_B=(I_{BQ}+i_b)$ 也发生变化；集电极电流 $i_C=(I_{CQ}+i_c)$ 也随之变化，并在集电极电阻 R_C 上产生电压降 $u_{Rc}=(U_{CEQ}+u_{CE})$，从而使三极管的输出电压 $u_{CE}=U_{CEQ}-u_{Rc}$；通过耦合电容 C_2 输出电压 $u_o=-u_{Rc}$。电路中各量的关系如图 8.4 所示。

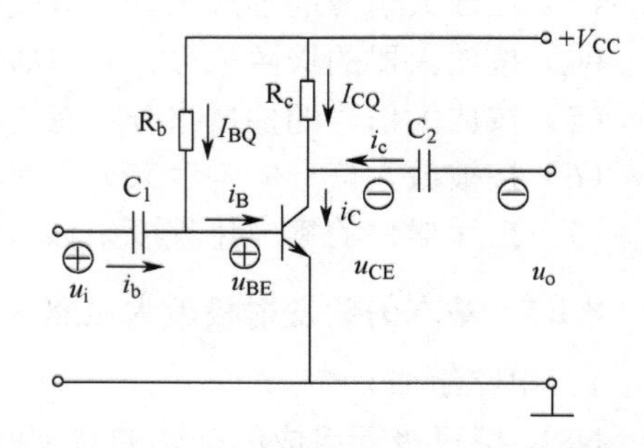

图 8.4 共发射极放大电路中各量的关系

若三极管工作在放大区，则输出电压 u_o 的变化幅度是输入电压 u_i 的变化幅度的几十倍。

由此可见，在电路中的各个量都是直流成分和交流成分的叠加。如输入到基极总电流 i_B 是直流成分 I_{BQ} 和交流成分 i_b 的叠加；集电极总电流 i_C 也是直流成分 I_{CQ} 和交流成分 i_c 的叠加；同理，三极管的 u_{BE} 是直流成分 U_{BEQ} 和交流成分 u_i 的叠加；三极管的 u_{CE} 是直流成分 U_{CEQ} 和交流成分 u_o 的叠加。因此在后面的分析里，若交流成分为 0 时，即电路中只存在直流成分，称为静态。若电路中不仅存在着直流成分，还存在着交流成分，如上述原理，称之为动态。

在共发射极放大电路中，输入交流电压信号 u_i 与 i_b、i_c 是相位相同、频率相等；但放大后的输出交流电压信号 u_o 则与输入交流电压信号 u_i 是相位相反、频率相等；故又称这种单管或单级的共发射极放大电路为反相器。

3．静态分析

从上述工作原理可知，要使三极管工作在放大状态，就必须给三极管的发射结加正向电压和给集电结加反向电压，那么三极管的各极都有合适的直流电流和直流电压。

静态分析就是分析电路在交流成分为零时，只存在直流成分（直流电流和直流电压）。分析的对象通常有 I_{BQ}、I_{CQ}、U_{BEQ}、U_{CEQ}，又称为静态工作点 Q。如图 8.5（a）所示。采用的方法是通过放大电路的直流通路来进行。

直流通路的确定是由于耦合电容 C_1 和 C_2 的隔直通交作用，所以，电路中只需将耦合电容 C_1 和 C_2 看作断路而去掉，剩下的部分就是直流通路。如图 8.5（b）所示。

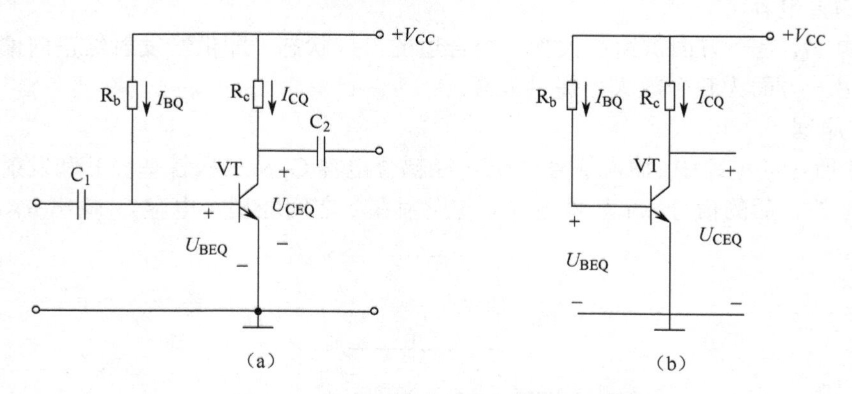

图 8.5 共发射极放大电路的直流通路

由图 8.5（b）可知

$$I_{BQ}=\frac{V_{CC}-U_{BEQ}}{R_b}\approx\frac{V'_{CC}}{R_b} \tag{8.1}$$

在公式（8.1）中，三极管的 U_{BEQ} 很小，通常选用硅管的管压降 U_{BEQ} 约 0.7V，锗管的管压降 U_{BEQ} 约 0.3V。由于 $V_{CC} \gg U_{BEQ}$，所以 $V_{CC}-U_{BEQ} \approx V_{CC}$

由三极管的电流放大作用，有

$$I_{CQ}=\beta I_{BQ} \tag{8.2}$$

再由图 8.5（b）可知

$$U_{CEQ}=V_{CC}-R_C I_{CQ} \tag{8.3}$$

结论：由公式（8.1）、公式（8.2）、公式（8.3）等来确定放大电路的静态工作点 Q。

【例 8.1】 在图 8.5（a）的放大电路中，$E=6V$，$R_b=200k\Omega$，$R_C=2k\Omega$，$\beta=50$；试计算放大电路的静态工作点 Q。

解：

$$I_{BQ} \approx \frac{V_{CC}}{R_b} \approx \frac{E}{R_b} \approx \frac{6}{200\times 10^3}=0.03\text{mA}$$

$$I_{CQ}=\beta I_{BQ}=50\times 0.03=1.5\text{mA}$$

$$U_{CEQ}=V_{CC}-R_C I_{CQ}=E-R_C I_{CQ}=6-2\times 1.5=3\text{V}$$

静态工作点 Q 意义在于设置是否合适，关系到输入信号被放大后是否会出现波形的失真。三极管的工作状态有放大、截止和饱和三种；若静态工作点 Q 设置过低，即 I_{BQ} 太小或 R_b 太大，容易使三极管的工作进入截止区，造成截止失真；若静态工作点 Q 设置过高，即 I_{BQ} 太大或 R_b 太小，三极管又容易进入饱和区，同样会造成饱和失真；所以应该合理选择静态工作点 Q。

4．动态分析

一个放大电路既要与前级（信号源）相连，又要与后级（负载）相接；因此，就需要通过动态分析去了解放大电路的外特性。动态分析就是分析电路中在直流成分为零，只存在交流成分时的有关指标；这些指标主要有输入电阻 R_i、输出电阻 R_o、放大倍数 A_v 等。采用的方法是通过放大电路的交流通路来进行。

交流通路的确定是由于耦合电容 C_1 和 C_2 的隔直通交作用，所以，电路中需将耦合电容 C_1 和 C_2 看作短路，即用一直线将耦合电容 C_1 和 C_2 代替；另外电源 V_{CC} 的内阻也很小，也可以视为对交流是短路，因此也可用一直线将电源 V_{CC} 代替。如图 8.6（a）所示；简化画法如图 8.6（b）所示。

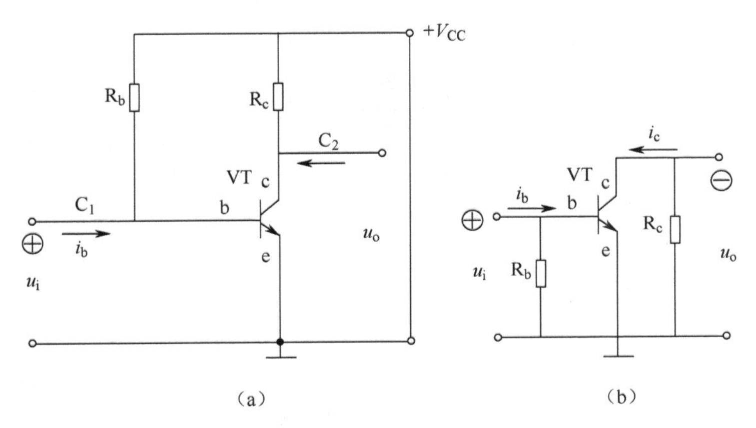

图 8.6　共发射极放大电路的交流通路

由图 8.6（b）可见，共发射极放大电路的输入电阻为 R_b 与三极管 b、e 间的等效电阻 r_{be} 相并联，因为 r_{be} 通常为 1 千欧左右，而 R_b 通常为几十到几百千欧，即有 $R_b \gg r_{be}$，所以放大器的输入电阻可近似为

$$R_i \approx r_{be} \tag{8.4}$$

当信号源的信号加到放大器的输入端时，放大器就是这个信号源的负载电阻，而这个负载电阻也就是放大器本身的输入电阻 R_i。

输入电阻 R_i 的大小将影响到信号源实际加到放大器输入端信号的大小。输入电阻 R_i 越大，信号源提供的信号电流就越小，从信号源吸取的能量就越少，所以在实际应用时要求放大器的输入电阻 R_i 大一些。

输出电阻，即

$$R_o = R_c \tag{8.5}$$

放大器与负载相接，因此放大器的输出电阻 R_o 越小，放大器带负载的能力就越强，即当负载变化时对放大器的输出影响很小，所以在实际应用时要求输出电阻小一些。

放大倍数，即

$$A_v = -\frac{u_o}{u_i} \tag{8.6}$$

（8.6）式中的负号表示输出信号 u_o 与输入信号 u_i 为相位相反。

放大倍数 A_v 反映了放大器的放大能力。

由于放大器的输出端在空载或带负载时，其输出电压 u_o 是不相等，因此在空载或带负载时对放大器的放大倍数 A_v 就产生了一定的影响。

当放大器输出端不带负载时，输出电压就是集电极电流 i_c 和集电极电阻 R_c 的乘积，而且与输入电压的相位相反，故有

$$A_v = -\frac{u_o}{u_i} = -\beta\frac{R_c}{r_{be}} \tag{8.7}$$

当放大器输出端带上负载后，集电极电流 i_c 将分别通过集电极电阻 R_c 和负载电阻 R_L，即集电极电阻 R_c 和负载电阻 R_L 为并联关系，故有

$$A_v = -\frac{u_o}{u_i} = -\beta\frac{R_c // R_L}{r_{be}} \tag{8.8}$$

可见，放大器不带负载时的电压放大倍数 A_v 为最大，带上负载后的电压放大倍数 A_v 就下降，而且负载电阻 R_L 越小，电压放大倍数 A_v 下降越多。

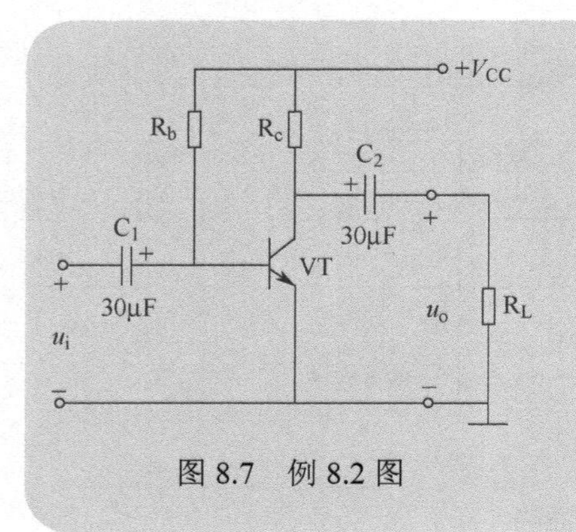

图 8.7　例 8.2 图

【例 8.2】 在图 8.7 所示的放大电路中，V_{CC} = 12V，R_b = 270kΩ，R_c = 3kΩ，三极管的 β = 50，其余参数如图所示，试分别计算：（1）输入电阻 R_i；（2）输出电阻 R_o；（3）当 $R_L = \infty$ 和 R_L = 3kΩ两种情况下的电压放大倍数 A_v。

解： 静态工作点 Q

$I_{BQ} \approx E/R_b \approx 12\text{V}/270\times10^3\Omega \approx 44.4\ \mu\text{A}$

$I_{CQ} \approx \beta I_{BQ} \approx 50\times44.4\mu\text{A} \approx 2.22\ \text{mA}$

$U_{CEQ} = E - I_{CQ}\times R_C = 12\text{V} - 2.22\text{mA}\times3\text{k}\Omega = 5.34\ \text{V}$

（1）输入电阻 R_i

$R_L=\infty$ 和 $R_L=3\ k\Omega$ 时输入电阻 R_i 都相同。

$r_{be}=300+(1+\beta)\ 26/I_{CQ}=300+(1+50)\ 26/2.22\approx 897\ \Omega$

$\because\ R_b \gg r_{be}\qquad \therefore\ R_i\approx r_{be}\approx 897\ \Omega$

（2）输出电阻 R_o

$$R_o=R_c=3k\Omega$$

（3）放大倍数 A_v

$R_L=\infty$ 时，$A_v=-\beta\times R_c/r_{be}=-50\times 3/0.897\approx -167$

$R_L=3\ k\Omega$ 时，$A_v=-\beta\times(R_c \parallel R_L)/r_{be}=-50\times 1.5/0.897\approx -83.6$

做一做

放大器的静态工作点 Q 设置不适当，会造成放大器的输出波形失真，下面通过实验来观察输出波形失真的现象。实验电路如图 8.8 所示。

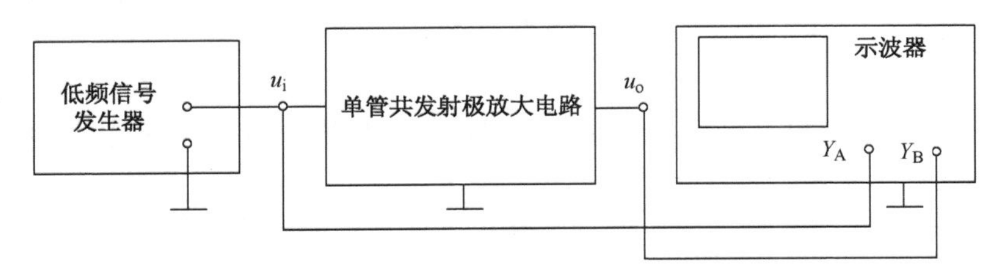

图 8.8　实验电路

低频信号发生器作为放大器的信号源，由其产生工作频率在 1～20 kHz 的正弦波信号 u_i 加到放大器的输入端；双踪示波器作为负载接到放大器的输出端，通过其显示输入信号 u_i 和输出信号 u_o 的电压波形。

静态工作点 Q 的位置应该选择在何处才合适呢?

如果静态工作点 Q 的位置定得太低，即 I_{BQ} 太小，会造成输出电压波形 u_o 的正半周被部分切割，如图 8.9（b）所示；这种因三极管截止而引起的失真称为截止失真。

如果静态工作点 Q 的位置定得太高，即 I_{BQ} 太大，会造成输出电压波形 u_o 的负半周被部分切割，如图 8.9（c）所示；这种因三极管饱和而引起的失真称为饱和失真。两种信号的失真都是由于三极管的工作状态离开了线性放大区而进入非线性的饱和区或截止区所造成的，因此统称为非线性失真。

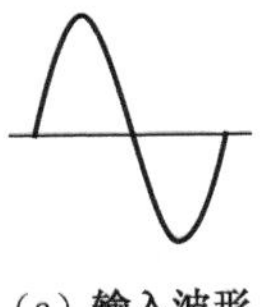

（a）输入波形

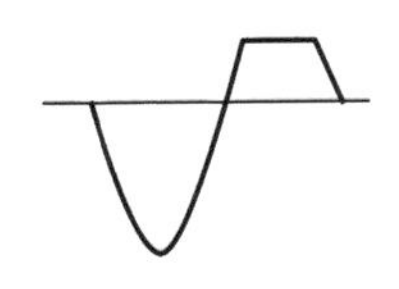

（b）截止失真

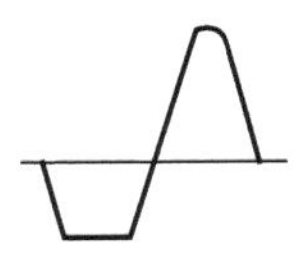

（c）饱和失真

图 8.9　非线性失真

对于上述两种信号的失真应如何调整？（提示：两种信号的失真都与 I_{BQ} 有关。）

8.2 射极输出器

8.2.1 电路组成

放大电路如图8.10所示。由图可见，外加的输入信号 u_i 经耦合电容 C_1 耦合从基极b与地之间输入，输出信号 u_o 从发射极e与地之间输出；因此，该电路称为射极输出器。又由于输入信号 u_i 从基极b输入，输出信号 u_o 从发射极e输出，集电极c为输入信号、输出信号的公共端，所以又称为共集电极放大电路。

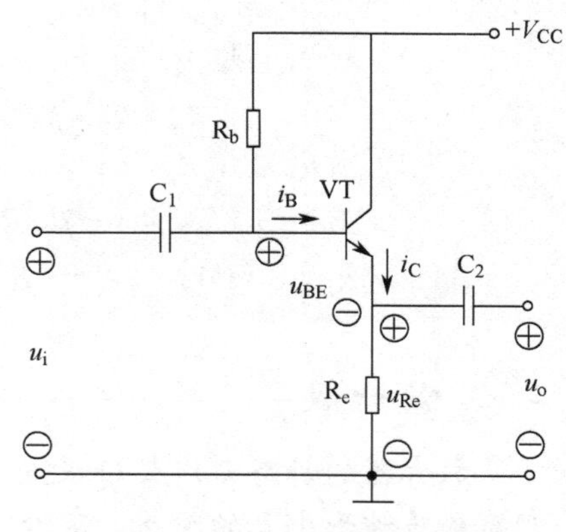

图8.10　射极输出器电路图

8.2.2 电路特点

（1）输出电压 u_o 略小于输入电压 u_i

$$u_o = u_{R_e} = u_i - u_{BE}$$

因 $u_i \gg u_{BE}$，有 $u_o \approx u_i$，即输出电压 u_o 略小于输入电压 u_i。

说明射极输出器或共集电极放大电路没有电压放大作用，但仍具有较强的电流放大作用。

（2）输出电压 u_o 与输入电压 u_i 同相位

输出电压 u_o 总是跟随着输入电压 u_i 而变化，因此该电路又称为射极跟随器。

（3）输入电阻 R_i 大

输入电阻 R_i 一般可达几十千欧至几百千欧。

（4）输出电阻 R_o 小

输出电阻 R_o 一般只有几十欧至几百欧。

8.2.3 电路静态工作点Q计算

由图8.10并经整理后可得到

$$I_{BQ} = \frac{V_{CC} - U_{BEQ}}{R_b + (1+\beta)\ R_e} \tag{8.9}$$

$$I_{EQ} = (1+\beta)\ I_{BQ} \approx I_{CQ} \tag{8.10}$$

$$U_{CEQ} = V_{CC} - R_e I_{EQ} \tag{8.11}$$

8.2.4 射极输出器的应用

射极输出器具有输入电阻高、输出电阻小及电压跟随作用，并具有一定的电流和功率放大作用，因而它的应用十分广泛。

1．用于多级放大器的输入级

以提高输入电阻，使向信号源索取的电流很小，因此减轻了信号源的负担。

2．用于多级放大器的输出级

其输出电阻小，可以提高带负载的能力。

3．用于阻抗变换器（中间级）

输入电阻大对前级影响小，输出电阻小对后级的影响也小，所以它可作为阻抗变换器（中间级）。

用它与输入电阻较小的共发射极放大器配合时正好达到阻抗匹配的效果。由于具有上述特性，有时也用它作为隔离级，减小后级电路对前级的影响。

8.3　多级放大电路

8.3.1　电路概述

在实际应用中，需要放大的信号往往是很微弱的。当要把微弱的信号放大到足以推动负载工作，仅靠单级的放大电路往往是不够的，那么就需要采用多级放大器；如图 8.11 所示。通过多级放大电路使信号逐级连续地放大到足够大，足以推动负载工作。

多级放大电路由若干个单级放大器组成；第一级是以放大电压为主，称为前置放大级；最后一级则是以推动负载工作为目的，称为功率放大器。

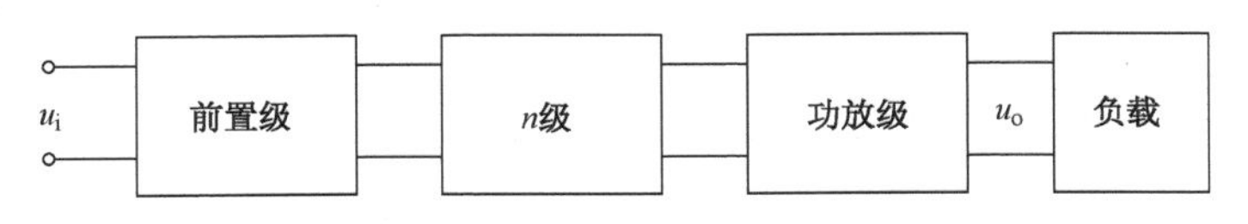

图 8.11　多级放大电路

8.3.2　电路的耦合方式和基本要求

在多级放大电路中，各级之间的信号传递或各级与级之间的连接方式称为耦合。

常见的耦合方式有阻容耦合、变压器耦合和直接耦合三种。阻容耦合多用于低频电压放大器；变压器耦合多用于高频调谐放大器；直接耦合多用于直接放大器。无论采用何种耦合方式，都应满足以下几个基本要求：

（1）保持前级的信号能顺利地传输到后级。

（2）耦合电路对前、后级放大电路的静态工作点没有影响。

（3）信号在传输过程中失真要小，传输效率要高。

8.3.3　阻容耦合

阻容耦合是指通过电阻和电容将前级和后级连接起来的耦合方式，电路如图 8.12 所示。该电路为两级阻容耦合放大电路。输入信号 u_i 通过耦合电容 C_1 进入第一级电路放大，然后在 VT_1 的集电极输出，再经过耦合电容 C_2 将信号送入第二级的输入端进行放大，再次放大后的信号最后通过耦合电容 C_3 送到负载 R_L。因此，各级之间的信号传递是通过耦合电容完成。

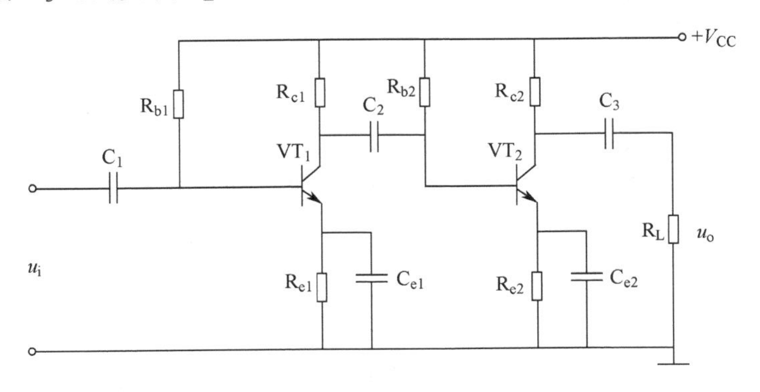

图 8.12　阻容耦合放大电路

由于耦合电容的隔直作用，使前、后级的静态工作点互不干扰，彼此独立，因而给分析计算和调整电路等都带来方便，也使前级的信号能顺利地传输到后一级。

8.3.4 变压器耦合

变压器耦合是指通过变压器将前级和后级连接起来的耦合方式。电路如图 8.13 所示。

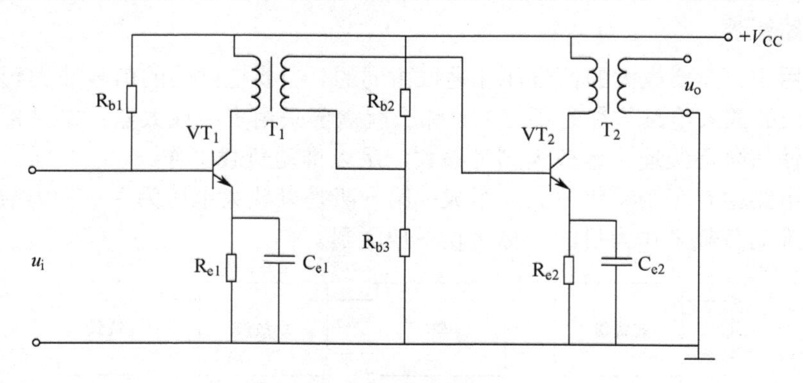

图 8.13 变压器耦合放大电路

电路的前、后级是利用变压器 T 连接起来的。变压器 T 利用电磁感应将交流信号从变压器的一次侧绕组感应到二次侧绕组，从而将信号从前级传到后级，同时变压器 T 也有隔直作用，使前、后级的静态工作点互不干扰，彼此独立；另外变压器耦合还可以实现电路之间的阻抗变换。适当地选择变压器的一、二次侧绕组的匝数比（变比），使二次侧绕组折合到一次侧绕组的负载等效电阻与前级电路输出电阻相等（或相近），就可达到阻抗匹配作用，从而使负载获得最大的输出功率。

8.3.5 直接耦合

直接耦合是指各级之间的信号采用直接传递的耦合方式。电路如图 8.14 所示。

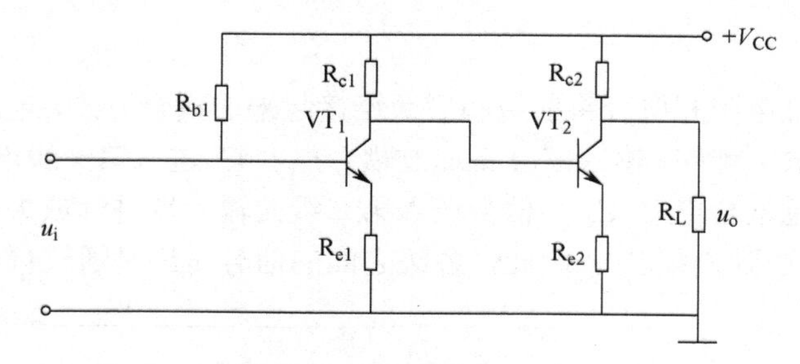

图 8.14 直接耦合放大电路

电路前级的输出端和后级的输入端直接相连，即 VT_1 的集电极输出直接与 VT_2 的基极连接；使交流信号可以畅通无阻地传递。但该电路的静态工作点彼此互相影响，互相制约。因而这种电路更广泛地用于直流放大器和集成电路中。

直接耦合的多级放大电路为什么静态工作点彼此互相影响？提示：与电阻 R_{c1} 的作用有关。

8.3.6　分析

1．电压放大倍数A_v

在多级放大电路中，上一级的输出信号就是下一级的输入信号；因此，多级放大电路的总电压放大倍数 A_v 为各级电压放大倍数的乘积。即

$$A_v = A_{v1} \times A_{v2} \times \cdots \times A_{vn} \tag{8.12}$$

2．输入电阻R_i

多级放大器的输入电阻 R_i 就是第一级的输入电阻。即

$$R_i = R_{i1} \tag{8.13}$$

3．输出电阻R_o

多级放大器的输出电阻 R_o 就是最后一级的输出电阻。即

$$R_o = R_{on} \tag{8.14}$$

【实训10】　小信号电压放大电路

一、实训目的

1．进一步掌握电子电路安装、焊接的基本技能。

2．掌握放大电路静态工作点的调试和测量。

3．掌握放大电路电压放大倍数的测量。

4．进一步熟悉常用电子仪表、仪器的使用方法。

二、相关知识与预习内容

（一）焊接与调试技术

1．焊接温度和时间。

2．焊点质量及漏焊、错焊和虚焊等问题。

3．调试应先静态后动态进行。

（二）放大电路正常放大的条件

1．电路外加电压的极性必须保证三极管工作在放大状态，即发射结正向偏置，集电结反向偏置。

2．电路的输入回路应确保输入信号能顺利送入电路，也可以说将输入电压的变化能转换成三极管输入电流的变化。

3．电路的输出回路应确保三极管的输出电流的变化能够转换成输出电压的变化，并能顺利地送到负载。

4．为保证输出的信号基本不失真，电路应设置合适的静态工作点。

（三）判断电路能否正常放大的方法和步骤

1．检查电路的偏置

对于 NPN 型管，U_{BE} 应大于零，U_{BC} 应小于零；对于 PNP 型管则相反。

2．检查静态工作点的设置

电路的输入回路中的基极电阻 R_b 选择要合适。R_b 不能太大，以避免三极管工作在截止区；R_b 也不能太小，以避免三极管工作在饱和区。因此，R_b 的选择要保证三极管工作在放大区。

电路的输出回路中，要使三极管工作在放大状态，也应注意 R_c 的选择。

3．检查输入回路

电路的输入回路应确保输入电压的变化能够转换成输入电流的变化。因此，应避免输入信号被短路或开路而不能送入放大电路。

4．检查输出回路

电路的输出回路应确保集电极电流的变化能够转换成输出电压的变化并能输送到负载。因此，应避免输出信号被短路或开路而不能放大及送到负载。

（四）如何确定放大电路的直流通路和交流通路

由于在放大电路中普遍存在着电抗性元件（感抗和容抗），感抗和容抗对不同频率的信号呈现的电阻抗是不同的，因此放大电路的直流通路和交流通路就不同。

1．在直流通路中，由于频率为 0，电容 C 的容抗近似为无穷大，相当于开路；电感 L 的感抗近似为 0，相当于短路。

2．在交流通路中，随着频率的上升和电容 C 的容量、电感 L 的电感量足够大时，电容 C 相当于短路，电感 L 相当于开路。

3．对于交流信号而言，电压源为理想时，相当于短路；电流源为理想时，相当于开路。

根据上述原则，放大电路的直、交流通路就可确定了。

（五）预习内容

1．阅读实训 8、9 中有关焊接和常用仪器、仪表使用的内容。

2．阅读本章有关共发射极放大电路的内容。

三、实训器材

按表 8.1 准备好完成本任务所需的设备、工具和器材。

表 8.1　工具与器材、设备明细表

序号	名　称	型　号	规　格	单位	数量
1	单相交流电源		220V、36V、6V		
2	直流稳压电源		0～12V 连续可调		
3	变压器		220V/ 9V	个	1
4	拨动开关		双掷	个	5
5	三极管	9014 或 3DG 类型	β值为 60	个	4
6	电解电容器		10μF/25V	个	2
7	电阻		3 kΩ1/4W	个	2
8	电阻		6 kΩ 1/4W、100 kΩ 1/4W、500 kΩ 1/4W	个	各 1
9	双踪示波器	XC4320 型		台	1
10	万用电表	MF-47 型		个	1
11	低频信号发生器	XD2 型			
12	晶体管毫伏表	DA-16 型			
13	电工电子实训通用工具		试电笔、榔头、螺丝刀（一字和十字）、电工刀、电工钳、尖嘴钳、剥线钳、活动扳手、镊子等	套	1
14	焊接工具和材料		15～25W 电烙铁、焊锡丝、松香助焊剂、烙铁架及印制电路板等	套	1
15	连接导线				若干

四、实训内容与步骤

（一）安装和连接

1．检查各元器件的参数是否正确；使用万用表检查三极管、电解电容器的性能好坏。

2．按图 8.15 所示的电路，在印制电路板上正确焊接电子元件及其元器件。

（1）按电子元器件的排列原则在印制电路板进行排列；

（2）按焊接工艺和要求进行焊接。

2．根据连接线路的原则按图 8.15 所示电路进行线路连接。

3．安装、连接完毕，应认真检查连接是否正确、牢固。

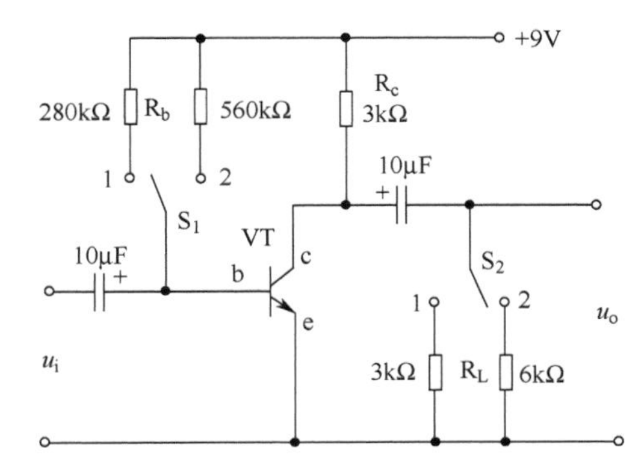

图 8.15　共发射极基本放大电路

（二）静态工作点的调试

1．将拨动开关 S_1、S_2 置“1”，连接电源，并调节电压为 9 伏。

2．估算电路的静态工作点 Q：I_{BQ}、I_{CQ}、U_{BEQ}、U_{CEQ}，并填入表 8.2 中。

3．选择万用表合适的量程，测量电路的静态工作点 Q，　并填入表 8.2 中。

表 8.2　电路静态工作点 Q 测量记录

	I_{BQ}（mA）	I_{CQ}（mA）	U_{BEQ}（V）	U_{CEQ}（V）
估算值				
测量值				

4．将拨动开关 S_1 置“2”，选择万用表合适的量程，测量电路的静态工作点 Q，比较表 8.2 中的测量值，分析电路的工作状态。

5．将拨动开关 S_1、S_2 置“1”，按图 8.16 所示连接仪表、仪器。

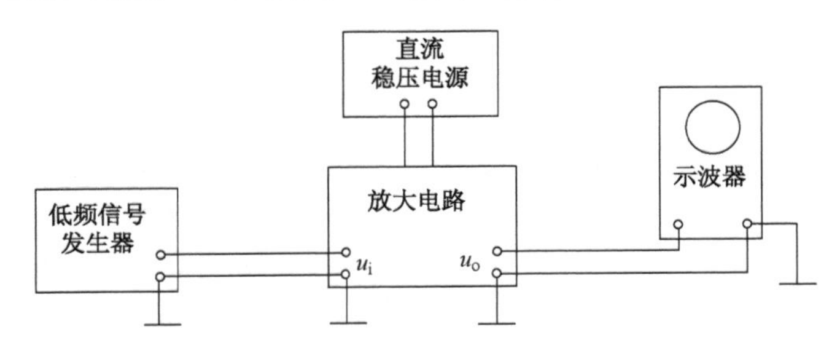

图 8.16　电路静态工作点的测试

将低频信号发生器的输出信号频率调至 1kHz，输出信号幅值从 0 开始逐渐增加，通过示波器观察输入、输出信号的波形；直到输出信号最大而不失真（即保持正弦波形）时，比较输入、输出信号的波形可得到两者之间的相位关系。

6．保持信号发生器的输出信号频率和幅值不变，将拨动开关 S_1 置“2”，通过示波器观察输入、输出信号的波形，从而确定电路的静态工作点 Q 的变化会引起电路的工作状态变化和信号的失真现象。

（三）电压放大倍数的测量

1．将拨动开关 S_1、S_2 置“1”，按图 8.17 所示连接仪表、仪器。

2．调节信号发生器的输出信号频率为 1kHz，输出信号幅值从 0 开始逐渐增加，通过示波器观察输入、输出信号的波形；直到输出信号最大而不失真（即保持正弦波形）时，选择晶体管毫伏表合适的量程，测量 u_i、u_o，计算出 A_v；并填入表 8.3 中。

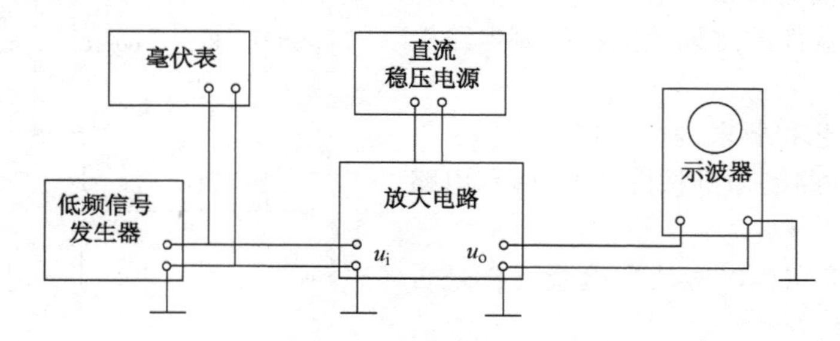

图 8.17　电路的动态测试

3．保持信号发生器的输出信号频率和幅值不变，将拨动开关 S_2 置“2”，选择晶体管毫伏表合适的量程，测量 u_i、u_o，计算出 A_v；并填入表 8.3 中。

表 8.3　电路电压放大倍数测量记录

	$R_c = 3k\Omega$，$R_L = 3k\Omega$	$R_c = 3k\Omega$，$R_L = 6k\Omega$
u_i（mV）		
u_o（mV）		
A_v		

4．比较、分析负载变化时对电路的电压放大能力的影响。

8.4　放大电路中的负反馈

8.4.1　反馈的概念

1．反馈的基本概念

反馈是指将放大器的输出信号的一部分或全部送回放大器的输入端，并与输入信号相合成的过程，如图 8.18 所示。

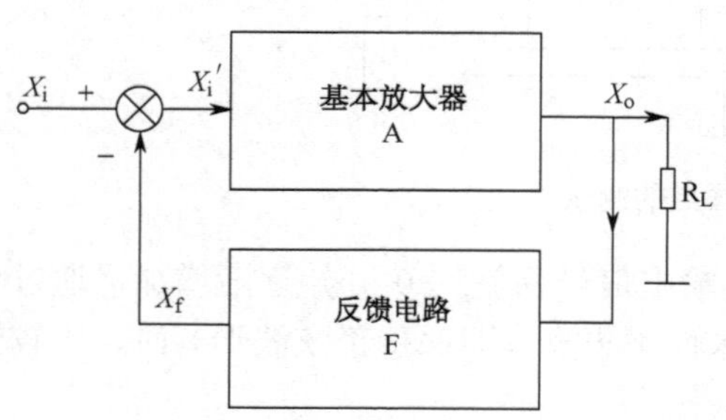

图 8.18　反馈放大电路方框图

由图 8.18 可见，反馈放大电路是由基本放大电路 A 和反馈电路 F 组成的。图中 X_o 为输出信号，其分成两部分，一部分直接输出到负载 R_L，另一部分形成反馈。输出的反馈部分称为反馈信号 X_f，X_i 为输入信号，X_i'为净输入信号。

2．反馈的类型

（1）正反馈和负反馈

净输入信号 X_i' 是输入信号 X_i 与反馈信号 X_f 的合成或叠加。

若合成或叠加的结果是增强，为正反馈；即有 $X_i' = X_i + X_f$。

若合成或叠加的结果是减弱，为负反馈；即有 $X_i' = X_i - X_f$ 。

正反馈能使输出信号增大，但却使放大器的性能变差，工作不稳定等；因此，一般用于振荡电路。

负反馈虽然使输出信号减弱，但却使放大器的性能得到改善；因此，常用于放大电路。

（2）直流反馈和交流反馈

若反馈信号 X_f 为直流量时，为直流反馈；若反馈信号 X_f 为交流量时，为交流反馈。

（3）电压反馈和电流反馈

若反馈信号 X_f 直接取自负载两端的输出电压时，称为电压反馈；若反馈信号 X_f 取自输出电流，称为电流反馈。

（4）串联反馈和并联反馈

若反馈信号 X_f 在输入端是电压的形式，且与输入电压成串联关系，称为串联反馈；若在输入端是电流的形式，且与输入电流成并联关系，称为并联反馈。

8.4.2　负反馈形式

在实际应用中，综合各种反馈的类型，组合了四种电路反馈的形式。四种负反馈放大电路的方框图如图 8.19 所示。

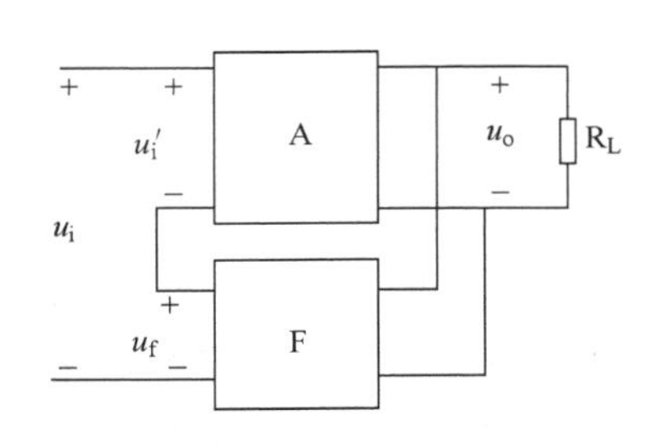

（a）电压串联负反馈

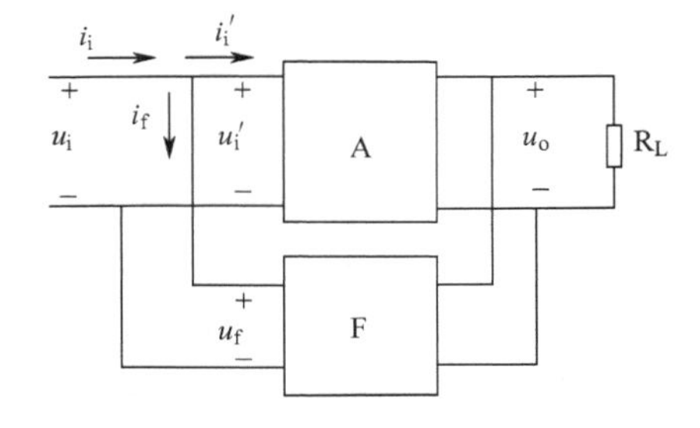

（b）电压并联负反馈

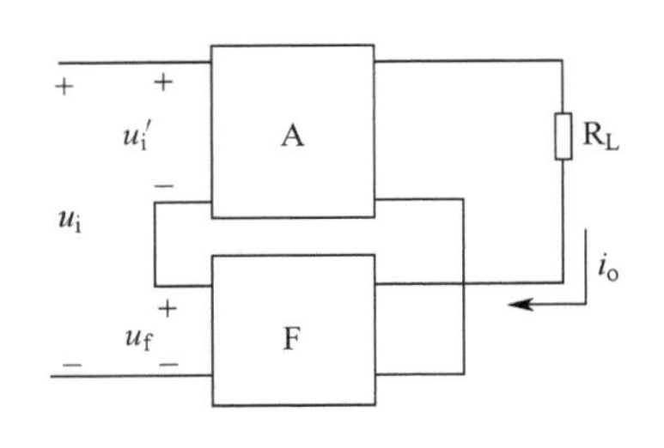

（c）电流串联负反馈

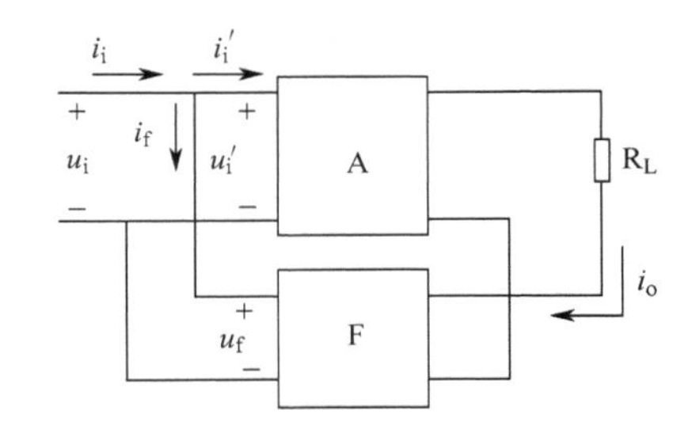

（d）电流并联负反馈

图 8.19　四种负反馈放大电路方框图

1．电压串联负反馈

如图 8.19（a）所示。电路的基本特点是：输出电压稳定，输入电阻增大，输出电阻减小。

2．电压并联负反馈

如图 8.19（b）所示。电路的基本特点是：输出电压稳定，输入电阻和输出电阻都减小。

3．电流串联负反馈

如图 8.19（c）所示。电路的基本特点是：输出电流稳定，输入电阻和输出电阻都增大。

4．电流并联负反馈

如图 8.19（d）所示。电路的基本特点是：输出电流稳定，输入电阻减小，输出电阻增大。

8.4.3 负反馈的影响

负反馈是以减少放大电路的放大倍数 A_v 为代价来使放大电路的许多性能得到改善，归纳性能改善有以下几个方面。

1．负反馈提高放大倍数稳定性

由于许多原因导致放大电路的放大倍数引起变化（如晶体管受温度变化影响引起β值的变化的原因），引入负反馈后能减小这种变化，从而提高放大信号的稳定性。

例如，由于某种原因使放大器的输出信号 X_o 增大了；加入负反馈后，反馈信号 X_f 也随之增大，但净输入信号 X_i' 却因此减小，导致输出信号 X_o 相应减小，从而使放大电路的输出信号稳定，放大倍数也就稳定了。

2．负反馈能减小放大电路的非线性失真

由于放大电路的静态工作点 Q 的位置选择不合适和晶体管本身就是一个非线性元件，因此，一个正常的信号经过放大后会产生非线性失真，通过负反馈可以减小这种失真情况。

例如，一个正常的正弦波信号放大后，输出信号 X_o 产生了非线性失真，设波形变为正半周较大，负半周较小，由于负反馈信号 X_f 与输出信号 X_o 相同，但与输入信号 X_i 相反，导致使净输入信号 X_i' 的正半周变小，负半周变大；再重新经过放大电路的放大后，输出信号 X_o 波形就得到一定程度的矫正和改善。

3．负反馈能使放大电路的通频带展宽

由于放大电路中存在电容器或电感器等电抗元件，电抗元件的阻抗与信号的频率有关。当信号的频率过低或过高时，放大电路的放大倍数都会受到影响而降低；如图 8.20 所示。

将放大电路的放大倍数由正常值下降到 0.707 倍时，对应的较低频率 f_L 与对应的较高频率 f_H 之间的频率范围，称为放大电路的通频带。

引入负反馈后，由于放大电路的放大倍数从 A_{m1} 下降为 A_{m2}，相应的较低频率 f_L 移至 f_{L1}，较高频率 f_H 移至 f_{H1}，结果使通频带得到扩展，如图 8.20 所示。

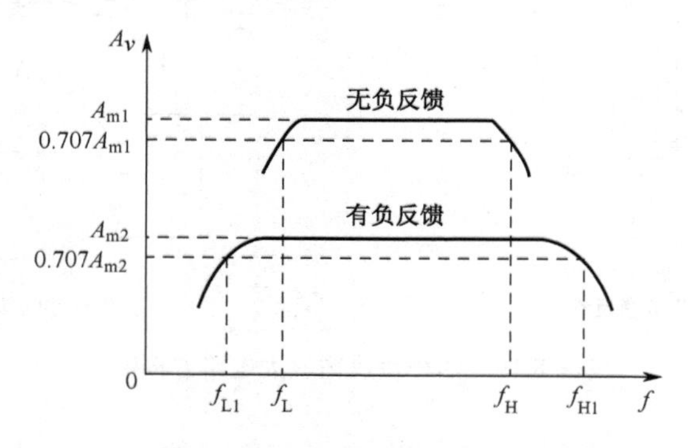

图 8.20 负反馈使通频带展宽

4．负反馈可以改变输入电阻和输出电阻

在前面学习的四种负反馈形式中的基本特点，负反馈是可以改变输入电阻和输出电阻的。

例如，当输入端的负反馈信号 X_f 与输入信号 X_i 是以电压形式串联［如图 8.19（a）、8.19（c）所示］时，净输入信号 X_i' 减小，输入电流就会减小；即输入信号的电压不变而提供的电流减小，说明放大电路的输入电阻增大了。

当输入端的负反馈信号 X_f 在输入端以并联形式接入［如图 8.19（b）、8.19（d）所示］时，由于输入信号电压不变而提供的总电流 i_i 增大，说明放大电路的输入电阻减小了。

当采用电压负反馈时，能使输出电压稳定，即负载改变而输出电压基本保持不变，若将放大器看作一个有内阻的电源，则意味着电源的内阻——即输出电阻减小了。

当采用电流负反馈时，能使输出电流稳定，即负载变化对输出电流的影响不大，则意味着电源内阻——即输出电阻很大。

综上所述，放大电路引入负反馈后，可以改善放大电路的性能；因此，负反馈被广泛使用。

8.5　功率放大器

8.5.1　概述

在实际应用中，放大器往往需要推动一定功率的负载工作。如在电子设备中的收音机和电视机等要推动扬声器使其发出声音；又如在电动机控制系统中，要使继电器动作甚至电动机旋转等等。为此，放大器的末级在输出大信号电压的同时，还要输出大信号的电流，即放大器的末级要向负载提供一定的功率去推动负载工作，因此，多级放大器的末级通常要采用功率放大器。前面介绍的放大器的主要任务是把微弱的输入电压信号尽可能不失真地放大成幅度较大的输出电压，但其输出电流一般都较小。

8.5.2　功率放大器的技术要求

对功率放大器的技术要求是：

1．应具有足够大的输出功率

为了得到足够大的输出功率，应使功率放大器的晶体三极管的集电极电流和电压变化的幅度尽可能大，这样才能使它们的乘积最大，输出的功率最大。

2．效率要高

由于要求功率放大器的输出功率大，所以直流电源消耗的功率也大。因此在功率放大器中要考虑同样大小的直流能量转换成尽可能大的交流能量。功率放大器效率为：

$\eta =$ 放大器输出的交流功率/电源提供的直流功率

3．非线性失真要小

功率放大器为输出足够大的功率，就要使电流和电压信号尽可能大，这将超出三极管特性曲线的线性范围，而产生非线性失真。因此要求从电路的结构上采取一些相应措施，以保证输出的波形尽可能保持不失真。

4．功放管的散热问题

在功率放大器中，由于功放管的集电极电流和电压的变化幅度大，输出的交流功率大，同时功放管的耗散功率也大，使功放管的结温升高。因此，要利用外加的散热装置来提高功放管集电极的允许最大耗散功率，从而提高功率放大器的输出功率。

8.5.3　功率放大器的分类

1．甲类工作状态

甲类工作状态下的功率放大器的效率最大不超过 50%，就是说，直流电源提供的能量有一半是耗散在功放管的集电结上，因此，在实际应用中不采用这种工作状态。

2．乙类工作状态

乙类工作状态时，功放管的直流静态功耗为零；但当交流信号输入时，只有输入信号的半个周期内功放管才导通，另外半个周期功放管截止；因此，输出波形只有一半，产生了严重的失真。

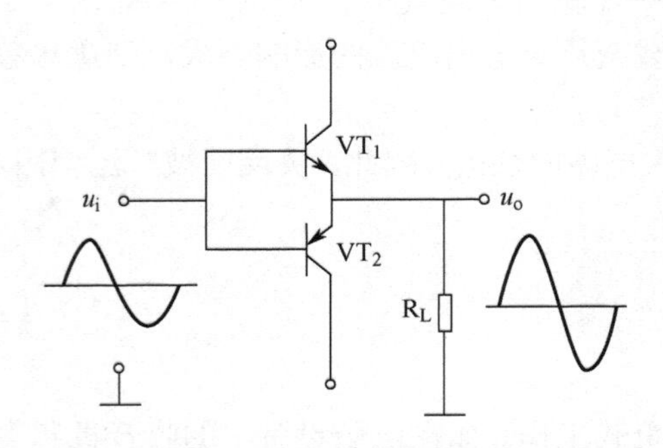

图 8.21　乙类推挽功率放大电路

为了解决这个问题，功率放大器采用两个不同类型的功放管组合，使它们分别在输入信号的正、负半周内交替导通，从而在负载上合成得到一个完整的输出信号波形。这种功放电路称为乙类互补对称功率放大电路（也称为乙类推挽功率放大电路）。电路如图 8.21 所示。

8.5.4　互补对称功率放大电路

1．双电源的互补对称功率放大电路（OCL电路，如图8.22所示）

图中 VT_1、VT_2 分别为 NPN 型管和 PNP 型管，两管的基极连在一起，作为放大器的输入端；发射极也连在一起，作为放大器的输出端；集电极分别连接正、负电源，并作为输入、输出信号的公共端。

工作原理：电路不设基极偏置电路，即静态基极电流为零，因此静态时两管均处在截止状态。当输入信号为正半周时，NPN 型管 VT_1 正偏而导通，PNP 型管 VT_2 反偏而截止；因此，输入信号的正半周通过 VT_1 放大，在负载 R_L 上得到被放大的正半周信号。当输入信号为负半周时，NPN 型管 VT_1 反偏而截止，PNP 型管 VT_2 正偏而导通；因此，输入信号的负半周通过 VT_2 放大，在负载 R_L 上得到被放大的负半周信号。

在输入信号的整个周期内，VT_1 管和 VT_2 管交替导通，并且在负载 R_L 上可以得到一个完整的输出信号波形，实现了对输入信号的功率放大。

特点：①在输入信号的整个周期里，每个三极管只有半个周期内导通，输出信号也只有半个波形，因此放大器是工作在乙类工作状态。②要求 VT_1、VT_2 管的参数（如β值等）相一致，以确保两管交替工作时能互为补充，使输出为完整的输出信号及其波形。③由于静态时两管均处在截止状态。因此，在输入信号较小（在不足以克服“死区”电压）时，管子仍截止，导致输出信号波形的失真。这种失真是发生在两管交替导通的衔接处，故称为交越失真，如图 8.23 所示。④要采用双电源供电。

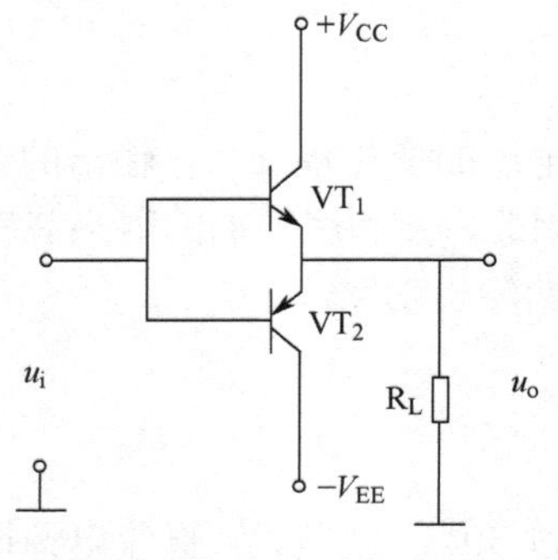

图 8.22　OCL 电路

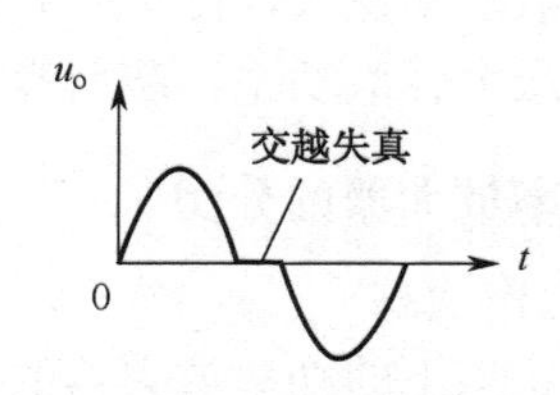

图 8.23　交越失真

解决交越失真的方法：只要在静态时给 VT_1 管和 VT_2 管设置一个很小的正向偏置电压，使两管处在微导通状态，即让放大器工作在甲乙类状态。甲乙类互补对称功率放大电路，如图 8.24 所示。

2．单电源的互补对称功率放大电路（OTL电路）

OCL 电路具有线路简单，效率高等特点，但需要两个电源供电，因此，目前使用更为广泛的是单电源的互补对称功率放大电路（OTL 电路）；OTL 电路如图 8.25 所示。

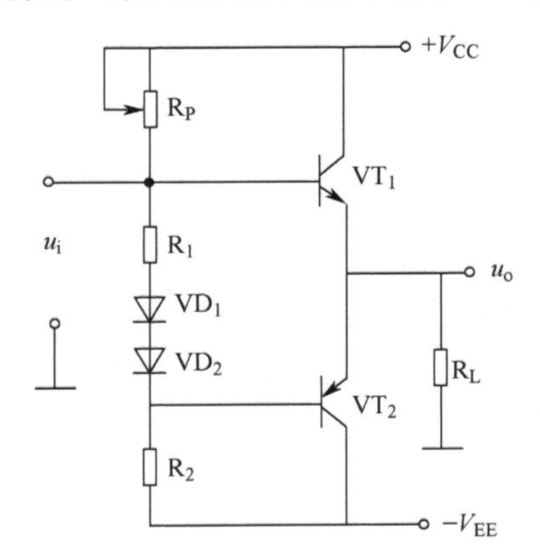

图 8.24　甲乙类互补对称功率放大电路

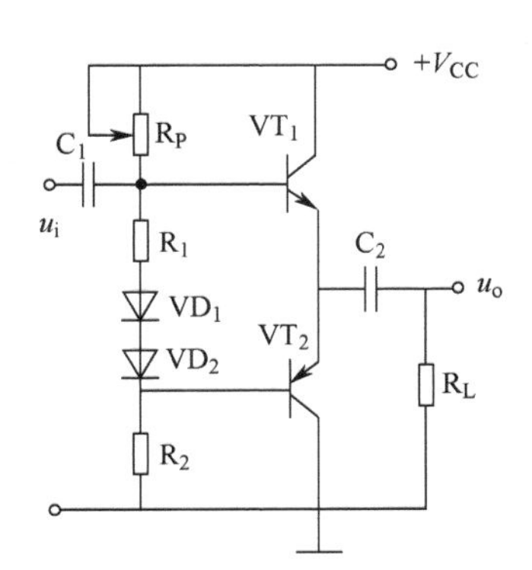

图 8.25　OTL 电路

与图 8.24 所示的双电源的互补对称功率放大电路（OCL 电路）相比较，图 8.25 所示电路的不同之处是在输出端接了耦合电容 C_2。这个电容器 C_2 的作用就代替了图 8.24 中的 $-V_{EE}$ 电源。其工作原理与双电源的互补对称功率放大电路基本相同，电容器 C_2 不仅耦合输出信号，还在输入信号的负半周，即在 PNP 型管 VT_2 正偏而导通，NPN 型管 VT_1 反偏而截止时，向电路提供能量，起到 $-V_{EE}$ 电源的作用。

8.6　集成运算放大器及其基本运算电路

8.6.1　集成运算放大器

1．内部构成

集成运算放大器的内部组成，如图 8.26 所示，一般包括输入级、中间级、输出级和偏置级等几部分。

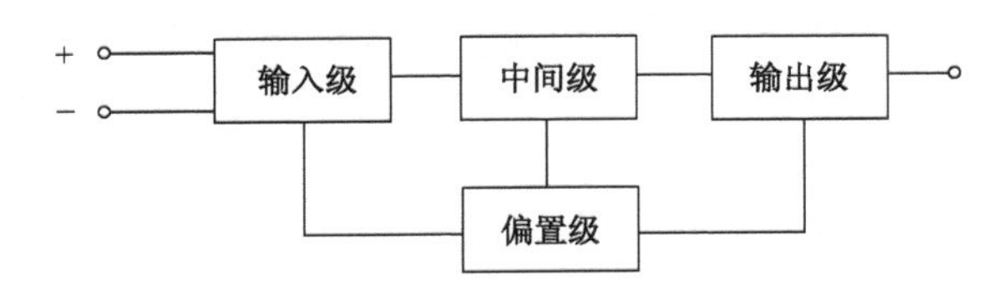

图 8.26　集成运算放大器的组成方框图

输入级的作用是提供同相“+”和反相“−”的两个输入端，并有较高的输入电阻和一定的放大倍数，同时还要尽量减小零点漂移现象，因此采用差动放大电路（差分放大器）。

中间级的作用是提供足够大的电压放大倍数，因此常采用共发射极放大电路。

输出级的作用是为负载提供一定幅度的信号电压和信号电流，并具有一定的保护功能，因此采用输出电阻很低的射极输出器（共集电极放大电路）。

偏置级的作用是为上述各级提供所需要的稳定的静态工作电源。

2．电路符号

集成运算放大器的图形符号，如图 8.27 所示。

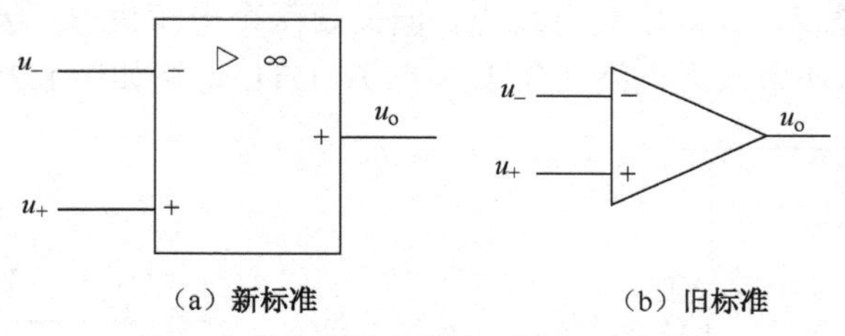

图 8.27　集成运算放大器的图形符号

反相输入端，常用符号“−”表示；其表示输出信号与输入信号的相位相反。

同相输入端，常用符号“+”表示；其表示输出信号与输入信号的相位相同。

由反相输入端和同相输入端可构成二路输入；即 u_-和 u_+。

信号输出端，常用符号 u_o 表示。

8.6.2　基本运算电路

1．反相比例运算放大电路

反相比例运算放大电路，如图 8.28 所示。

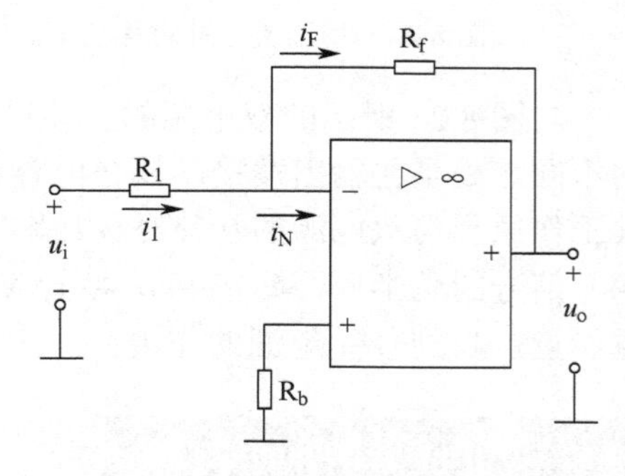

图 8.28　反相比例运算放大电路

输入电压 u_i 通过输入电阻 R_1 加到运算放大器的反相输入端“−”；在输出端和反相输入端之间接反馈电阻 R_f；同相输入端“+”与地之间接平衡电阻 R_b。

平衡电阻 R_b 的作用是消除集成运算放大器因输入的偏置电流不平衡而影响输出信号，保证电路处于平衡对称的工作状态。要求 $R_b = R_1 // R_f$。

电压放大倍数 A_{vf} 为

$$A_{vf} = -\frac{u_o}{u_i} = -\frac{R_f}{R_1} \tag{8.15}$$

由公式（8.15）可见：①反相比例运算放大电路的放大倍数 A_{vf} 仅由外部电阻 R_f 和 R_1 的比值决定，而与放大器本身的任何参数都无关。因此，只要合理选择精密的电阻 R_f 和 R_1，就可使放大倍数 A_{vf} 精确和稳定。②输出电压 u_o 与输入电压 u_i 相位相反，并存在着一定的比例关系，即完成了对输入信号的比例运算。

2．反相放大电路（反相器）

电路结构与反相比例运算放大电路的电路结构相同，要求 $R_1 = R_f$；则电压放大倍数 $A_{vf} = -1$；即仅是输出电压 u_o 与输入电压 u_i 相位相反。图形符号如图 8.29 所示。

3．同相比例运算放大电路

同相比例运算放大电路如图 8.30 所示。输入电压 u_i 通过平衡电阻 R_b 加到运算放大器的同相输入端“+”；在输出端和反相输入端之间接反馈电阻 R_f，使输出电压 u_o 通过电阻 R_1 和反馈电阻 R_f 反馈到反相输入端“−”。同样要求 $R_b = R_1 // R_f$。电压放大倍数 A_{vf} 为

$$A_{vf}=\frac{u_o}{u_i}=1+\frac{R_f}{R_1} \tag{8.16}$$

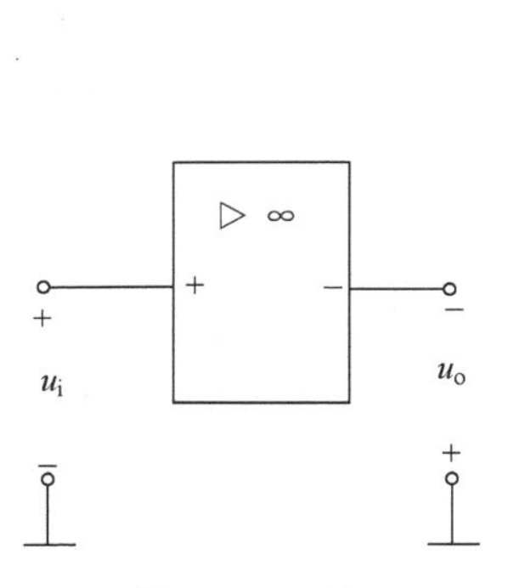

图 8.29　反相器

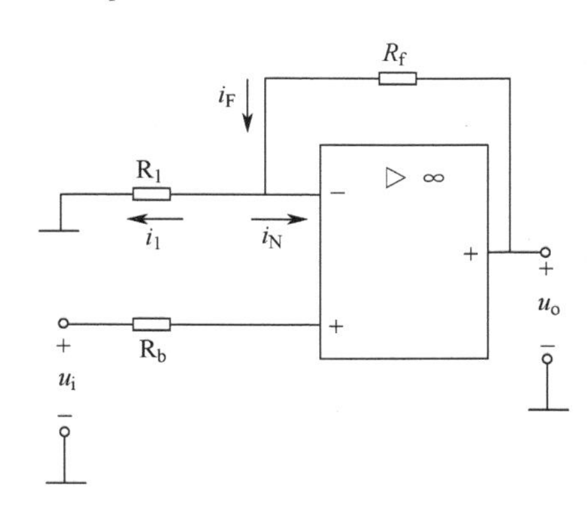

图 8.30　同相比例运算放大电路

由公式（8.16）可见，①同相比例运算放大电路的放大倍数 A_{vf} 同样仅由外部电阻 R_f 和 R_1 的比值决定，而与放大器本身的任何参数都无关。因此，只要合理选择精密的电阻 R_f 和 R_1，就可使放大倍数 A_{vf} 精确和稳定。②输出电压 u_o 与输入电压 u_i 相位相同，并存在着一定的比例关系，即完成了对输入信号的比例运算。

想一想

若同相比例运算放大电路中 R_1 为无穷大（相当于去掉 R_1）和 R_f 为 0（相当于 R_f 短路）时变为什么电路？提示：$A_{vf}=1$。

8.6.3　集成运算放大器的应用

1．信号运算电路——加法运算（求和运算）电路

在反相比例运算放大器的反相输入端，增加了几个输入信号的输入支路，便构成了反相加法电路，电路结构如图 8.31 所示。

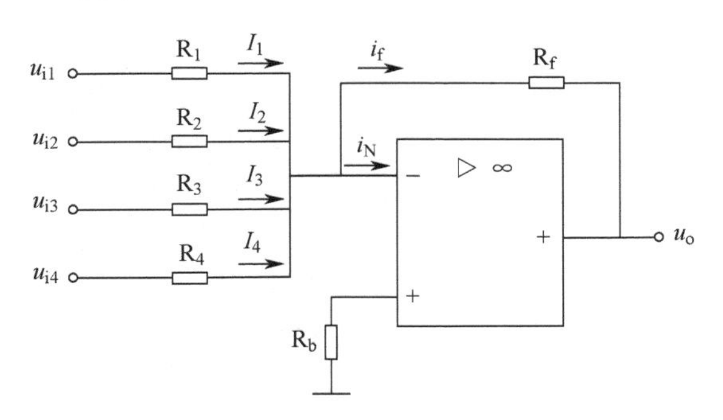

图 8.31　反相加法比例运算电路

要求 $R_b=R_1 /\!/ R_2 /\!/ R_3 /\!/ R_4 /\!/ R_f$。故有

$$u_o=\frac{R_f}{R}(u_{i1}+u_{i2}+u_{i3}+u_{i4}) \tag{8.17}$$

在公式（8.17）中，$R=R_1=R_2=R_3=R_4$。由该公式可见，输出电压 u_o 正比于各个输入电

压 u_i 之和，且相位相反；从而完成信号的加法运算。

若要完成同相的加法运算，即输出电压与输入电压相位相同（将负号去掉）；应如何？提示：答案在基本运算电路。

2．信号运算电路——减法运算

减法运算电路是指输出电压 u_o 与多个输入电压 u_i 的差值呈比例的电路。常采用差动输入方式来实现，因此，又称为差动输入式减法运算电路，电路结构如图 8.32 所示。

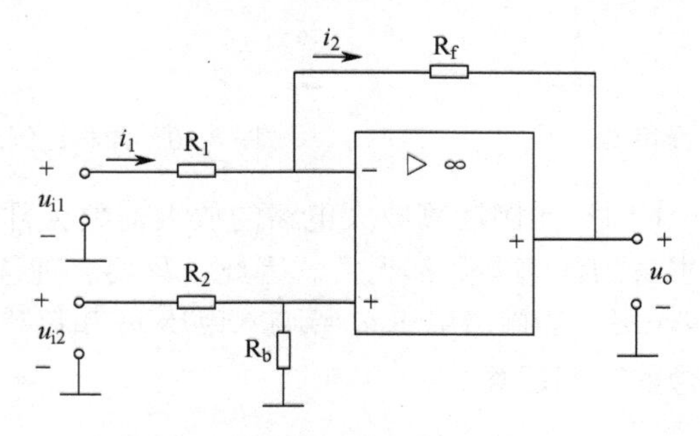

图 8.32　差动输入式减法运算电路

在运算放大器的反相输入端和同相输入端分别加入输入信号 u_{i1}、u_{i2}，可见该电路实质是反相比例运算放大电路和同相比例运算放大电路的组合。

要求 $R_1 = R_2$，$R_b = R_f$。故有

$$u_o = \frac{R_f}{R_1}(u_{i2} - u_{i1}) \tag{8.18}$$

由公式（8.18）可见，输出电压 u_o 正比于两个输入电压 u_i 之差，从而完成信号的减法运算。

3．信号变换电路——电压/电流变换器

信号的变换在自动化中应用较为广泛，如自动控制装置中往往需要把检测到的信号电压转换成电流，以输送到下一级。其形式主要包括电压/电流变换和电流/电压变换等两种。

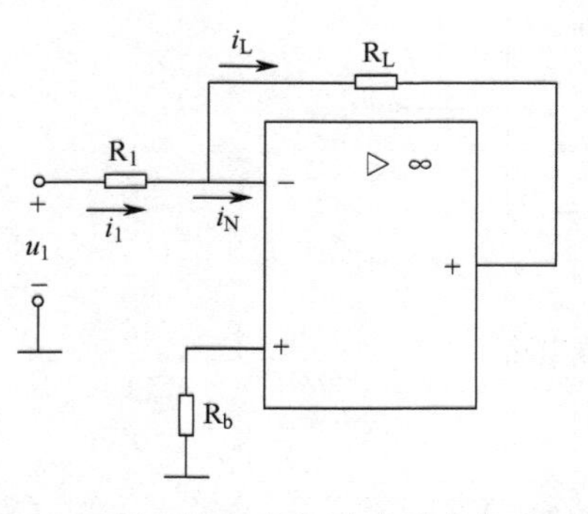

图 8.33　反相输入式电压/电流变换器电路

电压/电流变换器的作用是将输入电压信号变换成按一定比例变化的输出电流信号。

反相输入式的电压/电流变换器，电路结构如图 8.33 所示。

输入电压 u_i 经输入电阻 R_1 从集成运算放大电路的反相输入端“−”输入；R_L 为负载电阻，i_L 为负载电流，R_b 为平衡电阻。

在理想条件下，$i_N = 0$，即 $i_L = i_1$ 。故有

$$i_L = i_1 = \frac{u_i}{R_1} \tag{8.19}$$

由公式（8.19）可见，负载电流 i_L 与输入电压

u_i 成正比，即将输入电压 u_i 变换成输出电流 i_L。并与负载电阻 R_L 无关；因此，只要输入电压 u_i 恒定，则负载电流（输出电流）i_L 也就恒定。

集成运算放大器的应用是相当广泛，除了上述的电路外，还可以完成乘法、除法、平方、对数、指数、三角函数、积分、微分等各种运算电路和振荡器、功率驱动电路等。

阅读材料

国产集成运算放大器简介

集成运算放大器可分为通用型和特殊型两大类。通用型的集成运算放大器又分为通用 I 型、通用 II 型和通用 III 型；特殊型的集成运算放大器又分为高输入阻抗型、高精度型、宽带型、低功耗型、高速型和高压型等。国产集成运算放大器部分产品型号，如表 8.4 所示。

表 8.4　国产集成运算放大器产品型号

类　别	型　号	部　标	国　标	国外同类型号
通用型	I	F001		μA702 μPC51 μLM702
		F002	CF702	
	II	F004		BE809
		F003		μA709 μPC55 μLM709
		F005	CF709	
	III	F006		μA741
		F007	CF741	TA7504
		F008		LM741
特殊型	低功耗型	F0010		
		F0011	CF253	μPC253
		F0012		
		F0013		
	高精度型	F030		AD508
		F031		
		F032		
		F033	CF725	μA725
		F034		
	高速型	F050		μA772
		F051		
		F052	CF118	LM118
		F054		
		F055	CF715	μA715
	宽带型	F733		
	高阻型	F072 F3140		CA3140
	高压型	F1536		MC153
	多重型	F124	CF124	LM124
		F747	CF747	μA747

8.7 差分放大器

8.7.1 零点漂移

如图 8.14 所示的直接耦合放大电路又称为直流放大器；其特点是不但可以放大输入的直流或缓慢变化的信号，也可以放大输入的交流信号；特别适应于集成电路的内部制作；但前后级的静态工作点互相影响、互相牵制。因此，产生零点漂移现象。

在理想的情况下，当输入信号为 0 时，放大器的输出信号也应为 0；但在实际中，由于温度的变化、电源电压的波动、元器件参数的变化等；其中主要是三极管的参数随温度的变化而变化，都会引起各级的静态工作点的变化；导致静态工作点的漂移。前一级的漂移会被下一级看成输入信号而放大输出，若逐级进行放大，则使漂移越严重，输出信号（漂移信号）就越大。这种输入信号为 0，但输出信号却不为 0 的现象称为零点漂移，简称零漂。

若漂移信号和需要放大的有效信号同时放大，且两者的大小相差不多甚至漂移信号大于有效信号时，则在输出端就很难分辨出哪一部分是有效信号，哪一部分是漂移信号，这样就造成直接耦合放大电路不能正常工作。因此必须对零漂加以抑制。

零点漂移现象也存在于其他耦合方式的放大电路（如阻容耦合放大电路）中，但因耦合元件（如电容器或变压器）的隔断，使其只限于本级范围内；更不会逐级进行放大。因此，需要放大的有效信号就会远远大于漂移信号，即漂移信号被抑制。

由上述可知，要减少零漂就必须从第一级开始，即关键在第一级。

8.7.2 差分放大器

差分放大器又称为差动放大器。差分电路不仅能有效地放大直流信号或缓慢变化的信号，而且还能有效地抑制零漂。所以常用于多级放大电路的第一级（前置级）；并广泛应用于集成运算放大电路中。

1．电路结构

电路结构如图 8.34 所示。电路是由两个完全相同的单管共发射极放大电路组成，即有：$R_1=R_2$，$R_{b11}=R_{b21}$，$R_{b12}=R_{b22}$，$R_{c1}=R_{c2}$，以及三极管 VT_1 和 VT_2 的特性、参数相同。

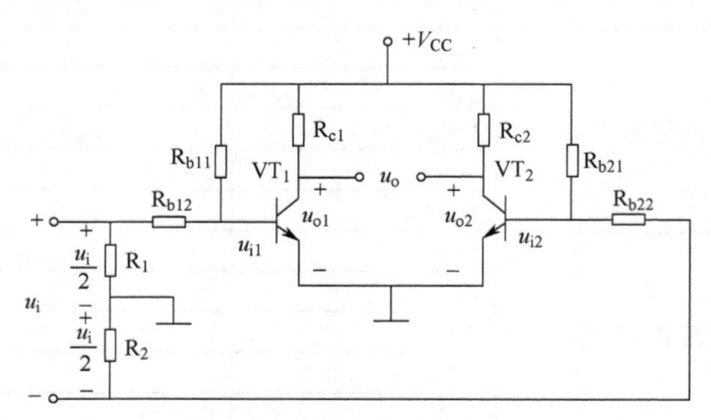

图 8.34 基本差分放大电路

输入信号 u_i 经 R_1 和 R_2 分压后得到 u_{i1} 和 u_{i2}，再分别输入到三极管 VT_1 和 VT_2 的基极；输出信号 u_o 从三极管 VT_1 和 VT_2 的集电极输出；即有 $u_o=u_{o1}-u_{o2}$。

2．抑制零漂原理

（1）当输入信号 u_i 为 0，但温度变化引起 i_{b1} 和 i_{b2} 变化（发生零漂），i_{c1} 和 i_{c2} 随之变化，

同样 u_{o1} 和 u_{o2} 也随之变化；由于两个电路完全对称，使所有的变化量完成相等，因此，$u_o = u_{o1} - u_{o2} = 0$，即温度变化引起的零漂被抑制。

（2）当输入信号 u_i 为 0，若电源电压升高，导致 u_{o1} 和 u_{o2} 都增加；同样由于两个电路完全对称，使 u_{o1} 和 u_{o2} 增加量都相同，因此，$u_o = u_{o1} - u_{o2} = 0$，即电源电压升高引起的零漂同样被抑制。

由此可见，差分放大电路能有效地抑制零漂，关键是电路的参数完全对称。

3．共模信号与差模信号

（1）共模信号是指两个大小和极性都相同的输入信号；即 $u_{i1} = u_{i2}$ 。

很显然，在差分放大电路输入共模信号，相当于温度的变化或电源波动时所引起的零点漂移；所以，差分放大电路对输入的共模信号是没有输出，即差分放大电路的共模放大倍数为 0。

（2）差模信号是指两个大小相等，但极性相反的输入信号；即 $u_{i1} = -u_{i2}$。

4．对差模信号的放大作用

在图 8.34 中，输入信号 u_i 经 R_1 和 R_2 分压后得到 u_{i1} 和 u_{i2}；由于 $R_1 = R_2$，使输入信号 u_i 被分为两个大小相等，但极性相反的输入信号（差模信号），即 $u_{i1} = u_i/2$，$u_{i2} = -u_i/2$；再分别输入到三极管 VT_1 和 VT_2 的基极。

可以推出，对差模信号的放大倍数为 $A_v = \dfrac{u_o}{u_i} \approx -\beta \dfrac{R_c}{r_{be}}$

所以，差分放大电路的差模放大倍数为单管共发射极放大电路的放大倍数。

5．共模抑制比KCMR

共模抑制比 KCMR 是衡量和评定一个差分放大电路在有效地放大差模信号及有效地抑制共模信号能力的重要指标。

共模抑制比 KCMR 是指差模放大倍数与共模放大倍数之比。

显然，差模放大倍数越大或共模放大倍数越小，即共模抑制比 KCMR 越大，说明电路的性能就越好。

在理想的情况下，即电路绝对完全对称时，共模放大倍数为 0，则共模抑制比 KCMR 为无穷大。

6．电路形式

差分放大器有四种电路形式，分别为双端输入双端输出，如图 8.34 所示；双端输入单端输出，如图 8.35（a）所示；单端输入双端输出，如图 8.35（b）所示；单端输入单端输出，如图 8.35（c）所示。

8.8　正弦波振荡器

8.8.1　概念

自激振荡现象是指放大器的输入端在不外接输入信号时，但在其输出端仍有一定频率和幅度的信号输出，该放大器称为振荡器。若输出或产生的信号为交流正弦波信号，则称为正弦波振荡器。

振荡器不外接输入信号，但其输出端仍然会有一定频率和幅度的输出信号，其实际只是将输出信号反馈到输入端作为输入信号。因此，要完成自激振荡，必须满足以下两个条件：

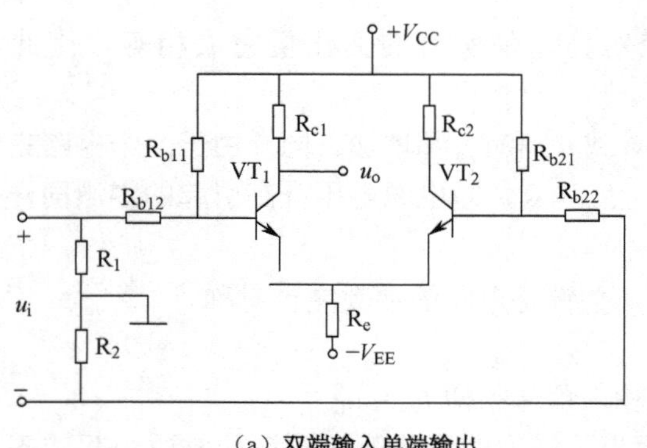

（a）双端输入单端输出

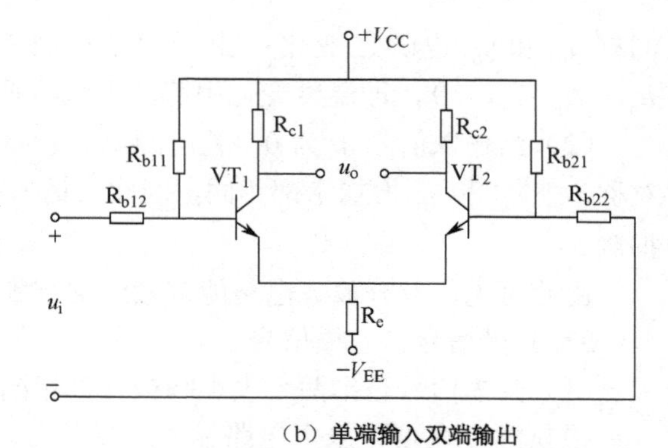

（b）单端输入双端输出

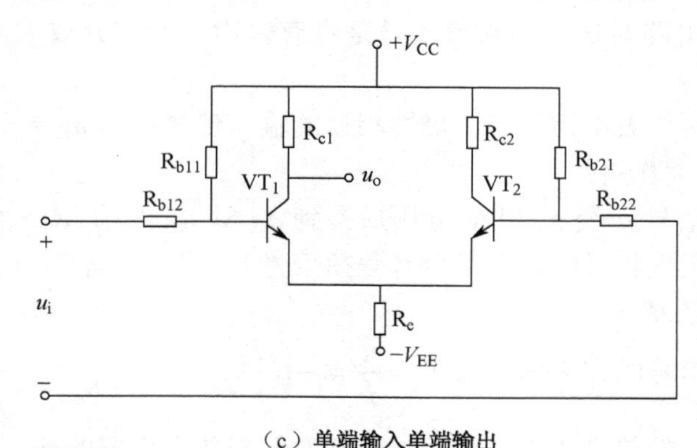

（c）单端输入单端输出

图 8.35　差分放大电路形式

（1）由输出端反馈到输入端的电压幅值要等于输入信号的电压幅值，即反馈信号电压要足够大——称为振幅平衡条件。

（2）由输出端反馈到输入端的电压相位必须和输入信号的相位相同，即反馈信号必须是正反馈——称为相位平衡条件。

正弦波振荡器的电路形式有很多种，常用的有 LC 振荡器、RC 振荡器和石英晶体振荡器等。

8.8.2　LC 振荡器

LC 振荡器又分为变压器耦合式、电感式和电容式等三种电路形式。

1．变压器耦合式

电路结构如图 8.36 所示，该电路特点是：

① 通过变压器 T 耦合形成正反馈，并将反馈信号送回放大器的输入端。

② L_1C 并联回路组成放大器的谐振网络（也称为选频网络）。

③ 改变电容 C 的大小，就可改变谐振频率。

④ 改变 L_2 的匝数或调节 L_1 与 L_2 之间的距离，就可改变反馈量的大小。

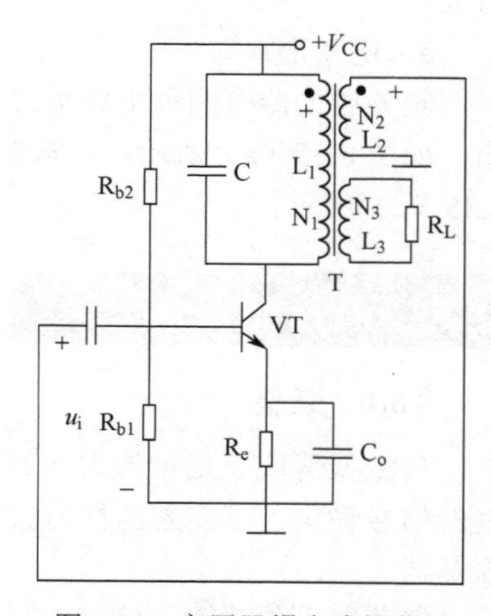

图 8.36　变压器耦合式振荡器

2．电感式

电路结构如图 8.37 所示，该电路特点是：

① 通过电感器 L 耦合形成正反馈，并将反馈信号送回放大器的输入端。

② LC 并联回路组成放大器的谐振网络。

③ 改变电容 C 的大小，就可改变谐振频率。

④ 改变 L 的抽头位置 2，就可改变反馈量的大小。

3．电容式

电路结构如图 8.38 所示，该电路特点是：

① 通过电容 C_1 和 C_2 的分压和耦合形成正反馈，并将反馈信号送回放大器的输入端。

② L 与 C_1、C_2 并联回路组成放大器的谐振网络。

③ 改变电容的比值 C_1/C_2，就可改变反馈量的大小。

④ 谐振频率较难改变。

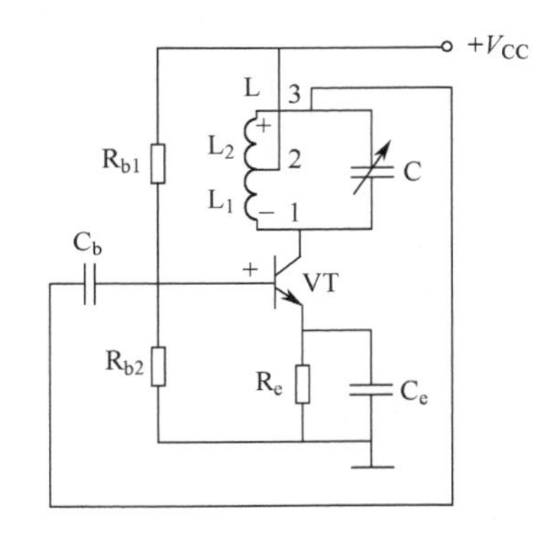

图 8.37　电感式振荡器

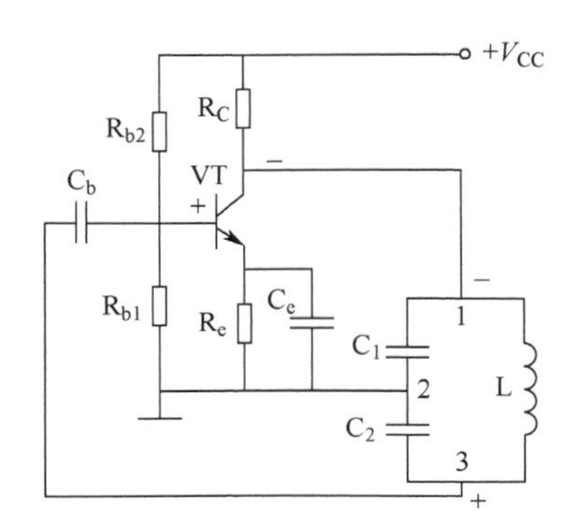

图 8.38　电容式振荡器

8.8.3　RC 振荡器

电路结构如图 8.39 所示，该电路特点是：

① R_1、C_1 及 R_2、C_2 的串并联电路组成放大器的谐振网络，并将反馈信号送回放大器的输入端。

② 放大器的电压放大倍数大于 3，即 $A_v>3$；就可满足振幅平衡条件。

③ 改变电容或电阻的大小，就可改变谐振频率。

④ 选择 $R_1=R_2=R$，$C_1=C_2=C$；此时，谐振频率 $f_o=1/2\pi RC$。

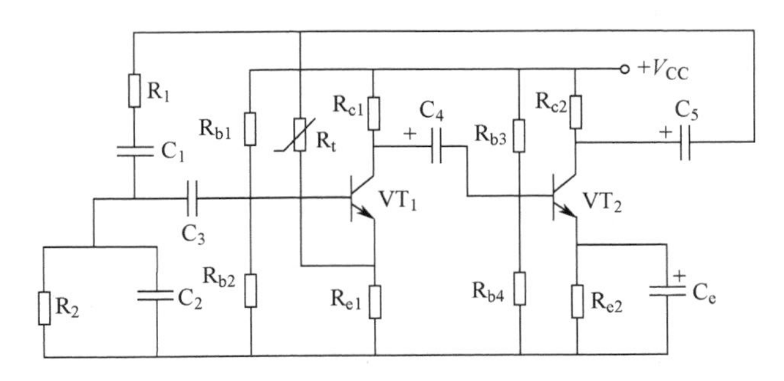

图 8.39　RC 振荡器

8.8.4 石英晶体振荡器

1．概述

上述的 LC 振荡器和 RC 振荡器的振荡频率是由谐振网络（LC 或 RC）的元件参数决定，由于外界因素（如温度、电源电压等）的影响，将使振荡器的振荡频率不稳定。石英晶体元件作为石英晶体振荡器的谐振网络，其特点是振荡频率稳定度较高。因此，被广泛应用在要求较高的电子设备中，例如，手表和计算机中的时钟信号发生器、标准信号发生器等。

2．石英晶体的结构和压电效应

石英晶体是一种天然的材料，经加工（按一定方位角进行切削）成薄片，即晶体片。在晶体片的两表面喷敷金属层并引出接线，作为电极，再用外壳（如玻璃壳、胶壳、金属壳等）封装，形成石英晶体振荡器。

压电效应是指在晶体片的电极施加电压时，石英晶体片会产生机械变形（振动）。相反，若在晶体片施加周期性的机械压力，同样使晶体片发生变形（振动），从而在晶体片的两电极出现相应的交流电压。这种现象是石英晶体特有的特性。石英晶体片产生的机械振动的频率称为石英晶体片的固有频率，即石英晶体振荡器的固有频率。

3．压电谐振原理

在石英晶体片的两电极外加上交流电压，石英晶体片就会产生机械振动；机械振动又引起石英晶体片产生附加交流电压，从而引起电压——机械振动——电压——机械振动……，不断的重复循环，最后达到稳定状态。

当外加的交流电压频率等于石英晶体片（石英晶体振荡器）的固有频率时，振动的幅度突然增大，形成共振；这种现象称为压电谐振。

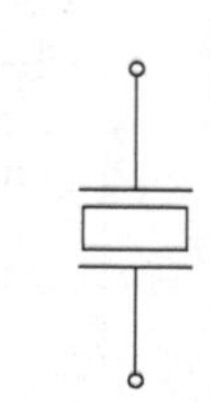

图 8.40 石英晶体振荡器的图形符号

4．符号

石英晶体振荡器的图形符号如图 8.40 所示。

5．应用

（1）并联型石英晶体振荡电路

并联型石英晶体振荡电路如图 8.41 所示，三极管 VT 与石英晶体构成并联型石英晶体振荡电路。石英晶体并和 C_1、C_2 构成电容三点式谐振网络。获得的谐振信号经 C_1、C_2 分压后，在 C_2 上形成的正反馈信号送回三极管的基极。

（2）串联型石英晶体振荡电路

串联型石英晶体振荡电路如图 8.42 所示。石英晶体串接在三极管 VT_1 和 VT_2 的发射极之间，组成一个正反馈电路。调节 R_P 可控制反馈量的大小。

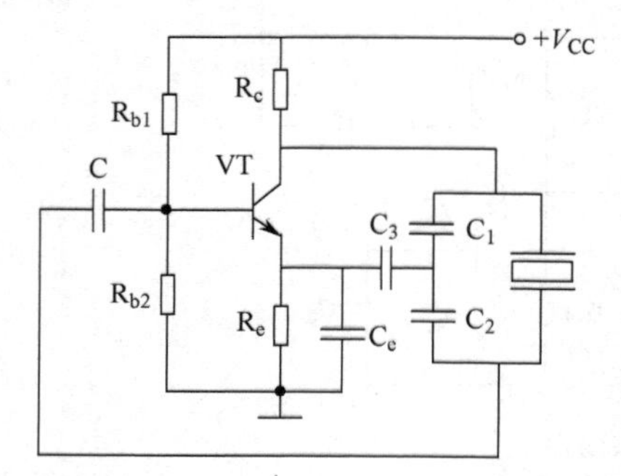

图 8.41 并联型石英晶体振荡电路

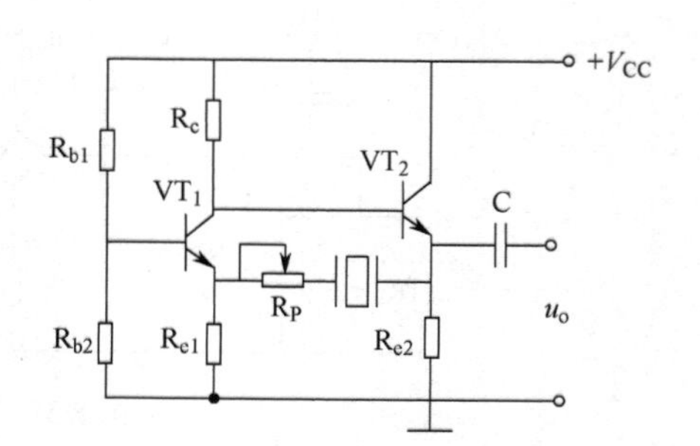

图 8.42 串联型石英晶体振荡电路

【实训11】　运算放大器的应用

一、实训目的

1．巩固电路的基本测量方法，提高对电路的实际调整能力。

2．学会集成运算放大电路的基本特性测试及其使用方法。

3．掌握集成运算放大电路中的反馈。

4．掌握由集成运算放大电路构成的正弦波振荡器的电路原理，进一步了解集成运算放大器的应用。

二、相关知识与预习内容

（一）负反馈与电压放大倍数

1．当集成运算放大电路在反相输入时，电阻 R_f（反馈电阻）构成电压并联负反馈；电压放大倍数为 $A_v=-R_f/R_1$；见实训线路（图8.44）；

2．当集成运算放大电路在同相输入时，电阻 R_f（反馈电阻）构成电压串联负反馈；电压放大倍数为 $A_v=1+R_f/R_2$；见实训线路（图8.44）；

3．当同时在集成运算放大电路的两输入端输入时，电压放大倍数为 $A_v=R_f/R_1$；见实训线路（图8.44）。

（二）集成运算放大器的应用

集成运算放大器广泛应用于各种数学运算（如加法、减法、微分、积分等运算）和完成各种信号的功能（包括信号的产生、转换、处理等功能）。

RC文氏电桥正弦波振荡器是集成运算放大电路与反馈网络的综合应用。振荡器中RC串联网络和RC并联网络起着选频和正反馈的作用，以满足振荡的两个条件；反馈电阻 R_f 构成负反馈以改善输出正弦波电压的波形。

（三）预习内容

1．阅读“实训8、9”中有关常用仪器、仪表使用的内容。

2．阅读本章有关集成运算放大器及其基本运算电路的内容。

三、实训器材

按表8.5准备好完成本任务所需的设备、工具和器材。

表8.5　工具与器材、设备明细表

序号	名　称	型　号	规　格	单位	数量
1	直流稳压电源		0～12V连续可调、±10V		
2	集成运算放大器	CF741		个	1
3	拨动开关		单掷	个	2
4	拨动开关		双掷	个	2
5	电位器		10kΩ	个	1
6	电容器		0.01μF	个	2
7	电阻		10kΩ1/4W	个	2
8	电阻		9.1kΩ、100kΩ、500kΩ、200Ω 1/4W	个	各1

续表

序号	名　　称	型　号	规　　格	单位	数量
9	双踪示波器	XC4320 型		台	1
10	万用电表	MF-47 型		个	1
11	低频信号发生器	XD2 型			
12	晶体管毫伏表	DA-16 型			
13	电路插线板			块	1
14	连接导线				若干
15	电工电子实训通用工具		试电笔、榔头、螺丝刀（一字和十字）、电工刀、电工钳、尖嘴钳、剥线钳、活动扳手、镊子等	套	1

四、实训内容与步骤

（一）集成运算放大器的检测

1．外观检查

（1）型号的认识和确定。

（2）引脚的排列认识。

（3）外壳封装（有无损坏痕迹）。

2．性能检查

（1）按图 8.43 所示电路进行安装、连接；检查接线无误后，接入正、负直流电源±10V。

（2）使输入电压 u_i 为零，即将集成运算放大器的③脚与公共端（地）短接。

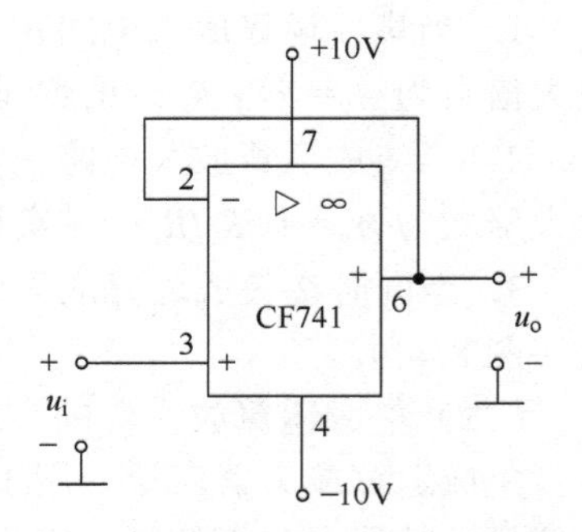

图 8.43　集成运算放大器的性能检查

（3）选择万用表合适的量程，测量输出直流电压，即集成运算放大器的⑥脚与公共端（地）间的直流电压，应有 $u_o = 0$。

（4）调节直流稳压电源，使其输出电压为 5V，接入集成运放的输入端，即输入电压 u_i 为 5V，测量输出直流电压，应有 $u_o = 5V$。

若在测试过程中，输出直流电压 $u_o = +10V$ 或 $-10V$，则说明集成运算放大器已损坏。

（二）反相比例运算特性的测量

1．按图 8.44 所示电路进行安装、连接；检查接线无误后，接入正、负直流电源 ±10V。

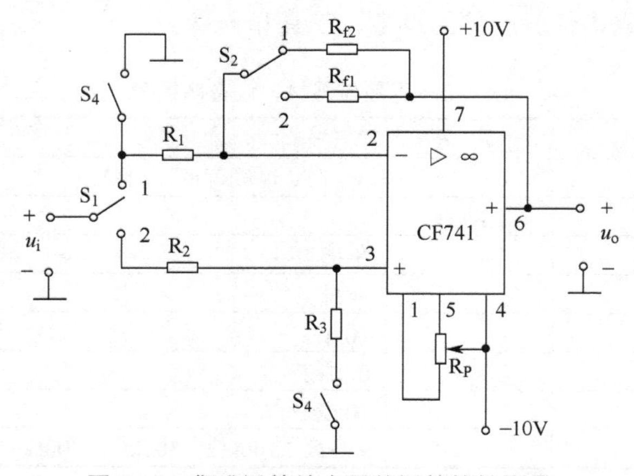

图 8.44　集成运算放大器的运算特性测量

2．将输入端短接，即 $u_i = 0$，用万用表直流电压挡测量 u_O，调节 R_P，使 $u_o = 0$。

3．断开短接，开关 S_1 置“1”，开关 S_2 置“2”，开关 S_3 合上，开关 S_4 断开，此时，集成运算放大器为反相输入。

4．输入端接入直流电压 U_i，即有 $u_i = U_i$，用万用表直流电压挡测量 u_o，即有 $u_o = U_o$；调节 U_i，可测得 U_o，并填入表 8.6 中。

表 8.6　直流反相比例运算特性测量记录

	$U_i = 1$（V）	$U_i = 0.5$（V）	$U_i = 0.3$（V）	$U_i = 0$（V）	$U_i = -0.3$（V）	$U_i = -0.5$（V）
U_o（V）						

5．将输入端改接入低频信号发生器，调节输出信号频率为 1 kHz，用晶体管毫伏表分别测量输入端和输出端；调节 u_i，可测得 u_o，填入表 8.7 中，并用双踪示波器观察输入、输出的电压波形。

表 8.7　交流反相比例运算特性测量记录

	$U_i = 0.3$（V）	$U_i = 0.5$（V）	$U_i = 0.8$（V）
u_o（V）			
A_v			

6．调节信号发生器，使 $u_i = 0.01$（V），将开关 S_2 分别置“1”和“2”，接入不同的负反馈电阻，分别测得 u_o，填入表 8.8 中。

表 8.8　不同负反馈电阻的测量记录

	$R_{f1} = 100\text{k}\Omega$	$R_{f2} = 500\text{k}\Omega$
u_o（V）		
A_v		

（三）同相比例运算特性的测量

1．按图 8.44 所示电路进行安装、连接；检查接线无误后，接入正、负直流电源 ±10V。

2．将输入端短接，即 $u_i = 0$，用万用表直流电压挡测量 u_o，调节 R_P，使 $u_o = 0$。

3．断开短接，开关 S_1 置“2”，开关 S_2 置“2”，开关 S_3 断开，开关 S_4 合上，此时，集成运算放大器为同相输入。

4．将输入端接入信号发生器，调节输出信号频率为 1kHz，并使 $u_i = 0.01$（V），将开关 S_2 分别置“1”和“2”，接入不同的负反馈电阻，分别测得 u_o，填入表 8.9 中。

表 8.9　同相比例运算特性的测量记录

	$R_{f1} = 100\text{k}\Omega$	$R_{f2} = 500\text{k}\Omega$
u_o（V）		
A_v		

（四）正弦波振荡器（RC 文氏电桥振荡器）

1．按图 8.45 所示电路进行安装、连接；检查接线无误后，接入正、负直流电源 ±10V。

2．测试起振条件

（1）在输出端接入示波器，以观察输出的电压 u_o 波形。

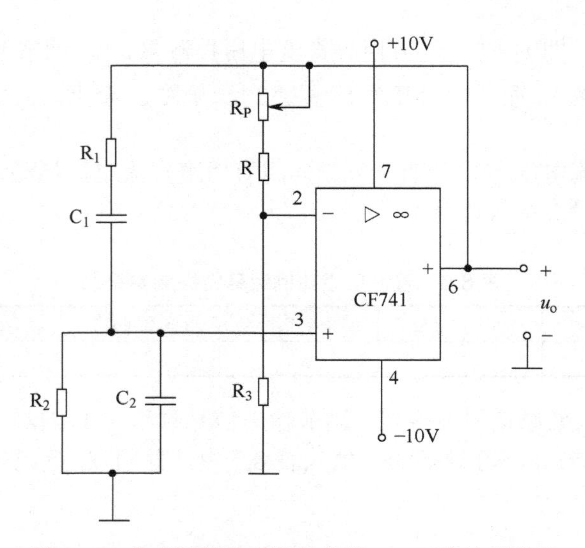

图 8.45　集成运算放大器的应用——正弦波振荡器

（2）调节 R_P，使电路振荡；并逐步加大 R_P，使电路停振或不正常。

（3）断开正、负直流电源±10 V，使 $R_P + R$ 脱离电路，用万用表测量 $R_P + R$ 值，并填入表 8.10 中。

3．测试正弦波信号

（1）重新按图 8.45 所示接好电路，在输出端接入示波器，调节 R_P，使电路振荡。

（2）注意 R_P 值的变化范围，在波形不失真下，记录正弦波的最大幅值 u_o（V）和频率 f_o，并填入表 8.10 中。

表 8.10　正弦波振荡器的测量记录

测试起振条件	测试正弦波信号	
$R_P + R$（Ω）	u_o（V）	f_o（Hz）

阅读材料

集成运算放大器使用注意事项

（1）使用前应认真查阅有关手册，了解所用集成运算放大器各引脚排列位置，外接电路特别要注意正、负电源端、输出端及同相、反相输入端的位置。

（2）集成运算放大器接线要正确可靠。由于集成运算放大器外接端点比较多，很容易接错，因此要求集成运算放大器电路接线完毕后，应认真检查，确认没有接错后，方可接通电源，否则有可能损坏器件。另外，因集成运算放大器工作电流很小（输入电流只有纳安级），故集成运算放大器各端点接触必须良好，否则电路将不能正常工作。检查接触是否可靠，可用直流电压表测量各引脚与地之间的电压值来判定。集成运算放大器的输出端应避免与地、正电源、负电源短接，以免器件损坏。同时输出端所接负载电阻也不宜过小，其值应使集成运算放大器输出电流小于其最大允许输出电流，否则有可能损坏器件，或使输出波形变差。

（3）输入信号不能过大。输入信号过大可能会造成阻塞现象或损坏器件，因此，为了保证正常工作，输入信号接入集成运算放大器电路前应对其幅度进行初测，使之不超过规定的极限，即差模输入信号应远小于最大差模输入电压，共模输入信号也应小于最大共模输入电压。另外应注意输入信号源能否给集成运算放大器提供直流通路，如果不能，必须为集成运算放大器提供直流通路。

（4）电源电压不能过高，极性不能接反。电源电压应按器件使用要求先调整好直流电源输出电压，然后再接入电路，且接入电路时必须注意极性，不能接反，否则器件容易受到损坏。装接电路或改接插拔器件时，必须断开电源，否则器件容易因受到极大的感应或电冲击而损坏。

（5）集成运算放大器的调零。所谓调零，就是将运算放大器应用电路输入端短路，调节调零电位器使运算放大器输出电压等于零。集成运算放大器作直流运算放大器使用时，特别是在小信号高精度直流放大电路中，调零是十分重要的，因为集成运算放大器存在失调电流和失调电压，当输入端短路时，会出现输出电压不为零的现象，所以使用中应按手册中给出的调零电路进行调零。但有的集成运算放大器没有调零端子，就必须外接调零电路进行调零。调零电位器应采用工作稳定、线性度好的多圈线绕电位器。另外，在电路设计中应尽量保证两输入端的外接直流电阻相等，以减小失调电流和失调电压的影响。调零时应注意以下几点：调零必须在闭环条件下进行；输出端电压应小于量程电压挡测量，例如，用万用表 1V 挡；若调节调零电位器输出电压达不到零值，或输出电压不变，如等于$+V_{CC}$或$-V_{SS}$，则应检查电路接线是否正确，如输入端是否短接或接触不良，电路有没有构成闭环等。若经检查接线正确，可靠且仍不能调零，则可能是集成运算放大器损坏或质量不好。

本章小结

- 所谓“放大”是指放大电路（放大器）将微弱的电信号（电压或电流）转变为较强电信号的性能。“放大”的实质是“以弱控强”。
- 以常用的 NPN 型三极管为主的单管共发射极放大电路作为典型电路进行分析。
- 要使放大电路（放大器）工作在正常的放大状态；必须设置静态工作点 Q，即确定I_{BQ}、I_{CQ}、U_{BEQ}、U_{CEQ}；分析方法是通过放大电路的直流通路进行。
- 由于在放大过程中各电流、电压总是直流分量与交流分量的叠加。因此，进行动态分析；主要参数有输入电阻R_i、输出电阻R_o、放大倍数A_v等。分析方法是通过放大电路的交流通路进行。
- 放大电路的输入电阻将产生对前级（即信号源）的影响；输入电阻越大，信号源提供的电流越小，则对信号源影响就越小。输出电阻是指放大器的带载能力；输出电阻越小，带负载能力就越强。放大倍数是表示对输入信号的放大能力。
- 当输入信号为正弦波时，若输出波形正半周出现平顶称为截止失真；若输出波形负半周出现平顶称为饱和失真；若输出波形的正、负半周都出现平顶称为双向失真。
- 共集电极放大电路（射极输出器、射极跟随器）具有输入电阻很大：输出电阻很小和电压放大倍数小于或等于 1。
- 多级放大电路的耦合方式：阻容耦合、变压器耦合和直接耦合。
- 放大电路的反馈使输出信号的部分或全部送回到输入端。若反馈信号使净输入信号削弱称负反馈，若反馈信号使净输入信号增强称正反馈。负反馈以降低放大倍数为代价来改善放大器的性能，如静态工作点的稳定，减小失真，改变输入电阻和输出电阻等。

● 功率放大器要求在非线性失真小的情况下输出功率尽可能大，效率尽可能高。OCL 电路和 OTL 电路都是由参数完全一致、工作时互补的两个射极输出器组成的；为消除交越失真应工作在甲乙类状态。

● 集成运算放大器有反相比例运算放大电路和同相比例运算放大电路两种基本电路形式；反相比例运算放大电路的电压放大倍数（$A_{vf}=-R_f/R_1$）和同相比例运算放大电路的电压放大倍数（$A_{vf}=1+R_f/R_1$）仅与外电路的电阻有关。

● 直接耦合放大电路（直流放大电路）和差分放大电路是集成运算放大器中最基本的电路。直接耦合放大电路的缺点是级间互相影响及产生零点漂移；差分放大电路能有效地抑制零漂和共模信号，对差模信号进行放大。差分放大电路的共模抑制比越大，抑制零漂的能力就越强。

● 振荡器的自激振荡，必须满足两个振荡条件：相位平衡条件（反馈为正反馈）和振幅平衡条件（反馈足够大）。常用的电路形式有 LC 振荡器（变压器耦合式、电感式和电容式）、RC 振荡器、石英晶体振荡器等。

习题 8

8.1 填空题

1. 放大器的作用是________。

2. 放大电路按三极管的连接方式来分，有________、________、________。

3. 共发射极放大电路的输入端由三极管的________和________组成。

4. 共发射极放大电路的输出端由三极管的________和________组成。

5. 集电极电阻由于其作用又称为________。

6. 基本共发射极放大器有两个电阻，主要为三极管提供________，两个电容器为放大器提供________。

7. 放大器中三极管的静态工作点 Q 主要是指________、________和________。

8. 放大电路的交流通路应把________和________看成短路。

9. 放大电路工作在动态时，u_{CE}、i_B、i_C 各量，都是由________分量和________分量组成的。

10. 利用________通路可以近似估算放大电路的静态工作点；利用________通路可以估算放大器的动态参数。

11. 对于一个放大电路来说，一般希望其输入电阻________，以减轻信号源的负担；对于一个放大电路来说，一般希望其输出电阻________，以增大带负载的能力。

12. 多级放大电路常用的级间耦合方式有________、________和________。

13. 反馈就是将放大电路的________通过一定的方式传送到放大电路的________。

14. 如果反馈量中只含________，则称为直流反馈；如果反馈量中只含________，则称为交流反馈。

15. 为了稳定静态工作点，应该引入________负反馈。为了稳定放大倍数，应该引入________负反馈。

16. 为了稳定输出电压，应该引入________负反馈。为了稳定输出电流，应该引入________负反馈。

17. 为了提高输入电阻，应该引入________负反馈。为了减少输入电阻，应该引入

__________负反馈。

18. 为了增强带负载能力，应该引入__________负反馈。为了增大输出电阻，应该引入__________负反馈。

19. OTL 电路又称为__________功率放大电路。

20. 集成运算放大器的内部是由__________、__________、__________、__________组成的。

21. 同相比例运算放大电路的电压放大倍数为__________。

22. 加法运算电路的输出电压正比于__________之和，且__________相反。

23. 减法运算电路又称为__________式减法运算电路。

24. 差分放大电路能有效地抑制__________，关键是电路的参数__________。

25. 共模抑制比 KCMR 是指__________之比。

26. 振荡器的输出或产生的信号为交流正弦波信号，则称为__________振荡器。

27. 常用的振荡器有__________振荡器、__________振荡器和__________振荡器等。

8.2　选择题

1. 共发射极放大电路中三极管的____是输入和输出回路的公共端。

A. 基极　　B. 发射极　　C. 集电极

2. 三极管在电路中起到____的放大作用。

A. 电流　　B. 电压　　C. 电流或电压

3. 放大电路放大的对象是电压、电流的____。

A. 稳定值　　B. 变化量　　C. 平均值

4. 在基本放大电路的三种组态中，____组态只有电流放大作用而没有电压放大作用。

A. 共射　　B. 共基　　C. 共集

5. 单管放大器建立静态工作点是为了____。

A. 使管子在输入信号的整个周期内都导通　　B. 使管子工作在截止区或饱和区

C. 使管子可以从饱和区、放大区至截止区任意过渡

6. 在共发射极单级放大电路中，输入信号与输出信号的波形相位____。

A. 反相　　B. 同相　　C. 正交

7. 放大电路中的饱和失真与截止失真称为______。

A. 线性失真　　B. 非线性失真　　C. 交越失真

8. 共发射极基本放大电路处于饱和状态时，要使电路恢复成放大状态，通常采用的方法是____。

A. 增大 R_B　　B. 减小 R_B　　C. 改变 R_C

9. 在三极管放大电路中，当集电极电流增大时，将使三极管____。

A. 集电极电压 U_{CE} 上升　　B. 集电极电压 U_{CE} 下降　　C. 基极电流不变

10. 放大器的电压放大倍数在____是增大。

A. 负载电阻增大　　B. 负载电阻减小　　C. 负载电阻不变

11. 共发射极放大器在放大交流信号时，三极管的集电极电压____。

A. 只含有放大了的交流信号　　B. 只含有直流静态电压

C. 既有直流静态电压又有交流信号电压

12. 无信号输入时，放大电路的状态称为____。

A. 静态　　B. 动态　　C. 静态和动态

13. 共发射极放大器输出电流、输出电压与输入电压的相位关系是_____。

A. 输出电流、输出电压均与输入电压同相

B. 输出电流、输出电压均与输入电压反相

C. 输出电流与输入电压同相，输出电压与输入电压反相

14. 解决共发射极放大器截止失真的方法____。

A. 增大 R_B　　B. 增大 R_C　　C. 减小 R_B

15. 放大电路工作在动态时，集电极电流是由____信号组成的。

A. 纯交流　　B. 纯直流　　C. 交流与直流合成

16. 放大器接入负载后，电压放大倍数会____。

A. 下降　　B. 增大　　C. 不变

17. 射极输出器具有____放大作用。

A. 电压　　B. 电流　　C. 电压和电流

18. 阻容耦合二级电压放大器输出电压与输入电压的相位关系是____。

A. 反相　　B. 同相　　C. 相位差为 0°～90°

19. 多级放大电路由三级基本放大器组成的，已知每级电压放大倍数为 A_v，则总的电压放大倍数为____。

A. $3A_v$　　B. A_v^2　　C. A_v^3

20. 在三级放大电路中，$A_{u1}=-10$，$A_{u2}=-15$，$A_{u3}=-20$，则总的电压放大倍数 A_u 为____。

A. 45　　B. −45　　C. −3000

21. 负反馈能使放大电路的通频带____。

A. 展宽　　B. 变窄　　C. 不稳定

22. 负反馈会使放大电路的放大倍数____。

A. 增加　　B. 减少　　C. 不稳定

23. 反相比例运算放大电路的电压放大倍数为____。

A. R_f/R_1　　B. $-R_f/R_1$　　C. $-R_1/R_f$

24. 反相器的电压放大倍数为____。

A. 1　　B. −1　　C. $-R_f/R_1$

25. 减法运算电路实质是____。

A. 反相比例运算放大电路　　B. 同相比例运算放大电路

C. A 和 B 的组合

26. 共模信号是指两个____相同的输入信号。

A. 大小　　B. 极性　　C. 大小和极性

27. 差分放大电路对____信号的放大作用。

A. 共模　　B. 差模　　C. 共模和差模

28. 振荡器的反馈信号必须是____。

A. 正反馈　　B. 负反馈　　C. 正反馈和负反馈

8.3 判断题

1. 共发射极放大电路中三极管只起到电压的放大作用。(　　)
2. 基极电阻由于其作用又称为偏流电阻。(　　)

3. 在晶体三极管的放大电路中，三极管发射结加正向电压，集电结加反向电压。(　　)

4. 单管共发射极放大器是具有反相作用。(　　)

5. 共发射极放大电路输出电压和输入电压相位相反，所以该电路被称为反相器。(　　)

6. 放大器不设置静态工作点时，由于三极管的发射结有死区和三极管输入特性曲线的非线性，会产生失真。(　　)

7. 放大电路的电压放大倍数随负载 R_L 而变化，R_L 越大，电压放大倍数越大。(　　)

8. 采用阻容耦合的前后级放大电路的静态工作点互相影响。(　　)

9. 阻容耦合放大电路的主要优点是效率高。(　　)

10. 射极输出器的输入电阻大，输出电阻小。(　　)

11. 反馈是指将放大器输出信号的全部送回放大器的输入端，并与输入信号相合成的过程。(　　)

12. 电压并联负反馈的基本特点是输入电阻和输出电阻都减小。(　　)

13. 负反馈可提高放大倍数稳定性，但使电路的非线性失真增大。(　　)

14. 放大电路引入负反馈后，可以改善放大电路的性能。(　　)

15. 甲类工作状态下的功率放大器的效率最大不超过 50%。(　　)

16. 反相器的电路结构与反相比例运算放大电路的电路结构相同。(　　)

17. 求和运算电路是增加几个输入端的反相比例运算放大器。(　　)

18. 减法运算电路是指输出电压与多个输入电压之和呈比例的电路。(　　)

19. 差分放大电路能有效地抑制零漂，关键是电路的参数完全对称。(　　)

20. 共模信号是指两个大小和极性都相反的输入信号。(　　)

21. 差分放大电路对差模信号的放大作用。(　　)

22. 共模抑制比 KCMR 越大，说明电路的性能就越好。(　　)

8.4　简答题

1. 对放大电路有何要求？

2. 简述基本共发射极放大电路各元件的作用。

3. 什么是放大电路的静态？什么是放大电路的动态？

4. 为什么要设置静态工作点？静态工作点对放大器的工作有何影响？

5. 什么是放大电路的直流通路？什么是放大电路的交流通路？

6. 在 NPN 型三极管组成的共发射极放大电路中，如果测得 $U_{CE} \leqslant U_{BE}$，该三极管处于何种状态？如何才能使电路恢复正常放大？

7. 射极输出器有什么特点？

8. 多级放大器有哪几种耦合方式？多用于什么场合？

9. 简述负反馈对放大电路的影响。

10. 对功率放大器有什么要求？

11. 简述 OCL 电路的特点。

12. 运算放大电路的平衡电阻有何作用？

13. 简述反相比例运算放大电路的特点。

14. 简述反相器的特点。

15. 简述同相比例运算放大电路的特点。

16. 同相比例运算放大电路中 R_1 为无穷大和 R_f 为 0 时会变为什么电路？

17. 简述电压/电流变换器的特点。

18. 什么是零点漂移现象？为什么说减少零漂关键在第一级？

19. 差动放大器的电路结构有何要求？

20. 简述差动放大器的共模抑制比KCMR。

21. 要产生自激振荡，必须满足什么条件？

22. 简述各种LC振荡器的特点。

23. 什么是压电效应？试述并联型和串联型石英晶体振荡电路的基本原理。

8.5 计算题

1. 已知晶体三极管的$I_B = 20\mu A$时，$I_C = 1.4$ mA；当$I_B = 40\mu A$时，$I_C = 3.2mA$。求三极管的β值。

2. 如图8.46所示共射极基本放大电路，$V_{CC} = 12V$，$R_B = 300k\Omega$，$R_C = 5k\Omega$，若三极管的$\beta = 50$，试求其静态工作点。

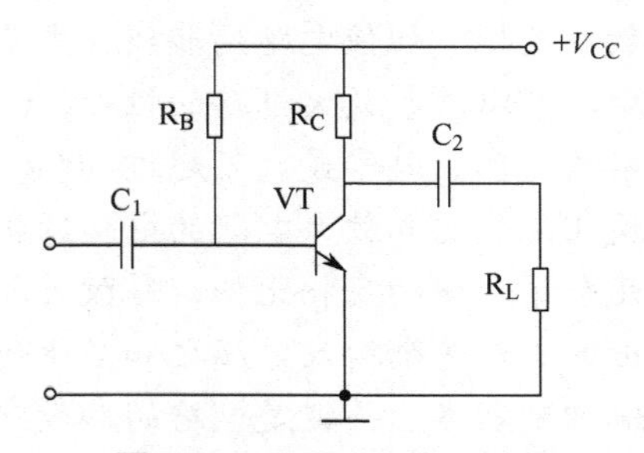

图8.46 习题8.5第2题图

3. 一个基本的共发射极放大电路$V_{CC} = 6V$，$R_b = 200k\Omega$，$R_c = 2000\Omega$，三极管的$\beta = 50$，试求放大电路的工作点：①I_{BQ}的值，②I_{CQ}的值，③U_{CEQ}的值。

4. 试计算图8.47所示放大电路的静态工作点。已知三极管的$\beta = 50$，$U_{be} = 0.7V$。

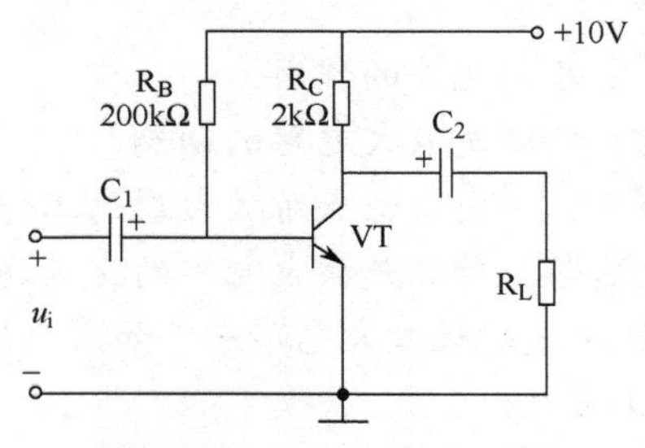

图8.47 习题8.5第4题图

5. 电路如图8.48所示，试绘出该电路的交流通路，并分别求出输入电阻和输出电阻。

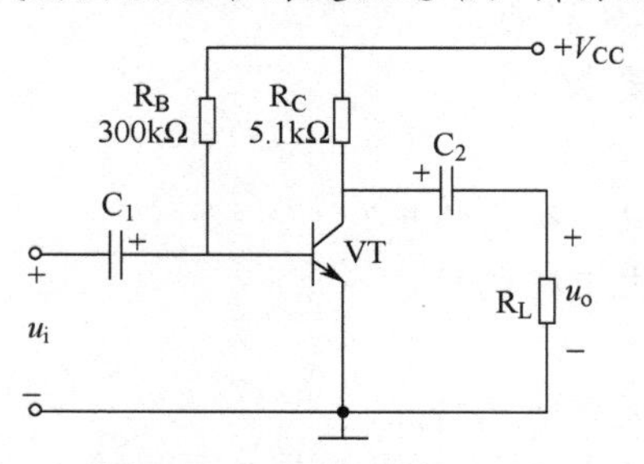

图8.48 习题8.5第5题图

6. 电路如图 8.49 所示，已知三极管的$\beta = 50$，$U_{be} = 0.7V$，试求电路的静态工作点。

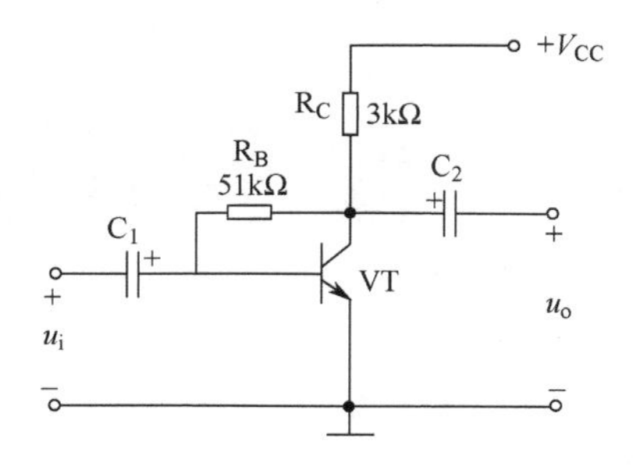

图 8.49　习题 8.5 第 6 题图

7. 电路如图 8.50 所示，电路中，$R_1 = 10k\Omega$，$R_f = 50k\Omega$，试求：①A_{vf}的值，②$u_1 = -1V$ 时，u_o的值。

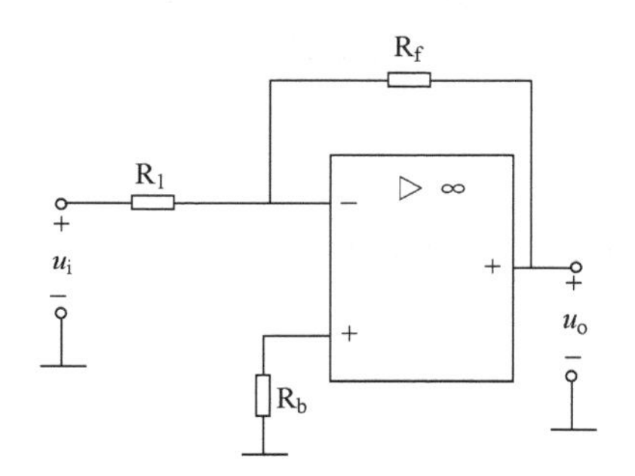

图 8.50　习题 8.5 第 7 题图

8. 电路如图 8.51 所示，电路中，$R_1 = R_2 = R_3 = 10k\Omega$，$R_f = 50k\Omega$，$u_{i1} = 0.5V$，$u_{i2} = -1V$，$u_{i3} = -0.8V$，试求 u_o。

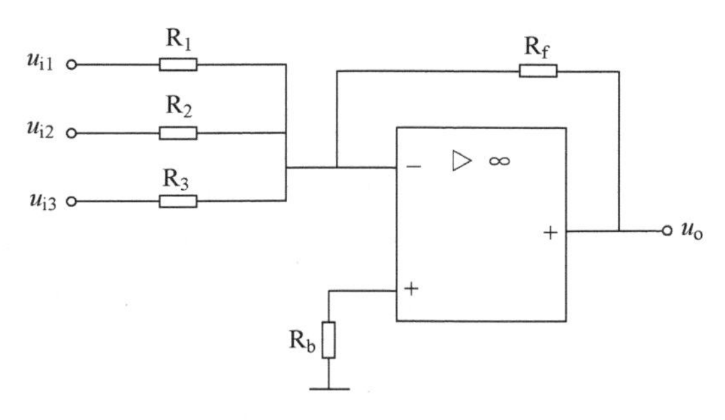

图 8.51　习题 8.5 第 8 题图

第4篇　数字电子技术

数字电路是传递和处理数字信号的电子电路，本篇的内容包括数字电子技术基础，组合逻辑和时序逻辑电路和数字电路的应用等。

第9章　数字电子技术基础

学习目标

本章主要介绍数字电子技术及其基本电路，主要包括：

- 数字电子技术基础知识。
- 基本逻辑门电路。
- 组合逻辑门电路。
- 逻辑代数。

通过学习本章，重点掌握基本逻辑门电路的逻辑功能、逻辑符号和逻辑表达式。应能理解数字电路的基本概念和特点，能够明确组合逻辑门电路的原理及其分析。

9.1　数字技术基础

9.1.1　数字信号

1．模拟信号

对于连续变化、不间断的电信号，称之为模拟信号；即指在时间上和数量上都连续的信号。如常见的正弦波或交流信号，如图 9.1（a）所示。又如一些漂移信号，如图 9.1（b）所示。

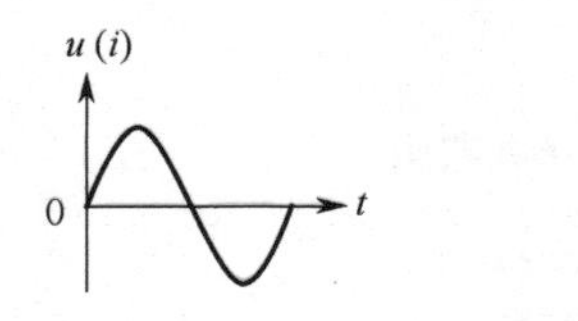

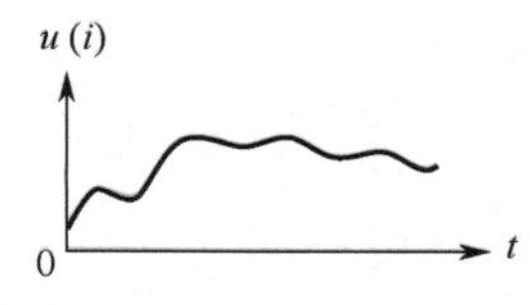

图 9.1　模拟信号

模拟信号的特征是在不同的时间上有相应的数值。

2．数字信号

对于不连续、有间断的电信号，称之为数字信号（又称为脉冲信号）；即指在时间上和数量上断断续续的信号。如矩形脉冲信号、阶梯波脉冲信号、尖峰波脉冲信号、锯齿波脉冲信号等，如图 9.2 所示。

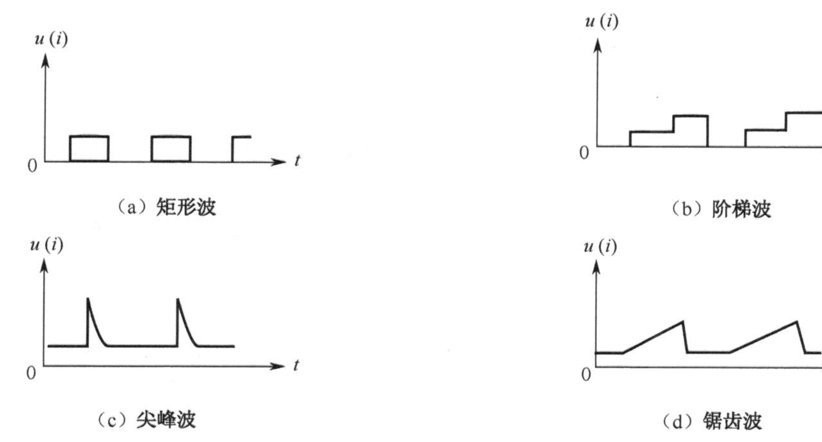

（a）矩形波　（b）阶梯波　（c）尖峰波　（d）锯齿波

图 9.2　数字信号（脉冲信号）

数字信号的特征是具有不连续和突变的特性。

9.1.2　数字电路

1．模拟电路

模拟电路是指所传递和处理的信号是连续变化的模拟信号的电路。前面所讲述的各种放大器（电路）就是以传递和放大模拟信号为主的模拟电路。

2．数字电路

数字电路是指所传递和处理的信号是间断的、不连续的、突变的数字信号的电路。

数字电路由于具有抗干扰能力强、可靠性高、能耗低、便于集成等优点；在计算机、通讯系统、工业自动控制、音像系统、家庭电器等多个领域中已经逐步取代模拟电路。

3．数字电路的特点

（1）根据输入脉冲信号只有高电平（高电位）、低电平（低电位）两种表示状态；若用“1”代表高电平或高电位，“0”代表低电平或低电位，则数字电路的基本工作信号只有两个数字信号，即用“1”和“0”两个基本数字。

（2）由于高、低电平所代表的数字量，可以很方便地用开关的通断工作来实现。因此数字电路实际是一系列开关电路。通过电子元件的开关特性，使电路简单和易实现。

（3）电路主要是研究输出信号与输入信号之间的状态关系，即逻辑关系。因此，数字电路又称逻辑电路。研究逻辑关系，是比较容易理解和掌握的。

（4）抗干扰能力强、开关电路功耗低、可靠性高、便于集成等。

4．数字电路的种类

数字电路可分为组合电路和时序电路两大类。

（1）组合电路的基本单元是逻辑门电路；其特点是某时刻的输出信号完全取决于即时的输入信号，即没有存储和记忆信息功能。

（2）时序电路的基本单元是触发器；其特点是电路在任何时刻的输出信号不仅与即时的输入信号有关，还与电路原有的状态有关，即具有存储和记忆信息功能。

在日常的生活和工作中，试举例说明数字电路的应用。

9.2 基本逻辑门电路

9.2.1 概述

数字电路的最基本单元是逻辑门电路（简称门电路）；其特点是某时刻的输出信号完全取决于即时的输入信号，即没有存储和记忆信息功能。

可具有多个输入端但只有一个输出端的开关电路称为门电路，如图 9.3 所示。

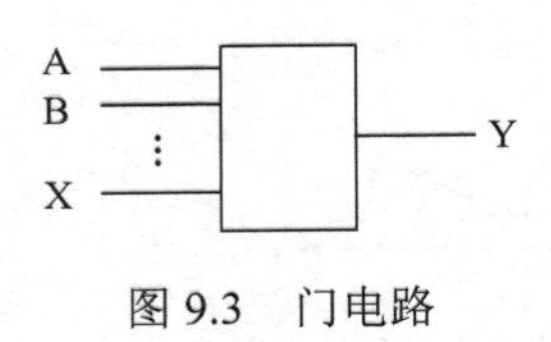

图 9.3 门电路

门电路在输入信号满足某些或一定的条件后，电路开启处理信号，即产生信号输出；相反，若不满足条件，门电路关闭，就没有信号输出。因此，电路的输入信号与输出信号是存在着条件和结果的关系，即因果关系；又称为逻辑关系。

描述逻辑关系通常是：

1 表示高电平（高电位）、有信号、开关合、事情真、满足条件、条件成立等。

0 表示低电平（低电位）、无信号、开关断、事情假、不满足条件、条件不成立等。

基本的逻辑门电路有与门、或门、非门三种。

9.2.2 与门电路

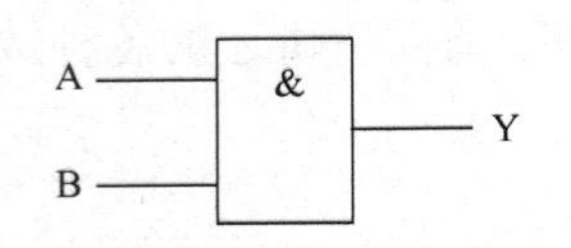

图 9.4 与门电路逻辑符号

1．电路

图 9.4 所示为两个输入端的与门电路逻辑符号。

2．逻辑关系

当输入端 A、B 都同时为高电平时，输出端 Y 才为高电平；若输入端 A 或 B 中有一个为低电平时，输出端 Y 即为低电平。

3．逻辑表达式

与门电路的逻辑表达式为：$Y = A\cdot B = AB$

4．真值表

与门电路的真值表如表 9.1 所示

表 9.1 与门真值表

A	B	Y
0	0	0
0	1	0
1	0	0
1	1	1

归纳：与门电路的逻辑功能为“有 0 出 0，全 1 出 1”。

9.2.3 或门电路

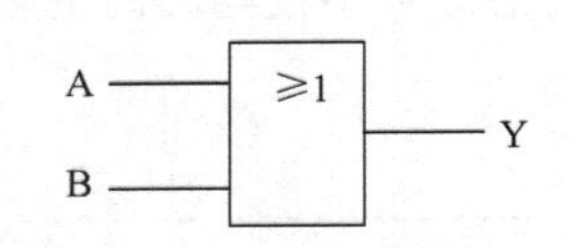

图 9.5 或门电路逻辑符号

1．电路

图 9.5 所示为两个输入端的或门电路逻辑符号。

2．逻辑关系

当输入端 A、B 都同时为低电平时，输出端 Y 才为低电平；若输入端 A 或 B 中有一个为高电平时，输出端 Y 即为高电平。

3．逻辑表达式

或门电路的逻辑表达式为：$Y = A + B$

4．真值表

或门电路的真值表如表 9.2 所示。

表 9.2　或门真值表

A	B	Y
0	0	0
0	1	1
1	0	1
1	1	1

归纳：或门电路的逻辑功能为“有 1 出 1，全 0 出 0”。

9.2.4　非门电路

1．电路

图 9.6 所示为非门电路逻辑符号。只有一个输入端 A 和一个输出端 Y。

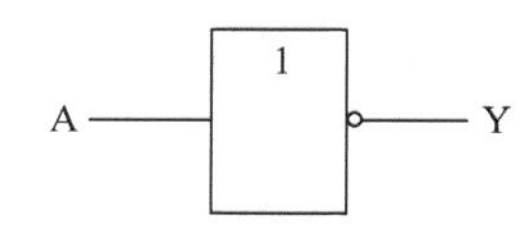

图 9.6　非门电路逻辑符号

2．逻辑关系

当输入端 A 为低电平时，输出端 Y 为高电平；相反，输入端 A 为高电平时，输出端 Y 即为低电平。

3．逻辑表达式

非门电路的逻辑表达式为：$Y = \overline{A}$

4．真值表

非门电路的真值表如表 9.3 所示。

表 9.3　非门真值表

A	Y
0	1
1	0

归纳：非门电路的逻辑功能为“有 1 出 0，有 0 出 1”。

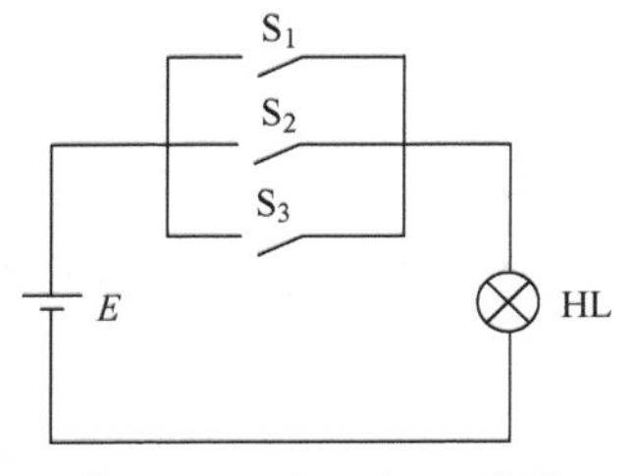

图 9.7　“想一想”附图

试分析图 9.7 所示的电路可完成何种逻辑功能。提示：只有当全部开关都断开时，灯泡 HL 才不会亮。

集成逻辑门电路简介（一）

图 9.8 所示为集成与门逻辑电路（CC74LS08）的内部组成及其引脚排列。该集成电路有四

个与门，每个与门有两个输入端 A、B；V_{CC}为电源端，GND 为接地端。

图 9.9 所示为集成或门逻辑电路（CC74LS32）的内部组成及其引脚排列。该集成电路有四个或门，每个或门有两个输入端 A、B；V_{CC}为电源端，GND 为接地端。

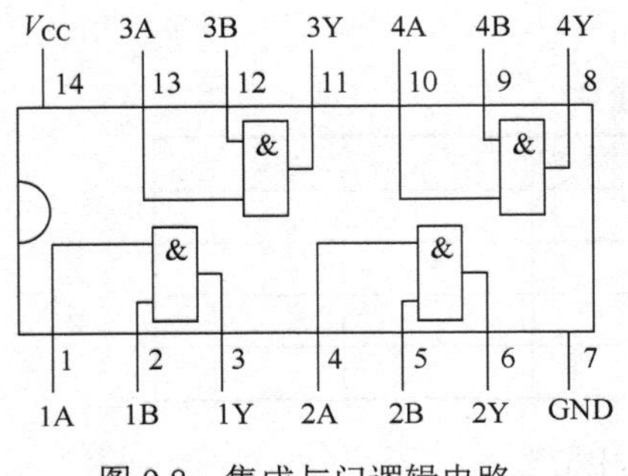

图 9.8　集成与门逻辑电路

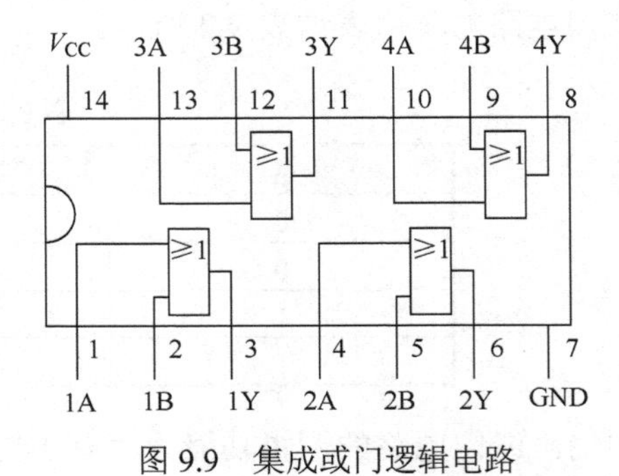

图 9.9　集成或门逻辑电路

图 9.10 所示为集成非门逻辑电路（CC74H04）的内部组成及其引脚排列。该集成电路有六个非门，每个非门有一个输入端 A 和一个输出端 Y；V_{CC}为电源端，GND 为接地端。

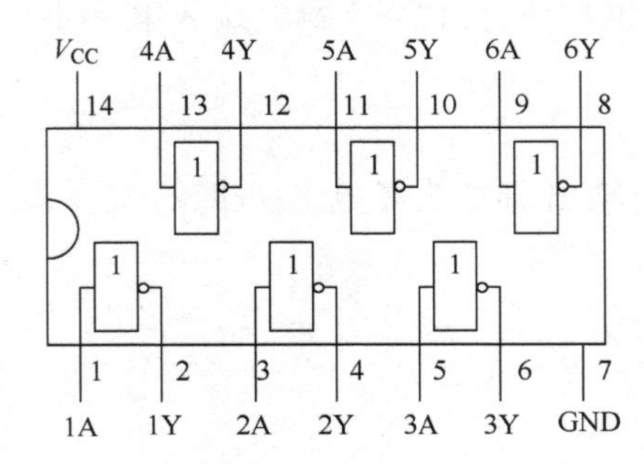

图 9.10　集成非门逻辑电路

9.3　组合（复合）逻辑门电路

将基本的逻辑门电路（与门、或门、非门）组合起来形成组合逻辑门电路，又称为复合逻辑门电路。

9.3.1　与非门电路

1．电路

在与门的后面串接非门，就构成了与非门电路。图 9.11 所示为两个输入端的与非门电路逻辑符号。

（a）与非门逻辑结构　　（b）与非门逻辑符号

图 9.11　与非门逻辑电路

2．逻辑关系

当输入端 A、B 都同时为高电平时，输出端 Y 才为低电平；

若输入端 A 或 B 中有一个为低电平时，输出端 Y 即为高电平。

3．逻辑表达式

与非门电路的逻辑表达式为：$\overline{Y}=\overline{A\cdot B}=\overline{AB}$

4．真值表

与非门电路的真值表如表 9.4 所示。

表 9.4　与非门真值表

A	B	AB	Y
0	0	0	1
0	1	0	1
1	0	0	1
1	1	1	0

归纳：与非门电路的逻辑功能为“有 0 出 1，全 1 出 0”。

9.3.2　或非门电路

1．电路

在或门的后面串接非门，就构成了或非门电路。图 9.12 所示为两个输入端的或非门电路逻辑符号。

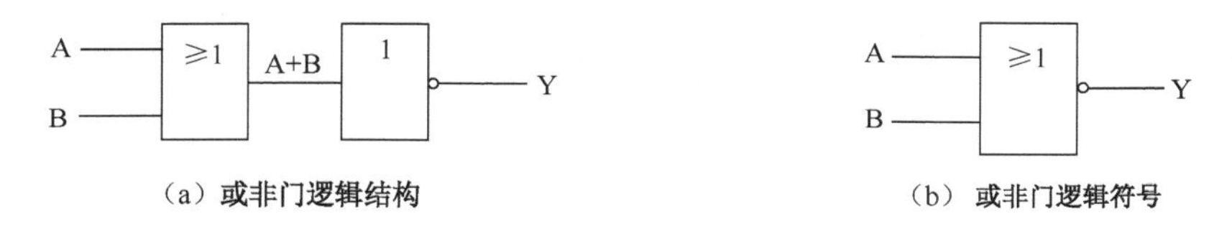

（a）或非门逻辑结构　　（b）或非门逻辑符号

图 9.12　或非门逻辑电路

2．逻辑关系

当输入端 A、B 都同时为低电平时，输出端 Y 才为高电平；

若输入端 A 或 B 中有一个为高电平时，输出端 Y 即为低电平。

3．逻辑表达式

或非门电路的逻辑表达式为：$Y=\overline{A+B}$

4．真值表

或非门电路的真值表如表 9.5 所示。

表 9.5　或非门真值表

A	B	A+B	Y
0	0	0	1
0	1	1	0
1	0	1	0
1	1	1	0

归纳：或非门电路的逻辑功能为“有 1 出 0，全 0 出 1”。

9.3.3 与或非门电路

由与门和非门电路、或门和非门电路可组成与非门电路、或非门电路；则由与门、或门、非门电路就可组成各种的与或非门电路；并有其相应的功能。

【例9.1】 图9.13所示的与或非门电路（一）

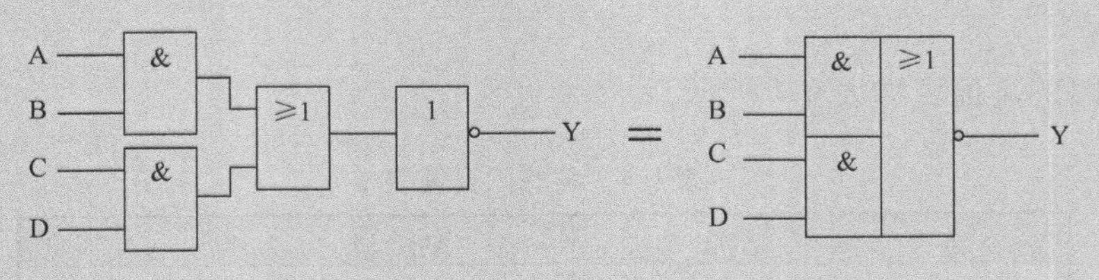

图9.13 与或非门电路（一）

逻辑表达式为：$Y=\overline{A \cdot B+C \cdot D}$

【例9.2】 图9.14所示的与或非门电路（二）

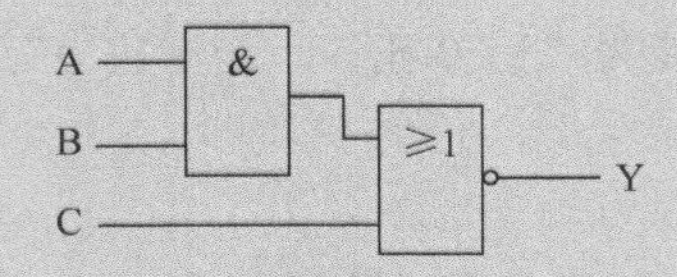

图9.14 与或非门电路（二）

逻辑表达式为：$Y=\overline{A \cdot B+C}$

【例9.3】 图9.15所示的与或非门电路（三）

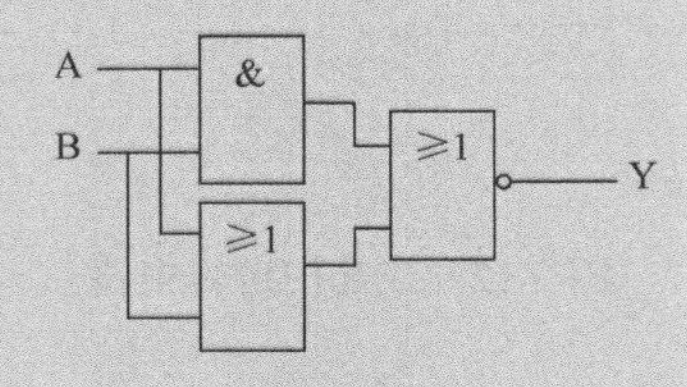

图9.15 与或非门电路（三）

逻辑表达式为：$Y=A \cdot B+(A+B)$

做一做

试按图9.14所示的与或非门电路（二）完成下列真值表。

表9.6 与或非门电路（二）真值表

A	B	AB	AB+C	Y
0	0			
0	1			
1	0			
1	1			

集成逻辑门电路简介（二）

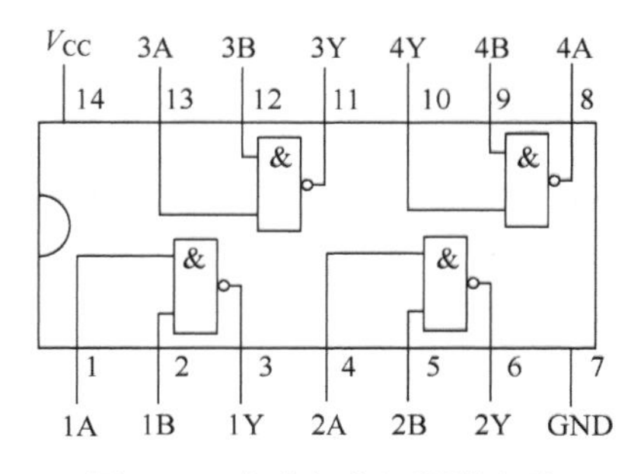

图 9.16　集成与非门逻辑电路

试按图 9.16 所示为集成与非门逻辑电路（CT74H00）的内部组成及其引脚排列。该集成电路有四个与非门，每个与非门有两个输入端 A、B；V_{CC} 为电源端，GND 为接地端。

图 9.17 所示为集成或非门逻辑电路(CT74LS01)的内部组成及其引脚排列。该集成电路有四个或非门，每个或非门有两个输入端 A、B；V_{CC} 为电源端，GND 为接地端。

图 9.18 所示为集成与或非门逻辑电路（CT74H51）的内部组成及其引脚排列。该集成电路有两个与或非门；一个与或非门为四个输入端 A、B、C、D，另一个与或非门为六个输入端 A、B、C、D、E、F；V_{CC} 为电源端，GND 为接地端。

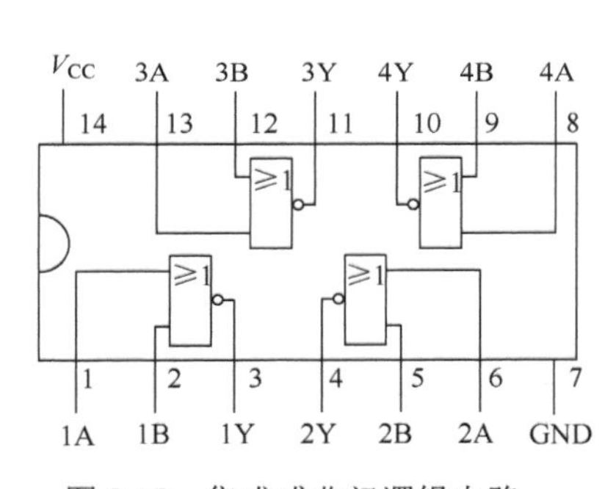

图 9.17　集成或非门逻辑电路

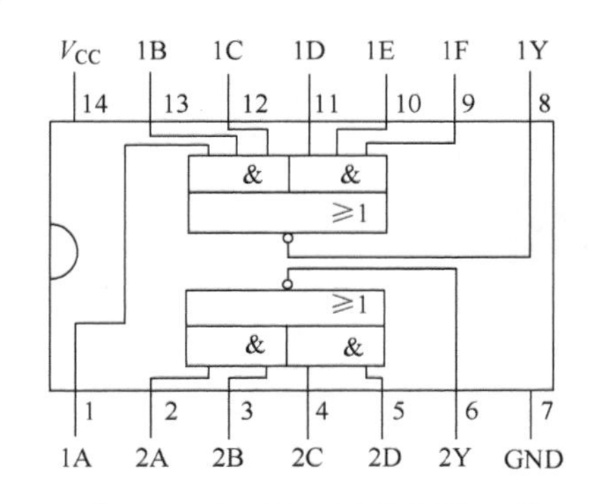

图 9.18　集成与或非门逻辑电路

9.4　逻辑代数

逻辑代数是分析、研究逻辑门电路的数学工具。可利用逻辑代数去分析已知逻辑门电路的功能，或分析所需要的逻辑功能；进一步研究及简化出一个相应的逻辑电路。

逻辑代数是数学家布尔提出的一种借助于数学来表达推理的逻辑符号，所以又称为布尔代数。

9.4.1　基本公式

$A+0=A$　　$A+1=1$

$A\cdot 0=0$　　$A\cdot 1=A$

$A\cdot\overline{A}=0$　　$A+\overline{A}=1$

9.4.2　基本定律

交换律：$A+B=B+A$　　$A\cdot B=B\cdot A$

结合律：$A+B+C=(A+B)+C=A+(B+C)$

$A\cdot B\cdot C=(A\cdot B)\cdot C=A\cdot(B\cdot C)$

重叠律：$A+A=A$　　　$A\cdot A=A$

吸收律：$A+AB=A$　　　$A(A+B)=A$

$A+\overline{A}B=A+B$　　　$A(\overline{A}+B)=AB$

非非律：$\overline{\overline{A}}=A$

冗余律：$AB+\overline{A}C+BC=AB+\overline{A}C$

反演律：$\overline{A+B}=\overline{A}\cdot\overline{B}$　　　$\overline{A\cdot B}=\overline{A}+\overline{B}$

（摩根定律）

9.4.3　应用（化简）

逻辑代数的应用是对逻辑电路及其功能的分析，以取得逻辑电路的逻辑表达式为最简式。

最简的逻辑电路的逻辑表达式可使与之对应的逻辑电路为最简单，从而实现完成同一逻辑功能下的逻辑电路使元器件数量减少，降低成本，提高电路工作的可靠性和稳定性。

最简表达式的要求：

①乘积项的个数应最少。可使逻辑电路所用的门电路的个数最少。

②乘积项中的变量应最少。可使逻辑电路所用的门电路的输入端最少。

化简的方法主要有公式化简法和卡诺图化简法；这里仅介绍公式化简法。

公式化简法是利用上述的基本公式和基本定律去化简逻辑表达式。

【例 9.4】　化简图 9.19（a）所示的门电路

（a）化简前　　　（b）化简后

图 9.19　例 9.4 图

根据图 9.19（a）有 $Y=AB+AC$

$=A(B+C)$

所以，经化简后得 $Y=A(B+C)$ 及逻辑门电路，如图 9.19（b）所示。

【例 9.5】　化简图 9.20（a）所示的门电路

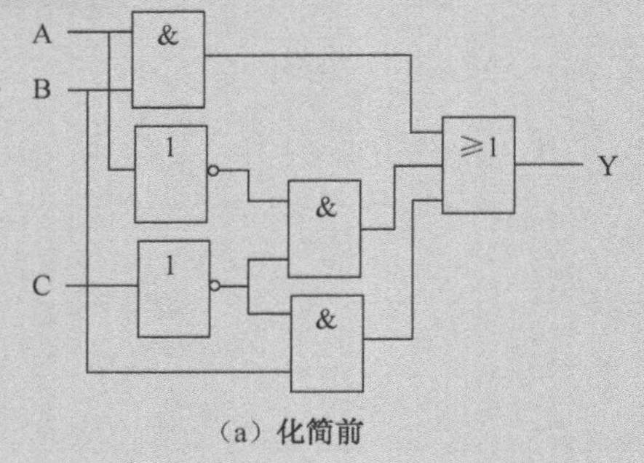

（a）化简前

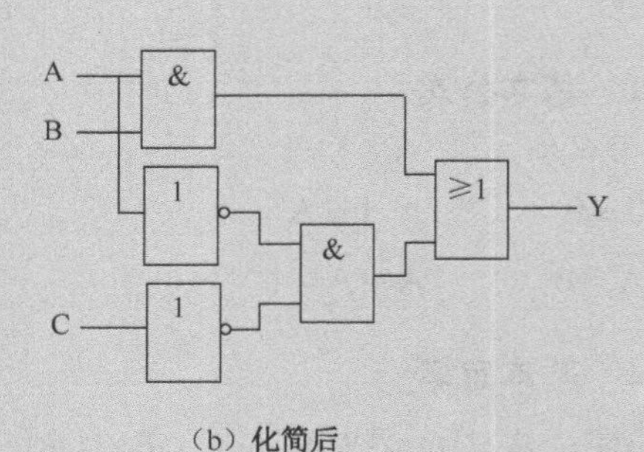

（b）化简后

图 9.20　例 9.5 图

根据图 9.20（a）有 $Y=AB+\bar{A}\,\bar{C}+B\bar{C}$

$=AB+\bar{A}\,\bar{C}+(A+\bar{A})\ B\bar{C}$

$=AB=\bar{A}\,\bar{C}+AB\bar{C}+\bar{A}B\bar{C}$

$=AB+AB\bar{C}+\bar{A}\,\bar{C}+\bar{A}B\bar{C}$

$=AB+\bar{A}\,\bar{C}$

所以，经化简后得 $Y=A\cdot\bar{B}+\bar{A}\cdot C$ 及逻辑门电路，如图 9.20（b）所示。

【例 9.6】 化简下列逻辑表达式。

1\. $Y=\overline{A\bar{B}+\bar{A}B}$

解： $Y=\overline{A\bar{B}+\bar{A}B}$

$=(\overline{A\bar{B}})\cdot(\overline{\bar{A}B})$

$=(\bar{A}+B)\cdot(A+\bar{B})$

$=AB+\bar{A}\,\bar{B}$

2\. $Y=\overline{\overline{AB}\cdot\overline{BC}\cdot\overline{AC}}$

解： $Y=\overline{\overline{AB}\cdot\overline{BC}\cdot\overline{AC}}$

$=\overline{\overline{AB}}+\overline{\overline{BC}}+\overline{\overline{AC}}$

$=AB+BC+AC$

3\. $Y=AB+A\bar{B}+\bar{A}\,\bar{B}+\bar{A}B$

解： $Y=AB+A\bar{B}+\bar{A}\,\bar{B}+\bar{A}B$

$=A(B+\bar{B})+\bar{A}(\bar{B}+B)$

$=A+\bar{A}$

$=1$

本章小结

● 电子技术中的电信号可分为两大类：模拟信号和数字信号。

● 数字电路的基本工作信号是两个基本的数字信号，用“0”和“1”表示。

● 组合电路的基本单元是逻辑门电路；其特点是某时刻的输出信号完全取决于即时的输入信号，即没有存储和记忆信息功能。

● 基本的逻辑门电路有与门、或门、非门三种。

● 由基本的逻辑门电路可构成各种的组合逻辑门电路。常见的有与非门、或非门、与或非门等。

● 表示逻辑门电路的逻辑功能、逻辑关系可用逻辑电路图、逻辑表达式、真值表、波形图等四种方法。各种方法可以互换，结果是相同的。

● 逻辑代数是分析、研究逻辑门电路的数学工具。可利用逻辑代数去分析已知逻辑门电路。

● 逻辑代数的应用是对逻辑电路及其功能的分析，以取得逻辑电路的逻辑表达式为最简式。

● 公式化简法是利用逻辑代数的基本公式和基本定律去化简逻辑表达式。

习题 9

9.1 填空题

1. 在时间和数量上都连续的信号称为________信号；在时间和数量上断断续续的信号称为_______信号。

2. 数字信号的特征是_________特性。

3. 组合电路的基本单元是_________。

4. 时序电路的基本单元是_________。

5. _________关系是指输出信号与输入信号之间的状态关系。

6. 具有_________输入端但_________输出端的开关电路称为门电路。

7. 基本的逻辑门电路有_________、_________、_________。

8. 与关系是指当输入端 A、B 都同时为高电平时，输出端 Y 为_________。

9. 或门电路的逻辑功能为_________。

10. 非门电路的逻辑功能为_________。

11. 与非门电路的逻辑表达式为_________。

12. 若输入端 A 或 B 中有_________时，输出端 Y 即为_________，称为或非门。

13. 逻辑代数为 $Y = A \cdot 1 =$_________。

14. 逻辑代数为 $Y = A \cdot A =$_________。

15. 逻辑代数为 $Y = AB + A =$_________。

16. 逻辑代数为 $Y = \overline{AB} =$_________。

17. 逻辑代数为 $Y = \overline{A + B} =$_________。

9.2 选择题

1. 组合电路是____存储和记忆信息功能。

A. 有　　B. 没有　　C. 不确定

2. 电路在某时刻的输出信号完全取决于即时的输入信号，称为____电路。

A. 时序　　B. 组合　　C. 控制

3. 数字电路可以用____种的表示状态。

A. 1　　B. 2　　C. 3

4. 若输入端 A 或 B 中有一个为低电平时，输出端 Y 即为低电平，称之为____关系。

A. 与　　B. 或　　C. 非

5. ____电路的逻辑功能为“有 1 出 1，全 0 出 0”。

A. 与门　　B. 或门　　C. 非门

6. 或门电路的逻辑表达式为____。

A. $Y = A \cdot B$　　B. $Y = A + B$　　C. $Y = AB$

7. 非门有____个输入端和输出端。

A. 1、1　　B. 1、2　　C. 2、1

8. 若逻辑功能为“有0出1，全1出0”，称为____门电路。

A. 与非　　B. 或非　　C. 非

9. 逻辑代数为 $Y=A+1=$____。

A. 0　　B. 1　　C. A

10. 逻辑代数为 $Y=A\cdot\overline{A}=$____。

A. 0　　B. 1　　C. A

11. 逻辑代数为 $Y=A\cdot A=$____。

A. 1　　B. A　　C. A^2

12. 逻辑代数为 $Y=A+A=$____。

A. 1　　B. A　　C. 2A

13. 逻辑代数为 $Y=A(A+B)=$____。

A. 1　　B. A　　C. 2A

14. 逻辑代数为 $Y=A+\overline{A}B=$____。

A. A　　B. B　　C. A+B

15. 逻辑代数为 $Y=A(\overline{A}+B)=$____。

A. A　　B. B　　C. AB

16. 逻辑代数为 $Y=\overline{A+B}=$____。

A. A+B　　B. A·B　　C. $\overline{A}\cdot\overline{B}$

9.3 判断题

1. 漂移信号属于数字信号。(　)
2. 数字信号的特征是具有连续和突变的特性。(　)
3. 组合电路的基本单元是触发器。(　)
4. 时序电路的基本单元是逻辑门电路。(　)
5. 当输入端A、B都同时为高电平时，输出端Y为高电平，称之或关系。(　)
6. 或门电路的逻辑功能为“有1出0，全0出1”。(　)
7. 非门电路的逻辑功能为“有1出0，有0出1”。(　)
8. 若输入端A或B中有一个为低电平时，输出端Y即为高电平，称之与非关系。(　)
9. 若电路的输入端A或B中有一个为高电平时，输出端Y即为低电平，称为或非门。(　)
10. 逻辑代数为 $Y=A+\overline{A}=0$。(　)
11. 逻辑代数为 $Y=A\cdot A=A^2$。(　)
12. 逻辑代数为 $Y=A(A+B)=A$。(　)
13. 逻辑代数为 $Y=A+\overline{A}B=A+AB$。(　)
14. 逻辑代数为 $Y=A(\overline{A}+B)=A$。(　)
15. 逻辑代数为 $Y=\overline{A+B}=A\cdot B$。(　)

9.4 识图题

1. 根据下列真值表9.7所示，画出逻辑门电路。
2. 根据下列真值表9.8所示，画出逻辑门电路。
3. 根据电路的逻辑表达式 $Y=AB+AC$，画出逻辑门电路。
4. 根据电路的逻辑表达式 $Y=AB+BC+AC$，画出逻辑门电路。

表 9.7 真值表

A	B	Y
0	0	0
1	1	1
1	0	1
0	1	1

表 9.8 真值表

A	B	Y
1	0	1
0	0	1
0	1	1
1	1	0

5. 根据电路的逻辑表达式 Y = AB + BC + AC，画出真值表。
6. 根据电路的逻辑表达式 Y = AB + DC，画出真值表。
7. 写出图 9.21 所示的逻辑表达式。

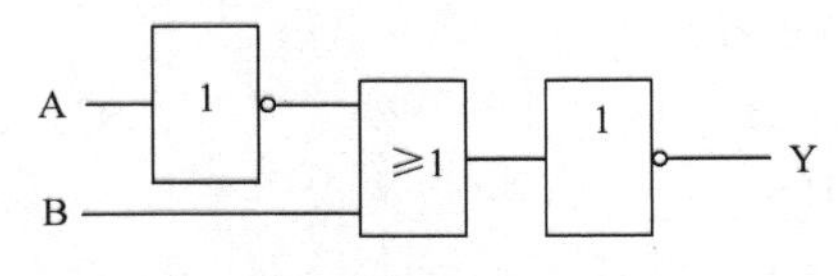

图 9.21 习题 9.4 第 7 题图

8. 写出图 9.22 所示的逻辑表达式。
9. 写出图 9.23 所示的逻辑表达式。

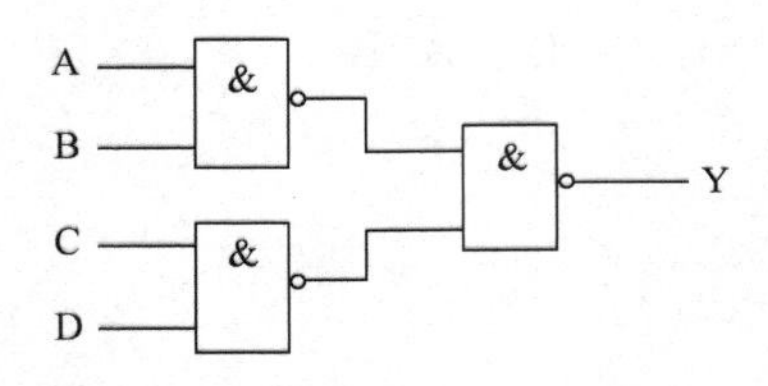

图 9.22 习题 9.4 第 8 题图

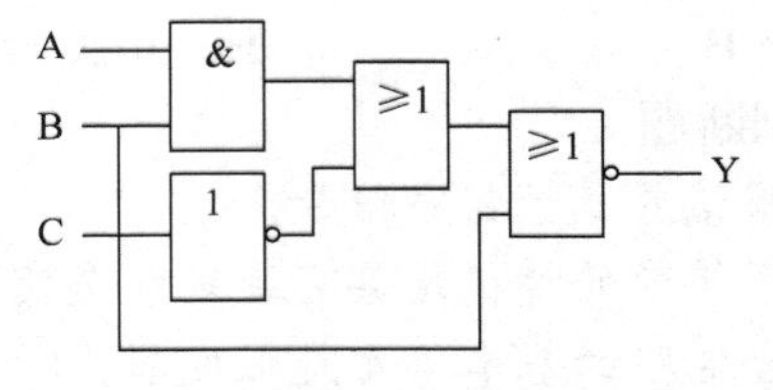

图 9.23 习题 9.4 第 9 题图

10. 求证下列等式。

（1）$\overline{A}B\overline{D}+\overline{B}AD+AB+\overline{A}D+AB$

（2）$\overline{A}B+BD+CDE+\overline{D}B=\overline{A}B+D$

（3）$\overline{A}B+BD+AD+B=A+B$

11. 化简下列表达式。

（1）Y = AB（BC + A）

（2）Y = ABC（B + C）

（3）$Y=\overline{(\overline{A+B+C})+(\overline{AB+AC})}$

12. 写出图 9.24 所示的逻辑表达式，并画出化简后的逻辑图。

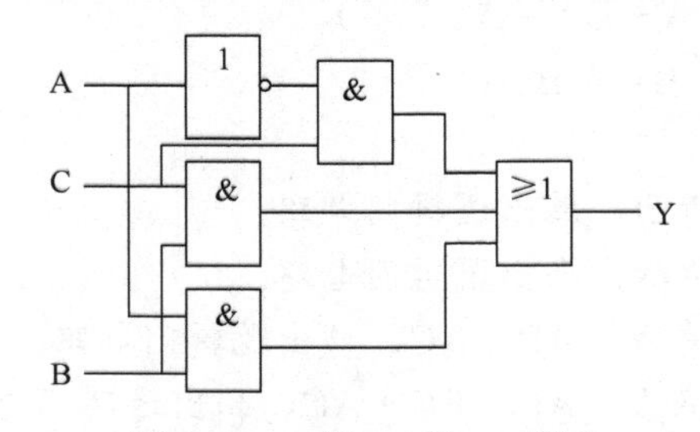

图 9.24 习题 9.4 第 12 题图

第 10 章　组合逻辑和时序逻辑电路

学习目标

本章主要介绍各种触发器及其组成的基本时序逻辑电路，主要包括：

- 各种触发器。
- 计教器。
- 寄存器。
- 译码器、显示器。

通过学习本章，应能掌握常用的触发器的逻辑功能及其逻辑图形符号；明确触发器、计教器、寄存器、译码器和显示器等的概念和功能；了解触发器、计教器、寄存器、译码器和显示器的电路结构、种类。

10.1　触发器

10.1.1　概述

从上一章已经知道，时序电路是指在任何时刻的输出不仅与当时的输入信号有关，还与电路原来的状态有关的电路；即具有记忆和存储功能的电路。

触发器就是一种具有记忆和存储功能、最常用的基本时序逻辑电路；其内部的构成是由与门、或门、非门等基本逻辑元件组成的组合（复合）逻辑门电路。

为了实现记忆和存储功能，触发器应具备的基本特点：

（1）具有两个稳定状态：0 状态和 1 状态。

（2）在适当的信号作用下，两种状态可以发生转换。即既能作为接收又能作为输出送来的输入信号。

（3）在输入信号消失后，能将新的状态保持下来。

触发器的种类：基本 RS 触发器、同步 RS 触发器、JK 触发器、D 触发器、T 触发器等。

10.1.2　基本 RS 触发器

1．电路图形

基本 RS 触发器逻辑符号如图 10.1 所示。

基本 RS 触发器有两个输入端 $\overline{S_D}$ 和 $\overline{R_D}$，两个输出端 Q 和 $\overline{Q}$。

规定触发器 Q 端的状态为触发器的状态。即

Q = 0，$\overline{Q}$ = 1 时，称为触发器处于“0”状态；

Q = 1，$\overline{Q}$ = 0 时，称为触发器处于“1”状态。

非号表示低电平有效（触发）。

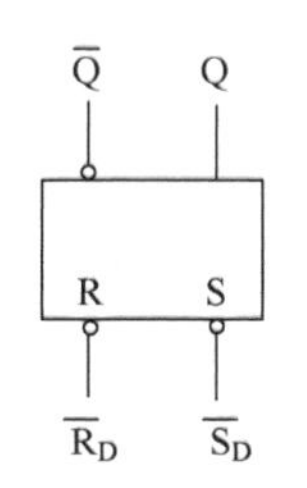

图 10.1　基本 RS 触发器逻辑符号

2．逻辑功能

表 10.1　真值表

$\overline{R_D}$	$\overline{S_D}$	Q^n	Q^{n+1}	功能
0	1	0	0	置 0 态
1	0	0	1	置 1 态
1	1	0	0	保持原来状态
		1	1	
0	0	—	—	不稳定

表中：Q^n——触发器原来状态；

Q^{n+1}——触发器新的状态。

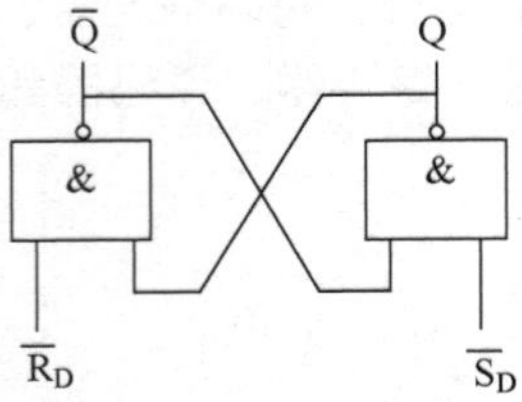

可见，当 $\overline{R_D}=\overline{S_D}=1$ 时，触发器保持原来的状态，即触发器的记忆功能（存储功能）。

3．电路结构

基本 RS 触发器电路结构如图 10.2 所示。

基本 RS 触发器电路是由两个交叉耦合的与非门连接组成的。

主要应用于数据的暂时存储；也是其他类型的触发器的最基本电路或基本组成部分。

图 10.2　基本 RS 触发器电路结构

10.1.3　同步 RS 触发器

前述单个基本 RS 触发器在输入端加入输入信号，触发器的状态要么发生了翻转（置 0 或置 1），要么保持（存储）原来的状态；在数字电路中，若存在着多个触发器，则往往要求这些触发器在统一的信号下，同时工作；即在控制脉冲（或称时钟脉冲）CP 的作用下，同步翻转。因此，这种受时钟脉冲 CP 控制的触发器称为同步 RS 触发器，又称为时钟控制 RS 触发器。

1．电路图形

同步 RS 触发器逻辑符号如图 10.3 所示。

同步 RS 触发器有两个输入端 S 和 R，高电平有效（触发）；CP 为时钟脉冲输入端；$\overline{R_D}$ 为置 0 输入端，$\overline{S_D}$ 为置 1 输入端，低电平有效（触发），其不受时钟脉冲信号 CP 的控制，只要置 0 输入端或置 1 输入端加入负脉冲（低电平）时，触发器将直接置 0 或置 1（翻转），目的是在时钟控制脉冲输入前预先使触发器处于所需要的状态。

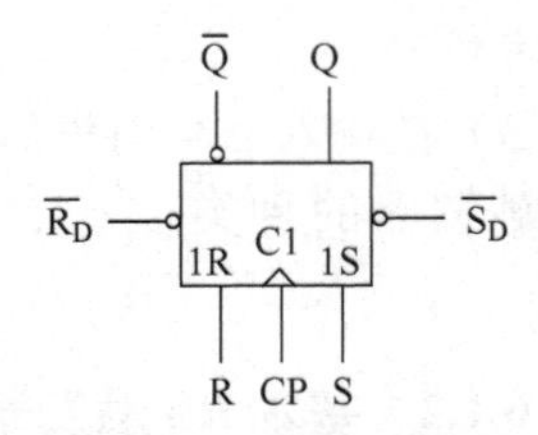

图 10.3　同步 RS 触发器逻辑符号

2．逻辑功能

表 10.2　真值表

CP	R	S	Q^{n+1}	功能
1	0	0	Q^n	保持原态
1	0	1	1	置 1 态
1	1	0	0	置 0 态
1	1	1	—	不稳定

可见，在时钟脉冲 CP 作用下，即 CP = 1；当 $R = S = 0$ 时，触发器保持原来的状态，即触发器的记忆功能（存储功能）。

在没有时钟脉冲 CP 时，即 CP = 0；不论输入端 R 或 S 是否有信号输入，触发器同样保持原来的状态不变，即触发器同样存在着记忆功能（存储功能）。

3．电路结构

同步 RS 触发器电路结构如图 10.4 所示。

同步 RS 触发器的电路是由基本 RS 触发器和两个与非门连接组成的。

由于同步 RS 触发器只在时钟脉冲 CP 作用下才工作，CP = 0 时被锁存；因此，抗干扰能力比基本 RS 触发器强。

在实际中，各种多功能的触发器就是由基本 RS 触发器为主构成的同步 RS 触发器所构成。

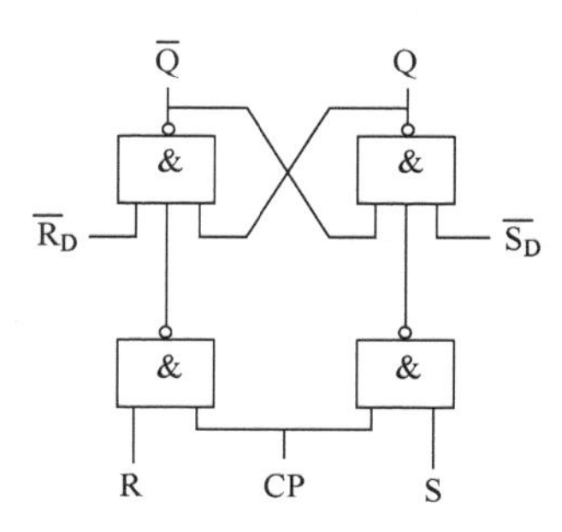

图 10.4 同步 RS 触发器电路结构

10.1.4 JK 触发器

1．电路图形

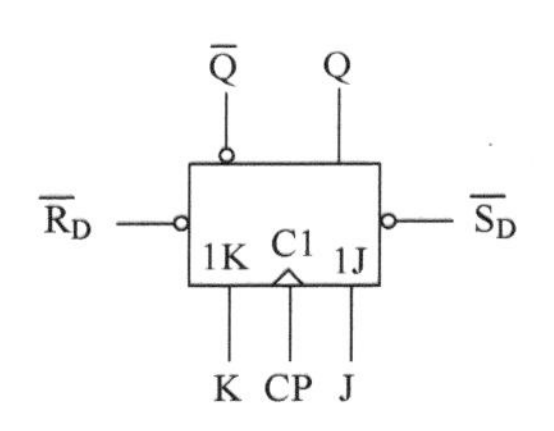

图 10.5 JK 触发器逻辑符号

JK 触发器逻辑符号如图 10.5 所示。

在图中，时钟脉冲 CP 的输入端有一个小圆圈和三角折线表示该触发器改变状态的时间是在 CP 输入信号的下降沿，即输入的时钟信号 CP 由 1 跳变为 0；称该触发器是属于下降沿触发或负边沿触发。但若只有三角折线而没有小圆圈的触发器，则称该触发器是属于上升沿触发或正边沿触发。如上述的同步 RS 触发器。

2．逻辑功能

表 10.3 真值表

CP	J	K	Q^{n+1}	功能
↓	0	0	Q^n	保持原态
↓	0	1	0	置 0 态
↓	1	0	1	置 1 态
↓	1	1	$\overline{Q^n}$	计数

表中：↓表示下降沿有效（触发）。

可见，在时钟脉冲 CP 的下降沿跳变作用下，有：

（1）J = 0，K = 0 时，触发器保持原状态不变。即 $Q^{n+1} = Q^n$。

（2）J = 0，K = 1 时，触发器无论原来的状态是 0 还是 1，都被翻转置 0。

（3）J = 1，K = 0 时，触发器无论原来的状态是 0 还是 1，都被翻转置 1。

（4）J = 1，K = 1 时，触发器的状态就发生翻转。每来一个时钟脉冲 CP 的下降沿，触发器就翻转一次；随着 CP 的下降沿不断出现，触发器的状态就不断翻转，从而实现了计数功能。

3．电路特点

JK 触发器解决了基本 RS 触发器和同步 RS 触发器存在着状态不稳定的问题，因此，其性能比 RS 触发器更完善、更优良；所以其应用更广泛。

10.1.5　D 触发器

1．电路图形

D 触发器逻辑符号如图 10.6 所示。

2．逻辑功能

表 10.4　真值表

CP	D	Q^{n+1}	功能
↓	0	0	置 0 态
↓	1	0	置 1 态

可见，在时钟脉冲 CP 的下降沿跳变作用下，D 触发器的状态与其输入端的状态相同，即将输入端 D 的输入状态作为 D 触发器的输出状态。

3．电路结构

D 触发器电路结构如图 10.7 所示。

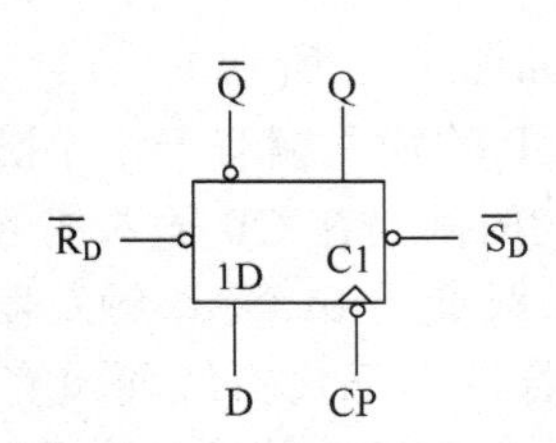

图 10.6　D 触发器逻辑符号

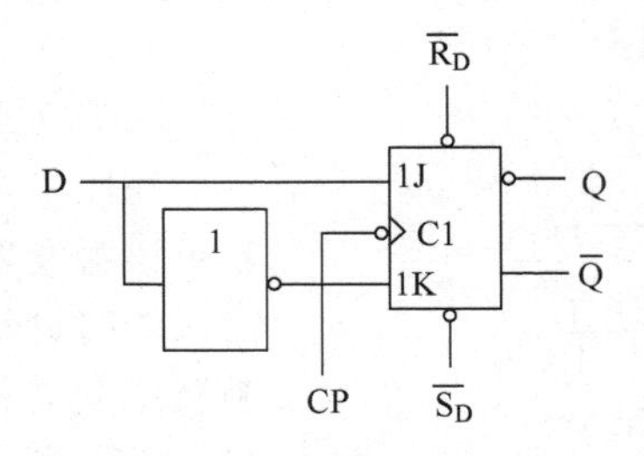

图 10.7　D 触发器电路结构

D 触发器的电路是由 JK 触发器的 K 端前串接一个非门，再与输入端 D 相接而成。

D 触发器常用于数据的临时存储。

10.1.6　T 触发器

1．电路图形

T 触发器逻辑符号如图 10.8 所示。

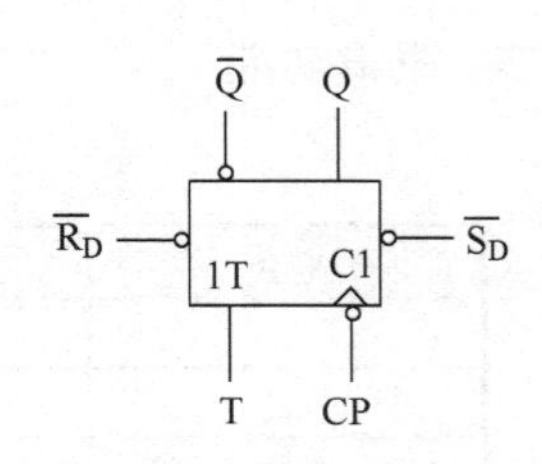

图 10.8　T 触发器逻辑符号

2．逻辑功能

表 10.5　真值表

CP	T	Q^{n+1}	功能
↓	0	Q^n	保持原态
↓	1	Q^n	计数

可见，在时钟脉冲 CP 的下降沿跳变作用下，有：

（1）T = 0，触发器保持原状态不变。即 $Q^{n+1} = Q^n$。

（2）T = 1，触发器的状态就发生翻转。而且每来一个时钟脉冲 CP 的下降沿，触发器就翻转一次；随着 CP 的下降沿不断出现，触发器的状态就不断翻转，从而实现了计数功能。

3．电路结构

T 触发器电路结构如图 10.9 所示。

T 触发器的电路是由 JK 触发器的两个输入端 J 和 K 相接一起形成一个输入端 T 而成。

T 触发器具有保持原状态（存储功能）和计数功能。

受到输入信号 T 的控制；T = 0，触发器存储（不计数），T = 1，触发器计数。所以，T 触发器是一种可控制的计数触发器。

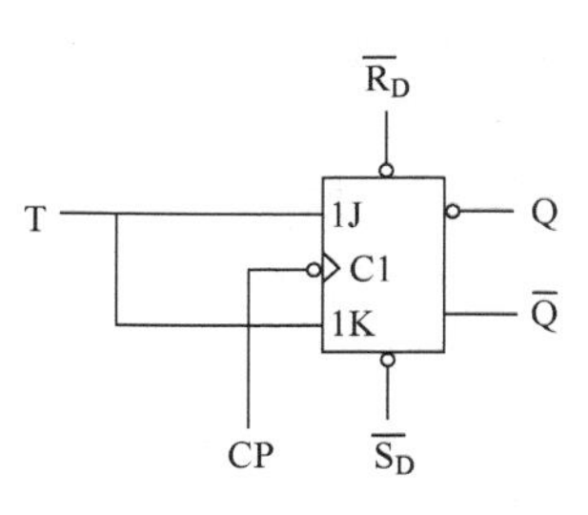

图 10.9　T 触发器电路结构

阅读材料

集成触发电路简介

图 10.10 所示为集成 JK 触发器（74LS112）的内部组成及其引脚排列。该集成电路在一个芯片内集成了两个下降沿触发的 JK 触发器 G1 和 G2；V_{CC} 为电源端，GND 为接地端。

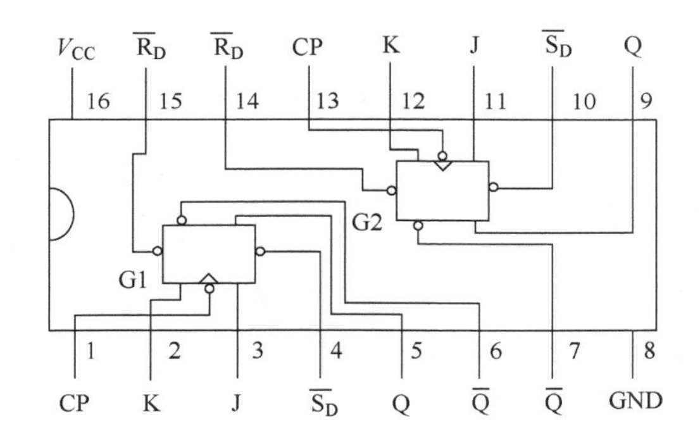

图 10.10　集成 JK 触发器

图 10.11 所示为集成 D 触发器（74H74）的内部组成及其引脚排列。该集成电路在一个芯片内集成了两个下降沿触发的 D 触发器 G1 和 G2，其输入端为第②脚和第⑫脚；V_{CC} 为电源端，GND 为接地端。

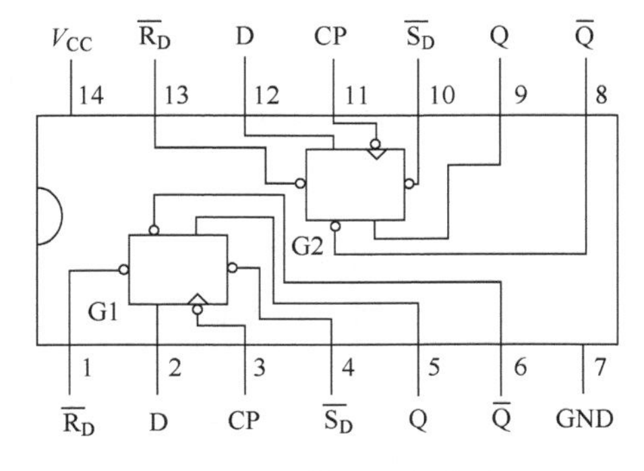

图 10.11　集成 D 触发器

10.2 计数器

10.2.1 概述

计数是指统计脉冲的输入个数，而能实现计数功能的电路称为计数器。

计数器主要用于计数，还可以用于分频、定时和数字运算等。其构成是触发器组合。

计数器的种类：

按计数进制的不同可分为二进制、十进制、N 进制（任意进制）计数器；

按计数器中各触发器翻转的先后次序可分成异步计数器、同步计数器；

按计数过程中累计脉冲个数的增减可分成加法计数器、减法计数器、加法/减法计数器（可逆计数器）等。

在数字电路中，任何进制数都是以二进制数为基础，所以，二进制计数器则是各种进制计数器的基础。在这里仅介绍异步二进制加法、异步二进制减法、同步二进制加法和异步十进制加法等几种计数器。

10.2.2 异步二进制加法计数器

1．电路组成

二进制数只有两个数码 0 和 1，而触发器也有两个稳态；即一个触发器可以用来表示一位二进制数。

异步二进制加法计数器电路如图 10.12 所示。其由三个 JK 触发器组成；低位 JK 触发器的输出端 Q 接到高一位的 JK 触发器的控制端 C，而最低位 JK 触发器 G0 的控制端 C 用于接收计数脉冲 CP。每个触发器的 J、K 端悬空，相当于 J = K = 1，根据 JK 触发器的逻辑功能，JK 触发器是处于计数状态。因此，当各个触发器的控制端 C 接收到由 1 变为 0 的负跳变信号（相当于脉冲下降沿）时，触发器的状态就会翻转。

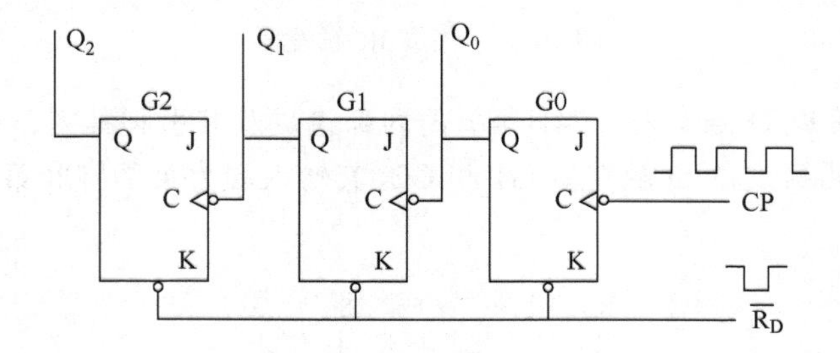

图 10.12 异步二进制加法计数器

2．工作过程

（1）工作前的清零：使 $\overline{R_D} = 0$，即脉冲的下降沿时，$Q_2Q_1Q_0 = 000$。

（2）第一个计数脉冲 CP 的下降沿到来时，最低位 JK 触发器 G0 发生翻转，Q_0 由 0 跳变为 1；即 $Q_0 = 1$。

Q_0 是正跳变信号（相当于脉冲上升沿），对 G1 不起作用而保持原态不变；即 $Q_1 = 0$。

由于 G1 保持原态不变，则 G2 也保持原态不变；即 $Q_2 = 0$。

所以，加法计数器的输出为 $Q_2Q_1Q_0 = 001$。

（3）第二个计数脉冲 CP 的下降沿到来时，最低位 JK 触发器 G0 又发生翻转，Q_0 由 1 跳变为 0；即 $Q_0 = 0$。

Q_0 是负跳变信号（相当于脉冲下降沿），加到中间位 JK 触发器 G1 的控制端 C，使 G1 发生翻转，Q_1 由 0 跳变为 1；即 $Q_1 = 1$。

Q_1 是正跳变信号，对 G2 不起作用而保持原态不变；即 $Q_2 = 0$。

所以，加法计数器的输出为 $Q_2Q_1Q_0 = 010$。

（4）第三个计数脉冲 CP 的下降沿到来时，最低位 JK 触发器 G0 又发生翻转，Q_0 由 0 跳变为 1；即 $Q_0 = 1$。

Q_0 是正跳变信号，对 G1 不起作用而保持原态不变；即 $Q_1 = 1$。

由于 G1 保持原态不变，则 G2 也保持原态不变；即 $Q_2 = 0$。

所以，则加法计数器的输出为 $Q_2Q_1Q_0 = 011$。

（5）依次类推，当第七个计数脉冲 CP 的下降沿到来时，加法计数器的输出为 $Q_2Q_1Q_0 = 111$。

（6）当第八个计数脉冲 CP 的下降沿到来时，三个 JK 触发器又重新恢复为 000，则加法计数器的输出为 $Q_2Q_1Q_0 = 000$。进入下一个计数周期或循环。

归纳：随着计数脉冲 CP 的不断输入，三个 JK 触发器中总有一个或以上发生翻转，完成计数功能。各触发器的状态转换是从低位 JK 触发器到高位 JK 触发器，依次翻转，不是同时翻转；且计数器是递增计数的。所以称为异步二进制加法计数器。

四个 JK 触发器组成的异步二进制加法计数器如何连接？提示：参照三个 JK 触发器组成异步二进制加法计数器电路。

10.2.3　异步十进制加法计数器

由于日常广泛采用十进制数；因此，十进制的计数器使用更方便、更广泛。

在十进制数中，有 0～9 共十个数码，遇到 9 加 1 时，本位将回到 0，同时向高位进 1，即“逢十进一”。

1．电路组成

十进制数有 0～9 共十个数码，四个触发器可以有十六个状态的输出，去掉六个状态就可以用其余十个状态表示十进制数的十个数码；即采用四个二进制数可以表示一个十进制数。通常是采用从 0000～1001 的四位二进制数共十个数码表示十进制数的相应数码。

异步十进制加法计数器电路组成如图 10.13 所示。其由四个下降沿触发的 JK 触发器组成。低位 JK 触发器的输出端 Q 接到高一位的 JK 触发器的控制端 C，而最低位 JK 触发器 G0 的控制端 C 用于接收计数脉冲 $C\overline{P}$ 。

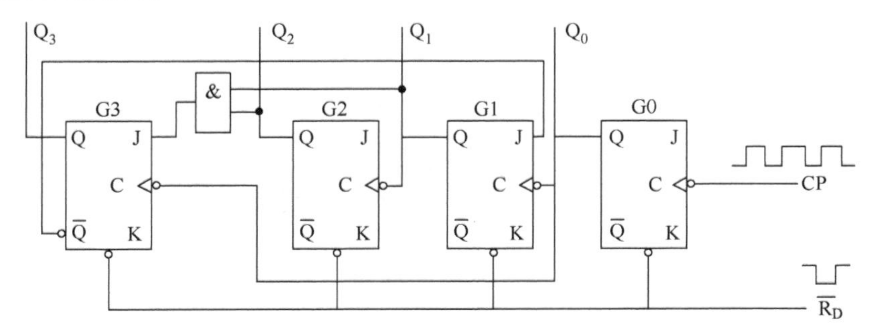

图 10.13　异步十进制加法计数器

其中触发器 G0 的 J、K 端悬空，即 $J_0 = K_0 = 1$，G0 处于计数状态。触发器 G1 的 K 端悬空，即 $K_1 = 1$，$J_1 = Q_3$。触发器 G2 的 J、K 端悬空，即 $J_2 = K_2 = 1$，G2 处于计数状态。触发器 G3 的 K 端悬空，即 $K_3 = 1$，$J_3 = Q_2Q_1$。

2．工作过程

（1）工作前的清零：使 $\overline{R_D} = 0$，即脉冲的下降沿时，$Q_3Q_2Q_1Q_0 = 0000$。

（2）由于与图 10.12 所示的三位异步二进制加法计数器电路结构相似；因此，计数器从 0000～0111，工作过程与前述的三位异步二进制加法计数器完全相同。

当计数器的状态 $Q_3Q_2Q_1Q_0 = 0111$ 时，因 $Q_2 = Q_1 = 1$，即 $J_3 = Q_2Q_1 = 1$，$K_3 = 1$，所以触发器 G3 处于计数状态。

（3）第八个计数脉冲 CP 的下降沿到来时，触发器 G0 发生翻转，Q_0 由 1 跳变为 0；即 $Q_0 = 0$。

Q_0 是负跳变信号，使触发器 G1 发生翻转，Q_1 由 1 跳变为 0；即 $Q_1 = 0$。

Q_1 也是负跳变信号，使触发器 G2 发生翻转，Q_2 由 1 跳变为 0；即 $Q_2 = 0$。

Q_0 端的负跳变信号同时加到触发器 G3 的控制端 C，使 G3 发生翻转，Q_3 由 0 跳变为 1；即 $Q_3 = 1$。

所以，加法计数器的输出为 $Q_3Q_2Q_1Q_0 = 1000$。

（4）第九个计数脉冲 CP 的下降沿到来时，触发器 G0 发生翻转，Q_0 由 0 跳变为 1；即 $Q_0 = 1$。

Q_0 是正跳变信号，对触发器 G1 不起作用而保持原态不变；即 $Q_1 = 0$。

Q_1 不变，使触发器 G2 保持原态不变；即 $Q_2 = 0$。

Q_0 是正跳变信号，同样对触发器 G3 不起作用而保持原态不变；即 $Q_3 = 1$。

所以，加法计数器的输出为 $Q_3Q_2Q_1Q_0 = 1001$。

注意：此时，触发器 G1 的 K 端悬空，即 $K_1 = 1$，$J_1 = \overline{Q_3} = 0$。

（5）第十个计数脉冲 CP 的下降沿到来时，触发器 G0 发生翻转，Q_0 由 1 跳变为 0；即 $Q_0 = 0$。

Q_0 是负跳变信号，但由于触发器 G1 的 $K_1 = 1$，$J_1 = \overline{Q_3} = 0$；故 G1 保持原态不变；即 $Q_1 = 0$。

Q_1 不变，使触发器 G2 保持原态不变；即 $Q_2 = 0$。

Q_0 的负跳变信号同时加到触发器 G3 的控制端 C，使 G3 发生翻转，Q_3 由 1 跳变为 0；即 $Q_3 = 0$。

所以，加法计数器的输出为 $Q_3Q_2Q_1Q_0 = 0000$。

归纳：到第十个计数脉冲 CP 到来后，计数器的状态恢复为 0000，完成从 0000～1001（相当于 0～9）的十个数码的计数，并跳过了 1010～1111 六个状态。同时，Q_3 由 1 变为 0 时，即向高一位输出一个负跳变进位脉冲，从而完成了一位十进制计数的全过程。

10.3 寄存器

10.3.1 概述

寄存器是一种由触发器和门电路构成的时序逻辑电路；是用来暂时存放二进制数码或运算结果的数字逻辑部件。因此，寄存器具有接收、暂存、传递等功能。广泛应用于电子计算机和数字系统中。

触发器具有记忆功能（存储功能）；一个触发器可以存放一位二进制数码（信息），则存放 n 位二进制数码（信息）需要 n 个触发器。

寄存器存放数码的方式有并行输入和串行输入两种。并行输入方式是各位数码从各自对应的输入端同时输入到寄存器中；串行输入方式是各数码从一个输入端逐位输入到寄存器中。

从寄存器取出数码的方式也有并行输出和串行输出两种。并行输出方式是被取出的数码同时出现在各位的输出端上；串行输出方式是被取出的数码在一个输出端逐位出现。

寄存器还可以分为数码寄存器和移位寄存器。

10.3.2　数码寄存器

存放数码的寄存器称为数码寄存器，简称寄存器。寄存器主要由触发器构成，它具有接收、暂时存放和清除原有数码等的功能。

1．电路组成

数码寄存器电路的组成如图 10.14 所示。其由四个下降沿触发控制的 D 触发器 G0～G3 组成。

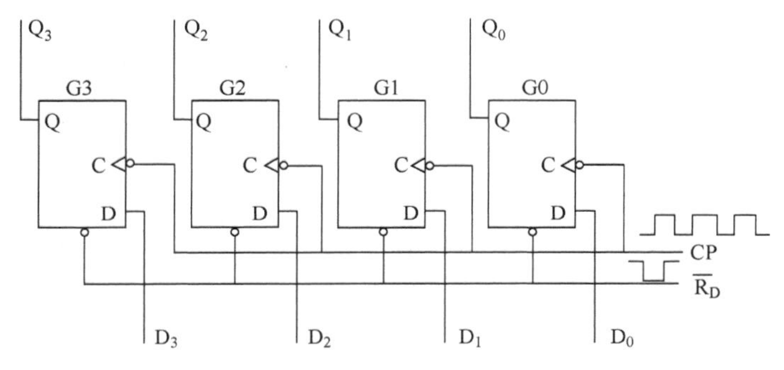

图 10.14　数码寄存器

由图可见，四个 D 触发器的时钟脉冲输入端 C 连在一起，作为接收数码的控制端。各触发器的复位端 $\overline{R_D}$ 连在一起，作为寄存器的总清零端，低电平（下降沿触发）有效。D_0～D_3 为寄存器的数码输入端，Q_0～Q_3 为寄存器的数码输出端。

2．工作过程

（1）工作前的清零或清除原有数码

使 $\overline{R_D} = 0$，即在脉冲的下降沿时，寄存器清除原有数码，$Q_3Q_2Q_1Q_0 = 0000$。

（2）寄存数码

只要将要存放的数码同时加到相对应的寄存器的数码输入端 D_0～D_3；当时钟脉冲 CP 的下降沿到来时，根据 D 触发器的特性，触发器 G0～G3 的状态即由输入端 D_0～D_3 来决定；这样就可将二进制数码并行输入到寄存器中，并同时可以从寄存器的输出端 Q_0～Q_3 输出。

例如现要存放的二进制数码为 1100。首先将数码 1100 加到相对应寄存器的输入端 D_3～D_0 端，即 $D_3 = 1$，$D_2 = 1$，$D_1 = 0$，$D_0 = 0$。因而，当时钟脉冲 CP 的下降沿一到来时，各触发器 G0～G3 的状态马上与输入端 D_0～D_3 的状态相同，即有 $Q_3Q_2Q_1Q_0 = 1100$。于是四位二进制数码 1100 便存放到寄存器中，并可同时输出。

（3）保存数码

在时钟脉冲 CP 消失后，各触发器 G0～G3 都处于保持状态，即记忆（存储）；与各输入端 D_0～D_3 的状态无关。

这样，就完成了接收并暂时存放数码的功能。

由于该寄存器能同时输入各位数码，并同时输出各位数码，故又称为并行输入、并行输出数码寄存器。

10.3.3 移位寄存器

移位是指在移位脉冲的作用下，能把寄存器中的数码依次左移或右移。

移位寄存器是在数码寄存器的基础上发展而成的，它除了具有存放数码的功能外，还具有移位的功能。

移位寄存器可分为单向移位（左移或右移）寄存器和双向移位（左移和右移）寄存器。在移位脉冲作用下，寄存器所存数码只能向某一方向移动的寄存器叫单向移位寄存器，单向移位寄存器有左移寄存器和右移寄存器两种。若寄存器所存数码既能左移又能右移，具有双向移位功能的寄存器叫双向移位寄存器。

1．左移寄存器

（1）电路组成

左移寄存器电路的组成如图 10.15 所示。其由四个上升沿触发控制的 D 触发器 G0～G3 组成。

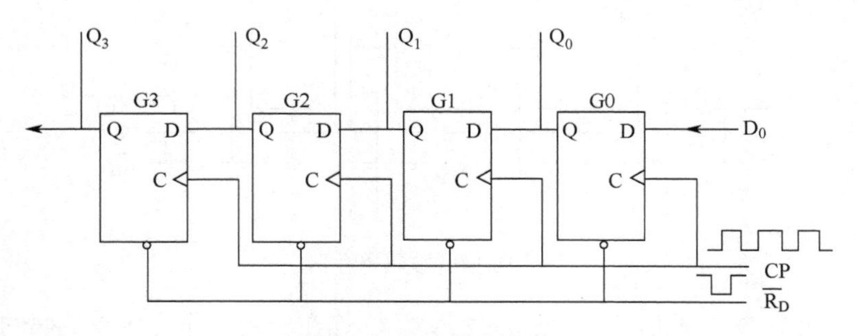

图 10.15 左移寄存器

由图可见，四个 D 触发器的时钟脉冲输入端 C 连在一起，作为移位脉冲的控制端；受同一移位脉冲 CP 上升沿触发控制。各触发器的复位端 $\overline{R_D}$ 连在一起，作为寄存器的总清零端，低电平（下降沿触发）有效。最低位触发器 G0 的输入端 D_0 为数码输入端，每个低位触发器的输出端 Q 与高一位触发器的输入端 D 相连。

（2）工作过程

工作前的清零或清除原有数码，使 $\overline{R_D}=0$，即在脉冲的下降沿时，寄存器清除原有数码，使 $Q_3Q_2Q_1Q_0=0000$。

按移位脉冲 CP 的工作节拍，数码输入的顺序应先进入高位数码，然后依次逐位输入低位数码到输入端 D_0。

例如现要存放的二进制数码为 1100。当第一个移位脉冲 CP 的上升沿到来后，第一位数码 1 移入 G0 的输入端 D_0，使 $Q_0=1$，其余寄存器的状态保持原态不变，即左移寄存器的输出为 $Q_3Q_2Q_1Q_0=0001$；当第二个移位脉冲 CP 的上升沿到来后，第二位数码 1 移入 G0 的输入端 D_0，使 $Q_0=1$，同时原 G0 中的数码 1 被移入 G1 中，使 $Q_1=1$，其余寄存器的状态保持原态不变，即左移寄存器的输出为 $Q_3Q_2Q_1Q_0=0011$；当第三个移位脉冲 CP 的上升沿到来后，第三位数码 0 移入 G0 的输入端 D_0，使 $Q_0=0$，同时原 G0 中的数码 1 被移入 G1 中，使 $Q_1=1$，同样原 G1 中的数码 1 被移入 G2 中，使 $Q_2=1$，寄存器 G3 的状态保持原态不变，即左移寄存器的输

出为 $Q_3Q_2Q_1Q_0 = 0110$；依此类推，经过四个移位脉冲 CP 的上升沿到来后，要存放的二进制数码由高位到低位依次逐位移入到寄存器中。

归纳：经过四个移位脉冲 CP 的作用后，数码由高位到低位依次逐位往左移动进入到寄存器；因此，具有串行输入串行输出的功能。若从四个触发器的输出端 $Q_3Q_2Q_1Q_0$ 可以同时输出数码，又具有并行输出的功能。

2．右移寄存器

右移寄存器电路的组成如图 10.16 所示。

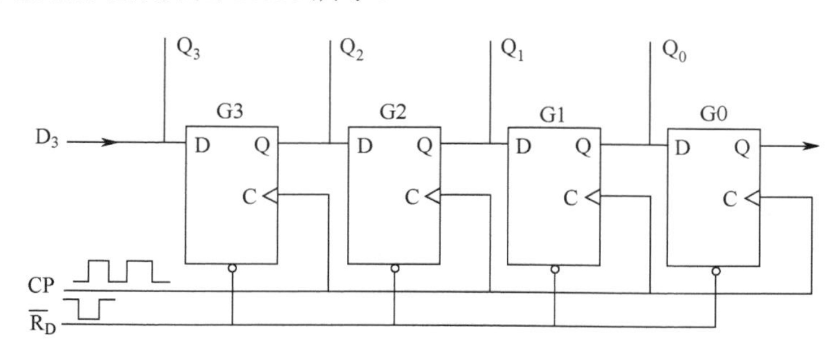

图 10.16　右移寄存器

由图可见，电路结构与左移寄存器相似。

右移寄存器与左移寄存器的区别是：最高位触发器 G3 的输入端 D_3 为数码输入端，各触发器的连接方式是高位触发器的输出 Q 与低一位触发器的输入端 D 相连。要存放的数码应从低位到高位依次逐位往右移动送到最高位触发器 G3 的输入端。同样具有串行输入串行输出、并行输出等功能。

现要存放的二进制数码为 1100 进入右移寄存器，工作过程应如何？提示：参照左移寄存器的工作过程。

10.4　译码器、显示器

10.4.1　译码器

1．概念

译码是指将二进制数代码表示的特定意义（数字或其他信息）翻译出来，并输出相应的一系列电信号。完成这一译码功能的数字逻辑电路称为译码器。译码器是由组合逻辑门电路构成的数字电路。

译码器按其功能特点可分为两大类。第一类是通用译码器，该类译码器是一种将代码转换成电路输出状态的功能器件，如 $n-2^n$ 线译码器。第二类是显示译码器，该类译码器是能将数字和文字的符号代码译出，并驱动显示器件显示出数字或文字符号的一种功能器件，如七段译码器。

2．通用译码器

通用译码器是可以直接将代码转换成电路状态输出的译码器，常见的有 $n-2^n$ 线译码器。

下面以 2 线－4 线译码器为例，电路的组成如图 10.17 所示。电路是由逻辑与非门组成的，有两个输入端 A、B，四个输出端 Y_0、Y_1、Y_2、Y_3。

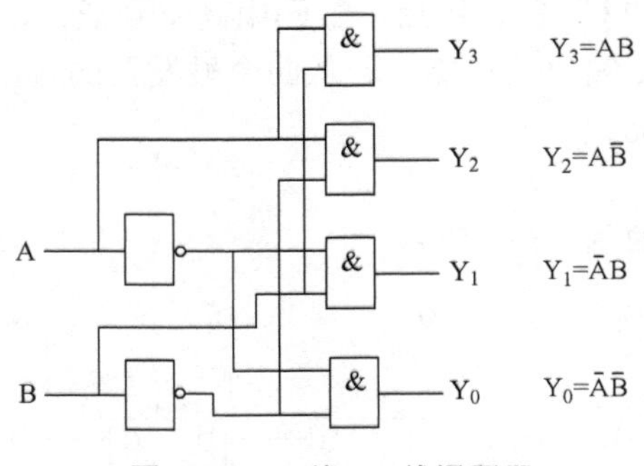

图 10.17　2 线－4 线译码器

由图 10.17 可得到 2 线－4 线译码器的四个输出逻辑表达式（见图 10.17 中右边的逻辑表达式）。

根据 2 线－4 线译码器的四个输出逻辑表达式列出真值表，如表 10.6 所示。

表 10.6　2 线－4 线译码器真值表

A	B	Y_0	Y_1	Y_2	Y_3
0	0	1	0	0	0
0	1	0	1	0	0
1	0	0	0	1	0
1	1	0	0	0	1

由表 10.6 的真值表可知，2 线－4 线译码器的每个输出都与一种代码状态相对应。

如输入状态 AB = 00，则相对应的输出 Y_0 有信号，即 Y_0 输出高电平“1”状态，而其他三个输出端均处于低电平“0”状态。又如输入状态 AB = 10，则相对应的输出 Y_2 有信号，即 Y_2 输出高电平“1”状态，而其他三个输出端均处于低电平“0”状态。很显然，译码器的输出 Y 反映了输入变量 AB 的不同取值状态。

3．显示译码器

显示译码器是能将数字和文字的符号代码译出，并驱动显示器件显示出数字或文字符号的一种功能器件，其工作原理与通用译码器基本相同，区别在于输出信号还要去驱动显示器件。因此，显示译码器的工作过程要配合显示器。

10.4.2　显示器

目前常用的各类数字显示器，大都采用图形符号进行显示。主要有半导体发光显示器、液晶显示器、等离子体显示板等。

1．半导体发光显示器（LED）

半导体发光显示器又分为发光二极管和发光数码管两种，如图 10.18 所示。

半导体发光显示数码管具有工作电压低、体积小、寿命长、响应速度快、显示清晰等特点；因此，在数字仪表和控制系统信息指示中广泛使用。

2．液晶显示器（LCD）

液晶是介于液体和晶体之间的一种有机化合物。液晶显示器一般是将液晶放在两个平板玻璃之间，并在玻璃板上制成笔划电极，如图 10.19 所示。若在笔划电极上加一定电压后，就可以改变液晶的光学特性而显示出数字。

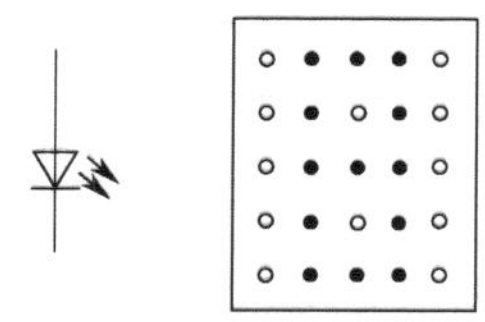

（a）发光二极管及其显示板

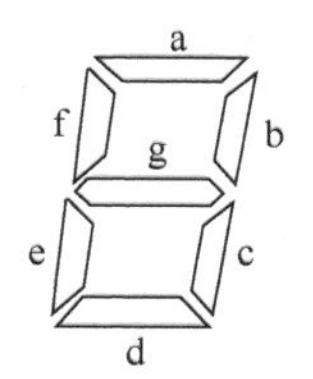

（b）发光数码管

图 10.18　半导体发光显示器

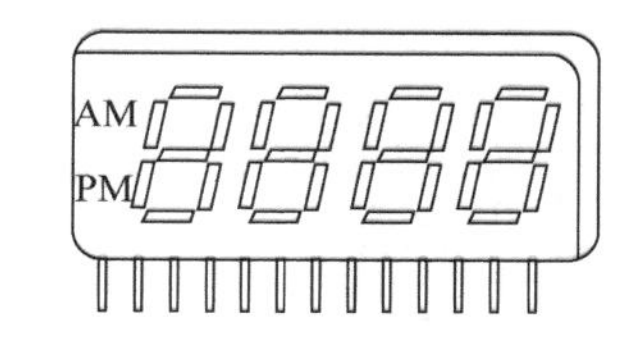

图 10.19　液晶显示器

由于液晶本身并不发光，因此需要借助外部光源照明才能显示出数字。液晶显示器具有工作电压低、功耗小、结构简单，成本也较为低廉等特点。

3．等离子体显示板（PDP）

等离子体显示板是一种较大平面的显示器件；其采用外加电压使气体放电发光（常为橙红色），并借助放电点的组合形成数字图形。等离子体显示板的结构类似液晶显示器，但在两平行板间的物质是惰性气体。这种显示器件具有工作可靠、发光明亮的特点；所以常用于广场、车站、码头等大型活动场所。

技能训练

【实训12】　计数、译码与显示电路实训

一、实训目的

1．熟悉共阴极七段 LED 数码管 LTS547R 的功能和应用。

2．熟悉二-十进制计数器 74LS90 的功能和应用。

3．熟悉译码/驱动器 75LS48 的功能和应用。

4．学会计数器、译码器、显示电路的综合应用，了解计数器、译码器、显示电路的原理及工作过程。

5．熟练地使用常用的电子仪表、仪器。

二、相关知识与预习内容

预习本章有关译码和显示电路及其应用等的内容。

三、实训器材

按表 10.7 准备好完成本任务所需的设备、工具和器材。

表 10.7　工具与器材、设备明细表

序号	名　称	型　号	规　格	单位	数量
1	直流稳压电源		0～12V 连续可调、±10 V		
2	二-十进制计数器	74LS90		只	1
3	译码器	75LS48		只	1
4	数码管	LTS547R		只	1
5	拨动开关		单掷	个	1

续表

序号	名　称	型　号	规　格	单位	数量
6	电阻		150Ω	个	7
7	电阻		5kΩ	个	1
8	双踪示波器	XC4320型		台	1
9	万用电表	MF-47型		个	1
10	方波信号发生器			台	1
11	电路插线板			块	1
12	连接导线				若干
13	电工电子实训通用工具		试电笔、榔头、螺丝刀（一字和十字）、电工刀、电工钳、尖嘴钳、剥线钳、活动扳手、镊子等	套	1

四、实训内容与步骤

（一）安装、连接

1．集成电路（计数器74LS90、译码器75LS48、数码管LTS547R）的外观检查。

2．在电路插接板安装元器件。

3．按图10.20所示电路进行各集成芯片之间的接线连接。

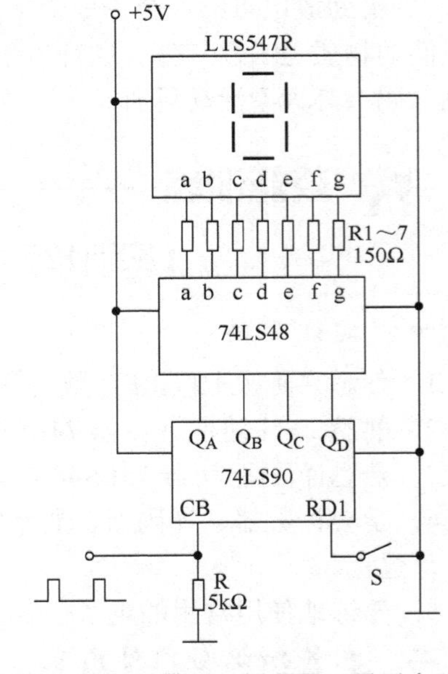

图10.20　计数器、译码器、显示电路

（二）调试、测量

1．核对线路连接；调节可调稳压电源至5V。

2．线路接入电源+5V；数码管应显示一个完整的数字；如果无数字或不成字形，则需断电进行检修。

3．计数器清零。

按下开关S，显示器应显示“0”；表示计数器置0端功能正常，并实现清零；如果不正常．应断电检查计数器部分线路，使其恢复正常。

4．计数功能检测

（1）调节发生器输出单脉冲（或正弦波）信号，观察显示器计数功能。

在计数器的CB端（CP端）逐个输入正脉冲信号，观察显示器能否从“0～9”逐一显示；若出现无次序乱跳或笔画不全，应断电检查计数器与译码器之间的接线。

（2）调节发生器输出连续脉冲（或正弦波）信号，观察显示器计数功能。

发生器输出频率为1～4 Hz的连续正脉冲，观察显示器所显示数字变化情况，应为0、1、2、3、…、9、0…的变化规律；并用双踪示波器观测十进制计数器的输入和输出波形。

（3）将数码显示结果记录于表10.8中。

（4）用万用表测量进位端；每当数字由9跳变为0时，应有一个进位脉冲输出，指示值应发生跳变。

表 10.8　显示结果记录

十进制码	七段 LED 数码显示							BCD 码
	a	b	c	d	e	f	g	
0								0000
1								0001
2								0010
3								0011
4								0100
5								0101
6								0110
7								0111
8								1000
9								1001

阅读材料

集成计数、译码器和数码管简介

1. 计数器 74LS90

74LS90 为 TTL 十进制的计数器；其引脚功能如图 10.21 所示。

$R_{O(1)}$、$R_{O(2)}$ 为置 0 端；CA、CB 为时钟输入端；QA、QB、QC、QD 为输出端。

若将 CB 端与 QA 端连接，计数脉冲由 CA 端输入时，输出就是为 8421 码；如图 10.22 所示。

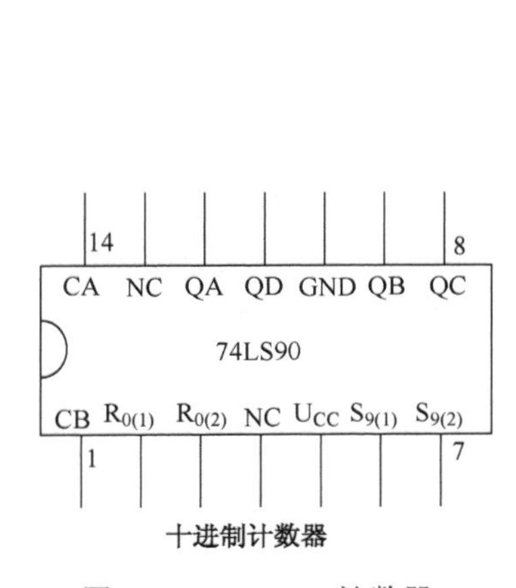

图 10.21　74LS90 计数器

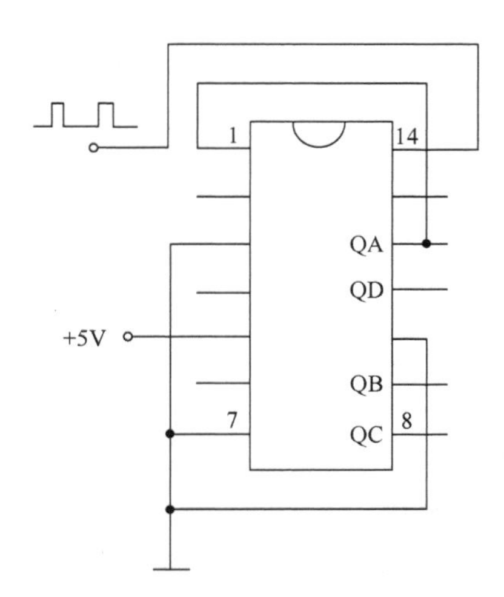

图 10.22　BCD 码的 74LS90 计数器

若将 CA 端与 QD 端连接，计数脉冲由 CA 端输入时，输出就是为 5421 码。

2. 译码器 75LS48

75LS48 的引脚功能如图 10.23 所示。

75LS48 是属于 4 / 7 线译码器；四个输入状态变量分别由 A、B、C、D 四端引入，七个输出分别由 a～g 端输出；$\overline{BI/RBO}$ 为消隐输入端/脉冲消隐输出，均低电平有效；$\overline{LT}$ 为灯测试输入端（低电平有效）；$\overline{RBI}$ 为脉冲消隐输出端（低电平有效）。

3. LTS547R 数码管

LTS547R 是共阴极七段 LED 数码显示器件；其引脚功能如图 10.24 所示。

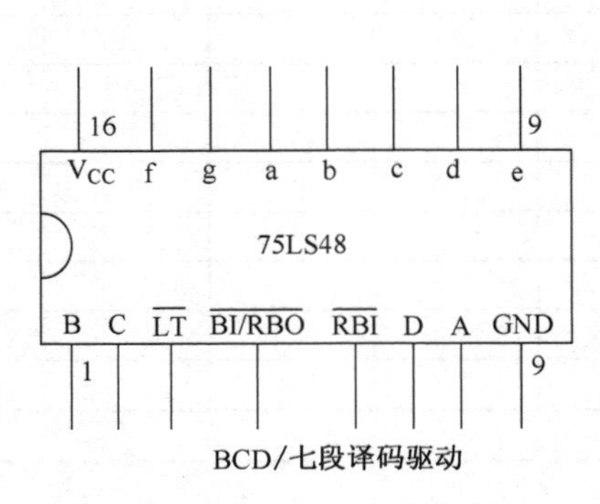

图 10.23　75LS48 计数器

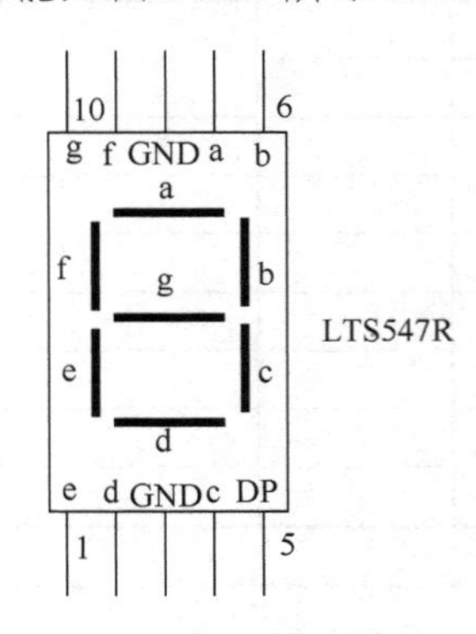

图 10.24　LTS547R 数码管

本章小结

● 触发器是由与、或、非门等逻辑元件组成的具有存储功能的基本逻辑单元。

● 触发器有两个稳定状态，在一定的外界信号作用下，可以从一个稳定状态转变为另一个稳定状态。在无外界信号作用时，其维持原来的稳定状态不变。因此，具有记忆（存储）功能。

● 各种触发器的功能：RS 触发器具有置 0、置 1 和保持功能；JK 触发器具有置 0、置 1、保持和计数功能；D 触发器具有置 0、置1、保持和计数功能；T 触发器具有保持和计数功能。

● 由各种触发器构成的时序电路（计数器和寄存器）在任意时刻的输出信号不仅与当时的输入信号有关，还与电路原来所存储的状态有关，这就是时序电路（计数器和寄存器）在逻辑功能上的特点。

● 计数器具有对即时输入的时钟脉冲进行计数的功能；寄存器具有接收、寄存和输出数码的功能。

● 译码就是将含有某种意义的二进制数代码翻译成相应的电信号。

● 译码器是一个多输入、多输出的由各种基本逻辑门组成的组合逻辑电路。

● 显示是将译码器输出的电信号在显示器上直观地反映出十进制数字。

习题 10

10.1　填空题

1. ＿＿＿＿＿ 是一种具有记忆和存储功能、最常用的基本时序逻辑电路。
2. 规定了触发器＿＿＿＿＿端的状态为触发器的状态。
3. 基本 RS 触发器的电路是由＿＿＿＿＿连接组成的。
4. 同步 RS 触发器是指＿＿＿＿＿的触发器。
5. $\overline{Q}$ 的非号表示＿＿＿＿＿。
6. 在时钟脉冲 CP 的作用下，J = ＿＿＿＿＿，K = ＿＿＿＿＿时，触发器保持原状态不变。
7. D 触发器常用于＿＿＿＿＿。

8. T 触发器是一种________触发器。
9. 计数器主要用于________，还可以用于________、________和________等。
10. 计数器是由________构成。
11. 计数器按各触发器翻转的先后次序可分成________计数器、________计数器。
12. 寄存器是一种由________和________构成的________逻辑电路。
13. 寄存器是用来________或________的数字逻辑部件。
14. 移位寄存器除了具有________功能外，还具有________功能。
15. 通用译码器是一种将________转换成________的功能器件。
16. 显示译码器是能将________，并驱动________显示出________的一种功能器件。
17. 显示是将译码器输出的________在显示器上直观地反映出________。

10.2　选择题

1. 触发器具有____个稳定状态。
A. 一　　B. 两　　C. 三
2. 规定触发器____端的状态为触发器的状态。
A. Q　　B. $\overline{Q}$　　C. 0
3. 基本 RS 触发器的输入端 $\overline{S}=\overline{R}=0$ 时，触发器的状态为____。
A. 0　　B. 1　　C. 不稳定
4. 在 CP＝0 时；输入端 R 或 S 为“1”，触发器将（　）。
A. 置“1”　　B. 翻转　　C. 保持原来的状态不变
5. ____触发器可以解决状态不稳定的现象。
A. 基本 RS　　B. 同步 RS　　C. JK
6. 在时钟脉冲 CP 的作用下，D 触发器的状态与其输入端的状态____。
A. 相同　　B. 相反　　C. 不确定
7. 在时钟脉冲 CP 的作用下，T＝1 时，触发器将____。
A. 置“1”　　B. 翻转　　C. 保持原来的状态不变
8. 计数器是由____构成。
A. 基本逻辑门　　B. 组合电路　　C. 触发器组合
9. 计数器在电路组成的特点是____。
A. 有 CP 输入端，无数码输入端　　B. 无 CP 输入端，有数码输入端
C. 有 CP 输入端和无数码输入端
10. 寄存器具有____等功能。
A. 接收、传递　　B. 暂存　　C. A 和 B

10.3　判断题

1. 触发器就是一种基本时序逻辑电路。（　）
2. 基本 RS 触发器应具有一个稳定和一个不稳定的状态。（　）
3. 当 R_D 为高电平触发时，触发器不管原状态如何都一定翻转置“0”。（　）
4. 在 CP＝0 时；若输入端 R 或 S 有信号输入，触发器将保持原来的状态不变。（　）
5. 由于同步 RS 触发器具有锁存功能，因此，抗干扰能力比基本 RS 触发器强。（　）
6. JK 触发器具有计数功能。（　）
7. 在时钟脉冲 CP 的作用下，T＝1 时，触发器将保持原状态不变。（　）

8. 计数器可以用于定时和数字运算等。(　)
9. 寄存器是一种由逻辑电路构成的组合逻辑电路。(　)
10. 寄存器仅具有暂存功能。(　)
11. 移位寄存器除了具有存放数码的功能外，还具接收、传递的功能。(　)
12. 通用译码器是一种将电路输出状态转换成代码的功能器件。(　)
13. 显示是将译码器输出的电信号在显示器上直观地反映出二进制数字。(　)

10.4　简答题

1. 触发器有什么特点？
2. 简述基本 RS 触发器的逻辑功能。
3. 简述同步 RS 触发器的逻辑功能。
4. 简述 JK 触发器的逻辑功能。
5. 简述 D 触发器的电路结构和逻辑功能。
6. 简述 T 触发器的电路结构和逻辑功能。
7. 数码寄存器和移位寄存器在电路结构上有什么区别？
8. 什么是寄存器的并行输入、输出和串行输入、输出？
9. 通用译码器与显示译码器有何区别？
10. 简述半导体发光显示器、液晶显示器、等离子体显示板的特点。

10.5　识图题

1. 按图 10.25 的逻辑电路，填写真值表。

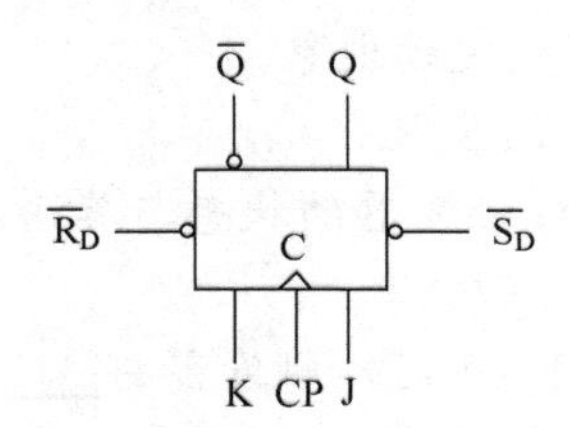

图 10.25 习题 10.5 第 1 题图

真值表

CP	J	K	Q^{n+1}	功能
	0	0		
	0	1		
	1	0		
	1	1		

2. 按图 10.26 的逻辑电路，填写真值表。

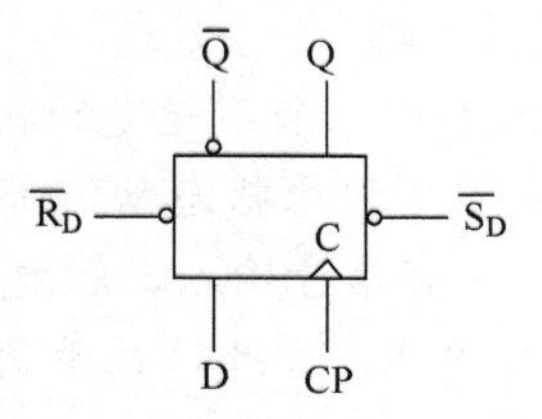

图 10.26　习题 10.5 第 2 题图

真值表

CP	D	Q^{n+1}	功能
	0	0	
	1	1	

3. 按图 10.27 的逻辑电路，填写真值表。

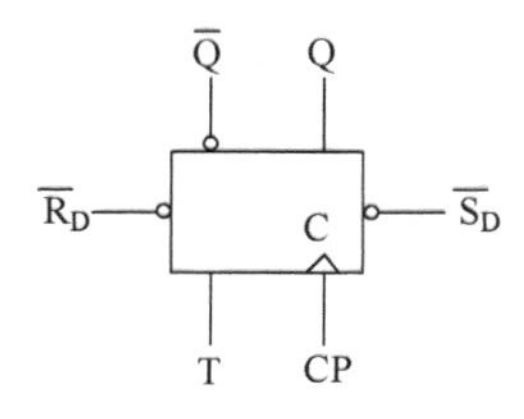

图 10.27　习题 10.5 第 3 题图

真值表

CP	T	Q^{n+1}	功能
	0	Q^n	
	1	$\overline{Q^n}$	

4. 试分析图 10.28 电路功能及其工作原理。

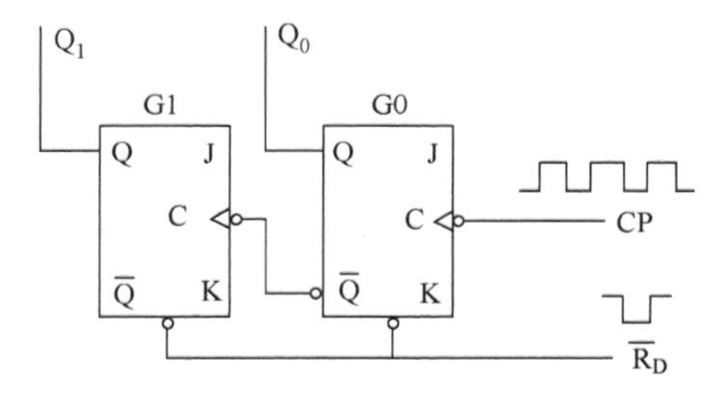

图 10.28　习题 10.5 第 4 题图

5. 试分析图 10.29 电路功能及其工作原理。

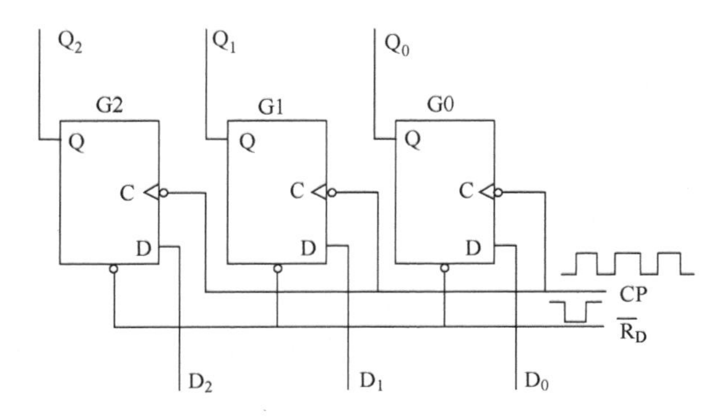

图 10.29　习题 10.5 第 5 题图

第 11 章 数字电路的应用

学习目标

本章主要介绍数字逻辑电路在实际中的应用，主要包括：

- 逻辑电路的简单分析和综合应用的方法。
- 触发器的应用。
- 555 集成定时器。
- 数字钟电路。
- 译码和显示电路。
- 模/数、数/模转换电路。
- 电子调速电路。
- 综合应用。

通过学习本章，应能掌握数字逻辑电路的分析和综合应用的方法，了解数字逻辑电路在实际中的一些实用电路及其工作原理。

11.1 逻辑电路的简单分析和综合方法

11.1.1 逻辑电路的简单分析方法

对数字逻辑电路的分析主要是研究电路的输出信号与输入信号之间的状态关系，即所谓的逻辑关系。通常，数字逻辑电路是采用逻辑代数、真值表、逻辑图等方法进行分析。

分析是根据数字逻辑电路写出输出表达式，列出真值表，从而得到该电路的逻辑功能。

步骤：

①根据数字逻辑电路写出输出表达式

由电路的输入开始到输出或反过来由输出开始到输入逐级地推导，写出输出表达式，并进行必要的化简。

②根据输出表达式列出真值表

将各种可能的输入信号状态组合代入简化了的表达式中进行运算，以表格的形式列出，即得到真值表。

③根据真值表可推断出该电路的逻辑功能

11.1.2 逻辑电路的综合方法

逻辑电路的综合方法是指在实际中利用数字逻辑电路来完成所需要的功能和任务，其步骤是：

（1）分析实际的需求和要求

从实际出发，并通过实际需求和要求的深入调查和了解基础上，确定输入变量和输出变量，以及输入变量和输出变量之间的相互关系。

（2）制定真值表

通过输入、输出信号的状态和状态之间的相对应关系，并列出的表格和进行状态赋值，即用 0、1 表示输入信号和输出信号的相对应状态，从而得到逻辑真值表。

（3）根据真值表推断出逻辑表达式，并进行必要的化简，以得到最简的逻辑表达式。

（4）画出最简表达式的逻辑电路图。

（5）组合出能满足和完成实际的需求和要求的逻辑电路。

11.1.3 举例

【例 11.1】 试分析图 11.1 所示电路的逻辑功能。

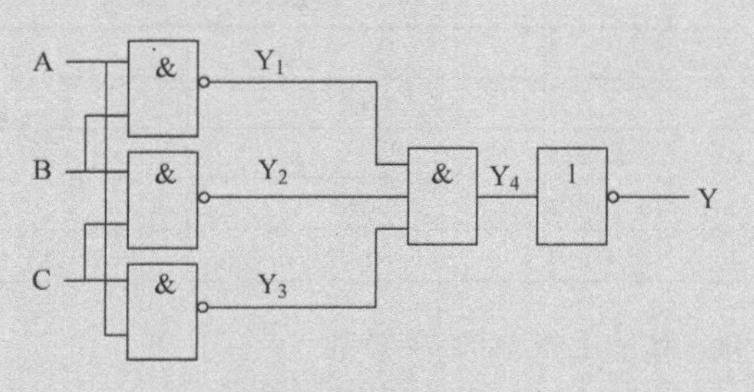

图 11.1 例 11.1 图

解：（1）根据数字逻辑电路写出输出表达式

$$Y_1=\overline{AB} \quad Y_2=\overline{BC} \quad Y_3=\overline{AC} \quad Y_4=Y_1\cdot Y_2\cdot Y_3$$

$$\therefore \quad Y=\overline{Y_4}=\overline{Y_1\cdot Y_2\cdot Y_3}=\overline{\overline{AB}\cdot\overline{BC}\cdot\overline{AC}}$$

化简 $Y=\overline{\overline{AB}\cdot\overline{BC}\cdot\overline{AC}}=\overline{\overline{AB}}+\overline{\overline{BC}}+\overline{\overline{AC}}=AB+BC+AC$

（2）根据输出表达式列出真值表（见表 11.1）

表 11.1 真值表

A	B	C	Y
0	0	0	0
0	0	1	0
0	1	0	0
0	1	1	1
1	0	0	0
1	0	1	1
1	1	0	1
1	1	1	1

（3）根据真值表可推断出该电路的逻辑功能

该电路的逻辑功能是：输入信号中有两个或两个以上为高电平时，输出就为高电平。

【例 11.2】 试分析图 11.2 所示电路的逻辑功能。

解：（1）根据数字逻辑电路写出输出表达式

$$Y_1=\overline{A} \qquad Y_2=\overline{B} \qquad Y_3=\overline{AB} \qquad Y_4=AC$$

$$\therefore \quad Y=Y_3+Y_4=\overline{AB}+AB$$

（2）根据输出表达式列出真值表（见表 11.2）

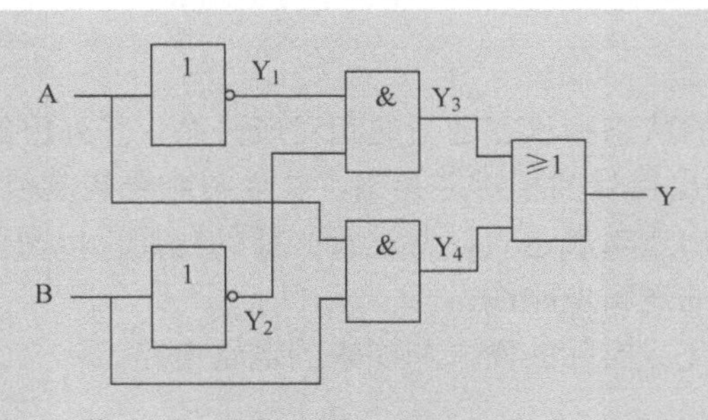

图 11.2　例 11.2 图

表 11.2　真值表

A	B	Y
0	0	1
0	1	0
1	0	0
1	1	1

（3）根据真值表可推断出该电路的逻辑功能

该电路的逻辑功能是：两个输入信号相同（为高电平或低电平）时，输出就为高电平。

【例 11.3】 试设计当三个输入信号相同时输出为高电平，否则为低电平的逻辑电路。

解：（1）分析实际的需求和要求

设输入信号为 A、B、C ，输出信号为 Y。

（2）根据题意制定真值表（见表 11.3）

表 11.3　真值表

A	B	C	Y
0	0	0	1
0	0	1	0
0	1	0	0
0	1	1	0
1	0	0	0
1	0	1	0
1	1	0	0
1	1	1	1

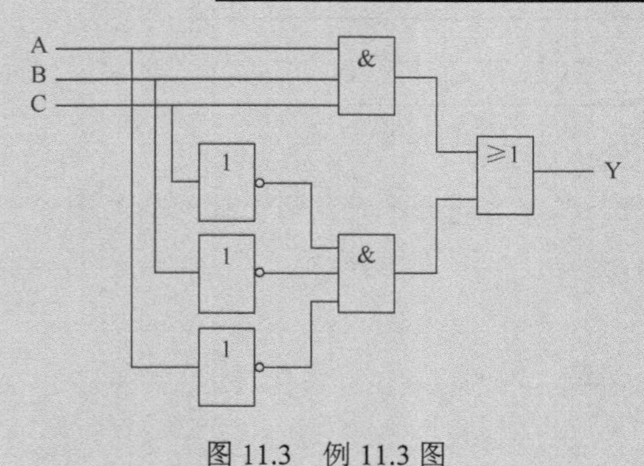

图 11.3　例 11.3 图

（3）根据真值表推断出逻辑表达式

$$Y = ABC + \overline{ABC}$$

（4）根据表达式画出逻辑电路图（见图 11.3）。

（5）组合出能满足和完成实际的需求和要求的逻辑电路。

在上述的逻辑电路图中是采用了与或非门组成的电路；除此之外，还可以采用与非门电路来满足和完成需求和要求。

试采用与非门电路完成当三个输入信号相同时输出为高电平，否则为低电平的逻辑电路。

【例 11.4】 试设计一灯两地控制电路（如图 11.4 所示）的逻辑电路。

解：（1）分析实际的需求和要求

设开关 S_1 和 S_2 为输入信号为 A、B，灯 HL 为输出信号 Y；灯灭为 0，灯亮为 1。

（2）根据设置制定真值表（见表 11.4）

表 11.4　真值表

A	B	Y
0	0	0
0	1	1
1	0	1
1	1	0

（3）根据真值表推断出逻辑表达式

$$Y = A\overline{B} + \overline{A}B$$

（4）根据表达式画出逻辑电路图（见图 11.5）

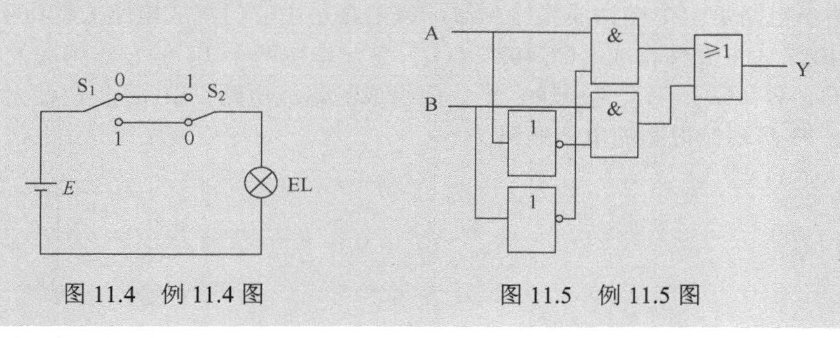

图 11.4　例 11.4 图　　图 11.5　例 11.5 图

11.2　触发器的应用

11.2.1　多处控制照明灯电路

图 11.6 所示电路是一个多处（或多地）控制照明灯的开关电路。该电路采用集成电路 CC4027 为主元件构成。CC4027 是一块由两个 JK 触发器组成的集成电路，上升沿触发；VT_1、VT_2 三极管组成 NPN 复合放大管；KM 为继电器，其触点控制灯 HL 的亮或灭；S_1、S_2、S_n 为各处的控制开关。

工作原理：

刚接入电源，由于 JK 触发器的 $\overline{R_D}$ 端的电容 C 端电压不能突变，使 $\overline{R_D}$ 端为 0；因此 JK 触发器被预置“0”，所以 Q＝0，导致复合管 VT_1、VT_2 不导通，继电器 KM 不得电，灯 HL 灭。电容 C 经过一段时间的充电后，其端电压使 $\overline{R_D}$ 端与 $\overline{S_D}$ 端一样都为高电平；而且 J＝K＝1；使 JK 触发器处于计数状态。

当按下任意一个按钮开关 S_1～S_n 时，JK 触发器 C 端电压突变，由 0 跳变为高电平，即产生一个由 0 跳变为 1 的上升沿脉冲。由于 JK 触发器已经处于计数状态，因此，JK 触发器发生翻转，即由 Q = 0 翻转变为 Q = 1；从而使复合管 VT_1、VT_2 饱和导通，继电器 KM 得电，触点吸合，灯 HL 亮。实现任意地方控制灯亮的过程。

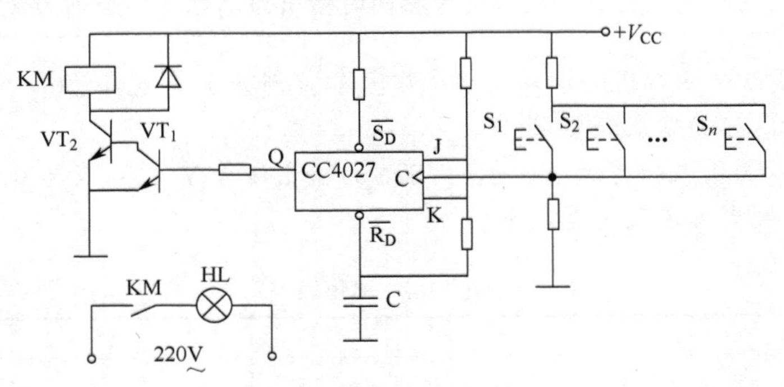

图 11.6　多处控制照明灯的开关电路

若此时再按下任意一个按扭开关 S_1～S_n 时，JK 触发器又发生翻转，即由 Q = 1 翻转变为 Q = 0；又导致复合管 VT_1、VT_2 截止不导通，继电器 KM 断电，触点断开，灯 HL 灭。实现任意地方控制灯灭的过程。

11.2.2　电话线路检测器

图 11.7 所示电路是一个电话线路检测器，该电路是由非门集成电路 CC4069 和 JK 触发器集成电路 CC4027 为主元件构成。CC4027（G_4）是一块由两个 JK 触发器组成的集成电路，上升沿触发；CC4069（G_1～G_3）是一块六个非门组成的集成电路；SB 是复位按钮开关；V 为发光二极管；A、B 两端接被测的电话线路。

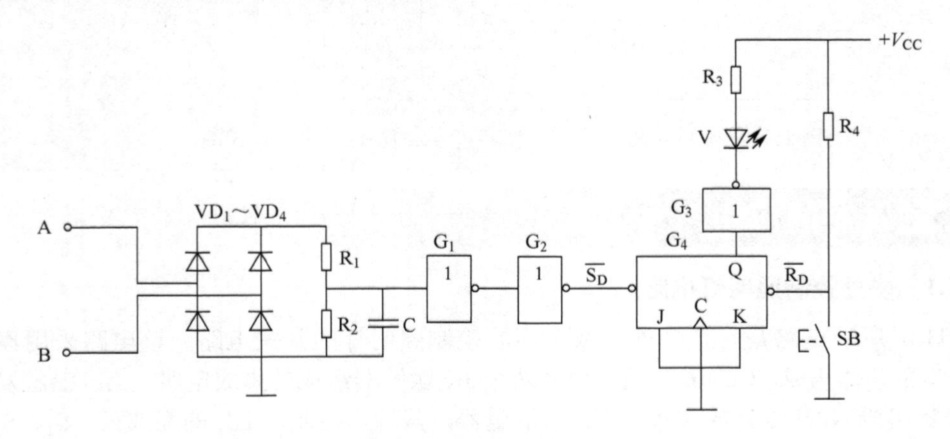

图 11.7　电话线路检测器

工作原理：

初始状态时，按下按钮 SB，JK 触发器的 $\overline{R_D}$ 端为高电平，即 $\overline{R_D} = 1$，使 JK 触发器置“0”，Q = 0，经非门 G_3 后为高电平，所以发光二极管 V 不亮。

正常状态时或电话线路上没有使用电话时，电话线路上的电压经过桥式整流电路 VD_1～VD_4 及经电阻 R_1 和 R_2 分压后即为高电平，送至非门 G_1；非门 G_1 的输出为低电平并送至非门 G_2；非门 G_2 的输出为高电平，使 JK 触发器的 $\overline{S_D}$ 端为高电平，即 $\overline{S_D} = 1$，这对 JK 触发器原来的状态没有任何影响。即 JK 触发器维持原态不变，Q = 0，发光二极管 V 不亮。

若电话线路上有接入电话机（盗用电话线），电话线路上的电压就会下降，经过桥式整流电路 VD_1～VD_4 及经电阻 R_1 和 R_2 分压后即为低电平，送至非门 G_1；非门 G_1 的输出为高电平并送至非门 G_2；非门 G_2 的输出为低电平，使 JK 触发器的 $\overline{S_D}$ 端为低电平，$\overline{S_D}$ 由原来的 1 跳变为 0，即产生一个由 1 跳变为 0 的下降沿脉冲，使 JK 触发器置“1”，$Q = 1$，经非门 G_3 后为低电平，所以发光二极管 V 发亮指示。

此后，即使电话线路上结束接入电话机（盗用电话线结束），电话线路上的电压恢复正常，使 $\overline{S_D}$ 重新为 1，但对 JK 触发器原来的状态没有任何影响。即 JK 触发器维持原态不变，$Q = 1$，发光二极管 V 继续发亮指示。直到按下按钮 SB 回复初始状态为止。

可见，利用 JK 触发器可以把某一时刻所发生的事件记忆下来，从而完成某种功能。

11.2.3 触摸开关电路

图 11.8 所示电路是一个触摸开关电路，该电路是由 D 触发器集成电路 CC4013 为主元件构成。CC4013 （G_1、G_2）是一块由两个 D 触发器组成的集成电路，上升沿触发；其中触发器 G_2 接成计数状态，即 $\overline{Q} = D$。A 为触摸电极。三极管 VT 组成放大器；KM 为继电器，其触点控制灯 HL 的亮或灭。

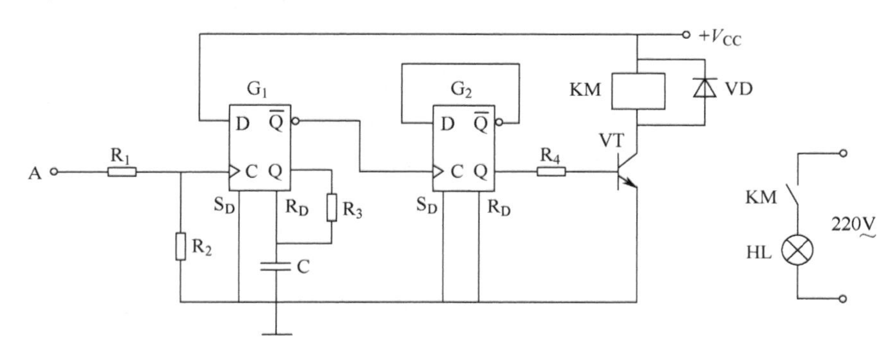

图 11.8 触摸开关电路

工作原理：

当手指触摸电极 A 时，由于人体感应的作用，经 R_1 在 D 触发器 G_1 的 C 端产生一个正跳变脉冲，即由 0 跳变为 1；由于 D 端接高电平（$D = 1$），因此，在 C 端产生的正跳变脉冲作用下，触发器 G_1 置“1”；导致触发器 G_1 的 Q 端输出高电平。该电平通过电阻 R_3，对电容 C 充电。当电容 C 两端电压升高到复位电平时，即使触发器 G_1 的 R_D 端为高电平（$R_D = 1$），于是触发器 G_1 复位，Q 端由 1 变为 0，而 $\overline{Q}$ 端由 0 跳变为 1。从而向 D 触发器 G_2 的 C 端输出一个正跳变脉冲，由于触发器 G_2 接成计数状态，因此，正跳变脉冲使触发器 G_2 的输出状态发生翻转，即有 Q 由低电平翻转为高电平，VT 饱和导通，继电器 KM 得电， 触点吸合，灯 HL 亮。

若再用手指触摸电极 A 时，重复上述工作过程，致使触发器 G_2 的输出状态又发生翻转，即有 Q 由高电平翻转为低电平，VT 截止，继电器 KM 失电，触点断开，灯 HL 灭。

11.3 555 集成定时器

11.3.1 概述

555 集成定时器或定时电路，是一种中规模集成电路。其具有功能强，使用方便、灵活，适用范围广等特点；并且只需在其外围接上几个电阻、电容元件，就可以组成各种不同用途的脉冲电路，如施密特触发器、单稳态电路及多谐振荡器等；因此使用相当广泛。图 11.9 所示为 555 集成定时器的外部引脚排列。

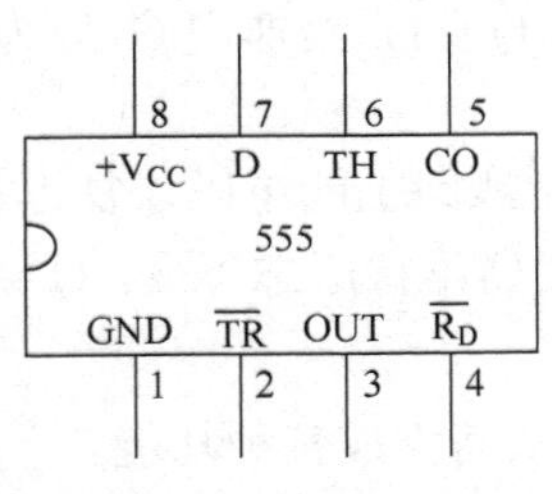

图 11.9　外部引脚排列

图中：公共端 GND 为电路的公共端（又称为接地端），$\overline{TR}$ 为低触发输入端，OUT 为输出端，$\overline{R_D}$ 为置 0 复位端，CO 为电压控制端，TH 为高触发输入端，D 为放电端，V_{CC} 为电源输入端。

功能：

（1）CO 端若外加控制电压，可改变电路内部的参考电压或基准电压；CO 端若不外加控制电压或不使用时，不可悬空，一般都通过一个 0.01μF 电容接地，以对高频干扰信号旁路。

（2）在 CO 端没有外加控制电压时，若 $\overline{R_D}$ 为低电平，则两输入端 TH 和 $\overline{TR}$ 不论为何值，输出端 OUT 一定为 0。即 $\overline{R_D}=0$，使 OUT = 0。因此，正常工作时，$\overline{R_D}$ 应为高电平。

（3）在 CO 端没有外加控制电压，当 TR 端加入低电平且其值小于基准电压（$V_{CC}/3$）时，输出端 OUT 为 1。

（4）在 CO 端没有外加控制电压，当 $\overline{TR}$ 端加入高电平且其值大于基准电压（$V_{CC}/3$）及 TH 端加入高电平且其值大于基准电压（$2V_{CC}/3$）时，输出端 OUT 为 0。

（5）在 CO 端没有外加控制电压，当 TR 端加入高电平且其值大于基准电压（$V_{CC}/3$）及 TH 端加入高电平且其值小于基准电压（$2V_{CC}/3$）时，输出端 OUT 将保持原状态不变。

11.3.2　施密特触发器

图 11.10 所示电路为由 555 集成定时器构成的施密特触发器。

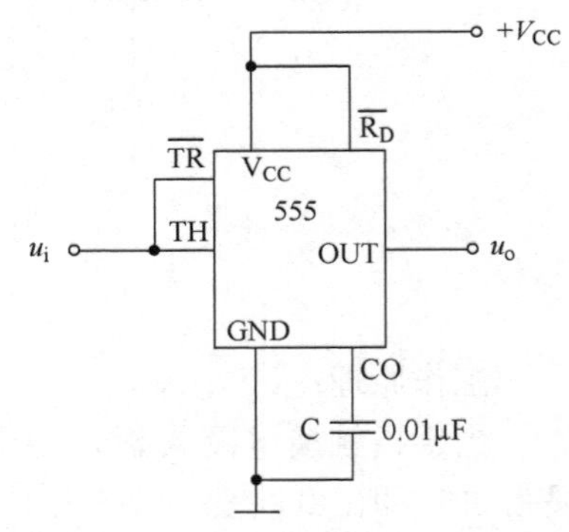

图 11.10　施密特触发器

将 555 集成定时器的高触发输入端 TH 和低触发输入端 TR 连接在一起作为触发信号 u_i 的输入端，从 555 集成定时器的 OUT 端输出 u_o，便构成一个反相输出的施密特触发器。

从 555 集成定时器的功能，可得如下的五个工作过程：

（1）上升过程：输入 $u_i \leqslant V_{CC}/3$ 时，输出端 OUT 为 1，即输出 $u_o=1$。

（2）$V_{CC}/3<$ 输入 $u_i<2V_{CC}/3$ 时，输出端 OUT 将保持原状态不变，即输出 $u_o=1$。

（3）$2V_{CC}/3 \leqslant$ 输入 u_i 时，输出端 OUT 为 0，即输出 $u_o=0$。

（4）下降过程：$V_{CC}/3<$ 输入 $u_i<2V_{CC}/3$ 时，输出端 OUT 将保持原状态不变，即输出 $u_o=0$。

（5）输入 $u_i \leqslant V_{CC}/3$ 时，输出端 OUT 又为 1，即输出 $u_o=1$。

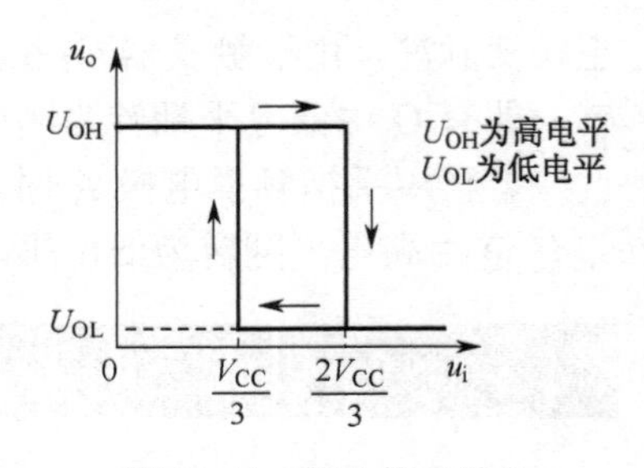

图 11.11　输入输出特性

上述过程如图 11.11 所示。该图又称为输入输出特性或传输特性。

应用：

1．波形变换

通过施密特触发器可以将连续变化、缓慢变化的输入信号（如正弦波或三角波等）变换为矩形脉冲波信号输出，如图 11.12 所示。

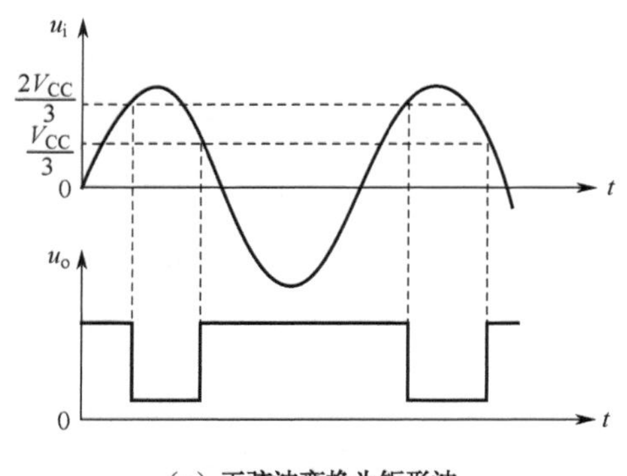

（a）正弦波变换为矩形波

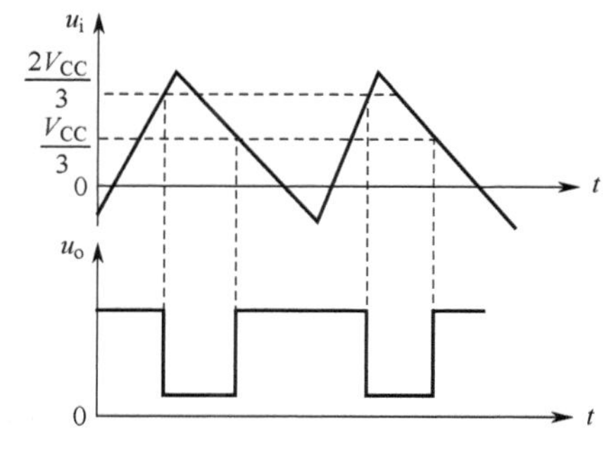

（b）三角波变换为矩形波

图 11.12　波形变换

2．波形整形

当信号在传输过程中受到干扰，导致波形变差或变得不规则，如顶部不平整、前后沿变形等；因此，可通过施密特触发器对受到干扰的信号进行整形以消除干扰。

如图 11.13 所示，输入脉冲信号 u_i 波形的顶部不平整，经施密特触发器和一级反相器后，输出信号 u_o 波形的顶部平整，即整形及排除干扰。

3．波形幅度鉴别

通过施密特触发器可以将一连串幅度不等的输入信号鉴别为等幅不等宽的信号输出，如图 11.14 所示，只有输入信号的幅度大于 $V_{CC}/3$ 到小于 $2V_{CC}/3$ 时，就产生输出，而且不同幅度的输入信号就有不同宽度的输出信号；当输入信号的幅度小于 $V_{CC}/3$ 时就没有输出；从而达到鉴别输入信号幅度的目的。

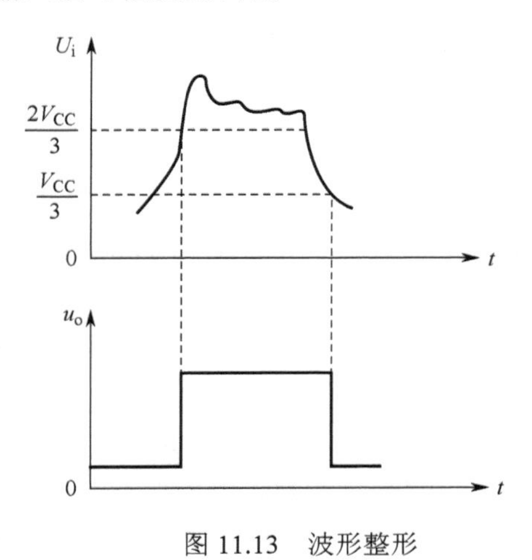

图 11.13　波形整形

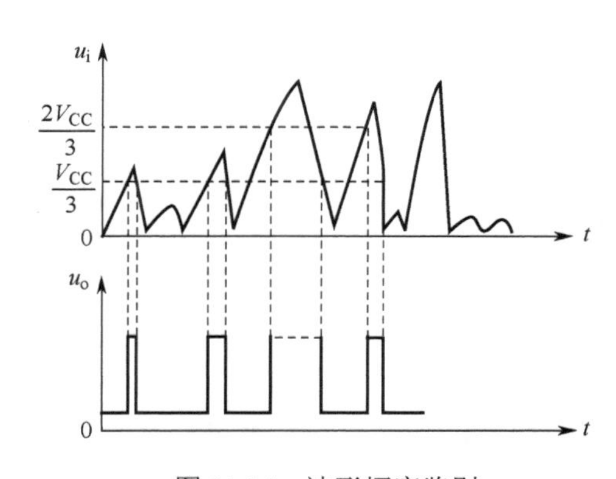

图 11.14　波形幅度鉴别

阅读材料

集成施密特触发器简介

集成施密特触发器是脉冲数字电路中常用的单元电路。其具有性能一致性好，触发电平稳定，应用广泛。其逻辑符号如图11.15所示。

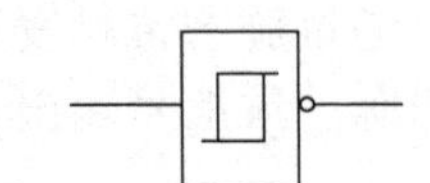

图11.15　集成施密特触发器的逻辑符号

图11.16所示为TTL集成施密特触发器（CT74LS14）的内部组成及其引脚排列。该集成电路在一个芯片内集成了六个TTL施密特触发器；V_{CC}为电源端，GND为接地端。

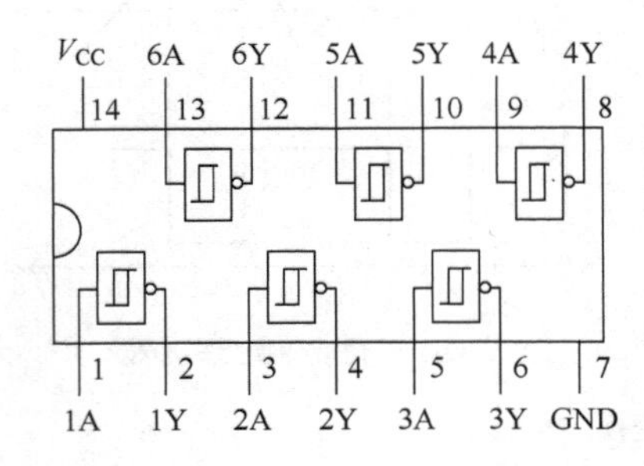

图11.16　TTL集成施密特触发器

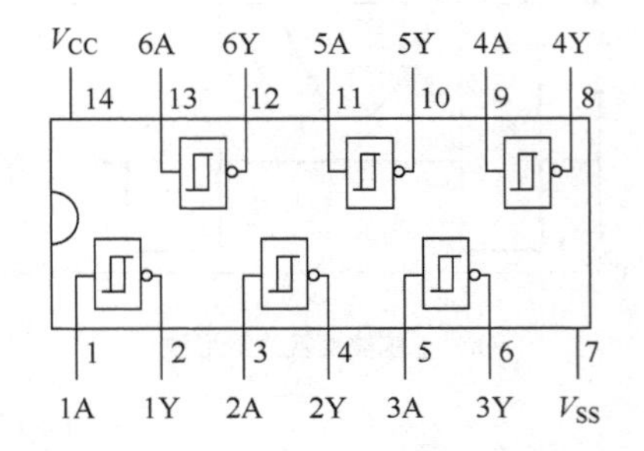

图11.17　CMOS集成施密特触发器

图11.17所示为CMOS集成施密特触发器（CC40106）的内部组成及其引脚排列。该集成电路在一个芯片内集成了六个CMOS施密特触发器；V_{DD}、V_{SS}为电源端。

11.3.3　单稳态电路

图11.18所示电路为由555集成定时器构成的单稳态电路。

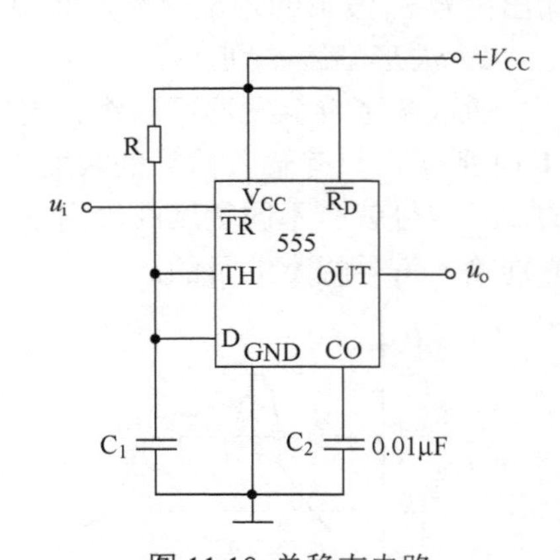

图11.18 单稳态电路

将555集成定时器的高触发输入端TH和放电端D连接在一起；低触发输入端$\overline{TR}$作为触发信号u_i的输入端，低电平有效；从555集成定时器的OUT端输出u_o；R、C_1为定时元件。

工作过程：

（1）电路初始状态，电容C_1没有存储电荷，因此，电容C_1的端电压u_C为0。输出u_o为低电平。在输入端没有负脉冲时，即输入信号u_i为高电平。

（2）接通电源后，电源$+V_{CC}$通过电阻R对电容C_1充电，电容C_1的端电压u_C上升；当u_C上升到$2V_{CC}/3$时，输出u_o为0并同时电容C_1通过放电端D迅速放电；电路进入稳态，输出u_o保持为0状态不变。

（3）当输入端加入负脉冲时，即输入信号u_i从1跳变为0；在$u_i = \overline{TR} < V_{CC}/3$时，从555集成定时器的功能可知，电路将发生翻转，即输出u_o由0跳变为高电平“1”。同时，电源$+V_{CC}$又通过电阻R对电容C_1充电，电容C_1的端电压u_C上升；此时，电路进入暂态，输出u_o保持为1状态不变和输入信号u_i返回为高电平（为下一次触发做准备）。

（4）当 u_C 上升到 $2\ V_{CC}/3$ 时，输出 u_o 由 1 翻转为 0，并同时电容 C_1 通过放电端 D 迅速放电；电路又进入稳态。等待下一个触发脉冲的到来。

上述过程如图 11.19 所示。可见，单稳态电路有一个稳态和一个暂态，所以，该电路称之为单稳态电路。暂态时间（又称为定时时间）是电容 C_1 充电，其端电压 u_C 从 0 伏到 $2\ V_{CC}/3$ 所需的时间，该时间使电路有对应的输出脉冲宽度 t_W；调节定时元件（电阻 R 和电容 C_1 ）的值就可以改变输出脉冲宽度 t_W。

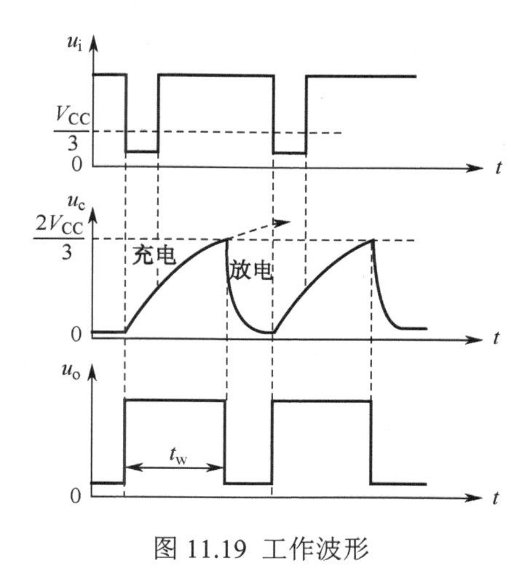

图 11.19 工作波形

应用：

1．波形整形

通过单稳态电路将不规则的输入信号整形为幅度和宽度都相同或规则的矩形脉冲波，如图 11.20 所示。

2．延时

单稳态电路的输出信号 u_o 的下降沿总是滞后于输入信号 u_i 的下降沿，而且滞后时间就是脉冲的宽度 t_W，如图 11.21 所示。所以，可利用这种滞后作用来达到延时的目的。

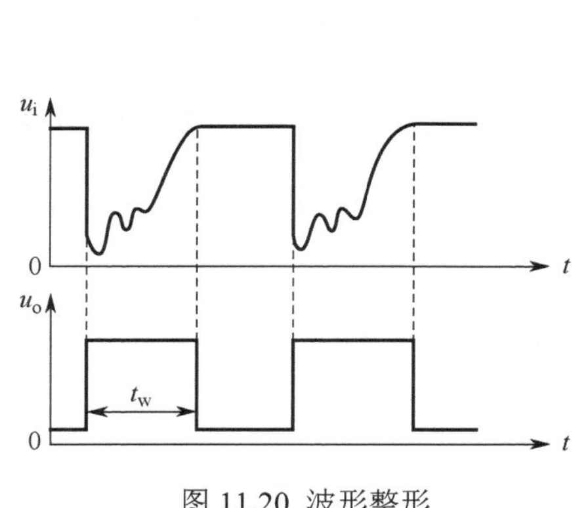

图 11.20 波形整形

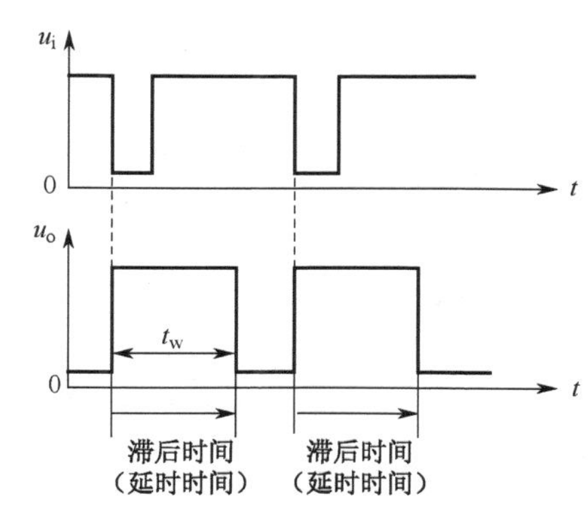

图 11.21 延时作用

3．定时

利用单稳态电路输出的脉冲信号作为定时控制信号。脉冲宽度就是控制（定时）时间。

11.3.4　多谐振荡器

图 11.22 所示电路为由 555 集成定时器构成的多谐振荡器。

将 555 集成定时器的高触发输入端 TH 和低触发输入端 $\overline{TR}$ 连接在一起；无须输入触发信号，接通电源后就能产生矩形脉冲或方形脉冲；从 555 集成定时器的 OUT 端输出 u_o；R_1、R_2 、C_1 为定时元件。

工作过程：

（1）接通电源后，电源$+V_{CC}$通过电阻 R_1 和 R_2 对电容 C_1 充电，电容 C_1 的端电压 u_C 上升；当 u_C 上升到 $2V_{CC}/3$ 时，输出 u_o 变为低电平，并同时电容 C_1 通过电阻 R_2 和放电端 D 放电；电路进入第一暂稳态，输出 u_o 保持为低电平状态不变。

（2）随着电容 C_1 的放电，u_C 随之下降；当 u_C 下降到 $V_{CC}/3$ 时，输出 u_o 发生翻转，由低电平跳变为高电平；同时，电源$+V_{CC}$又通过电阻 R_1 和 R_2 对电容 C_1 充电，电路进入第二暂稳态，输出 u_o 保持为高电平状态不变；随之返回第一暂稳态。

可见，电容 C_1 的端电压 u_C 将在 $2V_{CC}/3$ 和 $V_{CC}/3$ 之间来回充电或放电，从而使电路产生振荡，输出矩形脉冲或方形脉冲。上述过程如图 11.23 所示。

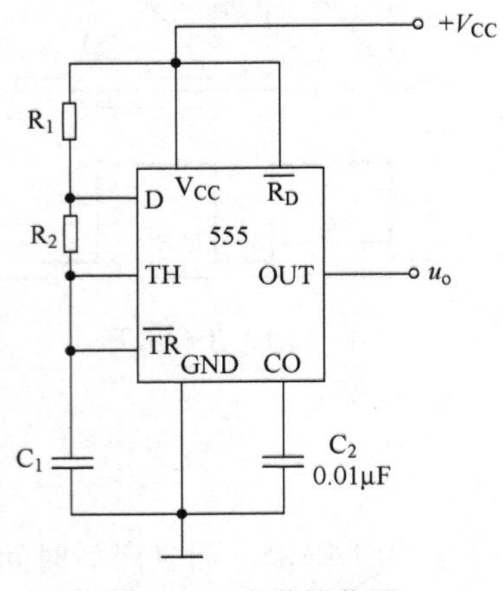

图 11.22 多谐振荡器

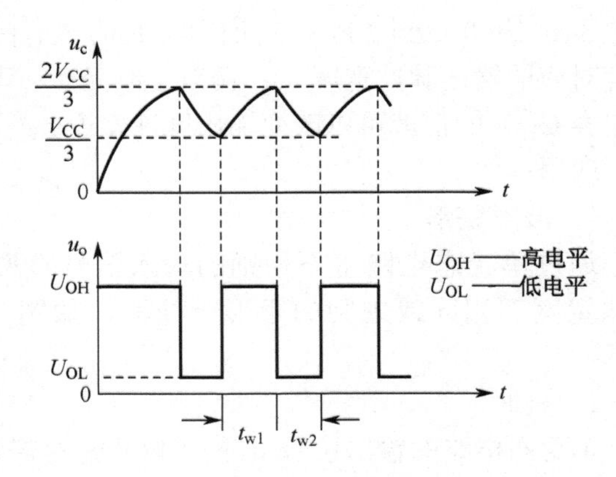

图 11.23 工作波形

调节定时元件（电阻 R_1 、R_2 和电容 C_1 ）的值就可以改变电容 C_1 充电时间，决定输出脉冲宽度 t_{w1}。

调节定时元件（电阻 R_2 和电容 C_1 ）的值就可以改变电容 C_1 放电时间，决定输出脉冲宽度 t_{w2}。

技能训练

【实训13】 555定时器的应用

一、实训目的

1．进一步熟悉 555 电路的功能。

2．学会应用 555 电路连接简单的应用电路。

3．掌握 555 电路的典型应用。

二、相关知识与预习内容

预习本章有关 555 集成定时器及其基本电路的内容。

三、实训器材

按表 11.5 准备好完成本任务所需的设备、工具和器材。

表 11.5 工具与器材、设备明细表

序号	名　称	符　号	型号/规格	单位	数量
1	集成电路	IC1、IC2	NE555	块	2
2	电阻	R_1	100kΩ	个	1
3	电阻	R_2	5kΩ	个	1
4	电阻	R_3	10kΩ	个	1

续表

序号	名　　称	符　号	型号 / 规格	单位	数量
5	电阻	R_4	100kΩ	个	1
6	电位器	R_P	75kΩ	个	1
7	电容	C_1	10μF　16V	个	1
8	电容	C_2	0.01μF	个	1
9	电容	C_3	0.01μF	个	1
10	电容	C_4	100μF　6V	个	1
11	扬声器	B	8Ω　2W	个	1
12	直流稳压电源		5V		1
13	电源线、安装连接导线				若干
14	指针式万用表		500 型或 MF-47 型	台	1
15	示波器		双踪	台	1
16	电烙铁		15～25W	支	1
17	焊接材料		焊锡丝、松香助焊剂、烙铁架等	套	1
18	电工电子实训通用工具		试电笔、榔头、螺丝刀（一字和十字）、电工刀、电工钳、尖嘴钳、剥线钳、活动扳手、镊子等	套	1
19	线路板			块	1

四、实训内容与步骤

（一）焊接

如图 11.24 所示为变音警笛电路，其基本工作原理是：由两片 555 构成两个多谐振荡器，即由 IC1、R_1、R_P 和 C_2 等元件组成的低频振荡器，振荡频率为 0.5～14.4 Hz（可由 R_P 调节）；由 IC2、R_3、R_4 和 C_3 等元件组成的高频振荡器，振荡频率为 0.7kHz。IC1 的输出端经 R_2 接到 IC2 的控制端⑤脚，可对 IC2 组成振荡器的输出频率进行调制。即当 IC1 输出低电平时，IC2 的输出信号频率就高；而当 IC1 输出高电平时，IC2 的输出信号频率就会低。从而使扬声器发出高低频率相间的“滴、嘟、滴、嘟 ……”的警笛声音。

在线路板上按焊接要求焊接图 11.24 电路。

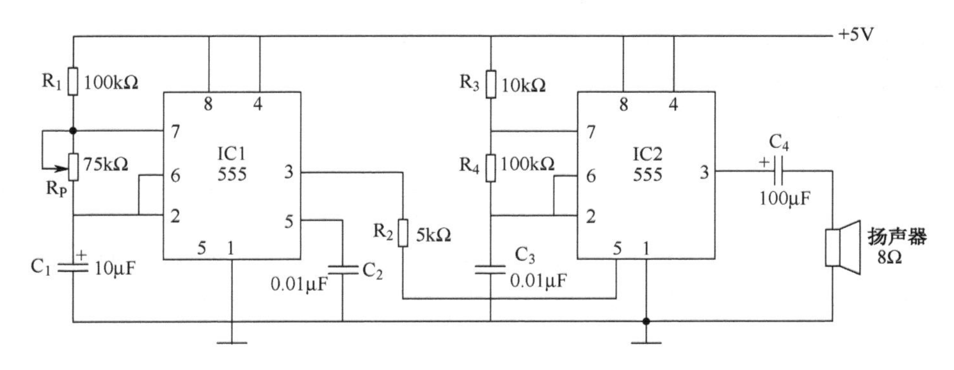

图 11.24　变音警笛电路

（二）检查与调试

1．检查装配无误后，即可通电调试。

2．若警笛声节奏异常，可调整 R_1、R_P 或 C_1 的参数。

3．若警笛声音调欠佳，可调整 R_3、R_4 或 C_3 的参数。

（三）测量纪录

将 NE555 集成电路的各脚电压测量记录填入表 11.6 中。

表 11.6　NE555 集成电路各脚电压（V）

NE555 脚	①	②	③	④	⑤	⑥	⑦	⑧
IC1								
IC2								

路灯自动控制器的制作

电路如图 11.25 所示，其中 VT 为光敏三极管 3DU。其特性为有光照时，c、e 极之间的电阻变小；光暗时，c、e 极之间的电阻就变大。R_P 为可变电阻器，HL 为受控灯泡。在白天时因光线充足，亮度大，使光敏管 3DU 的 c、e 极间电阻减少，555 集成定时器的 6 脚得到的电压将大于 $2V_{CC}/3$（约 4 伏），根据 555 定时器的特性，555 定时器的输出端 3 脚将为低电平，因此，灯泡 HL 不发光。在天黑时，光敏管 3DU 的 ce 极间电阻增大，使 555 定时器的低触发端 2 脚电压小于 $V_{CC}/3$（约 2 伏），根据 555 定时器的特性，555 定时器的输出端 3 脚将为高电平，因此，灯泡 HL 发光。调节 R_P 即可调节灯泡 HL 发光的亮度。

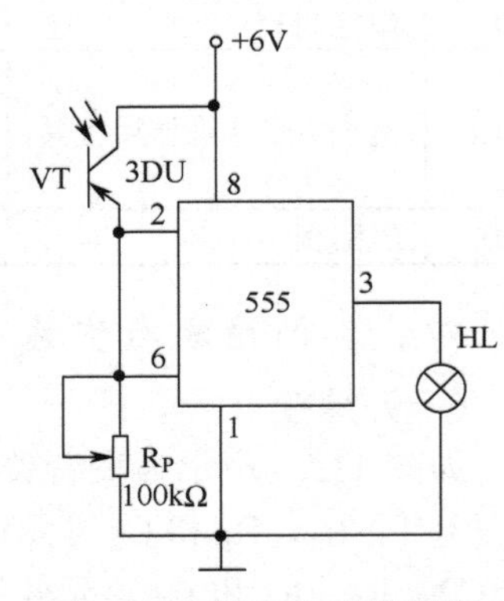

图 11.25　路灯自动控制器

按图 11.25 所示连接好电路，经检查接线无误后，接入直流电源+6V；用布遮住光敏三极管 3DU，调节 R_P，观察灯泡 HL 发光的亮度；再用手电筒照射光敏三极管 3DU，调节 R_P，观察灯泡 HL 发光的亮度。

11.4　数字钟电路

11.4.1　基本组成

数字钟具有计时准确、性能稳定、体积小，结构简单等优点，因此，广泛应用于日常生活和工作中；主要用于计时、自动报时及自动控制等各个方面。

数字钟电路的基本组成包含了数字电路中的各主要组成部分，也是计数器的一种典型应用，电路主要由五部分组成，其组成方框图如图 11.26 所示。由图可见，数字钟是由显示电路、译码电路、计数器、校时电路和振荡器等五部分组成的。由于时间的常用单位为“时”、“分”、“秒”，因此，数字钟的显示电路、译码电路、计数器、校时电路等部分中应包含“时”、“分”、“秒”的计时电路。

11.4.2　基本工作原理

数字钟的振荡器自动产生一定频率的方波信号，经分频电路分频后．得到标准“秒”脉冲

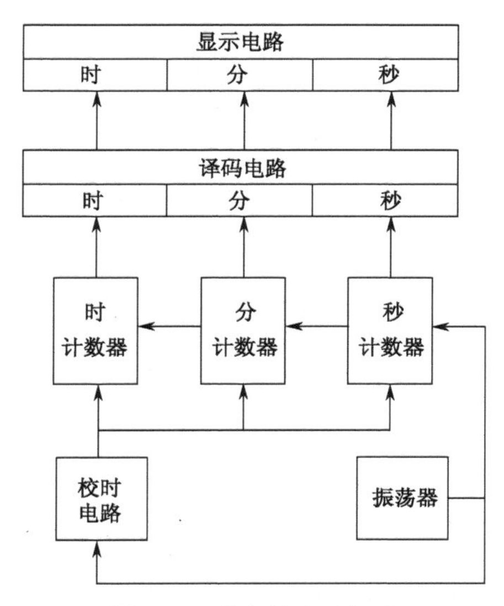

图 11.26 数字钟电路组成

信号，再入秒计数器进行秒计数。秒计数器一方面将其计数值送入秒译码电路后显示秒数，另一方面作 60 分频计数；当计数满 60 时得到一个进位“分”脉冲，同时秒计数器自动复零。“分”脉冲送入分计数器，同样一方面送入分译码电路后显示分数，另一方面作 60 分频计数；当计数满 60 后又得到进位“时”脉冲，同时分计数器也自动复零。“时”脉冲再送人时计数器计数并显示。

由于信号在传输过程中因某些原因不可能做到完全或绝对的准确无误，数字钟就会产生走时误差的现象。因此振荡器产生信号经校时电路后，可与标准的秒（分、时）脉冲信号进行比较及调整。

11.4.3　振荡器

振荡器作用是产生时间的标准信号。数字钟的精度，主要取决于时间标准信号的频率及其稳定度。因此，可采用石英晶体振荡器经过分频得到这一信号；也可采用由门电路或 555 定时器构成的多谐振荡器作为时间标准信号源。下面介绍由 555 集成定时器构成的多谐振荡器作为产生时间标准“秒”信号的电路，如图 11.27 所示。调节电位器 R_P，即可调整“秒”信号。

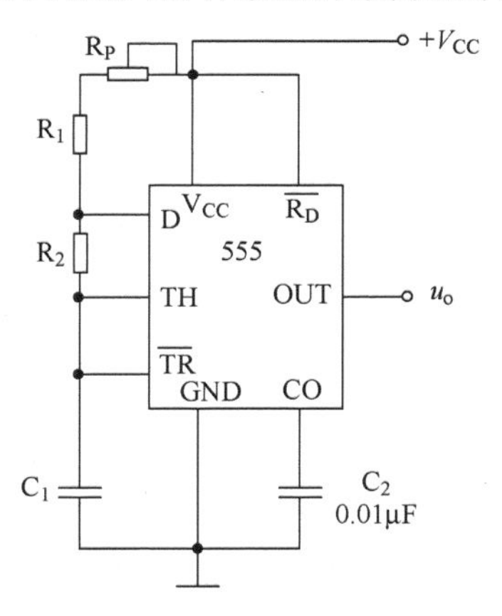

图 11.27　由 555 集成定时器构成的多谐振荡器电路

11.4.4　计数器

产生时间标准“秒”信号后，就可以按 60 秒为 1 分、60 分为 1 小时、24 小时为 1 天的计数周期，由两个六十进制（秒、分）和一个二十四进制（时）组成计数器；并将这些计数器作适当的连接，就可以构成秒、分、时的计数器，实现计时功能。“秒”、“分”、“时”信号产生电路可以分别各用两个“二-十进制”（BCD）的计数器来构成。60 进制的“秒”计数电路如图 11.28 所示。其他计数电路相同。

CC4518 是最基本的同步计数器，具有加法计数和清零等功能。CC4518 其内部含有功能相同的两个 BCD 码（二-十进制）的计数器。

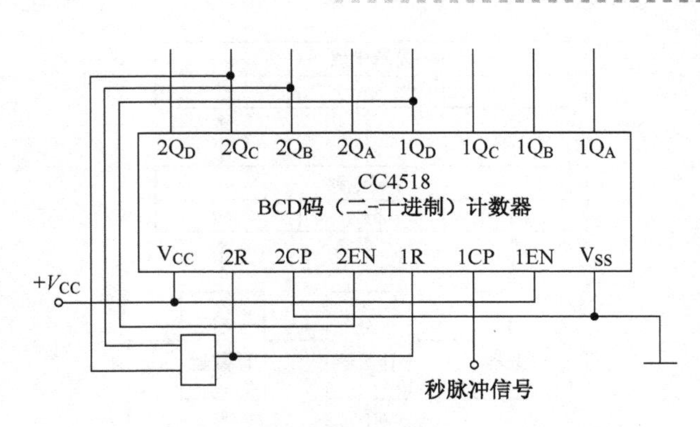

图 11.28　60 进制的“秒”计数电路

11.4.5　译码电路

译码和数码显示电路是将计数器的状态反映并输出驱动信号。因此，“秒”、“分”、“时”计数器的个位和十位的状态通常分别采用四个触发器的输出状态来反映；而每组（四个触发器）输出的计数状态都按 BCD 代码以高低电平来表现；从而将计数器输出的 BCD 代码变为能驱动七段数码显示器的工作信号。

60 进制的“秒”计时电路如图 11.29 所示。

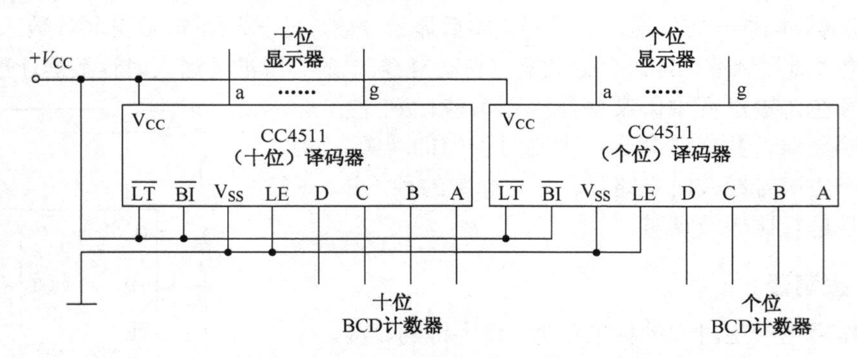

图 11.29　60 进制的“秒”计时电路

11.4.6　显示器

显示器件选用 LED 七段数码管，如图 11.30 所示。在译码显示电路输出信号的驱动下，显示出清晰、直观的数字符号。

11.4.7　校时电路

在实际中的数字钟电路由于秒信号的精确性和稳定性不可能做到完全（绝对）准确无误，加上电路中其他原因，数字钟总会产生走时误差的现象。因此数字钟电路中就应该有校准时间功能的电路，即校时电路。当时钟指示不准或停摆时，就需要校准时间（或称为对表）。秒计时器的校时电路如图 11.31 所示。其他计时器的校时电路相同。工作过程如下：

（1）正常工作时，开关 K 置 B 点（如图所示），与非门 G_1 输出为 0（低电平），使与非门 G_3 封锁住校时脉冲；与非门 G_2 输出为 1（高电平），使振荡器脉冲得以通过与非门 G_4 和与非门 G_5 送至秒计数器的 CP 端。进行正常的计时工作。

（2）需要校正时，开关 K 置 A 点，与非门 G_2 输出为 0（低电平），使与非门 G_4 封锁住振荡器脉冲；而与非门 G_1 输出为 1（高电平），使得校时脉冲顺利通过与非门 G_3 和与非门 G_5 送至秒计数器的 CP 端，从而导致秒计数器在校时脉冲信号下计时，直到正确的时间为止。

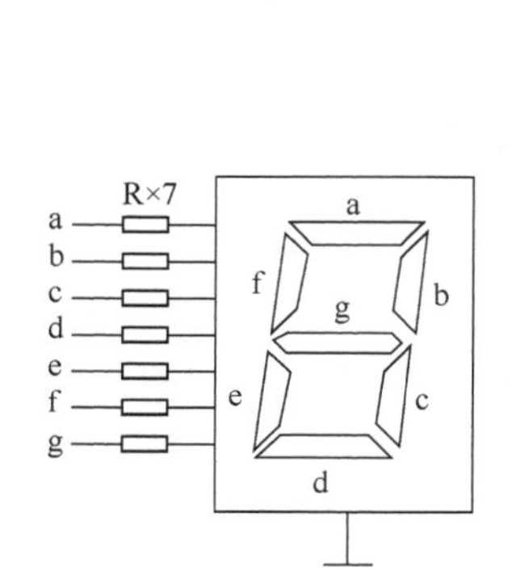

图 11.30　LED 七段数码管显示器

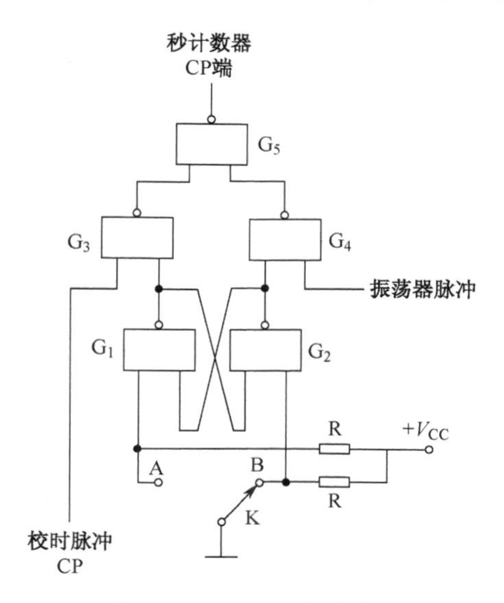

图 11.31　秒计时器的校时电路

11.4.8　整机电路

数字钟的整机电路如图 11.32 所示。

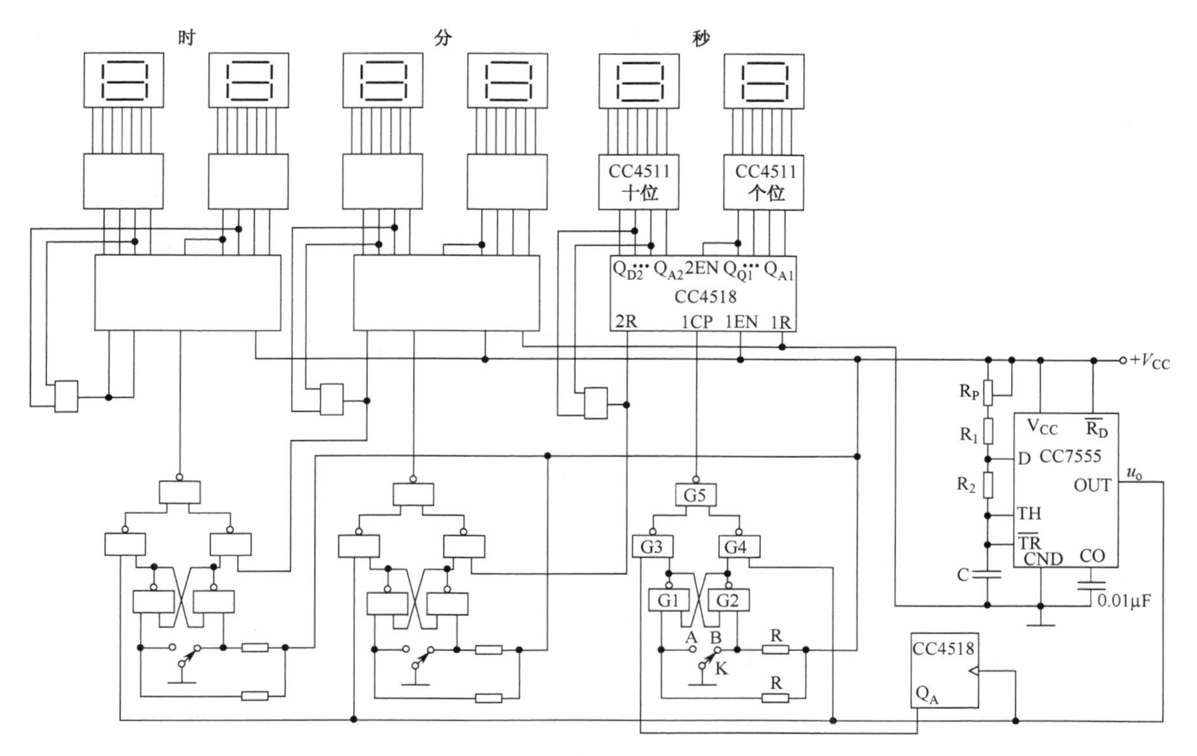

图 11.32　数字钟整机电路

11.5 译码和显示电路

11.5.1 概述

译码器主要用于把某种特定的标准数码变换成其他形式的非标准数码。例如机器使用标准数码的二进制码、BCD 码等变换成在日常生活、工作中常用的十进制码。当然，译码器除了进行数码的变换以外，还可以通过输出去驱动、操作或控制系统的其他部分。例如输出去驱动显示器，从而实现数字和符号的显示。

译码器通常可分为数码（通用）译码器和显示译码器等两种。

译码器除了完成译码功能外，还常常具有锁存、三态选通等的功能。

11.5.2 3 线/8 线译码器（CT74LS138）

CT74LS138 是三位二进制译码器；具有三个输入地址端 A、B、C 和三个输入选通控制端 S_1、S_2、S_3 及八个译码输出端 Y_0～Y_7，如图 11.33 所示。CT74LS138 在三个输入地址端 A、B、C 的三个输入信号为任意组合状态下，输出端 Y_0～Y_7 的数码中必然只有一个是低电平“0”，其余都为高电平“1”，如表 11.7 所示。使用时，要注意三个选通控制端 S_1、S_2、S_3。只有 $S_1 = 1$ 和 $S_2 = S_3 = 0$ 时，才能进行译码。CT74LS138 的输出端为低电平有效。

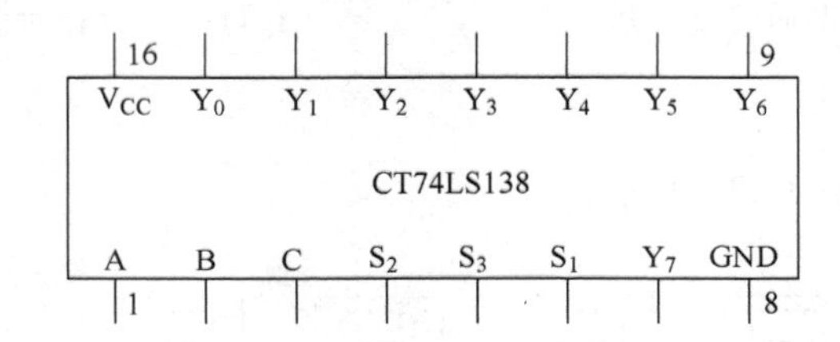

图 11.33 3 线/8 线译码器（CT74LS138）

表 11.7 3 线/8 线译码器（74LS138）功能表

输入					输出							
S_1	S_2 或 S_3	A	B	C	Y_0	Y_1	Y_2	Y_3	Y_4	Y_5	Y_6	Y_7
×	1	×	×	×	1	1	1	1	1	1	1	1
0	×	×	×	×	1	1	1	1	1	1	1	1
1	0	0	0	0	0	1	1	1	1	1	1	1
1	0	0	0	1	1	0	1	1	1	1	1	1
1	0	0	1	0	1	1	0	1	1	1	1	1
1	0	0	1	1	1	1	1	0	1	1	1	1
1	0	1	0	0	1	1	1	1	0	1	1	1
1	0	1	0	1	1	1	1	1	1	0	1	1
1	0	1	1	0	1	1	1	1	1	1	0	1
1	0	1	1	1	1	1	1	1	1	1	1	0

11.5.3 BCD（二-十进制）译码器（CC4028）

CC4028 是 BCD 码（二一十进制码）译码器；即可完成将 8421BCD 码转换成十进制数码。因此具有四个输入端 A、B、C、D 和十个输出端 Q_0～Q_9，如图 11.34 所示。

当输入为 8421BCD 码时，在输出端上将分别输出相应的十进制译码信号；例如 8421BCD

码为 0001 时，相应的输出端 Q_1 为高电平“1”。因此，十个输出端 Q_0～Q_9 平时为低电平“0”状态，只有当被译中时，对应的输出端就会变为高电平“1”状态。

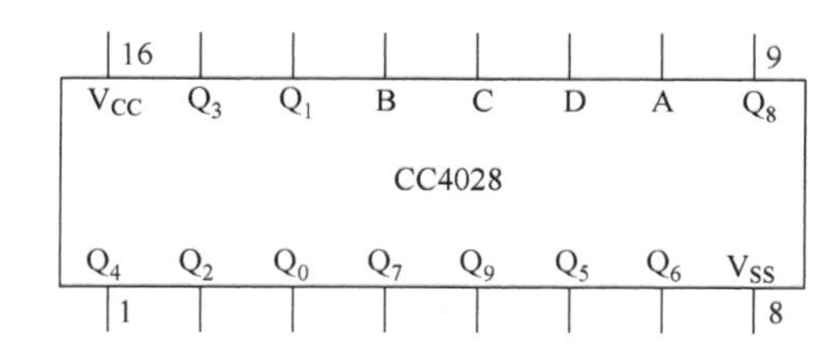

图 11.34　BCD 码（二一十进制码）译码器 CC4028

当输入为 1010～1111 六个 8421BCD 码时，译码器所有输出端均为低电平“0”状态。真值表（功能表）如表 11.8 所示。

表 11.8　BCD（二-十进制）译码器（CC4028）真值表

输入				输出									
A	B	C	D	Q_0	Q_1	Q_2	Q_3	Q_4	Q_5	Q_6	Q_7	Q_8	Q_9
0	0	0	0	1	0	0	0	0	0	0	0	0	0
0	0	0	1	0	1	0	0	0	0	0	0	0	0
0	0	1	0	0	0	1	0	0	0	0	0	0	0
0	0	1	1	0	0	0	1	0	0	0	0	0	0
0	1	0	0	0	0	0	0	1	0	0	0	0	0
0	1	0	1	0	0	0	0	0	1	0	0	0	0
0	1	1	0	0	0	0	0	0	0	1	0	0	0
0	1	1	1	0	0	0	0	0	0	0	1	0	0
1	0	0	0	0	0	0	0	0	0	0	0	1	0
1	0	0	1	0	0	0	0	0	0	0	0	0	1
1010～1111				0									

11.5.4　BCD（二-十进制）译码器（CC4511）

CC4511 是常用的七段显示译码器。其既可完成将 8421BCD 码转换成十进制数码，还可输出驱动和锁存等功能；因此，具有输出较强的驱动电流的能力，最大可达 25mA，可直接驱动七段 LED 数码管或七段荧光数码管。CC4511 具有四个输入端 A、B、C、D 和七个输出端 a～g。还具有输入码 BCD 锁存、数码管测试和数码管熄灭、显示控制功能，其分别由锁存端 $\overline{LE}$、测试端 LT、熄灭控制端 $\overline{BI}$ 来控制，如图 11.35 所示。

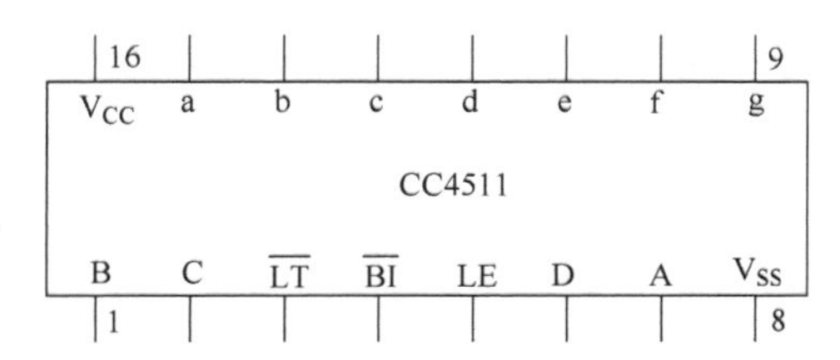

图 11.35　BCD 码（二-十进制码）译码器 CC4511

真值表（功能表）见表 11.9。

由表 11.9 可见，当锁存端 LE 为 0 时，锁存器允许直通，译码器的输出端 a～g 将随输入 A～

D 端而变化。例如将二进制数 0001 分别输入到 CC4511 的输入端 D、C、B、A 时，在 LE 为 0 时，输出端中有 b 和 c 端为高电平 1，即有信号输出，并送到七段显示器中的 b 和 c 段，使其发光，显示出“1”。

当 LE 为 1 时，锁存器锁定，译码器输出端状态保持不变。

当熄灭控制端 $\overline{BI}$ 为 0 时，译码器输出全为 0，因此，显示器熄灭。所以，正常工作时应使 BI 为高电平。

当数码管测试端 $\overline{LT}$ 为 0 时．译码器输出全为 1，数码管各段 a～g 均发亮，即显示 8。从而用来检测数码管是否正常。

当输入的 BCD 码为 1010～1111 时，译码器输出全为 0，因此，显示器熄灭。

由于 CC4511 译码器可直接驱动七段 LED 数码管或七段荧光数码管。因此，对于驱动单位的数字显示电路如图 11.36 所示。

表 11.9　BCD（二-十进制）译码器（CC4511）真值表

输入							输出							
LE	$\overline{BI}$	$\overline{LT}$	D	C	B	A	a	b	c	d	e	f	g	显示
×	×	0	×	×	×	×	1	1	1	1	1	1	1	**8**
×	0	1	×	×	×	×	0	0	0	0	0	0	0	熄灭
0	1	1	0	0	0	0	1	1	1	1	1	1	0	**0**
0	1	1	0	0	0	1	0	1	1	0	0	0	0	**1**
0	1	1	0	0	1	0	1	1	0	1	1	0	1	**2**
0	1	1	0	0	1	1	1	1	1	1	0	0	1	**3**
0	1	1	0	1	0	0	0	1	1	0	0	1	1	**4**
0	1	1	0	1	0	1	1	0	1	1	0	1	1	**5**
0	1	1	0	1	1	0	0	0	1	1	1	1	1	**6**
0	1	1	0	1	1	1	1	1	1	0	0	0	0	**7**
0	1	1	1	0	0	0	1	1	1	1	1	1	1	**8**
0	1	1	1	0	0	1	1	1	1	0	0	1	1	**9**
0	1	1	1010～1111				0	0	0	0	0	0	0	熄灭
1	1	1	×	×	×	×	由 LE 上前的 BCD 码决定							锁存

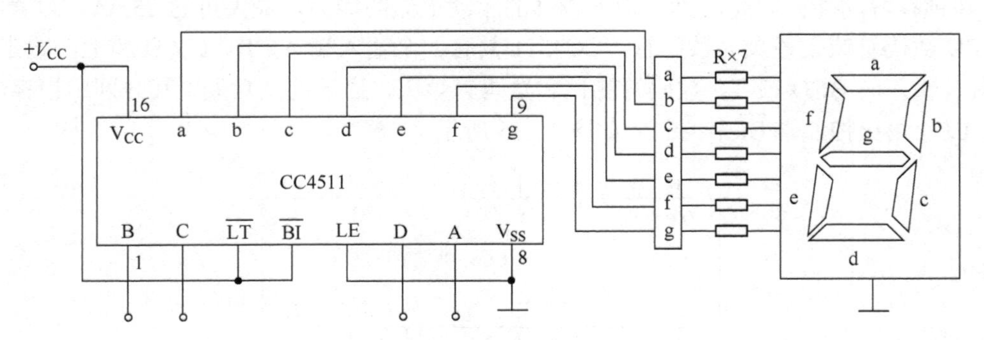

图 11.36　一位数字显示电路

在工作时一定要加限流电阻 R，目的是用于限制 CC4511 译码器的输出电流大小。也是决定七段 LED 数码管或七段荧光数码管的工作电流大小，从而控制其发光亮度。

驱动多位的数字显示电路如图 11.37 所示。电路由三位 BCD 码计数器 CCl4553 和译码器

CC4511 及三位七段 LED 数码管等组成。计数器 CC14553 的输出 BCD 码通过 Q_0～Q_3 送至译码器 CC4511 的输入 A、B、C、D；并同时输出相应的显示位选择信号 DS_1～DS_3（低电平有效），使对应位的三极管导通，则对应位的 LED 数码管接地，于是相应位的计数器内容被对应位的数码管显示出来。

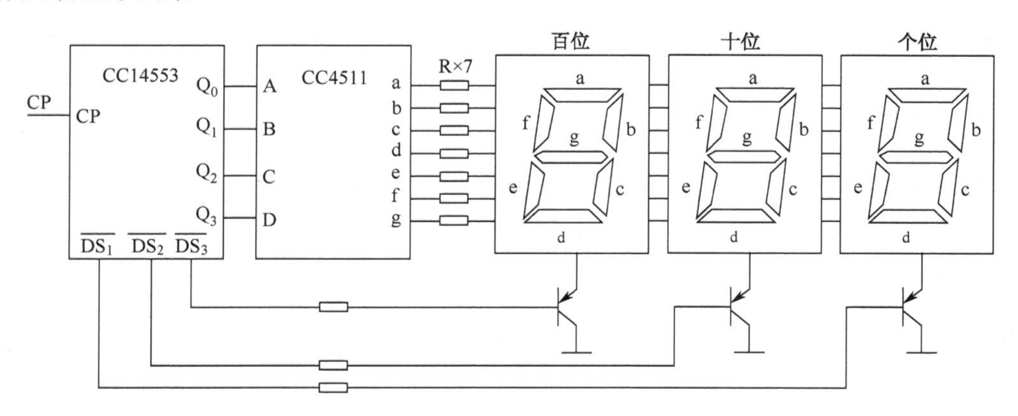

图 11.37　多位数字显示电路

11.6　综合应用

11.6.1　电子调速电路

电子调速电路如图 11.38 所示，电路由桥式整流电路 VD_1～VD_4、过零检测电路 VT_1、多谐振荡器 NE555、触发脉冲形成电路（G、VT_2）和主控电路（双向晶闸管 VS、电机 M）等五部分组成，各部分电路作用及其原理如下：

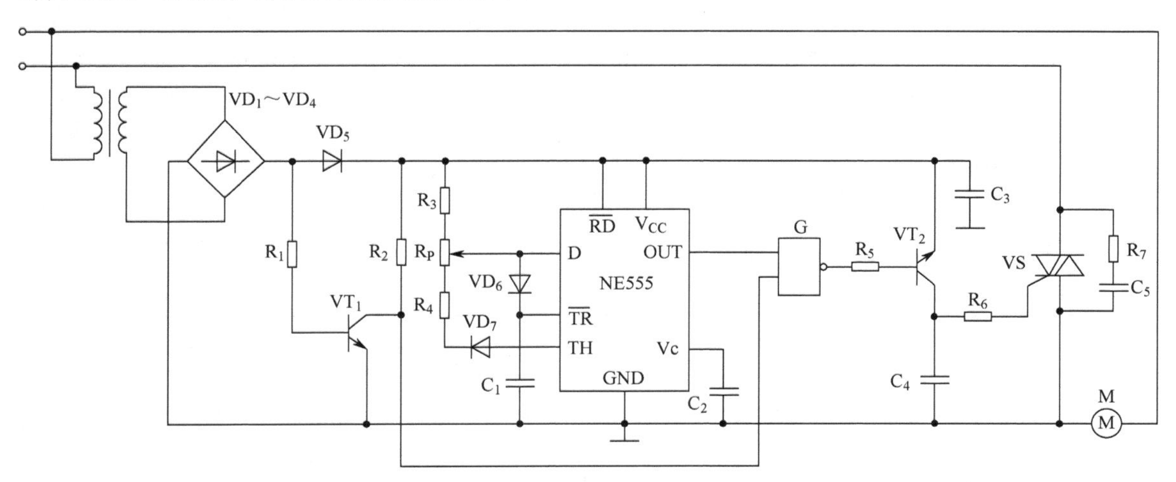

图 11.38　电子调速电路

1．整流电路

整流电路采用由四只二极管组成的桥式整流电路 VD_1～VD_4。输出的脉动直流后经过二极管 VD_5 隔离，然后进行滤波（C_3），从而形成整个电子调速电路的供电电源。

2．过零检测电路

过零检测电路由三极管 VT_1 等元件组成。当脉动直流电压在大于三极管 U_{BE} 的导通值时，

三极管 VT_1 饱和；否则，三极管 VT_1 截止。在三极管 VT_1 饱和时，U_{CE} 较低，近似为零；在三极管 VT_1 截止时，U_{CE} 较高，因此，产生了一个很窄的正脉冲，并且总是出现在脉动直流电较小或过零的时候。

由于电路是采用间断的调速方式进行调速；即改变在某段时间（或交流电的几个周期）内使电机通电及在某段时间（或交流电的几个周期）内使电机断电的方法来达到调速的目的。为了达到这一目的，电路中必须设置一个过零检测电路，用以判别交流电的过零时刻，确定时间或交流电的周期。

3．多谐振荡器

多谐振荡器采用集成电路 NE555 及其元件组成。调节可变电阻器 R_P，即可改变多谐振荡器的输出脉冲的高电平、低电平及其宽度之比值。

4．触发脉冲形成电路

触发脉冲形成电路由与非门电路 G、三极管 VT_2 等元件组成。在多谐振荡器的输出脉冲和过零检测电路送来的窄脉冲共同作用下，使与非门电路 G 输出触发脉冲，经过三极管 VT_2 驱动去触发双向晶闸管 VS。C_4 的作用是当三极管 VT_2 截止后，仍能维持一段时间向双向晶闸管 VS 提供触发电流，以保证双向晶闸管 VS 可靠触发。

5．主控电路

主控电路由双向晶闸管 VS、电机 M 等构成。通过从触发脉冲形成电路输送来的触发脉冲可改变双向晶闸管 VS 的导通角来改变加在电机两端的电压，就可以改变电机的转速。

调节多谐振荡器中的可变电阻器 R_P，就能改变电机的运转间歇时间，从而改变电机的转速。

11.6.2 装饰彩灯控制电路

1．电路组成

装饰彩灯控制电路如图 11.39 所示，电路是由直流电源电路、时钟发生器、顺序脉冲发生电路、驱动电路、主控电路（双向晶闸管 VS、装饰彩灯 HL）和方向控制电路等六部分组成的。

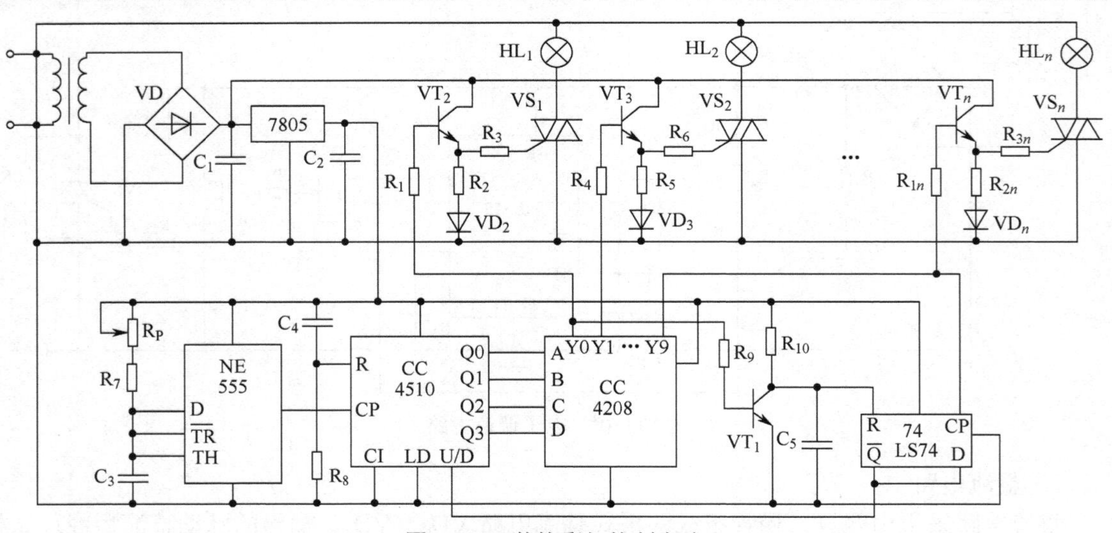

图 11.39 装饰彩灯控制电路

2．基本原理

电源通过各双向晶闸管 VS 加到相应控制的各装饰彩灯 HL 的两端。若双向晶闸管 VS 导通时，装饰彩灯 HL 就会发光（点亮）；但若双向晶闸管 VS 截止时，装饰彩灯 HL 就不会发光（熄灭）。

时钟发生器产生并输出时钟脉冲（CP），送到顺序脉冲发生器，使其的各输出端依次发生变化，从而形成顺序的时序控制信号，经过驱动电路后再送到双向晶闸管 VS，使各双向晶闸管 VS 依次导通或截止，最后控制各装饰彩灯 HL 的依次点亮后熄灭。

3．各部分电路作用及其原理

（1）直流电源电路

交流电经桥式整流电路 VD、滤波电容 C_1 后分成二路；一路输出给主控电路，作为其工作的供电电源，另一路进入稳压器 7805、滤波电容 C_2 后，作为其余部分电路（如时钟发生器、顺序脉冲发生电路、驱动电路等）工作的供电电源。

（2）时钟发生器

时钟发生器是由 555 定时器（NE555）及其外接元件（R_p 、R_7 、C_3 等）组成的多谐振荡器。由多谐振荡器自激产生装饰彩灯控制电路的时钟脉冲信号，并输送给下一级（顺序脉冲发生电路）；调节可变电阻器 R_p ，即可改变多谐振荡器的输出时钟脉冲的频率，用以改变装饰彩灯顺序发光的速度。

（3）顺序脉冲发生电路

顺序脉冲发生电路是由计数器 CC4510 和译码器 CC4028 两部分组成的。从时钟发生器输送来的时钟脉冲信号作为该电路的输入时钟脉冲信号 CP；在这个信号作用下，顺序脉冲发生电路就能输出在时间上有先后顺序的控制脉冲。

计数器 CC4510 是具有十进制加/减法计数（四位 BCD 码输出）功能，并具有带负载能力强，输出较大的驱动电流。通过计数器 CC4510 实现装饰彩灯发亮在时间上的控制。

C_4 、R_8 构成微分电路，接计数器 CC4510 的清零端 R；使清零端 R 在开机时得到一个高电平的脉冲，从而使计数器清零。

译码器 CC4028 是四线/十线译码器；当 A～D 端输入通过计数器 CC4510 的四位 BCD 码时，该译码器的十个输出端 Y_0～Y_9 的对应端就变为高电平。由于译码器 CC4028 共有十个输出端，因此，该电路最多可以控制、驱动十路装饰彩灯。

（4）驱动电路和主控电路（双向晶闸管 VS、装饰彩灯 HL）

驱动电路是由三极管 VT 等元件组成的射极输出器。通过射极输出器使输入到主控电路的双向晶闸管 VS 的触发电流增大到足以驱动工作；当译码器 CC4028 某个输出端 Y 为高电平时，使之对应的射极输出器导通工作，其三极管 VT 的发射极就有足够大的电流产生，通过电阻 R 加到双向晶闸管 VS 的控制极，触发该双向晶闸管 VS 导通，则该路的装饰彩灯 HL 就发亮。

（5）方向控制电路

方向控制电路是由三极管 VT_1 和集成 D 触发器等元件构成；该电路是使装饰彩灯 HL 的发亮顺序具有双方向的工作。通过三极管 VT_1 形成反相器，R_{10} 、C_5 组成积分电路，集成 D 触发器（74LS74）是双 D 触发器。三极管 VT_1 的输出接 D 触发器的清零端 R（低电平有效），而 D 触发器的 CP 信号来自 CC4028，上升沿触发。

在开机时，积分电路 R_{10} 、C_5 产生低电平，加到 D 触发器的清零端 R，使 D 触发器复位，此时输出端 Q 为低电平，而 $\overline{Q}$ 为高电平；因此使计数器 CC4510 的 U/D 端为高电平，则计数器 CC4510 进行加法（递增）计数。即开机时计数器 CC4510 处于加法计数状态。随着时钟的输入，经译码后其输出端按 Y_0～Y_9 的顺序依次出现高电平，使装饰彩灯的灯光作正向顺序工作。当最后一位输出 Y_9 高电平时，产生一个上升沿信号并作用于 D 触发器的时钟输入端（CP），使 D 触发器的输出状态翻转，即 Q 为高电平，$\overline{Q}$ 变为低电平。该低电平又作用于计数器 CC4510 的 U/D 端，使计数器 CC4510 变为减法计数状态。随着时钟的输入，译码器输出则按 Y_9～Y_0 的顺序依次输出高电平，结果使装饰彩灯的灯光作反向顺序工作。而当 Y_0 达到高电平时，使反相器的三极管 VT_1 导通，其集电极变为低电位，又作用于 D 触发器的清零端 R，又使 D 触发器复位，Q 又变为高电平，计数器 CC4510 的 U/D 端也同时成为高电平，计数器 CC4510 又重新进行加法计数，如此反复循环下去。

11.6.3 竞赛抢答器

1．电路组成

竞赛抢答器如图 11.40 所示。电路是由抢答控制电路、抢答器、音响显示电路、计时显示电路、振荡器等五部分组成的。

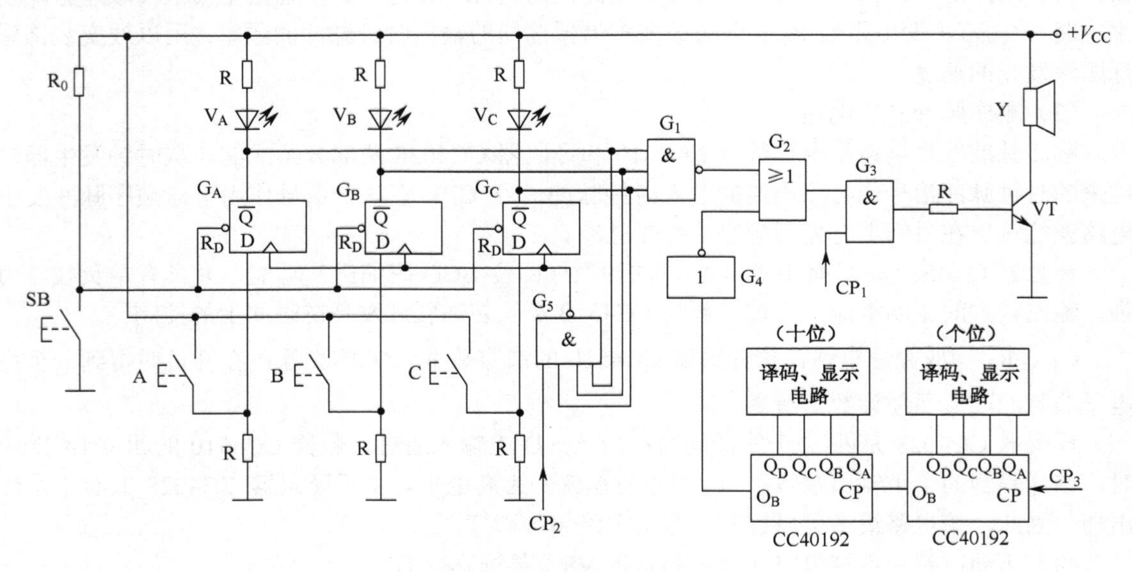

图 11.40　竞赛抢答器

2．各部分电路作用及其原理

（1）抢答控制电路

抢答控制电路是由控制开关 A、B、C 等组成的；控制开关 A、B、C 分别由三名参赛者 A、B、C 控制着；在平时，控制开关断开。在比赛时，只要按下控制开关 A 或 B 或 C，就会使该端为高电平。

（2）抢答器

抢答器是由三个 D 触发器和与非门 G_5 组成的。当任意一个控制开关（A 或 B 或 C）按下时，抢答器即接受该信息（信号），使相应的发光二极管（V_A 或 V_B 或 V_C）发光和音响发出声音，同时不接受其余控制开关的输入信息（信号）。

如若参赛者 A 首先按下开关 A，使该端的输入信号为高电平，D 触发器 G_A 的输入端 D 接收该信号使输出 Q 为高电平，$\overline{Q}$ 为低电平；该低电平信号一方面使发光二极管 V_A 导通而发光，另一方面同时送到与非门 G_5 的输入端，使与非门 G_5 被封锁住，则其余两个 D 触发器 G_B 和 G_C 因没有 CP 脉冲信号而不能接收控制开关 B 和 C 的控制端送入的信号。所以该电路只接收第一个输入信号，即使此时其他参赛者也按下开关，但由于与非门 G_5 已被封锁，信号是无法输入的。

（3）音响显示电路

音响显示电路由发光二极管（V_A、V_B、V_C）、基本门电路（G_1、G_2、G_3）、三极管 VT 驱动电路和蜂鸣器 Y 等组成。

音响显示电路需要在两种情况下作出反应：一种情况是当有参赛者按下抢答控制开关时，相应电路中的发光二极管亮，同时推动输出级的蜂鸣器发出声响。第二种情况是当裁判员给出“请回答”指令后，计时器开始倒计时，若回答问题时间到达限定的时间，蜂鸣器发出声响。

显示电路由发光二极管与电阻串联而成，发光二极管正极接电源端，负极接 D 触发器的 Q 端。当某参赛者按下控制开关时，该 D 触发器接收该信号使其输出 Q 端的状态为高电平，相应的 $\overline{Q}$ 端为低电平，就有电流流过发光二极管使其发亮。

音响电路由两部分组成：一是由门电路组成的控制电路，二是三极管驱动电路。门控电路主要由或门 G_2 组成。G_2 的两个输入，一个输入来自各 D 触发器输出经与非门 G_1 的信号；该信号中只要有一个为低电平，则使该与非门 G_1 输出为高电平通过或门 G_2 去驱动蜂鸣器发出声音。另一个输入来自计时系统高位计数器 CC40192（十位）的借位信号 O_B；该信号说明计时电路在 99 秒向 98 秒，97 秒，…，1 秒，0 秒倒计时再向 99 秒转化时向高位借位时给出一个负脉冲经反相器 G_4 得到一个高电平；这个高电平信号也能使蜂鸣器发声。

（4）计时显示电路

计时显示电路由两片 CC40192、译码和显示电路（CC4511 和七段数码管）等组成。该电路是对参赛抢答者在回答问题时的时间进行控制；若规定回答的时间控制在 100 秒内，则该电路就是对 0～99 秒的计时及其显示。

计时电路采用倒计时方法，最大显示为 99 秒。当裁判员给出“请回答”指令后，开始倒计时并显示；当计时到“00”时，可驱动声响电路发出声响。倒计时器选用集成可预置数二/十进制同步可逆计数器（双时钟型） CC40192。CC 40192 的功能表和外部引线排列可见附录。译码和显示电路可选用 BCD-7 段锁存译码/驱动器 CC4511 和七段数码管，其工作原理可参照“数字钟”的有关内容。

（5）振荡电路

本系统需要产生三种频率的脉冲信号，第一种是频率为 1kHz 的脉冲信号 CP_1，用于声响电路；第二种是频率为 500kHz 的脉冲信号 CP_2，用于各 D 触发器的 CP 信号；第三种频率为 1Hz 信号 CP_3，用于计时电路。产生三种频率的脉冲信号的电路可采用 555 定时器组成，也可用石英晶体组成的振荡器经过分频得到。其工作原理可参照“数字钟”的有关内容。

（6）清零

为了保证电路正常工作，在比赛开始前，裁判员都要将各 D 触发器的状态统一清零。本系统利用 D 触发器的置“0”复位端 R_D 实现清零功能，低电平有效。因此，将各 D 触发器的置“0”复位端统一用一个控制开关 SB 来控制；正常比赛时，使 R_D 处于高电平；清零时，只需将控制开关 SB 合上，产生一个负脉冲，触发各 D 触发器的状态翻转置“0”，从而实现清零功能。

本章小结

● 逻辑电路可以采用逻辑代数、真值表、逻辑图等方法进行分析。

● 组合逻辑电路的的简单分析方法是根据逻辑电路图写出输出端的逻辑表达式，再根据需要对逻辑表达式进行变换和化简，得出最简式及列出真值表，最后确定其逻辑功能。

● 逻辑电路的综合方法是根据分析实际的需求和要求，制定真值表，推断出逻辑表达式，并进行必要的化简，以得到最简的逻辑表达式，画出最简表达式的逻辑电路图。组合出能满足和完成实际的需求和要求的逻辑电路。

● 触发器具有记忆功能，应用相当广泛。本章介绍了多处（或多地）控制照明灯的开关电路、电话线路监测器、触摸开关电路。

● 555 集成定时器是一种功能灵活多样，使用方便的集成器件。可以用于脉冲波的产生扣整形，也可以用于定时或延时控制，并广泛地用于各种自动控制电路中。本章介绍了由 555 集成定时器构成的施密特触发器、单稳态电路、多谐振荡器及其应用。

● 数字钟是数字电路的综合应用．也是计数器电路的一种典型应用；它涉及脉冲的产生、分频、译码、显示和存储等电路。

● 译码器和显示器是将二进制码、BCD 码等变换成在日常生活、工作中常用的十进制码并显示出来。本章介绍了 3 线/8 线译码器（CT74LS138）、BCD（二/十进制） 译码器（CC4028）、BCD（二/十进制） 译码器（CC4511）及其显示器。

● 在日常生活中的综合应用例子：电子调速电路、装饰彩灯控制电路、竞赛抢答器等。

习题 11

11.1 填空题

1. 数字逻辑电路通常是采用__________、__________、__________等方法进行分析。

2. 555 集成定时器的 GND 端为电路的_______端，CO 端为_______端，TH 端为________端，D 端为________端。

3. 通过施密特触发器可以将连续变化、缓慢变化的输入信号变换为__________信号输出。

4. 单稳态电路定时电容充电，其端电压从__________到__________所需的时间，就是电路的输出脉冲宽度。

5. 单稳态电路的应用主要有__________、__________、__________等。

6. 多谐振荡器的定时电容的端电压将在__________和__________之间来回充电或放电，从而使电路产生输出__________脉冲或__________脉冲。

7. 译码器主要用于把__________变换成__________。

8. 译码器通常可分为__________和__________等两种。

9. 译码器除了完成译码功能外，还常常具有__________、__________等的功能。

10. 74LS138 只有 S_1 =__________和 $S_2 = S_3$ =__________时，才能进行译码。

11. CC4028 是__________译码器。

12. CC4028 可完成将__________码转换成__________码的功能。

13. CC4511 是常用的__________译码器。

11.2 选择题

1. 555 集成定时器的 CO 端若不外加控制电压或不使用时，应_____。

A. 接地　　B. 悬空　　C. 不可悬空

2. 施密特触发器的输入信号≤Vcc/3 时，输出端 OUT 为____。

A. 0　　B. 1　　C. 不确定

3. 单稳态电路有____。

A. 一个稳态　　B. 一个暂态　　C. A 和 B

4. 决定单稳态电路的输出脉冲宽度是_____。

A. 定时电阻　　B. 定时电容　　C. A 和 B

5. 多谐振荡器有____。

A. 两个稳态　　B. 两个暂态　　C. A 和 B

6. 译码器除了完成译码功能外，还具有____的功能。

A. 锁存　　B. 三态选通　　C. A 和 B

7. 74LS138 在输入信号为任意组合状态下，输出端的数码中必然只有一个是____。

A. 0　　B. 1　　C. 不确定

8. 当输入为 1010～1111 六个码时，CC4028 译码器所有输出端均为____状态。

A. 0　　B. 1　　C. 不确定

9. CC4028 译码器的锁存端 LE 为____，译码器才能译码工作。

A. 0　　B. 1　　C. 不确定

11.3　判断题

1. 逻辑电路的综合方法是指利用数字逻辑电路来完成所需要的功能和任务。(　)

2. 555 集成定时器的 CO 端若不外加控制电压或不使用时，不可悬空而接地。(　)

3. 施密特触发器实质是一个有输入和有输出的 555 集成定时器。(　)

4. 通过施密特触发器可以使受到干扰的信号完全消除干扰。(　)

5. 单稳态电路的输出信号的下降沿总是滞后于输入信号的下降沿。(　)

6. 单稳态电路的输出信号超前输入信号的时间就是脉冲的宽度。(　)

7. 多谐振荡器是一个有输入和有输出的振荡器。(　)

8. 译码器主要用于把非标准数码变换成某种特定的标准数码。(　)

9. 译码器通常可分为通用译码器和数码译码器等两种。(　)

10. 74LS138 在输入信号为任意组合状态下，输出端的数码中必然只有一个是低电平“0”。(　)

11. CC4028 是可完成将十进制数码转换成二进制数码。(　)

12. 当 LE 为 1 时，CC4511 锁存器锁定，译码器输出端状态保持不变。(　)

13. 限流电阻 R，目的是用于限制 CC4511 译码器的输出电压大小。(　)

11.4　简答题

1. 简述数字逻辑电路的分析步骤。

2. 简述逻辑电路的综合方法步骤。

3. 简述施密特触发器的电路结构和工作过程。

4. 简述施密特触发器的波形幅度鉴别原理。

5. 简述单稳态触发器的电路结构和工作过程。

6. 若要单稳态触发器电路加大输出脉冲宽度应采取什么措施？若增加输入脉冲宽度能否使输出脉冲宽度增加？

7. 试述单稳态触发器的波形整形原理。
8. 简述多谐振荡器的电路结构和工作过程。
9. 试述多谐振荡器输出脉冲的调节过程。
10. 试述多谐振荡器采用什么措施可以提高其振荡频率？
11. 试述 3 线/8 线译码器 74LS138 的特点。
12. 试述 BCD 码（二-十进制码）译码器 CC4028 的特点。
13. 试述 BCD 码（二-十进制码）译码器 CC4511 的特点。

11.5 识图题

1. 试分析图 11.41 所示电路的逻辑功能。

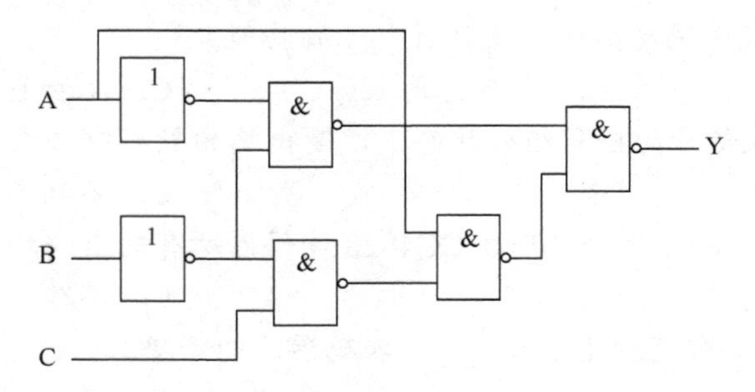

图 11.41 习题 11.5 第 1 题图

2. 试分析图 11.42 所示电路的逻辑功能。

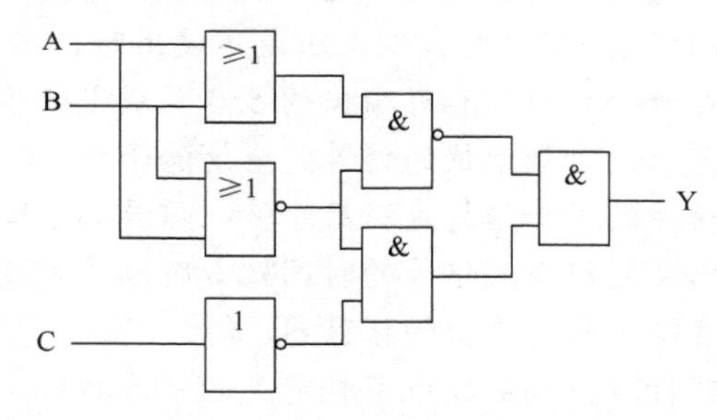

图 11.42 习题 11.5 第 2 题图

3. 试采用与非门电路完成三变量判奇（即三变量中若有奇数个 1 时，其输出为 1）逻辑功能。

4. 试采用与非门电路完成三变量判偶（即三变量中若有偶数个 1 时，其输出为 1）逻辑功能。

5. 试采用 3 线/8 线译码器 74LS138 和门电路实现逻辑表达式：$Y = AB + AC + BC$。

6. 试采用 3 线/8 线译码器 74LS138 和门电路实现逻辑表达式：$Y = \overline{(A+B)(\overline{A}+C)}$

参 考 文 献

[1] 李乃夫主编. 电子技术基础与技能. 第 1 版. 北京：高等教育出版社，2010.
[2] 文春帆，李乃夫主编. 电工与电子技术. 第 2 版. 北京：高等教育出版社，2006.
[3] 李乃夫主编. 电工与电子技术. 第 1 版. 北京：电子工业出版社，2009.
[4] 李乃夫主编. 电工与电子技术技能训练. 第 1 版. 北京：电子工业出版社，2009.
[5] 李乃夫主编. 电气控制线路与技能训练. 第 1 版. 北京：高等教育出版社，2008.
[6] 李乃夫主编. 电动机应用与维修. 第 1 版. 北京：高等教育出版社，2009.
[7] 赵承荻，周玲主编. 电工电子技术及应用. 第 1 版. 北京：高等教育出版社，2009.
[8] 程周主编. 电工电子技术与技能. 第 1 版. 北京：高等教育出版社，2010.
[9] 冯秉铨著. 今日电子学. 第 1 版. 北京：科学普及出版社，1981.
[10] [美]THOMASS.KUBALA 著. 韦晓阳译. 电工技术（上册）. 第 1 版. 北京：高等教育出版社，2001.
[11] 张龙兴主编. 电子技术基础. 第 2 版. 北京：高等教育出版社，2000.
[12] 诸林裕主编. 电子技术基础. 第 3 版. 北京：中国劳动社会保障出版社，2001.
[13] 金柏芹主编. 电子技术. 第 1 版. 北京：中国劳动社会保障出版社，2004.
[14] 任为民主编. 电子技术基础课程设计. 第 1 版. 北京：中央广播电视大学出版社，1997.

反侵权盗版声明